水质指标

WATER QUALITY INDICES

[印] 塔斯尼姆·阿巴斯（Tasneem Abbasi） 著
S.A. 阿巴斯（S.A. Abbasi）

刘 威 邓培雁 译

中山大學出版社
SUN YAT-SEN UNIVERSITY PRESS
·广州·

图书在版编目（CIP）数据

　水质指标/（印）塔斯尼姆·阿巴斯（Tasneem Abbasi），S. A. 阿巴斯（S. A. Abbasi）著；刘威，邓培雁译. —广州：中山大学出版社，2023.3
　书名原文：Water Quality Indices
　ISBN 978-7-306-07768-4

　Ⅰ.①水… Ⅱ.①塔… ②S.… ③刘… ④邓… Ⅲ.①水质指标 Ⅳ.①X52

中国国家版本馆 CIP 数据核字（2023）第 047969 号

Shuizhi Zhibiao

出 版 人：王天琪
策划编辑：曾育林　　　　　　　　责任编辑：曾育林
封面设计：曾　斌　　　　　　　　责任校对：刘　丽
责任技编：靳晓虹
出版发行：中山大学出版社
电　　话：编辑部 020-84113349，84110776，84111997，84110283
　　　　　发行部 020-84111998，84111981，84111160
地　　址：广州市新港西路 135 号
邮　　编：510275　　　　传　　真：020-84036565
网　　址：http://www.zsup.com.cn　　E-mail：zdcbs@mail.sysu.edu.cn
印 刷 者：广东虎彩云印刷有限公司
规　　格：787mm×1092mm　　1/16　　23.875 印张　　523 千字
版次印次：2023 年 3 月第 1 版　　2023 年 3 月第 1 次印刷
定　　价：90.00 元

Elsevier

英国牛津郡基灵顿市廊坊巷大道 OX5 1GB

荷兰阿姆斯特丹 1000 AE，Radarweg 29 号，邮政信箱 211 号

大英图书馆出版数据编目

本书目录记录可从大英图书馆获得

国会图书馆出版数据编目

本书目录记录可从国会图书馆获得

ISBN：978 -0 -444 -54304 -2

所有 Elsevier 出版物的相关信息，请访问网站：elsevierdirect. com

在英国印刷和装订

12 13 14 10 9 8 7 6 5 4 3 2 1

前 言

21世纪初，环境教育主要局限于硕士和博士研究生课程，只有少数本科提供环境研究专业。近年来，环境教育在大学及预科教育中越来越具有特色。世界各地的非专业人士正在逐渐熟悉诸如空气质量、水质和生态恢复等概念。天气报告不再局限于温度、湿度和风力，开始关注颗粒物、氮氧化物和硫氧化物水平。

水在支持和维持我们生存方面起着关键作用，所以人们想要以量化的方式知道自己使用的水有多好或多坏，如从各方面量化自己喝的自来水是好是坏，A品牌的瓶装饮用水是否优于B品牌，等等。一个城镇，一个城市，一个区域或一个国家的总体水质认识也将提高。这种新情况将广泛使用水质指数，多属性和多变量的水质概念以单一分数的形式传达给普通大众。

用水质指数(water quality index，WQI)表示水质，就像用Sensex指数表示孟买股票市场水平，用道琼斯指数表示纽约股票市场水平一样。即使对错综复杂的股票价格和经济学一无所知的人，通过这些指数，对当前的经济状况也会有所了解。通过股价指数上涨或下跌的百分比这一简单数字，就可以看出数千家公司当天相对于市值的表现大致如何。用WQI"测量"水质，并以类似的方式将其传达给水用户。会听到这样的句子："供水站河流水质去年下降到35，现在已经改善到45，正在努力改善到60以上，从而达到'非常好'级别。"或者一个瓶装饮用水供应商宣称："我们的水在国家饮用水指数上的得分总是远远高于75分。"考虑到水对每个生命的重要性，本书的重要性再怎么强调也不为过。这是第一本关于水质主题的书，它的出版将成为全球性的重要事件。祝贺Elsevier公司主动出版这本书，并预祝该书的出版取得巨大成功。

Prof J. A. K. Tareen

副校长，

Pondicherry **大学**

目　录

第1编　基于物理化学特性的水质指数

第 2 编　基于生物评价的水质指数

第 1 编
基于物理化学特性的水质指数

1 什么是水质指数

1.1 简介

在自然资源中，水无疑是至关重要的。生命起源于水，进而获得滋养。厌氧菌可以在无氧条件下生存，但没有生物可以长时间在缺水条件下生存。

水作为文明的触发者和维系者，在人类历史中扮演着极其重要的角色。直到 19 世纪 60 年代，水量依旧是水资源的主要利益关注点。除非不可取，一般默认的水就是可以被利用的水。直到 20 世纪 70 年代，人们才真正意识到水质问题。现在，人们意识到水质和水量同等重要。

什么是水质？这个问题比"什么是水量"更为复杂。

一个水库可以说有 2000000 m^3 的水或者说河流流量为 15 m^3/s。表达水量就是如此简单。

如何表达同样一条溪流的水质呢？它的水质就饮用而言已经足够好，却不适合作工业冷却剂；也许能用于某些农作物灌溉，对其他农作物却并不适合；也许适合家畜养殖，却不适合鱼类养殖。水量是由单个参数——水团所决定的，而水质可以成为任何物质的应变量。从云层到土壤再到水体中，水可以以各种形式存在。

有这样一个方法可以用来描述水质样品，就是列出该样品所有物质的对应浓度来得知水质。这样的清单，除非是有良好专业素养的水质专家可以看懂，对其他人而言意义不大。

那么，又该如何比较不同的水质呢？当然不可能简单地比较每个水样的成分。例如，一份水样，有 6 种成分超过了允许值的 5%，分别是 pH、硬度、氯化物、硫酸盐、铁和钠，但对于饮用水而言，与以上 6 种物质的超标相比，一份只有汞超标 5% 的水样水质更差。

水质指数就是用来解决这个令人头疼的问题。

1.2 水质指数

水质指数旨在将水样成分列表和浓度值转化成单一数值。基于水质指数，能够对比不同水样的质量。

水质指数是指水样中除去水分子外所含其他物质的种类和数量，是描述水质状况的一系列标准，是判断和综合评价水体质量、界定水质分类的重要参数。

使用单一指数来表示一组变量状态并不是什么新颖的想法，这在经济和商业领域早已得到广泛应用（Fisher，1922；Diewert & Nakamura，1993）。许多国家有自己的居民消费价格指数，它是指对比过去某一时刻，基于一些商品的综合价格得到的一个特定值，用来判断现阶段整体市场是处于通货膨胀还是紧缩状态；这是"驱动力量"选出来的商品指数，换句话说，这些商品的"动力"对其他商品会有影响。比方说，一瓶洗发水价格的上升或下降，并不会对其他商品的价格产生很大影响，若是水泥或者石油的价格变动，则会引起其他商品价格的大幅波动。

还有股票市场指数，例如纽约证券交易所的道琼斯指数，以及孟买股票交易所的敏感指数，也是由一些高动力（例如水泥）的股票价格组成。这些指数不仅仅是各个交易所的适时衡量标准，同时也是各个国家的经济衡量标准。当经济发达国家的指数如道琼斯指数遭遇下滑时，其他许多国家的经济指数也会随之受到影响。

在生态学当中，用指数来表示物种丰富度、物种均匀度、物种多样性等。因此，有香农指数、辛普森指数等。在医学、社会学、工艺安全等其他的领域中，也广泛运用指数这一概念。

指数是一种条件或者形式的复合表征，这种条件或者形式是以某些方式观察或测量到的结果衍生而来。

环境指数（水质指数占据其中很大一部分）被有关部门当作沟通工具来描述特定环境系统的质量或者健康状况（如大气、水、土壤和沉积物），以及用来评估各种各样的环境管理相关政策的实施情况（Song & Kim，2009；Pusatli et al.，2009；Sadiq et al.，2010）。环境指数也会被用于生命周期研究法中（Weiss et al.，2007；Khanet et al.人，2004）以及描述不同类型的环境损害，包括全球变暖趋势（Goedkoop & Spriensma，2000）。

1.3　水质指数追溯

水质指数（water quality index，WQI）近年来被广泛使用，WQI 概念雏形的第一次提出是在 1848 年。当时的德国开始使用水中的一些有机物来作为水资源的健康指示物或危害指示物。

从那以后，欧洲许多国家开始发展运用不同的系统来给不同地区的水质进行分类。这些水分类系统通常有两类：

（1）关于大量污染的现状。

（2）居住社区中的宏观和微观生物体。

这些分类系统将水体分为若干污染类别或级别，而不是指定一个数值来代表水质。相比之下，使用数字尺度来表示水质等级的指数最近才出现，始于 1965 年的霍顿指数。

1.4　第一个现代水质指数：霍顿指数

在发展首个现代水质指数的时候，Horton(1965)制定了如下标准：

(1)用指数来处理变量数值，尽可能普及这种方法。

(2)大部分地区的变量应该是有意义的。

(3)只有那些可靠的数据变量才能包括在内，数据必须有效，可以测定得到。

霍顿指数选取了 10 个常用变量来评价水质，包括溶解氧(dissolved oxygen，DO)、pH、大肠杆菌、电导率、碱度和氯化物等。电导率是用来分析总溶解固体(total dissolved solids，TDS)的值，氯仿萃取法(carbon chloroform extract，CCE)用于反映有机质的影响。变量之一的污水处理(人口百分比)旨在反映减排活动的有效性，前提是化学和生物控制质量措施是有意义的。要保证措施有意义，就需要在处理污水上取得实质性进展。霍顿指数权重范围为 1 ～ 4。霍顿指数没有包括任何有毒化学物质。

该指数由线性聚合函数之和得到：

$$QI = \frac{\sum_{i=1}^{n} W_i I_i}{\sum_{i=1}^{n} W_i} M_1 M_2 \tag{1.1}$$

其中，QI 为霍顿指数；W_i 是根据各实测浓度查得的水质评分($0 \sim 100$)；I_i 是各参数权重；M_1 为温度系数(1 或 0.5)；M_2 为感官明显污染系数(1 或 0.5)。

系数 M_1 及 M_2 需要做一些调整以适应具体情况，但是霍顿指数还是很容易计算的。基于研究者的判断，指数结构、权重以及评定量表具有较大的主观性。

1.5　水质指数的优势

负责供水和水污染控制的机构一直大力提倡水质指数的制定和使用。通过取样和分析，将采集到的水质数据转化为同一格式，这样的操作更加简单易懂。一旦水质指数得到开发和应用，它将为预测水质变化趋势、突出特定水环境条件以及帮助政府决策者评估监管项目的有效性提供简便的工具。

当然，与水有关的决策并不仅仅基于水质指数，还会考虑其他的许多因素。

事实上，几乎所有监测水质的目的，例如水资源的评估、利用、处理、资源分配、公共信息研发和环境规划，都可由指数来提供服务。指数的使用让水质数据的转化和利用变得容易、清晰、明了。水质指数提供的具体帮助如下：

(1)资源分配。水质指数可以帮助管理者确定水相关决策上的资金分配与优先级。

(2)水质比较。水质指数可以用来比较不同位置及地理区域的水质状况。

　　(3)标准执行。水质指数可以用来确定法律、标准和现有准则在特定区域达标与否及程度。

　　(4)趋势分析。水质指数可以确定不同点的水质在时间序列上的变化趋势——是恶化还是好转。

　　(5)公众信息。指数得分作为一项衡量水质等级的方法，简单易懂，公众也可以通过指数知道任何水源的整体水质情况或是其他替代水源的情况。就像 Sensex 得分告诉公众股票总的来说是上涨或下跌。

　　(6)科学研究。将大量质量数据转化为单一值是非常有价值的科学研究，例如，确定生态修复措施的有效性，确定有关水体的处理方法，明确开发性活动对水质的影响，等等。

1.6　基于生物学评价的水质指数

　　水质指数将众多参数合并为一个指数，在此基础上，水质指数可以被大致分为"基于物理化学特性的指数"和"基于生物评价的指数"。1.4 节中描述过的霍顿指数属于第一种水质指数，此书第 1 编描述的指数都是基于物理化学特性的指数。

　　本书第 1 编出现的其他几个水质指数需要一个或者更多的"生物性"参数。霍顿指数的 10 个参数中的一个参数——大肠菌群是生物评价，其他几个参数主要都是基于物理化学的参数。其他基于生物评价的水质指数放在本书的第 2 编，基于对生物体的采集、识别和列举。

References

Diewert, W. E., Nakamura, A. O., 1993. Indices. In: Essays in lndex Number Theory, vol. 1. North Holland Press, Amsterdam, pp. 71 −104.

Fisher, I., 1922. The Making of Index Numbers. Houghton Mifflin, Boston, MA.

Goedkoop, M., Spriensma, R., 2000. The Eco-Indicator 99-a Damage Oriented Method for Life Cycle Impact Assessment, Methodology Report. http://www. pre. nl.

Horton, R. K., 1965. An index number system for rating water quality. Journal of Water Pollution Control Federation 37(3), 300 −306.

Khan, A. A., Paterson, R., Khan, H., 2004. Modification and application of the Canadian Council of Ministers of the Environment Water Quality Index(CCME WQI) fOr the communication of drinking water quality data in Newfoundland and Labrador. Water Quality Research Journal of Canada 39(3), 285 −293.

Pusatli, O. T., Camur, M. Z., Yazicigil, Z. H., 2009. Suscepti-bility indexing method for irrigation water management planning: applications to K. Menderes river basin Turkey. Journal of Environmental Management 90(1), 341 −347.

Sadiq, R., Haji, S. A., Cool, G., Rodriguez, M. J., 2010. Using penalty functions to evaluate aggregation models for environmental indices. Journal of Environmental Management 91(3), 706 −716.

Song, T., Kim, K., 2009. Development of a water quality loading index based on water quality modeling. Journal of Environmental Management 90(3), 1534 −1543.

Weiss, M., Patel, M., Heilmeier, H., Bringezu, S., 2007. Applying distance-to-target weighing methodology to evaluate the environmental performance of bio-based energy, fuels, and materials. Resources, Conservation and Recycling 50, 260 −281.

2 水质指数制定方法

2.1 简介

水质指数有两种制定方法：一种是指数值随污染程度增加（指数级别增加）而增加，另一种是指数值随污染程度减小（指数级别减小）而增加。将前者称为"水污染指数"，后者称为"水质指数"。

2.2 常规步骤

以下是确定水质指数常用的 4 个步骤，但也会根据目标复杂性程度，相应采用其他措施：

（1）选择参数。

（2）不同单位和维度的参数转化为通行尺度。

（3）参数的权重赋值。

（4）聚合各项分指数得出最终指数值。

以上 4 个步骤中，步骤（1）、（2）、（4）必不可少，步骤（3）通常会用到，有时也可以省略。

水质指数可以让非专业人士方便快捷地判断水源是否合用，还可以让他们简单明了地对比不同水源的水质。水质指数的完善着实不易，因为它存在不确定性及复杂性。

在随后的讨论和章节描述中，许多例子展示了根据不同需求来完善水质指数的方式。上面提及的 4 个步骤在实际操作中主观性很强，特别是步骤（1）和步骤（3），没有技术和设备能保证以上步骤 100% 客观和准确。即使历史数据（第 4 章将详细描述）分析择优表现出显著的客观性，其内部不确定性和不完整性依旧不容忽视。

众多专家成熟的意见和技术，如 Delphi（Abbasi, 1995；Abbasi & Arya, 2000），可以减少主观不确定性。

2.3 参数的选择

一份水样包含成百上千种成分，包括有机物（农药、洗涤剂、其他自然界的或工业的有机物）、盐类（如碳酸盐、重碳酸盐、硫酸盐、硝酸盐、亚硝酸盐），还可能有悬浮物，有放射性、颜色和气味，甚至有致病细菌、真菌、蠕虫等。总之，水样由各种物质构成。

如果将水样中每个存在的成分包括在内，那么水质指数就会变得难以处理。因此，需要选出一组能综合反映整体水质的参数。这个甄选就像从成千上万只股票中选取几十或几百支股来构建股票市场指数一样，为减少纳入的股数，以及增强指数对整个股市行情的代表性，需要找出具有高"驱动力"的股票。这样，即使只计算一小部分上市股价格，依然可以对股市整体行情有较好的敏感性。水质指数也需甄选出具有"驱动力"的参数，参数甄选会掺杂主观性。对于给定的参数，不同的专家和最终用户对其重要性持有不同的观念。医学也许认为具有微弱气味但并不含有害成分的水水质良好；一般人会认为，气味必须作为饮用水水质指数的一个关键参数，最微弱的气味也完全不能接受。

实际上，合适水源的水质标准不是所有国家都相同的。一旦新的研究结果表明水体成分有害或有益，或者有害成分浓度超标或有益成分浓度过低，水质指数就会随着最新研究结果而不断更新。

可接受性标准也有地域差异。例如，在印度喀拉拉邦水资源充沛地区，由于有足够的符合标准的替代水源，当水中的 TDS 超过 500 mg/L（达到了印度标准局的理想饮用水限值）时，该水样就被认为不适宜饮用。而在印度拉贾斯坦邦、泰米尔纳德邦等干旱或半干旱地区，日常饮用水的 TDS 远高于 500 mg/L。

任何指数的有效性都至关重要，需要持更加审慎的态度，应结合经验分析，确保水质指数包含最具代表性的参数。

为了减少参数选择的主观性，也会使用统计方法（第 4 章详细描述）。理论上来说，这种方法比较客观，它会考虑不同参数出现的频率以及参数的数量关系等。但这种方法依旧会得到错误的结果，因为不同参数之间的关系存在偶然性，有时还会显示出因果关联的假象。例如，数据显示氯化物与鱼类物种丰富度二者间有较强的相关性，但事实上它们并没有任何关系。

2.4　不同单位和维度参数转换为通行尺度：分指数

不同水质参数单位各不相同。例如，温度的单位有摄氏度和华氏度，大肠杆菌的单位为个，电导率的单位为欧姆，其他参数的单位大多数为毫克每升（或微克每毫升）。不同参数的变化范围差异很大，溶解氧的浓度很少会超出 0 ~ 12 mg/L，钠的浓度一般为 0 ~ 1 000 mg/L，汞等有毒元素的浓度很少大于 1 mg/L，酸碱度、硬度、氯化物和硫酸盐的浓度几乎总是大于 1 mg/L。水中氯含量为 10 mg/L 或是这个值的 15 倍时，水体一样适合饮用。水样中汞含量为 0.001 mg/L 可以接受，但加倍可能就有毒害。

不同参数以不同的单位出现在不同的范围中，制定指数前，需要将不同的参数转换为一个独立的尺度。通常这个等级范围为 0 ~ 1，有一些指数等级范围为 0 ~ 100，但这并没有什么区别。

2.4.1　分指数的确定

分指数是为指数而选择的参数，体系发展已比较成熟，是将不同单位和浓度（从高度接受到不接受）的参数转化为一个独立尺度。

将一组由 n 个污染物组成的变量表示为 $(x_1, x_2, \cdots, x_i, \cdots, x_n)$，对于每个污染变量 x_i，其对应的分指数 I_i，使用分指数函数 $f_i(x_i)$ 来进行计算：

$$I_i = f_i(x_i) \tag{2.1}$$

大多数指数中，用不同的数学函数计算不同的污染物变量，从而产生分指数函数 $f_1(x_1)$，$f_2(x_2)$，$\cdots$，$f_n(x_n)$。这些分指数函数由简单的乘数、污染物变量的乘幂，或是其他的函数关系构成。

一旦计算出分指数，就会在接下来的数学步骤中将其合并，从而得出最终的指数：

$$I = g(I_1, I_2, \cdots, I_n) \tag{2.2}$$

式（2.2）通常包含着求和运算、乘法运算或者其他常规的运算（2.6 节将详细介绍）。求和运算就是将独立的分指数相加，乘法运算是由部分或者全部分指数组成。

图 2.1 阐述了通过分指数的计算和聚合来形成指数的全过程。

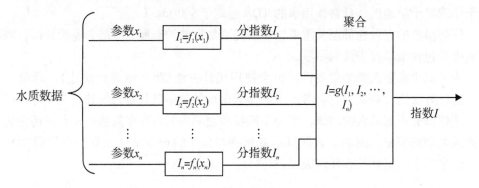

图 2.1　指数的形成过程

2.4.2　不同类型的分指数

分指数通常分为以下 4 种类型：

（1）线性。

（2）分段线性。

（3）非线性。

（4）分段非线性。

2.4.2.1　线性函数型分指数

线性方程是最简单的分指数函数形式：

$$I = \alpha x + \beta \tag{2.3}$$

其中，I 表示分指数；x 表示污染物变量；α、β 表示常数。

函数(2.3)中，分指数和污染物存在明显的比例关系。线性指数运算简单，易于理解，但灵活性有限。

2.4.2.2　分段线性函数型分指数

分段线性函数由拐点(临界值)两侧的两个或两个以上的直线段组成。对比线性运算，分段线性函数具有更好的灵活性，例如，印度标准局的限值和世界卫生组织的限值等。分段线性函数的重要类型之一就是含有两种情形的阶梯函数，也可以是两种函数的综合函数。该类分段线性函数的分指数由阶梯一样的分段组成，是一种复合形式的函数。Horton(1965)曾使用的分指数函数就有 $3 \sim 5$ 个分段。在霍顿的溶解氧分指数中，$I=0$，表示污染物变量的饱和度小于 10%；$I=30$ 表示饱和度处于 $10\% \sim 30\%$；$I=100$ 表示饱和度大于 70%。

下面介绍分段线性函数一般形式的确定。

给出 x 和 I 的函数的拐点坐标为 $(a_1，b_1)$，$(a_2，b_2)$，$\cdots$，$(a_j，b_j)$，第 m 段的分段线性函数一般可以用如下计算式表示：

$$I_i = \frac{b_{i+1} - b_i}{b_{i+1} - a_i}(x - a_i) + b_i,\ a_i \leqslant x \leqslant a_{i+1},\ i = 1,2,\cdots,m \qquad (2.4)$$

分段线性函数灵活性较好，但有些情形下也不太适合，特别是斜率随污染而逐渐变化的情形。这些情形，非线性函数通常会更合适。

2.4.2.3　非线性函数型分指数

当因果关系不存在线性变化时，做出来的图像就会是弯曲的。这样的非线性函数有两种基本类型：

(1)隐函数，可以做出图像，但不能列出相应的方程式。

(2)显函数，有相应的数学方程式。

隐函数可以从一些研究过程的经验曲线中获得，Brown 等人(1970)提出的 pH 分指数就属此类。

非线性显函数在图像上显示为非线性曲线，非线性函数通常是相应污染物变量的幂函数：

$$I_i = x^c \qquad (2.5)$$

其中，$c \neq 1$。

在温度和 pH 的分指数形成过程中，Walski 和 Parker(1974)使用了抛物线的一般形式：

$$I_i = -\frac{b}{a^2}(x - a)^2 + b,\ 0 \leqslant x \leqslant 2a \qquad (2.6)$$

另一个常见的非线性函数是指数函数，污染物 x 是常数 C 的指数：

$$I_i = C^x \qquad (2.7)$$

其中，常数 C 通常选择 10 或者 e。假设 a 和 b 是常数，则指数函数的一般形式是：

$$I_i = ae^{bx} \qquad (2.8)$$

2.4.2.4 分段非线性函数型分指数

分段非线性函数由部分类似于分段线性函数的线段组成，这些线段中至少有一段是非线性的。通常情况下，不同段由不同方程表示，不同方程的自变量（污染物变量）有各自对应的范围。在水质指数中，分段非线性函数比分段线性函数使用起来更为灵活。Prati 等人（1971）在水质指数的 pH 分指数中使用过分段非线性函数，该 pH 分指数函数包含四段（表2.1）。

表 2.1   Prati 等人（1971）使用过的关于 pH 分指数的线段、自变量范围及函数

线段	范围	函数
1	$0 \leqslant x \leqslant 5$	$I_i = -0.4x^2 + 14$
2	$5 \leqslant x \leqslant 7$	$I_i = -2x + 14$
3	$7 \leqslant x \leqslant 9$	$I_i = x^2 - 14x + 49$
4	$9 \leqslant x \leqslant 14$	$I_i = -0.4x^2 + 11.2x - 64.4$

典型的分指数函数见图 2.2。

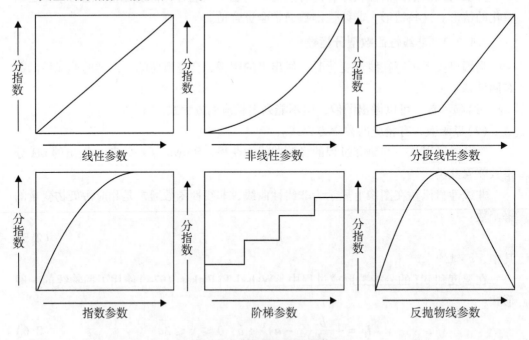

图 2.2   典型的分指数函数

2.5 权重分配

在成百上千的水质参数中挑选出一些参数非常有必要，还有一个重要任务就是给每一个参数分配权重。入选的参数都是十分重要的，但各自的重要性仍有不同，总有一些参数比其他参数更重要。

一些指数假设所有参数权重相同；大部分的指数假设中，不同的参数所占权重是不一样的。权重的分配就像参数的选择一样非常主观，每个人都有不同的看法。为此，收集成熟的意见意味着减少主观性和提高公信力，如德尔菲法（Abbasi & Arya，2000）注重收集读者的意见，但这是一种烦琐耗时的方法，新指数大多不是基于德尔菲法产生的。

2.6 聚合分指数形成最终指数

聚合分指数获得最终指数，有三种最基本的方法：

一是加法。分指数（参数转变值）通过求和方式（例如求算术平均数）来聚合，这是最常使用的一种方法。霍顿指数（1965）、布朗指数（1970）、Prati 指数（1971）、Dinius 指数（1972）、Otto 指数（1978）都是基于加法聚合的。

二是乘法。分指数通过相乘方式（例如求几何平均数）来聚合。兰德威尔指数（1974）、沃斯基和派克指数（1974）、Bhargava 指数（1985）、Dinius 指数（1987）等都是基于乘法聚合的。

三是逻辑。分指数通过逻辑运算（例如求最小值或最大值）来结合。史密斯指数（1990）就是一个例子。

组合运算有时也会用来聚合指数，例如基于加权平方根函数的 Inhaber 水质指数（1975）和基于平方根调和平均数的 Dojlido 水质指数（1994）。

近些年，人们也在尝试着运用"适宜可接受"的模糊集合来处理指数（Sadiq et al.，2007；Sadiq & Rodriguez，2004；Lu & Lo，2002；Chang et al.，2001；Lu et al.，1999；Tao & Xinmiao，1998）。同时，越来越多的人使用因素分析、主成分分析及其他的一些概念，例如熵和遗传算法等（Peng，2004；Nasiri et al.，2007；Bonnet et al.，2008；Meng et al.，2009；Taheriyoun et al.，2010；Thi Minh Hanh et al.，2011）。此外，水质指数运算还包括由 Yager（1988）提出的，被称为有序加权平均算法的一类广义平均算法。上述三种广泛聚合的方法，下文举例说明。

2.6.1 线性求和指数

通过未加权分指数的求和来计算线性求和指数：

$$I = \sum_{i=1}^{n} I_i \qquad\qquad (2.9)$$

其中，I_i 为污染物变量 i 的分指数；n 为污染物变量的个数。

简单的线性求和是未加权的，不利之处在于，即使每个独立指数都处于可接受范围内，求和指数也会呈现水质较差的情况，解释如下。

设线性求和水污染指数是由两个分指数构成，分别是 I_1 和 I_2：

$$I = I_1 + I_2 \tag{2.10}$$

$I_1 = 0$ 且 $I_2 = 0$，代表污染物的浓度为零；$I_1 \geqslant 100$ 或 $I_2 \geqslant 100$，代表污染物的浓度不达标。如果求和值 $I > 100$，那么就会推断不达标必定是由分指数中至少一个不达标造成的，即使两个合格的分指数也可能形成不合格的求和指数。这种现象称为"歧义问题"。

2.6.2　加权求和指数

加权求和指数为：

$$I = \sum_{i=1}^{n} W_i I_i \tag{2.11}$$

其中，I_i 代表第 i 个变量的分指数；W_i 代表第 i 个变量的权重。W_i 满足：

$$\sum_{i=1}^{n} W_i = 1 \tag{2.12}$$

加权求和指数避开了线性求和指数的歧义问题，但存在严重的重叠问题。当一个分指数反映水质状况不佳时，重叠问题就会出现，解释如下。

设有两个变量，则

$$I = W_1 I_1 + W_2 I_2 \tag{2.13}$$

$$W_1 + W_2 = 1 \tag{2.14}$$

式(2.13)和式(2.14)可以合并成一个方程：

$$I = W_1 I_1 + (1 - W_1) I_2 \tag{2.15}$$

从式(2.15)中可以很清楚地知道，当 $I_1 = 0$、$I_2 = 0$ 时，有 $I = 0$。零污染意味着水质状况极好。除非分指数大于或者等于 100，否则加权求和指数 I 是不会大于或等于 100 的。因此，歧义问题将不复存在。

但是，若 $I_1 = 50$、$I_2 = 110$，W_1 和 W_2 都为 0.5，则有 $I = 80$。换句话说，即使有一种分指数值超过 100，加权求和指数的整体值还在 100 以下，综合指数则表明水质状况尚且处于可接受范围内。指数"隐藏"了超过允许值的分指数即为"重叠"。

2.6.3　求和幂指数

根求和幂指数由非线性聚合函数表示：

$$I = \left(\sum_{i=1}^{n} I_i^p \right)^{1/P} \tag{2.16}$$

其中，P 为正实数且大于 1。随着 P 的增大，歧义程度逐渐减小。当 P 有最大值时，根求和幂指数不存在歧义。根求和幂指数能够很好地聚合分指数，它既没有"歧义"

问题，也没有"重叠"问题。然而，它是一个极限函数，所以应用范围有限。

2.6.4　乘法型指数

在乘法聚合分指数中，最常见的就是乘积的加权，形式如下：

$$I = \prod_{i=1}^{n} I_i^{W_i} \tag{2.17}$$

其中，

$$\sum_{i=1}^{n} W_i = 1 \tag{2.18}$$

与所有乘积形式一样，这个聚合函数中，若所有分指数都为 0，则指数 I 也为 0。这个聚合函数消除了重叠问题，如果分指数表现出水质状况不佳，那么整体指数也会反映水质状况不佳。如果分指数为 0，那么整体指数 I 也为 0，这个聚合函数消除了歧义问题。

如果式(2.18)中的权重设置是平等的，对于所有指数 I 而言 $W_i = w$，可以将式(2.18)写成如下形式：

$$\sum_{i=1}^{n} W_i = nw = 1 \tag{2.19}$$

在这个形式中，$w = 1/n$，式(2.17)变为分指数的几何平均数：

$$I = \left(\prod_{i=1}^{n} I_i \right)^w = \left(\prod_{i=1}^{n} I_i \right)^{1/n} \tag{2.20}$$

几何平均是加权乘积聚合函数的一种特殊形式。加权乘积的常见形式就是几何聚合函数：

$$I = \left(\prod_{i=1}^{n} I_i^{gi} \right)^{1/\gamma} \tag{2.21}$$

其中，

$$\gamma = \sum_{i=1}^{n} gi \tag{2.22}$$

2.6.5　最大化指数

最大化指数也可以看作 P 接近无穷大的根求和幂指数，一般表示形式为：

$$I = \max\{I_1, I_2, \cdots, I_n\} \tag{2.23}$$

最大化的情况下，I 等于分指数中最大的那个，故仅当对所有 i 都有 $I_i = 0$ 时，才会有 $I = 0$。最大化指数是判断是否超出允许值以及超出多少的理想指数。

如果存在分指数超出允许的限制，最大化运算会相应地形成更加理想的分指数。最大化运算在水污染指数上的应用尚未得到应有的开发，也没有任何一个已经公开的水质指数使用了这种聚合。

2.6.6　最小化指数

规模递减指数求和中，最小化指数类似于规模递增的最大化指数，一般表现形式

为:

$$I = \min\{I_1, I_2, \cdots, I_n\} \tag{2.24}$$

同最大化函数一样,这种聚合方法既不会有重叠问题,也不会有歧义,最小化运算成为聚合规模递减分指数的一个不错的候选方法。没有已经公开的水质指数使用最小化运算,它的潜力仍有待探索。

表 2.2 罗列了经常使用的一些指数,包括分指数、权重以及聚合方法。

表 2.2　常用的水质指数的制定

指数	参数	分指数 SI_i	权重 W_i	聚合公式	水质指数范围
美国国家卫生基金会－水质指数（Brown et al., 1970）	溶解氧/%		0.17		
	粪大肠杆菌数/[MPN·(100 mL)$^{-1}$]		0.16		
	pH	142 名专家用原始数据描绘曲线,同时将 0～100 赋值,通过每个参数的加权曲线得到最终曲线	0.11	$\sum_{i=1}^{N} SI_i W_i$	0～25 极差
	BOD$_5$/ppm		0.11		26～50 差
	硝酸盐/ppm		0.10		51～70 一般
	总磷/ppm		0.10		71～90 好
	温度/℃		0.10		91～100 极好
	浊度/(NTU 或 JTU)		0.08		
	总固体/ppm		0.07		
O-WQI（Dunnette, 1979; Cude, 2001）	温度/℃	1, a			
	溶解氧/%	1, 2			10～59 极差
	BOD$_5$/(mg·L^{-1})	2			60～79 差
	pH	2		$\sqrt{\dfrac{N}{\sum_{i=2}^{N} \dfrac{1}{SI_i^2}}}$	80～84 一般
	氨氮/(mg·L^{-1})	2			85～89 好
	总磷/(mg·L^{-1})	1, b			90～100 极好
	总固体/(mg·L^{-1})	2			
	粪大肠杆菌数/#/[MPN·(100 mL)$^{-1}$]	2			
PW-WQI（Pesce & Wunderlin, 2000）	溶解氧/(mg·L^{-1})	4		$\dfrac{\sum_{i=1}^{3} SI_i}{3}$	0 最低质量

续表 2.2

指数	参数	分指数 SI_i	权重 W_i	聚合公式	水质指数范围
CPCB-WQI (Sarkar & Abbasi, 2006)	导电性/(μS·cm^{-1}) 浊度/NTU 溶解氧/% BOD$_5$/(mg·L^{-1}) pH 粪大肠杆菌数, [MPN·(100 mL)$^{-1}$]	3 3 3 5	0.31 0.19 0.22 0.28	$\sum\limits_{i=1}^{N} SI_i W_i$	100 最高质量 <38 差至极差 38~50 差 50~63 中等至好 63~100 好至极好
河流污染指数（RPI）(Liou et al., 2004)	溶解氧/(mg·L^{-1}) BOD$_5$/(mg·L^{-1}) 氨氮/(mg·L^{-1}) 悬浮固体/(mg·L^{-1}) 浊度/NTU 温度/℃ 粪大肠杆菌数/[MPN·(100 mL)$^{-1}$] pH 毒性	4		$SI_{\text{temp}} SI_{\text{pH}} SI_{\text{tox}} \left[\sum\limits_{i=1}^{3} SI_i W_i \times \right.$ $\left. \sum\limits_{j=1}^{2} SI_j W_j \times \sum\limits_{k=1}^{1} SI_k \right]^{1/3}$ SI_j=两个特定参数的分指数 SI_k=粪大肠杆菌的分指数 SI_i=最后三个参数的分指数	数值 0~64.8，被分为无污染、轻微污染、中度污染、重度污染
U-WQI (Boyacioglu, 2007)	镉、氰化物、汞、硒、砷、氟化物、硝酸盐氮、DO、BOD$_5$、总计磷、pH 和总大肠菌群	N/A	N/A	$\dfrac{\sum\limits_{i=1}^{N} SI_i}{N}$	N/A
S-WQI (Said et al., 2004)	DO/% Con/(μS·cm^{-1}) 浊度，Turb/NTU FC/[MPN·(100 mL)$^{-1}$] 总磷，TP/(mg·L^{-1})			$\log\left[\dfrac{DO^{1.5}}{(3.8)^{TP}(\text{Turb})^{TP} 15^{FC/1000} + 0.14(\text{Con})^{0.5}} \right]$	<1 差 <2 微小的补充 2~3 可接受 3 非常好 0 最低质量

续表 2.2

指数	参数	分指数 SI_i	权重 W_i	聚合公式	水质指数范围
ISQA*	温度/℃	3			
	TOC/(mg·L^{-1})	3		$SI_{TEMP}(SI_{TOC} +$	
	SS/(mg·L^{-1})	3		$SI_{SS} + SI_{DO} + SI_{Con})$	100 最高质量
	DO/(mg·L^{-1})	3			
	Con/(μS·cm^{-1})	5			
	不确定	F_1：范围（至少一次未达到目标变量的百分比）；F_2：频率（不符合测试目标个体的百分比）；F_3：幅度（未达到其目标数量，测试未通过）		$100 - \left(\dfrac{\sqrt{F_1^2 + F_2^2 + F_3^2}}{1.732} \right)$	0～44 差 45～64 微小的 65～79 一般 80～94 好 95～100 极好
S-T WQI （Swamee & Tyagi, 2007）	不确定	单调递增的分指数，$SI = \left(1 + \dfrac{P}{P_c} \right)^{-m}$ 非均匀减少的分指数，$SI = \dfrac{1 + \left(\dfrac{P}{P_T} \right)^4}{1 + 3\left(\dfrac{P}{P_T} \right)^4 + 3\left(\dfrac{P}{P_T} \right)^8}$ 单峰分指数，$SI = \dfrac{qr + (n+q)(1-r) + \left(\dfrac{P}{P_C} \right)^r}{q + n(1-r)\left(\dfrac{P}{P_C} \right)^{n+q}}$		$\left[1 - N + \sum_{i=1}^{N} SI_i^{-\log_2(N-1)} \right]^{-1/\log_2(N-1)}$	0～0.25 差 0.26～0.50 一般 0.51～0.70 中等/平均 0.71～0.90 好 0.91～1.0 极好

注：2011 年经 Islam 等人许可采用。

2.7　聚合模型特征

2.7.1　歧义和重叠

前文的部分举例说明了歧义和重叠问题，这是聚合的两个特征。没有任何分指数超过限定值而综合指数 I 超过标准值时，即为歧义；有分指数超过标准值，综合指数 I 却没有超标准值，即为重叠。

聚合方法的其他特征还有补偿性和刚性。

2.7.2　补偿性

良好补偿性的聚合方法不存在两极分化（分指数太高或太低）。没有歧义、没有重叠问题时，又难以做到补偿性良好。最大化（最小化）指数没有歧义和重叠问题，但补偿性较差，因为分指数值会偏向最高值（最低值）。补偿的优点在于针对歧义和重叠问题的不足之处寻求平衡。简单来说，当算法满足以下约束时，就认为是具有良好补偿性的聚合方法：

$$\min_{i=1}^{N}(s_i) \leqslant Agg(s_1, s_2, \cdots, s_N) = I \leqslant \max_{i=1}^{N}(s_i) \tag{2.25}$$

这个约束并不适用于补偿性不明的情况。聚合值的运行结果大于最大值或小于最小值时，就会缺乏补偿性。

2.7.3　刚性

在原有指数中增添额外量来解决具体的水质问题时，聚合模型不能如期调整，刚性特征便得以体现。通常监管机构会有一套整体指数，在特定条件下，指数显示水质良好，但水体可能早就受到非指定指数成分的污染。监管机构将某地的标准生搬硬套地用于气候和环境都大不相同的地区，需要在水质变量上做调整，而不是改变参数要水质指数去适应不同的情况。

刚性和分指数的数量有关。在聚合模型中增添新的分指数时，由于刚性，也许会人为地减少其他分指数所占的比例（Swamee & Tyagi，2000，2007），乘积型运算和非线性求和型运算通常会如此表现。例如，两个分指数 $s_1 = 0.2$、$s_2 = 0.3$ 时，使用根求和幂函数（$p = -2$）运算，得出综合指数 $I = 0.166$。如果增添一个额外分指数 $s_3 = 0.35$，那么最终结果会变成 $I = 0.15$。额外分指数 s_3 值最大，最终结果反而比只有两个分指数时的综合指数值要小。

在非线性求和型运算中，综合指数 I 也会随着分指数数量的增加而增大（例如，对于污染物指数而言，$p > 1$ 时的根求和幂函数）。

大部分的聚合方法没有任何规定，允许在预先认定的水质成分中添加额外的参数。如果随着分指数数量的增加，综合指数值减小，歧义情况会更加严重，原先没有歧义问题的指数将再度引发歧义。

References

Abbasi, S. A., Arya, D. S., 2000. Environmental Impact Assessment. Discovery Publishing House, New Delhi.

Bhargava, D. S., 1985. Water quality variations and control technology of Yamuna River. Environmental Pollution Series A: Ecological and Biological 37(4), 355 −376.

Bonnet, B. R. P., Ferreira, L. G., Lobo, F. C., 2008. Water quality and land use relations in Goias: a watershed scale analysis. Revista Arvore 32(2), 311 −322.

Brown, R. M., McClelland, N. I., Deininger, R. A., Tozer, R. G., 1970. A water quality index-do we dare? Water Sewage Works 117, 339 −343.

Chang, N.-B., Chen, H. W., Ning, S. K., 2001. Identification of river water quality using the fuzzy synthetic evaluation approach. Journal of Environmental Management 63(3), 293 −305.

Dinius, S. H., 1972. Social accounting system for evaluating water. Water Resources Research 8(5), 1159 −1177.

Dinius, S. H., 1987. Design of an index of water quality. Water Resources Bulletin 23(5), 833 −843.

Dojlido, J., Raniszewsk, I. J., Woyciechowska, J., 1994. Water quality index — application for rivers in Vistula river basin in Poland. Water Science and Technology 30, 57 −64.

Horton, R. K., 1965. An index number system for rating water quality. Journal of Water Pollution Control Federation 37(3), 300 −306.

Inhaber, H., 1975. An approach to a water quality index for Canada. Water Research 9(9), 821 −833.

Islam, N., Sadiq, R., Rodriguez, M. J., Francisque, A., 2011. Reviewing source water protection strategies: A conceptual model for water quality assessment. Environmental Reviews 19, 68 −105.

Landwehr, J. M., Deininger, R. A., Mcclelland, N. L., Brown, R. M., 1974. An objective water quality index. Journal of the Water Pollution Control Federation 46(7), 1804 −1807.

Lu, R. S., Lo, S. L., 2002. Diagnosing reservoir water quality using self-organizing maps and fuzzy theory. Water Research 36(9), 2265 −2274.

Lu, R. S., Lo, S. L., Hu, J. Y., 1999. Analysis of reservoir water quality using fuzzy synthetic evaluation. Stochastic Environmental Research and Risk Assessment 13(5), 327 −336.

Meng, W., Zhang, N., Zhang, Y., Zheng, B., 2009. Integrated assessment of river health based on water quality, aquatic life and physical habitat. Journal of Environmental Sciences 21(8), 1017 −1027.

Nasiri, F., Maqsood, I., Huang, G., Fuller, N., 2007. Water quality index: a fuzzy river-pollution decision support expert system. Journal of Water Resources Planning and Management 133(2), 95 −105.

Ott, W. R., 1978. Environmental Indices: Theory and Practice. Ann Arbor Science Publishers Inc, Ann Arbor, MI.

Peng, L., 2004. A Universal Index Formula Suitable to Multiparameter Water Quality Evaluation. Numerical Methods for Partial Differential Equations 20(3), 368 −373.

Prati, L., Pavanello, R., Pesarin, F., 1971. Assessment of surface water quality by a single index of pollution. Water Research 5, 741 −751.

Sadiq, R., Rodriguez, M. J., 2004. Fuzzy synthetic evaluation of disinfection by-products — a risk-based indexing system. Journal of Environmental Management 73(1), 1 −13.

Sadiq, R., Rodriguez, M. J., Imran, S. A., Najjaran, H., 2007. Communicating human health risks associated with disinfection by-products in drinking water supplies: a fuzzy-based approach. Stochastic Environmental Research and Risk Assessment 21 (4), 341 −353.

Sadiq, R., Tesfamariam, S., 2007. Probability density functions based weights for ordered weighted averaging (OWA) operators: an example of water quality indices. European Journal of Operational Research 182 (3), 1350 −1368.

Smith, D. G., 1990. A better water quality indexing system for rivers and streams. Water Research 24 (10), 1237 −1244.

Swamee, P. K., Tyagi, A., 2000. Describing water quality with aggregate index. ASCE Journal of Environmental Engineering 126 (5), 451 −455.

Swamee, P. K., Tyagi, A., 2007. Improved method for aggregation of water quality subindices. Journal of Environmental Engineering 133 (2), 220 −225.

Taheriyoun, M., Karamouz, M., Baghvand, A., 2010. Development of an entropy-based Fuzzy eutrophication index for reservoir water quality evaluation. Iranian Journal of Environmental Health Science and Engineering 7(1), 1 −14.

Tao, Y., Xinmiao, Y., 1998. Fuzzy comprehensive assessment fuzzy clustering analysis and its application for urban traffic environment quality evaluation. Transportation Research Part D: Transport and Environment 3(1), 51 −57.

Thi Minh Hanh, P., Sthiannopkao, S., The Ba, D., Kim, K.-W., 2011. Development of water quality indexes to identify pollutants in vietnam's surface water. Journal of Environmental Engineering 137 (4), 273 −283.

Walski, T. M., Parker, F. L., 1974. Consumers water quality index. ASCE Journal of

Environmental Engineering Division 100（EE3），593 −611.

Yager，R. R.，1988. On ordered weighted averaging aggre-gation in multicriteria decision making. IEEE Transactions on Systems，Man and Cybernetics 18，183 −190.

Zimmermann，H. J.，Zysno，P.，1980. Latent connective in human decision making. Fuzzy Sets and Syste 4，37 −51.

3 决定水域功能的"常规"指数

3.1 概述

第 1.4 节中，描述过被称为现代水质指标先驱的霍顿水质指数（Horbon，1965）。这一章中，将会介绍紧随霍顿水质指数之后出现的"常规"指标。这些指标如下：

（1）基于参数选择、权重分配以及聚合方法，而不是基于先进的统计技术、人工智能或是概率论（第 4～6 章中会有详细描述）。

（2）主要涉及水体的理化特性。

为了将这些指标与接下来章节中将会描述到的指标区分开来，就将这些指标称为"常规"指标。

3.2 布朗水质指数/美国国家卫生基金会（NSF）水质指数

Brown 等人（1970）提出了和霍顿水质指数结构相似的布朗水质指数。不同的是，布朗指数在参数选择、通用尺度开发以及权重分配上更为严格。这项指数的制定工作在美国国家卫生基金会（NSF）的支持下完成，布朗指数也被称为美国国家卫生基金会水质指数（NSF-WQI）。

142 位水质专家组成的小组对布朗指数的制定展开研究，专家可以在水质参数的列表中任意添加参数。35 个参数被定为可选参数，并且分为"不包含""不确定""包含"三种类别。根据水质的整体重要性程度，专家对标记为"包含"的参数进行 1 到 5 的模式排位，1 最高、5 最低。通过专家的排位，每个人的认识得以反馈。专家们还可以根据整体意见重新审视自己的个人判断。

小组成员从这 35 个参数中选出他们认为最重要的参数，一般不超过 15 个。根据小组给出的平均分确定完整的参数列表，参数按照重要性递减的方式呈现出来。表3.1 展示的是由 11 个参数组成的列表。

专家为上文所选出的参数进行赋值。参数相关评价根据参数浓度的变化而变化，二者之间的关系以浓度关系图的形式展现。专家们根据他们的判断绘制出曲线，这些曲线能较好地呈现出水质等级变化。图 3.1 为溶解氧（DO）的评价曲线，当农药和有毒元素的总量浓度（各种类型之和）超过 0.1 mg/L 时，水质指数自动取值为 0。

在 1～5 的评级模式下（1 最高，5 最低），专家们需要运用算术平均值对最后选定的参数进行整体水质的相关比较。

将评级值转化为权重值，1.0 表示在评级中重要程度最高。运用个体平均值除以最高评级的方法获取其他参数的临时权重，将每个临时权重除以临时权重的总和来获取最终权重。表 3.2 给出了平均评级、临时权重和备选参数的最终权重值。

表 3.1　Brown 等人 (1970) 利用德尔菲法为美国国家卫生基金会水质指数甄选的最重要参数列表

参数	重要性排位
溶解氧	1
生化需氧量	2
浊度	3
总固体	4
硝酸盐	5
磷酸盐	6
pH	7
温度	8
粪大肠杆菌群	9
农药	10
毒素	11

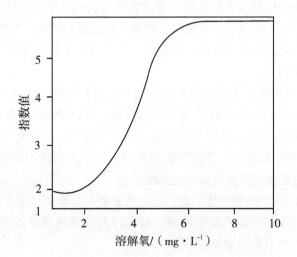

图 3.1　溶解氧 (DO) 分指数

(溶解氧浓度最低时，溶解氧分指数相应接近最低评级；溶解氧浓度为 7 mg/L 时，达到平衡最大值，此时溶解氧分数值高于最大分指数值。)

表 3.2 布朗水质指数(NSF)参数的重要性评级和重要性权重

参数	项目重要性评级平均值	临时权重	最终权重
溶解氧	1.4	1.0	0.17
粪大肠杆菌群	1.5	0.9	0.16
pH	2.1	0.7	0.11
5 日生化需氧量 BOD_5	2.3	0.6	0.11
硝酸盐	2.4	0.6	0.10
温度	2.4	0.6	0.10
浊度	2.9	0.5	0.08
总固体量	3.2	0.4	0.07
总和			1.00

Brown 等人(1970)最开始提出的指数形式如下:

$$WQI = \sum_{i=1}^{9} w_i T_i(p_i) = \sum_{i=1}^{9} w_i q_i \qquad (3.1)$$

其中,p 指第 i 个参数的测定值;质量等级 T_i 可以将第 i 个参数值(p_i)转换为个体质量等级值 q_i,即 $T_i(p_i) = q_i$;w_i 为第 i 个参数的相对权重。w_i 满足:

$$\sum_{i=1}^{9} w_i = 1 \qquad (3.2)$$

表 3.3 举例说明了这种指数的计算方法。

表 3.3 布朗水质指数(NSF)的计算例证

参数	测量值	个体质量等级(q_i)	权重(w_i)	整体质量等级($q_i \times w_i$)
溶解氧/%	100	98	0.17	16.7
粪大肠杆菌群/[个·(100 mL)$^{-1}$]	0	100	0.16	16.0
pH	7	92	0.11	10.1
BOD_5/(mg·L^{-1})	0	100	0.11	11.0
硝酸盐/(mg·L^{-1})	0	98	0.10	9.8
磷酸盐/(mg·L^{-1})	0	98	0.10	9.8
温度/℃	0	94	0.10	9.4
浊度/NTU	0	98	0.08	7.8
总固体/(mg·L^{-1})	25	84	0.07	5.9
				$WQI = \sum w_i q_i = 96.5$

布朗指数仅适用于一般水质，不适用于有特定用途的水质判断，如饮用水、农业供水、工业供水等。对于部分用户来说，这就会严重影响其判断哪些参数适加入为水质指数，在测量各种参数时，会影响数据的有效性，还会对现有分析方法造成影响。

在使用布朗指数的过程中，人们发现公式化易于理解和计算，但参数值缺乏敏感性，这对将指数用于判断水质十分不利。因此，Brown 等人（1973）就 NSF-WQI 提出了乘法形式的改进：

$$WQI = \prod_{i=1}^{n} S_i^{w_i} \tag{3.3}$$

随后的调查表明，乘积形式比加和形式能更好地契合专家的意见。尽管如此，乘积和加和这两种形式都在使用（Lumb et al., 2011）

3.3　内梅罗污染综合指数

美国学者 Sumitomo（1970）提出了持续增长的供水规模指数——内梅罗污染综合指数，由三种类型的指标组成：

（1）可供人类直接接触（$j=1$）。

（2）可供人类使用（$j=2$）。

（3）人类不能直接接触（$j=3$）。

第一类包括饮用水（包括饮料制造业用水）和游泳区用水。第二类包括渔业用水、食品制造业用水以及农业用水。最后一类指人体非直接接触的用水（比第二类更少接触），例如航运、工业冷却用水以及一些娱乐用水（景观用水、户外用水等）。

PI_j 为某种用途的水质指数，单项污染指数 PI_j 的计算方法如下：

$$相对污染值 = \frac{C_i}{L_{ij}} \tag{3.4}$$

其中，C_i 为水质参数 i 的实测浓度；L_{ij} 是某参数的水质标准值（j 代表水的用途）。C_i/L_{ij} 即为水质参数 i 的单项相对污染指数。

单项污染指数值随着污染浓度的增加而减小，以溶解氧为例，其相对污染值的计算方法如下：

$$\frac{C_i}{L_{ij}} = \frac{C_{im} - C_i}{C_{im} - L_{ij}} \tag{3.5}$$

其中，C_{im} 为 C_i 的最大值。溶解氧 C_{im} 指饱和溶解氧值。

有些情况下，污染物有一定的允许范围（$L_{ij\,min} \curvearrowright L_{ij\,max}$），例如 pH：

$$\frac{C_i}{L_{ij}} = \frac{C_i - \left(\dfrac{L_{ij\,min} + L_{ij\,max}}{2}\right)}{L_{ij\,min} \text{ 或 } L_{ij\,max}；哪一个更接近 C_i - \left(\dfrac{L_{ij\,min} + L_{ij\,max}}{2}\right)} \tag{3.6}$$

为减少重叠，在原先相对污染值计算的基础上，联合均方根运算。在对应 j 用水类型下，求得所有参数 C_i/L_{ij} 的最大值和算术平均值的均方根，即可求得单项污染指

数 PI_j：

$$PI_j = \sqrt{\frac{\left(\dfrac{C_i}{L_{ij}}\right)^2_{max} + \left(\dfrac{C_i}{L_{ij}}\right)^2_{mean}}{2}} \qquad (3.7)$$

这种计算方法，很好地反映出特定有效指数相对值（极端情况）的最大值和平均值。研究人员建议在内梅罗指数法中选用 14 种水质参数和污染物作为污染指数计算的依据。

综合水质指数则通过三种不同类型的水质指数加权求得：

$$PI = \sum_{j=1}^{3} w_j PI_j \qquad (3.8)$$

其中，加权系数 w_j 和 j 与相对重要性有关。

3.4 普拉特水质评价指数

普拉特水质评价指数是 Prati 等人（1971）基于水质标准发展而来的。其通过数学方法，将所有污染物浓度值转换为污染等级。构建的数学表达式中，污染物新单位是与污染效应成正比的。通过这样的计算方法，即使某种污染物浓度相较于其他污染物浓度偏小，但只要它的污染效应大，它就会在指数值上明显表现出来。

第一步，根据水质标准参数不同，将水质进行分类（表 3.4）。

第二步，将污染物作为参照直接使用，其真实值则直接被当成参考指标。

第三个，运用数学表达式将每个污染物值转化为对应的分指标，同时，被选引用参数的换算考虑到了相关污染能力。这些函数结构中，用各种曲线的分析来确保这些换算适用于污染物浓度值过小、污染类别超出第 5 级的情况。

表 3.4 普拉特水质指数分类

参数	清洁	尚清洁	轻微污染	中等污染	严重污染
pH	6.5～8.0	6.0～8.4	5.0～9.0	3.9～10.1	<3.9 或 >10.1
$DO/\%$	88～112	75～125	50～150	20～200	<20 或 >200
BOD_5/ppm	1.5	3.0	6.0	12	>12.0
COD/ppm	10	20	40	80	>80
高锰酸盐指数/($mg \cdot L^{-1} O_2$)	2.5	5.0	10.0	20.0	>20.0
固体悬浮物/ppm	20	40	100	278	>278
NH_3/ppm	0.1	0.3	0.9	2.7	>2.7
NO_3/ppm	4	12	36	108	>108
Cl/ppm	50	150	300	620	>620

续表 3.4

参数	清洁	尚清洁	轻微污染	中等污染	严重污染
铁/ppm	0.1	0.3	0.9	2.7	>2.7
锰/ppm	0.05	0.17	0.5	1	>1.0
阳离子合成洗涤剂/ppm	0.09	1.0	3.5	8.5	>8.5
氯仿提出物/ppm	1.0	2.0	4.0	8.0	>8.0

表 3.5 为分指标的结果函数。

表 3.5　普拉特水质指数分指数函数

编号	参数	分指数
1	溶解氧/%	$I_i = -0.08x + 8,\ 50 \leqslant x < 100,$ $I_i = 0.08x - 8,\ 100 \leqslant x,$
2	pH	$I_i = -0.4x^2 + 14,\ 0 \leqslant x < 5,$ $I_i = -2x + 14,\ 5 \leqslant x < 7,$ $I_i = x^2 - 14x + 49,\ 7 \leqslant x < 9,$ $I_i = -0.4x^2 + 11.2x - 64.4,\ 9 \leqslant x < 14$
3	$BOD_5/(\mathrm{mg \cdot L^{-1}})$	$I_i = 0.66666x$
4	$COD/(\mathrm{mg \cdot L^{-1}})$	$I_i = 0.10x$
5	高锰酸盐/$(\mathrm{mg \cdot L^{-1}})$	$I_i = 0.04x$
6	固体悬浮物/$(\mathrm{mg \cdot L^{-1}})$	$I_i = 2^{[2.1\log(0.1x-1)]}$
7	氨/$(\mathrm{mg \cdot L^{-1}})$	$I_i = 2^{[2.1\log(10x)]}$
8	硝酸盐/$(\mathrm{mg \cdot L^{-1}})$	$I_i = 2^{[2.1\log(0.25)]}$
9	氯离子/$(\mathrm{mg \cdot L^{-1}})$	$I_i = 0.000228x^2 + 0.0314x,\ 0 \leqslant x < 50,$ $I_i = 0.0000132x^2 + 0.0074x + 0.6,\ 50 \leqslant x < 300,$ $I_i = 3.75(0.02x - 5.2)^{0.5},\ 300 \leqslant x$
10	铁	$I_i = 2^{[2.1\log(10x)]}$
11	锰/$(\mathrm{mg \cdot L^{-1}})$	$I_i = 2.5x + 3.9\sqrt{x},\ 0 \leqslant x < 0.5,$ $I_i = 5.25x^2 + 2.75,\ 0.5 \leqslant x$
12	烷基苯环酸盐/$(\mathrm{mg \cdot L^{-1}})$	$I_i = -1.2x + 3.2\sqrt{x},\ 0 \leqslant x < 1,$ $I_i = 0.8x + 1.2,\ 1 \leqslant x$
13	氯仿提取物/$(\mathrm{mg \cdot L^{-1}})$	$I_i = x$

最终指数为表 3.5 中 13 个分指数的算术平均值：

$$I = \frac{1}{13} \sum_{i=1}^{13} I_i \qquad (3.9)$$

Prati 等人将 0 ~ 14 范围内的指数应用于意大利费拉拉(Ferrara)的地表水水质检测中。

3.5 Deininger & Landwehr 饮用水供水(PWS)指数

Deininger 和 Landwehr(1971)提出一种适用于公用供水(PWS)的水质指数,包括地表水的 11 个参数和地下水的 13 个参数。

有两个聚合函数用于计算:一个是加法形式,另一个是几何平均运算形式。无论是用于地表水的 11 个参数还是用于地下水的 13 个参数,皆分别参与这两种形式的计算。

加法运算形式为:

$$PWS = \sum_{i=1}^{n} W_i I_i \qquad (3.10)$$

几何平均运算形式为:

$$PWS = \left(\prod_{i=1}^{n} I_i^{w_i} \right)^{1/n} \qquad (3.11)$$

表 3.6 是每种变量相关权重与 NSF 水质指数变量权重的比较。

表 3.6 NSF 水质指数和饮用水供应水质指数的权重比较

污染变量	NSF-WQI	PWS₁₁	PWS₁₃
溶解氧 DO	0.17	0.06	0.05
粪大肠杆菌群	0.15	0.14	0.12
pH	0.12	0.08	0.07
5 日生化需氧量 BOD_5	0.10	0.09	0.08
硝酸盐	0.10	0.10	0.09
磷酸盐	0.10		
温度	0.10		0.06
浊度	0.08	0.07	0.08
总固体		0.09	
溶解性固体		0.10	0.08
酚类化合物		0.10	0.08
色度		0.10	0.08
硬度		0.08	0.07

续表 3.6

污染变量	NSF-WQI	PWS₁₁	PWS₁₃
氟化物			0.07
铁			0.07
合计	1.00	1.01	1.00

3.6   Mcduffie & Haney 河流污染指数(RPI)

简单的河流污染指数包含 8 个污染变量，大部分分指数可以用一般线性形式表示：

$$I(一项拟议河流污染指数) = \frac{X}{X_N} \tag{3.12}$$

其中，I_i 表示分指数中第 i 个污染变量；X 表示污染变量观测值；X_N 表示污染变量自然水平；Mcduffie 和 Haney 将 8 个分指数中的 6 个用线性函数计算，剩下的两个（大肠杆菌群数和温度）使用非线性函数（表 3.7）。河流污染指数不包括 pH 和有毒物质。

表 3.7   McDuffie 指数的分指数运算

编号	参数	分指数
1	缺氧百分比	$I_1 = 100 - x$, $x = DO\%$
2	可生物降解有机物	$I_2 = 10x$, $x = BOD_5 (ppm)$
3	难降解有机物	$I_3 = 5(x - y)$, $x = COD$, $y = BOD_5$
4	大肠杆菌群	$I_4 = 10(\log x/\log 3)$
5	悬浮性固体颗粒	$I_5 = x$
6	富营养均值	$I_6 = 25x + 50y$ $x = 总氮(ppm)$, $y = 总磷酸根(ppm)$
7	溶解性盐	$I_7 = 0.25x$, $x = 电导率(\mu\Omega/cm)$
8	温度	$I_8 = x^2/6 - 65$

将各项分指数加和，乘上比例因子，即得河流污染指数值：

$$RPI = \frac{10}{n+1} \left(TF + \sum_{i=1}^{n} 10 \times I_i \right) \tag{3.13}$$

其中，TF 是温度因子；n 为参数个数。河流污染指数的应用是建立在实测基础上的，使用的数据来自纽约等水质监测网络。

3.7　Dinius 水质指数

Dinius 水质指数从某种意义上来说开启了一个全新的局面，它尝试核算和测定污染控制措施的成本和影响。就此而言，Dinius 水质指数可以认为是一个先进的"计划"指数或"决策"指数，第 5 章有所描述。Dinius 水质指数选择 11 个参数，像霍顿指数和 NSF 水质指数一样，Dinius 指数也是一个递减模型，最好的水质指标值为100%，此后随着水质状况的下降而递减。

像普拉特水质指数和 McDuffie-Haney 水质指数一样，Dinius 水质指标的分指数由科学文献综述发展而来。不同的主管部门利用不同的污染变量对水质等级进行描述，Dinius 对以上情况进行了综合考虑，总结出了 11 个分指数方程（表 3.8）。像霍顿指数一样，Dinius 水质指数也是由各分指数加权得来。

表 3.8　Dnius 水质指数的分指数运算（Ott，1978）

编号	参数	分指数
1	溶解氧/%	$I_1 = x$
2	5 日生化需氧量 $BOD_5/(\mathrm{mg \cdot L^{-1}})$	$I_2 = 107x^{-0.642}$
3	总大肠杆菌群[MPN·(100 mL)$^{-1}$]	$I_3 = 100x^{-0.3}$
4	粪大肠杆菌群[MPN·(100 mL)$^{-1}$]	$I_4 = 100(5x)^{-0.3}$
5	电导率/($\mu\Omega \cdot \mathrm{cm}^{-1}$)	$I_5 = 535x^{-0.3565}$
6	氯化物/($\mathrm{mg \cdot L^{-1}}$)	$I_6 = 125.8x^{-0.207}$
7	硬度（以 $CaCO_3$ 计，ppm）	$I_7 = 10^{1.974 - 0.00132x}$
8	碱度（以 $CaCO_3$ 计，ppm）	$I_8 = 108x^{-0.178}$
9	pH	$I_9 = 10^{0.2335 + 0.44}, \quad x < 6.7,$ $I_{10} = 100, \quad 6.7 \leqslant x \leqslant 7.58,$ $I_{11} = 10^{4.22 - 0.293x}, \quad x > 7.58$
10	温度/℃	$I_{12} = -4(x_a - x_u) + 112,$ $x_a = $实际温度，$x_u = $标准温度
11	色度/度	$I_{13} = 128x^{-0.288}$

水质指数计算公式如下：

$$WQI = \frac{1}{21} \sum_{i=1}^{11} w_i I_i \tag{3.14}$$

按基础模型重要性不同，权重范围设置为从 0.5 到 5。其中，1、2、3、4、5 分别表示极小、小、一般、大、极大。权重总和为 21，在指数方程中处于分母的位置。

Dinius 曾将此指标应用于美国亚拉巴马州的一些河流水质评价中。

3.8　奥康纳指数

奥康纳(1972)提出了两类水质指数，分别适用于鱼类和野生动物的水质指数($FAWL$)，以及公用供水指数(PWS)。上述两类指标在参数选择时都采用了德尔菲法来减少判断的主观性。表3.9是奥康纳的两类指数和布朗指数(又称为美国国家科学基金会指数 $NSF\text{-}WQI$)的参数及其权重比较。

$FAWL$ 指数以及 PWS 指数是通过分指数之积的权重和做计算，以便于考虑农药和有毒物质的影响。

$$I_{FAWL} = \delta \sum_{i=1}^{9} W_i I_i \tag{3.15}$$

$$I_{PWS} = \delta \sum_{i=1}^{13} W_i I_i \tag{3.16}$$

当 $\delta = 0$ 时，农药和有毒物质超过规定限制值，则是另外一种情况。

表 3.9　三种水质指标的权重比较

污染变量	NSF-WQI	FAWL	PWS
溶解氧	0.17	0.206	0.056
粪大肠杆菌群	0.15		0.171
pH	0.12	0.142	0.079
BOD_5	0.10		
硝酸盐	0.10	0.074	0.070
磷酸盐	0.10	0.064	
温度	0.10	0.169	
浊度	0.08	0.088	0.058
总固体	0.08		
溶解固体		0.074	0.084
酚类化合物		0.099	0.104
氨氮		0.084	
氟化物			0.079
硬度			0.077
氯化物			0.060
碱度			0.058
色度			0.054

续表3.9

污染变量	NSF-WQI	FAWL	PWS
硫酸盐			0.050
合计	1.00	1.000	1.000

3.9 Walski & Parker 指数

为判断水质状况是否适合某一特定用途，发展出了 Walski & Parker 水质指数。此指数一般用于评定循环用水的水质（例如泳池用水及渔业用水）。在此介绍 4 类基本的变量类型。

(1)影响水生生物（例如，溶解氧、pH 和温度）。

(2)影响健康（例如，大肠杆菌群数）。

(3)影响味觉和嗅觉（例如，气味阈值）。

(4)影响水的感官性状（例如，浊度、油脂、色度）。

利用灵敏函数对参数进行 1 和 0 的赋值，分别意味着理想条件和完全不可接受条件。灵敏函数由水质参数的改变决定。与水质情况变化负相关的物质，采用负指数曲线作为灵敏函数。

将参数值划分为极好、好、差、极差 4 个等级，并配以相应数值 1、0.9、0.1、0.001。通过这样的划分，灵敏函数从而更容易辨别。

例如，查询致死温度确定温度灵敏函数。水生生物在温度过高和过低的环境中难以生存，因此稳定的灵敏函数图像应为一条抛物线（图 3.2），其函数方程如下：

$$f(T) = \frac{a^2 - (T - a)^2}{a^2} \tag{3.17}$$

其中，a 为理想温度，即有 $f(a) = 1$。

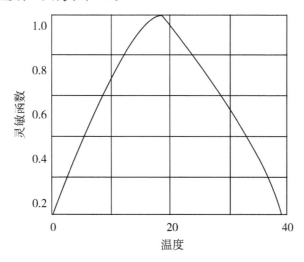

图 3.2 Walski-Parker 指数温度参数的分指数函数抛物线图

Walski & Parker 指数是 12 个不同污染变量的综合值。其中各分指标由非线性函数以及分段非线性显性函数组成(表 3.10)。除去 pH 和温度这两个单一变量,其他分指数皆以负指数方程形式表达,pH 和温度的分指数为抛物线方程。有两个分指数服务于温度:一个是实际温度,另一个是偏离平衡温度。为避免重叠问题,采用几何平均数算法聚合各项分指标,聚合函数表示如下:

$$I = \left(\prod_{i=1}^{12} I_i^{w_i} \right)^{\frac{1}{12}} \tag{3.18}$$

表 3.10   Walski & Parker 指数的分指数运算

污染变量	方程	范围
溶解氧/(mg·L^{-1})	$I = e^{0.3(x-8)}$	$0 < x \leqslant 8$
	$I = 0$	$8 < x$
pH	$I = 0$	$x < 2$
	$I = 0.04[25 - (x-7)^2]$	$2 \leqslant x \leqslant 12$
	$I = 0$	$12 < x$
总大肠杆菌群/[个·(100 mL)$^{-1}$]	$I = e^{-0.0002x}$	
温度(℃)	$I = 0.0025[1 - (x-20)^2]$	$0 \leqslant x \leqslant 40$
	$I = 0$	$\Delta x < -10$
	$I = 0.01(100 - \Delta x)^2$	$-10 \leqslant \Delta x \leqslant 10$
	$I = 0$	$10 < \Delta x$
磷酸盐/(mg·L^{-1})	$I = e^{-2.5x}$	
硝酸盐/(mg·L^{-1})	$I = e^{-0.16x}$	
悬浮物/(mg·L^{-1})	$I = e^{-0.02x}$	
浊度/NTU	$I = e^{-0.001x}$	
色度/度	$I = e^{-0.002x}$	
脂类浓度/(mg·L^{-1})	$I = e^{-0.016x}$	
脂类厚度/μm	$I = e^{-0.35x}$	
臭和味	$I = e^{-0.1x}$	
透明度/m	$I = \log(x+1)$	$x \leqslant 9$
	$I = 1$	$9 < x$

3.10   Stoner 指数

Stoner 指数采用两套推荐限值,是分指数方程的单一聚合函数。尽管 Stoner

(1987)将此指数用于评定公共供水和灌溉用水，实际上，Stoner 指数也用于其他水质评定。

Stoner 指数含两类水质参数：

Ⅰ类参数一般认为是低浓度毒物（例如铅、氯丹、镭）。

Ⅱ类参数会对人体健康和感官方面造成影响（例如氯化物、硫、色度、臭和味）。

利用分指数分段函数法来处理第Ⅰ类污染变量。当浓度低于或等于建议限值时，Ⅰ类分指数赋值为0；当浓度超过建议限值时，赋值为100。Ⅱ类参数则用明确的数学函数来表达。

在Ⅰ类中，用于公共供水水质评定的是表3.11所示污染变量的综合值，用于灌溉用水水质评定的是表3.12所示变量的综合值。

表3.11 **Stoner 指数公共供水分指数函数**

变量	分指数函数
组 A(ω =0.134)	
氨氮/(mg·L^{-1})	$100 - 200x$
硝态氮/(mg·L^{-1})	$100 - 100x^2$
粪大肠杆菌群/[个·(100 mL)$^{-1}$]	$100 - 0.000025x^2$
组 B(ω =0.089)	
pH	$-1125 + 350x - 25x^2$
氟化物/(mg·L^{-1})	$98.8 + 24.7x - 123x^2$
组 C(ω =0.067)	
氯化物/(mg·L^{-1})	$100 - 0.4x$
硫酸盐/(mg·L^{-1})	$100 - 0.4x$
组 D(ω =0.053)	
酚类化合物/(μg·L^{-1})	$100 - 100x$
亚甲基蓝活性物质/(mg·L^{-1})	$100 - 200x$
组 E(ω =0.045)	
铜/(mg·L^{-1})	$100 - 100x^2$
铁/(mg·L^{-1})	$100 - 33.3x$
锌/(mg·L^{-1})	$100 - 20x$
色度（铂钴标准比色法）	$100 - 0.0178x^2$

表 3.12　Stoner **指数灌溉用水分指数函数**

变量	分指数函数
组 A($\omega = 0.111$)	
钠吸收比	$100 - x^2$
电导率/($\mu\Omega \cdot cm^{-1}$)	$100 - 0.0002x^2$
粪大肠杆菌群/[个 $\cdot$ (100 mL)$^{-1}$]	$100 - 0.0001x^2$
组 B($\omega = 0.074$)	
砷/(mg $\cdot$ L^{-1})	$100 - 1000x$
硼/(mg $\cdot$ L^{-1})	$100 - 100x^2$
镉/(mg $\cdot$ L^{-1})	$100 - 10^6 x^2$
组 C($\omega = 0.0555$)	
铝/(mg $\cdot$ L^{-1})	$100 - 4x^2$
铍/(mg $\cdot$ L^{-1})	$100 - 10^4 x^2$
铬/(mg $\cdot$ L^{-1})	$100 - 10^4 x^2$
钴/(mg $\cdot$ L^{-1})	$100 - 2000x$
锰/(mg $\cdot$ L^{-1})	$100 - 500x$
钒/(mg $\cdot$ L^{-1})	$100 - 1000x$
组 D($\omega = 0.028$)	
铜/(mg $\cdot$ L^{-1})	$100 - 2500x^2$
氟化物/(mg $\cdot$ L^{-1})	$100 - 100x^2$
镍/(mg $\cdot$ L^{-1})	$100 - 2500x^2$
锌/(mg $\cdot$ L^{-1})	$100 - 25x^2$

Stoner 指数是通过结合未加权的 I 类分指数和加权后的 II 类分指数而得出:

$$I = \sum_{i=1}^{m} I_i + \sum_{j=1}^{n} W_j I_j \tag{3.19}$$

其中,I_i 表示 I 类第 i 个污染变量的分指数;W_j 表示 II 类第 j 个污染变量的权重;I_j 表示 II 类第 j 个污染变量的分指数。

3.11　Bhargava 指数

Bhargava 指数是第一个由亚洲学者提出的关于饮用水供水水质指数。

Bhargava 指数确定了 4 组参数,每一组包含一类参数集。第一组包括饮用水大肠杆菌；第二组包括有毒物质、重金属等，生态系统的消费者会产生累积毒性效应；第三组包括一些能引起物理变化的参数，例如臭和味、色度和浊度；第四组则包括无机和有机的非毒性物质，例如氯化物、硫酸盐、发泡剂、铁、锰、锌、铜、总溶解固体（TDS）等。在最大允许浓度水平 C_{MCL}（根据美国环境保护署）下，表 3.13 给出了 Bhargava 指数变量和相应的分指数函数，这些变量和分指数函数包括了不同的参数浓度及权重的影响。

表 3.13　Bhargava 饮用水供水指数的分指数函数

变量	分指数函数	C_{MCL}
组 I		
大肠杆菌群（例如，大肠型细菌）	$f_1 = \exp\left[-16(C-1)\right]$	大肠型细菌/100 mL
组 II		
重金属、其他毒物等（例如，铬、铅、银等）	$f_1 = \exp\left[-4(C-1)\right]$	$0.05\ mg \cdot L^{-1}$
组 III		
物理变量（例如，浊度、色度）	$f_1 = \exp\left[-2(C-1)\right]$	1 TU；15 色度单位
组 IV		
有机和无机的非毒性物质（例如：氯化物、硫酸盐、TDS）	$f_1 = \exp\left[-2(C-1)\right]$	250 mg · L^{-1}；500 mg · L^{-1}

分指数聚合方程如下：

$$WQI = \left[\prod_{i=1}^{n} f_i\right]^{1/n} \tag{3.20}$$

其中，$f_i(P_i)$ 表示第 i 个变量的灵敏函数；n 为变量的个数。

Bhargava 指数曾在印度德里亚穆纳河的上游和下游原水水质数据中得以应用。饮用水供水水质建议值应超过 90。

3.12　Dinius 二级指数

Dinius 运用德尔菲法提出了乘法型水质指数（Helmer & Rescher，1959；Dalkey & Helmer，1963；Abbasi & Arya，2000）。该指数包括 12 种污染物参数——溶解氧、5 日生化需氧量、大肠菌计数、大肠杆菌、pH、碱性、硬度、氯化物、电导率、温度、色度和硝酸盐。此指数适用于 6 类特定用水功能，包括公共供水、娱乐、鱼类、贝类、农业和工业。表 3.14 为其相关分指数的计算展示。

表 3.14   水质 Dinius 二级指数的分指数函数

参数	维度	权重	函数
DO	% 饱和度	0.109	$0.82DO + 10.56$
*BOD*₅	mg/L, 20 ℃	0.097	$108(BOD)^{-0.3494}$
Coli	MPN-Coli/100 mL	0.090	$136(COLI)^{-0.1311}$
E. coli	Faecal-Coli/100 mL	0.116	$106(E\text{-}COLI)^{-0.1286}$
碱性	mg·L^{-1} CaCO₃	0.063	$110(ALK)^{-0.1342}$
硬度	mg·L^{-1} CaCO₃	0.065	$552(HA)^{-0.4488}$
氯化物	mg·L^{-1}, 淡水	0.074	$391(CL)^{-0.3480}$
电导率	μΩ/cm, 25 ℃	0.079	$506(SPC)^{-0.3315}$
pH	pH <6.9 6.9≤pH≤7.1 pH >7.1	0.077	$10^{0.6803+0.1856(\text{pH})}$ 1 $10^{3.65-0.2216(\text{pH})}$
硝酸盐	NO₃, mg·L^{-1}	0.090	$125(N)^{-0.2718}$
温度	℃	0.077	$10^{2.004-0.0382(T_a - T_s)}$
色度	Pt 标准	0.063	$127(C)^{-0.2394}$

将分指数函数和聚合函数连用,分指数函数的权重运用德尔菲预测法,根据其对整体水质的相应重要性估算。聚合函数的一般形式如下:

$$IWQ = \prod_{i=1}^{n} I_i^{w_i} \qquad (3.21)$$

其中,IWQ 表示水质指数,范围为 0 ~ 100;I_i 表示污染变量分指数,范围为 0 ~ 100;W_i 表示污染变量相应权重,范围为 0 ~ 1;n 为污染变量数。

通过替代分指数函数及其权重,来估算相应污染变量的权重函数 $I_i^{w_i}$。例如,BOD_5 权重函数为:

$$W_{I_{BOD_5}} = \left[108(BOD_5)^{-0.3494} \right]^{0.097}$$

3.13   Viet & Bhargava 指数

为评价越南西贡河各类功能用水的适用情况,发展出了 Viet & Bhargava 指数。此指数是在 Welski & Parker 指数的基础上稍做修正得来的:

$$WQI = \left[\prod_{i=1}^{n} f_i(P_i) \right]^{1/n} \times 100 \qquad (3.22)$$

其中,n 是变量个数(一般指有用变量);$f_i(P_i)$ 为相应第 i 个变量的灵敏函数。

图3.3 展示了典型分指数函数值。

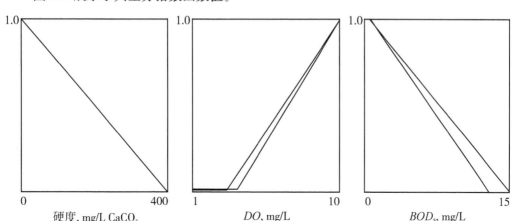

图3.3   Viet & Bhargava(1989)指数代表性分指数

就渔业和野生动物而言，有如下相关参数：

(1)温度：灵敏函数值为0.58。

(2)氯化物：灵敏函数值为1.0。

(3)DO：灵敏函数值为0.70。

(4)BOD：灵敏函数值为0.73。

综合指数计算如下：

$$WQI = (0.58 \times 1.0 \times 0.70 \times 0.73)^{1/4} \times 100$$

表3.15 为基于此指数的水资源分类。

表3.15   Viet & Bhargava 指数水资源分类

水质指数值	分类
≥90	Ⅰ 极好的
65～89	Ⅱ 允许的
35～64	Ⅲ 少量适用的
11～34	Ⅳ 不适用的
≤10	Ⅴ 完全不适用的

3.14   普拉卡希恒河水质指数

从恒河流域水质的理想状况和现状之间的差距来看，实施紧急污染控制显得尤为必要。对恒河水质状况进行评价，发展出了普拉卡希恒河水质指数。

指数的加权乘法形式如下：

$$WQI = \sum_{i=1}^{p} W_i I_i \qquad (3.23)$$

其中，I_i 代表第 i 个水质参数的分指数；W_i 代表第 i 个水质参数的分指数权重；P 为水质参数个数。

此指数是印度水污染中心委员会（Sarkar & Abbasi，2006）基于 NSF 水质指数（Brown et al.，1970），对不同功能的水质标准做微调而得来。

通过德尔菲法选出一系列参数，利用分指数方程得到相应分指数值（相关分指数方程见表3.16）。

表3.16　普拉卡希指数分指数方程

参数	适用范围	方程	相关性
DO（饱和度百分比）	0～40% 饱和度	$IDO = 0.18 + 0.66 \times (\% sat)$	0.99
	40%～100% 饱和度	$IDO = -13.5 + 1.17 \times (\% sat)$	0.99
	100%～140% 饱和度	$IDO = 263.34 - 0.62 \times (\% sat)$	-0.99
$BOD/(\mathrm{mg \cdot L^{-1}})$	0～10	$IBOD = 96.67 - 7(BOD)$	-0.99
	10～30	$IBOD = 38.9 - 1(BOD)$	-0.95
	>30	$IBOD = 2$	
pH	2～5	$IpH = 16.1 + 7.35 \times (pH)$	0.925
	5～7.3	$IpH = -142.67 + 33.5 \times (pH)$	0.99
	7.3～10	$IpH = 316.69 - 29.75 \times (pH)$	-0.98
	10～12	$IpH = 96.17 - 8.0 \times (pH)$	-0.93
	<2，>12	$IpH = 0$	
粪大肠杆菌群/ $[个 \cdot (100\ mL)^{-1}]$	1～10^3	$Icoil = 97.2 - 26.60 \times \log(FC)$	-0.99
	10^3～10^5	$Icoil = 42.33 - 7.75 \times \log(FC)$	-0.98
	10^5	$Icoil = 2$	

为给出参数相应权重，需要对参数进行重要性评级。重要性评级中，重要性最高的参数被赋予临时权重1，将其他参数与重要性最高的参数进行比较，得出相应临时权重。每个临时权重根据在所有参数临时权重值之和中的比例来确定相应的最终权重值。对最终权重值进行微调整以便更好地适用于不同用途的水质标准。

表3.17展示了权重获取和修正的情况，表3.18为根据用水功能分类得出的相应最终指数值。

表 3.17 权重获取和修正情况(对应表 3.16)

参数	重要评级均值	临时权重	最终权重	修正权重
DO	1.4	1.0	0.17	0.31
粪大肠杆菌群	1.5	0.9	0.15	0.28
pH	2.1	0.7	0.12	0.22
BOD	2.3	0.6	0.10	0.19
合计			0.54	1.00

表 3.18 水质指数等级情况(对应表 3.16)

编号	*WQI*	描述	等级
1	63 ~ 100	优良	A
2	50 ~ 63	较好	B
3	38 ~ 50	较差	C
4	<38	极差	D, E

3.15 Smith 水质指数

Smith 水质指数基于专家意见得出,是两种常用指数的混合产物。它适用于 4 类不同水资源用途的水质评价,包括可直接接触用水和不可直接接触用水(表 3.19):

(1)一般情况。

(2)常用公共浴洗。

(3)供水系统。

(4)鱼类产卵。

表 3.19　Smith 指数适用的 4 类用水

类别	定义性特征
一般情况	此类水无指定用途，存在使用冲突的情况，以下几种情况可水质保护： (a)维持水生群落的稳定性； (b)普通景观设施； (c)渔业； (d)牲畜养殖业； (e)灌溉用水； (f)处理后的公共供水； (g)公共场合，例如游泳区； (h)废水同化。 此用水分类的建议标准一般比特定用途的标准要求低
浴洗	此类为规范的河流浴洗场地用水，此区域水资源还有其他功能；特别是该区域的水生生物需要受到保护
供水	此类水作为饮用水和人类食品生产用水，一般需要经过絮凝、过滤、消毒处理。此区域水生生物也需要受到保护，但对水质要求严格程度上低于浴洗用水和鱼类产卵用水
鱼类产卵	此类水主要用于鱼类产卵区。简单来说，此类用水对水质要求较高，可以称之为鲑鱼产卵区

　　Smith 水质指数运用德尔菲预测法进行参数选择、分指数权重赋值。为了集思广益，Smith(1990)在德尔菲法的基础上，额外做了几轮问卷调查，同时允许专家致电交流。这看上去和德尔菲法的标准过程相背离，德尔菲法中，专家之间如果直接接触和讨论，很容易受到影响，不能充分表达自己的意见。实际并非如此，Smith 对专家们相互影响的问题非常重视，十分谨慎地解决了问题。

　　Smith 指数的详细构造过程如下：

　　首先，Smith 汇集了 18 位不同专业背景的水质专家。图 3.4 所示指数发展过程中的每一阶段，都运用德尔菲法来获取和修正专家们的意见。如前文所述，德尔菲法以匿名方式(函件)来征询专家的预测意见，每一个阶段都要求专家成员经过几次反复征询和反馈，从而专家意见逐步趋于集中，最后获得具有高准确率的集体判断结果。

　　Smith 采用 5 次调查问卷，第一次调查问卷后(旨在获取专家组成员对于每个水资源功能区的初始意见)，再采用额外两轮问卷调查，同时为专家组成员提供补充材料和问题以便继续讨论。这样有利于解决困难和有争议的问题(Smith，1987)。指数发展过程如下。

　　阶段一：待测物的选择。

　　选出理想待测物，同时适用于上述 4 类用水中的任意一类(表 3.19)，由此构成

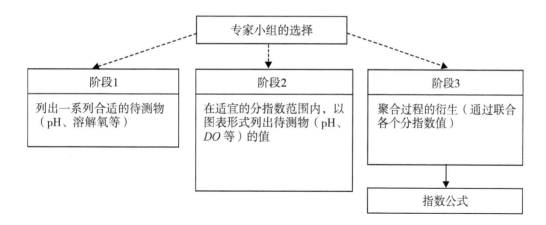

图 3.4   Smith 指数发展的 3 个主要阶段

（通过五轮调查来获取信息，得以呈现在附录中。）

天然水体最常规的测量属性（表 3.20）。其指数不包括有毒物质，因为就发展 Smith 指数的国家——新西兰而言，有许多不同的化学物质需要测量，毒性并非广泛存在的问题。供水指数中包括了氨，但氨并非毒性效应的产物。

表 3.20   Smith 指数中待测物的指数值

特性	用水情况			
	一般情况	浴洗	供水	鱼类产卵（鲑类）
溶解氧	RD、NS	RD、NS	RD、NS	RD、NS
pH	RD、NS	RD、NS	RD、NS	RD、NS
悬浮固体	RD	RD	RD	RD
浊度	RD	RD	RD	RD
温度（实际）	RD、NS	RD、NS	RD、NS	RD、NS
温度（海拔）	RD、NS	RD、NS	RD、NS	RD、NS
BOD_5（未过滤）	RD	RD	O	RD
氨	—	—	RD、NS	—
粪大肠杆菌群	RD	RD、NS	RD、NS	—

注：①RD 表示必测物；RD、NS 表示具有建议数值标准的必测物。

②O 在 BOD_5 表示 BOD_5 为并未明确要求的待测物，一般根据当地情况而定。因此，专家组同意在一般用水的情况下使用 BOD_5 分指数曲线。

　　阶段二：分指数曲线的开发。

　　为获取分指数曲线，向专家提供了空白图形格式。其中，x 轴表示待测物的期望范围，在新西兰早期待测物很难达到期望水平。y 轴范围落在 0 ～ 100，表示相应水质评级下对应的合理利用情况(分指数评级)。为专家提供了一套组内成员能够相互认同的分指数值范围描述(表3.21)。同时,要求专家以图像形式对分指数等级进行描述(以便合理利用),从而得出待测物的幅度函数。例如,如果适用于所有指定用途,指数pH的得分为100;如果所有都不适用,则其得分为0。表3.20列出了4类不同用水情况下各自对应的待测物情况。除了温度曲线有两条(包括实际温度和海拔温度)外,合计共有32条曲线。鱼类产卵用水区域也有两条温度曲线,一条适用于鱼类产卵期,一条适用于除产卵期外的各个时期。这些曲线根据全年最高温度的推荐标准得来。

表 3.21　Smith 指数中的分指数值范围描述

范围	描述
$100 \geqslant I\text{sub} \geqslant 80$	完全适用于所有
$80 \geqslant I\text{sub} \geqslant 60$	适用于所有
$60 \geqslant I\text{sub} \geqslant 40$	主要适用/部分适用
$40 \geqslant I\text{sub} \geqslant 20$	少部分适用
$20 \geqslant I\text{sub} \geqslant 0$	完全不适用

在某些情况下(如存在推荐数值标准),曲线会强制经过一些固定的点(即推荐标准值和 $I\text{sub}=60$),相当于适用性类别的最低值(表3.21)。例如,在日常用水的建议计划表中,pH应不低于6.0、不高于9.0。在分指数图像中,就会有一些固定的点,即(6.0,60)和(9.0,60)。这些固定点是专家预先同意的。

专家不会强制绘制自己并不擅长的特征曲线,大多数曲线会由10～12专家绘制。

将经过专家绘制的曲线进行平均计算,从而得到最终图像。这是在每条曲线的 x 轴取大约20个点,获得分指数值并在整个面上计算算术平均完成的。

95%置信区间绘制出的新曲线还需要小组成员重新讨论。渔业专家建议,除了鱼类产卵水域的悬浮物分指数曲线,95%置信临界曲线比平均曲线更合适。图3.5是日常用水的8条曲线,其他用水曲线和这8条相似。

阶段三:聚合过程。

用方程来表示最小算法函数:

$$I = \min \sum (I\text{sub}_1, I\text{sub}_2, \cdots, I\text{sub}_n)$$

此函数的逻辑为水的适用性取决于最糟糕的部分,即短板理论;这个概念类似于富营养化限值营养。

最小运算函数的其他优势有:

(1)没有限制待测物的数量(运用聚合方式没有数量限值要求,还能减少重叠效应)。

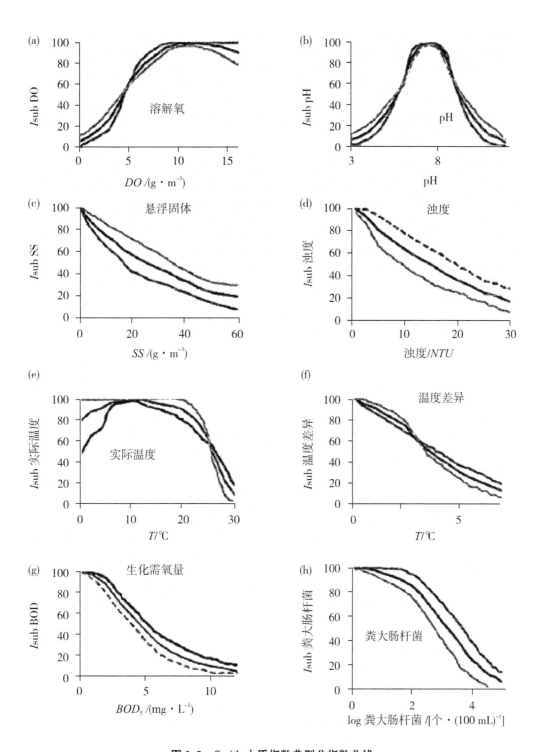

图 3.5　Smith 水质指数典型分指数曲线

（在曲线两侧内，表明在 95％置信区间范围内。）

（2）在随后的阶段中，省略权重计量（为待测物赋予权重并不容易），很容易引入新的待测物（省略当前的）。

（3）不要求权重，指数得以简化。

3.15.1　指数检测

在全国范围内使用指数前，由管理者、使用者和研究人员组成的小组对此指数进行初步测试。为每位成员发放一份由 4 个表格（每个表格对应一类用水）组成的综合水质调查问卷，每类用水由 10 种类型的水域组成，要求受访者纯粹根据自己的经验来为这 40 种水域分别进行指数打分，同时还要求他们确定某水域适用的待测物限值。告诉小组成员指数得分 60 的待测物是刚到标准的及格线。此外，他们还有一系列指数适用的水体类别（见表 3.19），以及指数范围的描述（见表 3.21）。

结果证明，小组成员能够确定水的适用性限制决定因素，除非许多分指数值非常相似，而且理论指数得分大于 90；浊度和悬浮物的待测指数最难准确获取。

图 3.6 展示了如何获取指数得分。

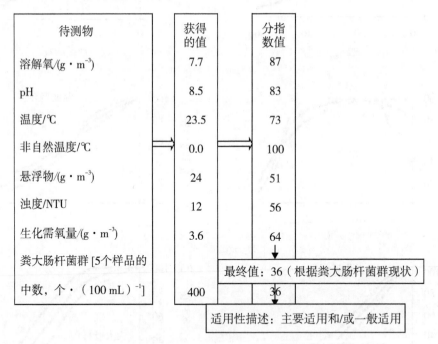

图 3.6　获取指数得分示例

3.15.2　指数的实地验证

指数偶尔会产生有趣的结果。例如，如果水浴温度是 26.5 ℃，对应最低分指数值为 44。这恰是水的指数属于"主要适用和/或部分适用的部分"。水浴温度还应满足水生生物需求，但在新西兰，26.5 ℃ 会对水生生物产生胁迫。26.5 ℃ 对鲑鱼生存也不合适。这意味着如果某水域有多种用途的话，它很难在单一用途上达到最好水质。

3.16 切萨皮克海湾水质指数

马里兰州环境署为切萨皮克海湾发展出营养物负荷指数和富营养化指数，旨在为立法者、管理者和公众就关心的海湾营养物削减和水质趋势做出清晰明了的概括。

营养物负荷指数记录了系统氮和磷的平均每日负荷。

富营养化指数将系统划分为不同的盐度带，并且全面分析了海湾监测计划数据。

就帕塔克森特河河口、波多马克河河口和切萨皮克海湾的主流而言，营养物负荷指数显示磷的点源负荷减少效果显著。河口富营养化指数表明，水质多变很大程度上是因为河口水流条件，在过去 10 年里，富营养化问题还是在一定程度上得到了改善。

3.17 水生动物毒性指数

为了评估水生生态系统的健康状况，Wepener 等人（1992）发展出水生动物毒性指数（*ATI*）。基于广泛的鱼类毒性数据来源，不同水质对鱼类的毒性作用被用于 *ATI* 指数开发，并作为水生生态系统的健康指标。

ATI 水质物理特征参数包括 pH、溶解氧和浊度，化学特征参数包括铵盐、总溶解态盐、氟化物、钾和正磷酸盐，潜在毒害金属包括总锌、锰、铬、铜、铅和镍。*ATI* 的范围与 Smith（1990）为鲑鱼产卵水域提出的指数变化幅度相当。使用 Solway 修订的未加权聚集函数（House & Ellis，1980）来聚集从评级曲线获得的 *ATI* 值：

$$ATI = \frac{1}{100}\left(\frac{1}{n}\sum_{i=1}^{n} q_i\right)^2 \tag{3.24}$$

其中，q_i 为第 i 个参数的质量（其值范围为 $0 \sim 100$）；n 为指数系统中的决定性因素。Wepener 等人（1992）并没有利用加权求和系统，因为不同地方条件下一个决定因素与另一个决定因素的重要性以及整个系统的内在化学性质的资料太少。此外，无法比较具有直接和相互作用的因素，为了避免隐藏那些对水质适用情况有决定性作用的因素，因此使用最小的运算函数。Water 的软件可以计算附加运算和最小运算，并得到最终的指数值。在 1990 年 2 月至 1992 年 4 月金属开采的过程中，Wepener 等人（1999）利用该指数公布了 Kruger 国家公园 Olifants 河和 Selati 河水质的时空分布动态。

3.18 Li 的局部水资源质量评价指数

Li（1993）提出将水体的损伤速率函数与水质联系在一起，指数才有合理的结构和极强的综合能力。他对水质的评价不仅仅局限于河流的某一部分，同时会考虑水资源的情况。

该指数的应用，对水资源的保护和水污染的控制都很重要。

3.19 双重水质指数

Dojlido 等人(1994)曾使用过双重水质指数,该指数依赖于水质监管常用的 7 个参数:BOD_5、悬浮固体、磷酸盐、氨、溶解氧、电导率和 COD。

在附加参数中,该指数考虑了 COD、硝酸盐、铅、汞、铜、六价铬、总铬、锌、镉、镍以及游离态氰化物。

Dojlido 等人针对双重指数给出的理由是,基础参数的指数可以用来比较不同河道的水质情况,附加参数的指数有助于深入了解某个特定河道。

每个参数的分指数都是在波兰外交部委员会标准的基础上发展而来的,采用 4 类水质范围(从严重污染到清洁)。计算指数平均数的平方再开根,从而得到聚合函数:

$$WQI = \sqrt{\frac{n}{\sum_{i=1}^{n} \frac{1}{x_i^2}}}, 若 x_i \neq 0 \quad 对于任意 i \tag{3.25}$$

其中,若 $x_i = 0$,对于任意 i 而言,WQI 为 0。

3.20 池塘水质指数

Sinha(1995)对印度村民们使用的池塘饮用水水质做出评价。该水质指数和前文曾描述的布朗指数有些相似,其分指数构成包括 10 个参数,分别是 pH、硬度、溶解氧、氯化物、钠、钾、锌、铁、浊度和色度。计算公式为:

$$WQI = \sum_{i=1}^{10} w_i q_i \tag{3.26}$$

表 3.22 展示了其指数的估算方法,表 3.23 和表 3.24 展示了两个池塘的水质特征以及指数值的月变化。结果表明,尽管这些池水被作为饮用水使用,但实际上并不适合饮用,必须加以适当处理。

表 3.22 Susta 池 1 月份水质指数估算(1986)

水质参数	I.C.M.R 标准	单位权重(W_i)	水样值	质量评价(d_i)	参数分指数($d_i w_i$)
pH	7.0～8.5	0.2290	7.80	53.33	1.2213
硬度	300 mg/L	0.0006	52.00	17.33	0.0104
溶解氧	5 mg/L[©]	0.0352	6.20	87.50	3.0800
氯化物	250 mg/L	0.0007	48.50	19.40	0.0136
d 钠	20 mg/L	0.0088	5.20	26.00	0.2288
钾	10 mg/L[*]	0.0176	5.80	58.00	1.0208
锌	5 mg/L	0.0352	0.05	1.00	0.0352

续表 3.22

水质参数	I. C. M. R 标准	单位权重(W_i)	水样值	质量评价(d_i)	参数分指数($d_i w_i$)
铁	0.3 mg/L	0.5859	0.18	60.00	35.1540
浊度	1.5 mg/L*	0.1172	10.00	666.66	78.1325
S. P. C 大肠杆菌	1/100 mL	0.1758	1000.00	400.00	70.0000

注：ⓒ为欧盟标准(E.E.C)；＊为苏维埃标准(TOCT)No.2874－73。

表 3.23　水的理化特征

编号	参数	Susta 池范围		Madhaul 池范围	
		第一年	第二年	第一年	第二年
1	浊度/(mg · L^{-1})	17.5 ±7.5	20 ±10	20 ±9	20 ±10
2	电导率/(μΩ · cm^{-1})	0.34 ±0.11	0.36 ±0.12	0.435 ±0.095	0.43 ±0.08
3	溶解氧/(mg · L^{-1})	5.8 ±1.4	6.5 ±1.1	6.2 ±1.4	6.1 ±1.3
4	pH	7.85 ±0.35	7.9 ±0.5	7.85 ±0.65	7.95 ±0.45
5	钠/(mg · L^{-1})	5.2 ±0.6	5.8 ±0.9	5.35 ±0.95	5.6 ±0.8
6	钾/(mg · L^{-1})	6.25 ±0.45	6.4 ±1.0	5.75 ±0.65	5.9 ±1.4
7	锌/(mg · L^{-1})	0.095 ±0.085	0.095 ±0.065	2.6 ±1.0	2.5 ±1.1
8	铁/(mg · L^{-1})	0.235 ±0.075	0.155 ±0.155	0.2 ±0.08	0.14 ±0.14
9	氯化物/(mg · L^{-1})	60.37 ±11.88	54.75 ±10.25	45.35 ±6.85	52.11 ±13.12
10	硬度/(mg · L^{-1})	60 ±12	63.5 ±17.5	65.6 ±14.4	64 ±12.8

表 3.24　两个池的水质指数(1986 年 1 月至 1987 年 9 月)

月份	Susta 池	Madhaul 池
1 月(1986)	188.89	290.51
3 月	233.99	227.81
5 月	253.70	248.39
7 月	321.54	276.47
9 月	300.61	296.89
11 月	252.78	226.68
1 月(1987)	203.42	238.59
3 月	307.77	248.67

续表 3.24

月份	Susta 池	Madhaul 池
5 月	285.54	268.98
7 月	342.71	303.91
9 月	239.59	313.69

3.21　印度贾巴尔普尔市哈努曼湖水质指数

基于 9 个参数组成的水质指数,研究了印度贾巴尔普尔市哈努曼湖水质,(Dhamija & Jain,1995)表 3.25 总结了参数的权重赋值,每个参数的单位权重 w_i 计算如下:

$$w_i = \frac{w_i}{\sum_{i=1}^{9} w_i} \tag{3.27}$$

给出分指数:

$$(SI)_i = q_i w_i$$

其中,q_i 是第 i 个参数的质量评级。

紧接着,有:

$$WQI = \sum_{i=1}^{9} q_i w_i \tag{3.28}$$

定量表的范围设置在 0 ～ 100(表 3.26)。表 3.27 是水质指数典型计算的说明。表 3.28 反映了水质指数的季节波动,此波动也被认为是各类参数值的函数波动。

表 3.25　水质参数权重分配

参数	标准	权重	单位权重
pH	7.0 ～ 8.5	4	0.16
总硬度($CaCO_3$)/(mg · L^{-1})	100 ～ 500	2	0.08
钙/(mg · L^{-1})	75 ～ 200	2	0.08
镁/(mg · L^{-1})	30 ～ 150	2	0.08
总碱度/(mg · L^{-1})	<120	3	0.12
溶解氧/(mg · L^{-1})	>6	4	0.16
总固体/(mg · L^{-1})	500 ～ 1500	4	0.16
总悬浮固体/(mg · L^{-1})	<100	2	0.08
氯化物/(mg · L^{-1})	200 ～ 500	2	0.08

表3.26 水质参数评定表

参数	未污染	轻微污染	中等污染	严重污染
	100	80	50	0
pH	7.0～8.5	8.6～8.8 6.8～7.0	8.9～9.2 6.5～6.7	>9.2 <6.5
总硬度/(mg·L^{-1})	<100	101～300	310～500	>500
钙硬度/(mg·L^{-1})	<75	76～137	138～200	>200
镁硬度/(mg·L^{-1})	<30	31～90	91～150	150
总碱度/(mg·L^{-1})	50	51～85	86～120	>120
溶解氧/(mg·L^{-1})	6	4.4～4.9	3.0～4.5	<3.0
总固体/(mg·L^{-1})	500	500～1000	1000～1500	>1500
总悬浮固体/(mg·L^{-1})	<30	30～65	65～100	>100
氯化物/(mg·L^{-1})	<200	201～400	401～600	>600

表3.27 哈努曼湖位置I夏季水质指数计算

参数	夏季值		
	q_i	w_i	$q_i w_i$
pH	100	0.16	16.0
总硬度/(mg·L^{-1})	100	0.08	8.0
钙硬度/(mg·L^{-1})	100	0.08	8.0
镁硬度/(mg·L^{-1})	100	0.08	8.0
总碱度/(mg·L^{-1})	0	0.12	0.0
溶解氧/(mg·L^{-1})	100	0.16	16.0
总固体/(mg·L^{-1})	100	0.16	16.0
总悬浮固体/(mg·L^{-1})	80	0.08	6.4
氯化物/(mg·L^{-1})	100	0.08	8.0
WQI			86.4

表 3.28　贾巴尔普尔市哈努曼湖水质指数中不同参数的季节性波动

参数	夏季		雨季		冬季	
	位置 1	位置 2	位置 1	位置 2	位置 1	位置 2
pH	7.51(100)	7.41(100)	7.45(100)	7.37(100)	7.68(100)	7.61(100)
总硬度/ (mg·L^{-1})	94.00(100)	92.50(100)	153.00(80)	167.50(80)	130.00(80)	111.87(80)
钙硬度/ (mg·L^{-1})	73.70(100)	73.70(100)	118.00(80)	127.50(80)	83.73(100)	73.75(100)
镁硬度/ (mg·L^{-1})	20.25(100)	18.75(100)	35.00(80)	27.50(100)	38.75(80)	45.62(80)
总碱度/ (mg·L^{-1})	123.50(0)	128.00(0)	191.25(0)	201.25(0)	107.50(50)	95.62(50)
溶解氧/ (mg·L^{-1})	6.970(100)	7.250(100)	7.870(100)	6.625(100)	7.000(100)	6.650(100)
总固体/ (mg·L^{-1})	300.25(100)	305.25(100)	340.00(100)	357.75(100)	370.50(100)	372.25(100)
总悬浮固体/ (mg·L^{-1})	63.25(80)	64.75(80)	75.50(50)	84.25(50)	71.00(50)	81.00(50)
氯化物/ (mg·L^{-1})	103.96(100)	106.46(100)	58.73(100)	58.72(100)	69.97(100)	64.93(100)
WQI	86.4	86.4	79.2	80.8	86.8	86.8

3.22　台湾沿海水质指数

沿海水质指数(*CWQI*)是为了让公众更好地了解沿海水质情况。该方法(Shyue et al.,1996)运用德尔菲法调查台湾的 6 位沿海水质专家的意见,在 Marien 水质标准中选出一些参数。运用回归分析对参数进行数据处理,从而得到评分函数。

CWQI 的确定参数为 pH、*DO*、*BOD*、氰化物、粪大肠杆菌群、Cu、Zn、Pb、Cd 和 Cr。

3.23　修正过的 Oregon 水质指数

Oregon 水质指数(*OWQI*)由美国俄勒冈州环境质量部于 19 世纪 70 年代发展而

来，旨在总结水质状况以及用立法强制执行的水质状况评估发展趋势。仿照国家卫生基金会，该方法运用德尔菲法选择水质变量，根据损害类别（包括氧气消耗、富营养化和生物过度增长、溶解物质和健康危害）将水质变量进行分类。早在 1983 年，由于需要大量资料用于计算和汇报结果，原始 $QWQI$ 便不再使用。随着电脑技术、数据显示和可视化加强工具的发展，以及人们对水质有了更好的认识，$OWQI$ 改善了初始分指数，增加了温度和总磷分指数，同时加强了聚合计算（Cude，2001），从而在 1995 年上升到一个新台阶。该指数结果反映了俄勒冈州溪流的水质，该水体为一般的娱乐用水，包括捕鱼和游泳。通过整合 8 个不同的水质变量，包括温度、溶解氧、生化需氧量、pH、氨氮、总磷、总固体和粪大肠杆菌群数，将水质用一个综合的数值表示。通过原始 $OWQI$ 分指数绘制由转换曲线（Dunnette，1980）发展而来的转换表，利用非线性回归方式派生出分指数转换公式。由于最小运算的聚合对受影响最大的变量太过敏感，因此不能用于其他变量的整合（Cude，2002）。使用未加权调和均方公式旨在加权分指数值，可以看作原始版本中加权算术平均数公式的完善：

$$WQI = \sqrt{\dfrac{n}{\displaystyle\sum_{i=1}^{n} \dfrac{1}{SI_i^2}}} \qquad (3.29)$$

其中，n 为分指数个数；S_i 为 i 的分指数。

$OWQI$ 促进了水质管理的有效评估，也许会将其发展为环境指示物，例如非常需要改善有重大进步的河流监测位点比重，或者水质极好的位点比重。

3.24 污染综合指数

印度那格浦尔国家环境工程研究所（NEERI）的 Sargoankar 和 Deshpande（2003）提出了污染综合指数（OIP），旨在评定地表水状况，特别是印度的地表水。通过综合考虑印度中央污染控制委员会（CPCB）和印度标准学会（ISI）的分类方案，他们提出了一个与 Prati 等人（1971）提出的概念类似的分类方案。该分类考虑污染对水质状况的影响。共有 5 类，包括 C1：极好的/原始的；C2：可接受的/需要消毒；C3：轻微污染/需要过滤和消毒；C4：污染/需要处理和消毒；C5：重度污染/不可使用。基于 CPCB、ISI 或者其他机构的等级分类，将不同参数的浓度考虑在内（表 3.29）。为了给不同的水质参数赋予一致的单位，对应于 C1、C2、C3、C4 和 C5，分别赋予等比整数值 1、2、4、8 和 16。

这些数值被称为类指数，其数值大小表示污染等级。将参数浓度分配到各自的表达式中得到一个数值，即指数 P_i，该指数表示污染等级。随后，求出综合污染指数（OIP）作为所有单独污染指数的均值：

$$OIP = \frac{1}{n} \sum_{i=1}^{n} P_i \qquad (3.30)$$

其中，P_i 是第 i 个参数的污染指数，$i = 1$，2，$\cdots$，n（n 为参数个数）。为了评价地表水状况以及针对不同等级水制定污染控制策略，还对指数进行了测试，将此指数用于有少量取样站的印度亚穆纳河确定河水的适用情况。

表 3.29   基于污染综合指数的水质状况分类 (Sargoankar & Deshpande，2003)

分类	极好	可接受	轻微污染	污染	重度污染
	C1	C2	C3	C4	C5
类指数 (得分)	1	2	4	8	16
参数	浓度限值/范围				
浊度/NTU	5	10	100	250	>250
pH	6.5 ~ 7.5	6.0 ~ 6.5 和 7.5 ~ 8.0	5.0 ~ 6.0 和 8.0 ~ 9.0	4.5 ~ 5.0 和 9.0 ~ 9.5	<4.5 和 >9.5
色度 (Hazen 单位)，max	10	150	300	600	1200
溶解氧/%	88 ~ 112	75 ~ 125	50 ~ 150	20 ~ 200	<20 和 >200
BOD_5 (20 ℃)/ (mg · L^{-1})，max	1.5	3.0	6.0	12.0	24.0
TDS/(mg · L^{-1})，max	500	1500	2100	3000	>3000
硬度 $CaCO_3$/(mg · L^{-1})，max	75	150	300	500	>500
氯/(mg · L^{-1})，max	150	250	600	800	>800
NO_3/(mg · L^{-1})，max	20	45	50	100	200
SO_4/(mg · L^{-1})，max	150	250	400	1000	>1000
总大肠杆菌群/MPN，max	50	500	5000	10000	15000
砷/(mg · L^{-1})，max	0.005	0.010	0.050	0.100	1.300
氟/(mg · L^{-1})，max	1.2	1.5	2.5	6.0	>6.0

3.25   加拿大水质指数和 Said 等人的指数

加拿大水质指数 (CCME，2001) 和 Said 等人 (2004) 的指数详情见第 10 章。

3.26 普适的水质指数

Boyacioglu(2007)参考欧共体理事会(EC,1991)设定的水质标准、土耳其水污染控制条例以及其他的科学信息,选出了 12 个水质参数作为判断饮用水水质的最具代表性的参数(表 3.30)。水质状况划分为三个等级——极好、可接受和受污染三类(表 3.31)。

将如下因素考虑在内,以便更好地为水质变量权重赋值:

(1)微生物污染物对健康影响最大,所以化学参数权重低于微生物参数权重。

(2)给予众所周知的健康问题有关的参数分配较高权重。

给出如下指数计算公式:

$$UWQI = \sum_{i=1}^{n} w_i I_i \qquad (3.31)$$

其中,w_i 是第 i 个参数的权重;I_i 是第 i 个参数的分指数。

0 ~ 25 范围内的指数值代表水质很差;25 ~ 50 范围内的指数值代表水质差;50 ~75 范围内的指数值代表水质一般;75 ~ 100 内的水质值代表水质好;高于 100 的指数值代表水质极好。

表 3.30　普适水质指数的发展分类(Boyacioglu,2007)

参数	单位	类 I (极好)	类 II (可接受)	类 III (受污染)	备注
总大肠杆菌群	CFU/100 mL	50	5000	5000	用于指示是否存在潜在的危害性细菌
镉	mg/L	0.003	0.005	0.01	工业排污和生活排污
氰化物	mg/L	0.01	0.05	0.1	
汞	mg/L	0.0001	0.0005	0.002	
硒	mg/L	0.01	0.01	0.02	天然化学物质
砷	mg/L	0.02	0.05	0.1	
氟化物	mg/L	1	1.5	2	
氨氮	mg/L	5	10	20	
溶解氧	mg/L	8	6	3	运行监测参数
pH		6.5 ~ 8.5	5.5 ~ 6.4, 8.6 ~ 9	<5.5, >9	
生化需氧量	mg/L	<3	<5	<7	有机物污染指示
总磷 PO$_4$-P	mg/L	0.02	0.16	0.65	满足不同环境类型的生态需求

表 3.31　*UWQI* 参数的重要性评级和权重赋值（Boyacioglu，2007）

分类	变量	评级	权重因子
健康危害	总大肠杆菌群	4	0.114
	镉	3	0.086
	氰化物	3	0.086
	汞	3	0.086
	硒	3	0.086
	砷	4	0.113
	氟化物	3	0.086
	氨氮	3	0.086
运行	溶解氧	4	0.114
监测	pH	1	0.029
氧气	生化需氧量	2	0.057
损耗	总磷 PO_4-P	2	0.057

3.27　改良的聚合方法

Swamee 和 Tyagi（2000，2007）在查看了先前 WQIs 的聚合方法后（在之前的章节中有描述），提出了新的方法。和之前的方法相比，新方法克服了一些之前存在的问题，例如歧义、重叠和僵化。

第 2 章提到，当指数超过评价水平（处于不可接受值），同时其相应分指数又没有超过评价水平时，会出现歧义的问题。当指数没有超过评价水平（处于不可接受值），相应的分指数又超过评价水平，此时会出现重叠问题。

另一个问题是僵化，出现在指数需要有额外变量以解决一些特定水质问题时，此时聚合函数不允许指数出现扰乱现象。对于管理机构，一套指数是很正常的，但依旧会想增加额外的参数。还会出现的情况有：在特定位置有不错的水质指数，受损水质指数却并未包含在内。大量已有的聚合形式对额外增加的参数没有做好接纳的准备。分指数数量增多，无论增量多少，通常会导致整体指数值下降。在僵化问题出现时，若指数本身还存在歧义，则歧义现象将会被放大。如果指数本身没有歧义问题，指数改变之后依旧不会有歧义问题出现。

为了克服这些问题，在 NSF-WQI 的基础上提出了新的聚合方法。NSF-WQI 中，利用曲线将浓度或各组分的含量与分指数联系起来，接着将这些单值聚合成一个数（Brown et al.，1970）。在科技文献和专业判断上，这些曲线被作为国家标准和规范

(Peterson & Bogue, 1989)。利用这些曲线, Swamee 和 Tyagi(2000)提出了 3 个分指数方程,旨在将 NSF-WQI 中的各种水质变量浓度与它们各自的指数值联系起来。就水质单调递增的分指数而言,它们的分指数方程是:

$$s = \left(1 + \frac{q}{q_c}\right)^{-m} \tag{3.32}$$

其中, q 代表水质变量浓度; q_c 代表 q 的特征值; m 为指数。

非均匀递增的分指数的一般方程如下:

$$s = \frac{1 + \left(\frac{q}{q_T}\right)^4}{1 + 3\left(\frac{q}{q_T}\right)^4 + 3\left(\frac{q}{q_T}\right)^8} \tag{3.33}$$

其中, q_T 为各类水质变量的极限浓度。

当 $s=1$、$q=q^*$ 时,单峰分指数有最大值,此时一般分指数方程为:

$$s = \frac{pr + (n+p)(1-r)\left(\frac{q}{q_*}\right)^n}{p + n(1-r)\left(\frac{q}{q_*}\right)^{n+p}} \tag{3.34}$$

其中, r 是 $q=0$ 的分指数, q^* 为 q 的特征值, n 和 p 为指数。

将指数中的各类水质变量浓度转化成各自的分指数值后,再将众多单值聚合成一个独立数,由此得到综合水质指数。为避免歧义和重叠,期望聚合形式(将 N 个分指数 s_1, s_2, $\cdots$, s_N 转变成一个独立数 I)有如下属性(Swamee & Tyagi, 2000):

$$I(1,1,\cdots,1,s_i,1,\cdots,1) = s_i \tag{3.35}$$
$$I(s_1,s_2,\cdots,s_{i-1},0,s_{i+1},\cdots,S_N) = 0 \tag{3.36}$$

Swamee 和 Tyagi(2000)提出不存在歧义和重叠的聚合形式如下:

$$I = \left(1 - N + \sum_{i=1}^{N} s_i^{-1/k}\right)^{-k} \tag{3.37}$$

其中, k 为正常数。这样的数学结构分析中存在僵化问题,一旦分指数数量 N 增加,那么聚合指数 I 就会变小,僵化的结果就是出现了歧义。因此,为了解决僵化问题、让聚合形式更加灵活,有必要让 k 随着 N 而变化,以便拓展 WQI 来容纳更多的水质变量。

为确定指数 k, Swamee 和 Tyagi(2007)添加了一个额外条件。若 $s_i=0.5$($i=1$, 2, $\cdots$, N)时, $I=0.25$。利用此条件,方程简化为:

$$2^{2/k} - N2^{1/k} + N - 1 = 0 \tag{3.38}$$

作为二次方程,求解方程有:

$$k = \frac{1}{\log_2(N-1)} \tag{3.39}$$

因此,聚合过程改进为:

$$I = \left[1 - N + \sum_{i=1}^{N} s_i^{-\log_2(N-1)}\right]^{-1/\log_2(N-1)} \tag{3.40}$$

在所有分指数相等的特例中，即 $s_i = s$，方程有如下变动：

$$I = 1 + N(s^{-1/k} - 1)^{-k} \qquad (3.41)$$

由此，方程归纳为：

$$I = [I - N(s^{-\log_2(N-1)} - 1)]^{-1/\log_2(N-1)} \qquad (3.42)$$

此例中，展示了聚合函数避免歧义、重叠和僵化问题。同时，额外的水质参数得以增加，实现了综合指数不受参数个数影响的结果。利用这个聚合形式，已确定的水质参数将不再受到以往的限值。使用者可以根据数据的可用性和指数应用的目的来确定水质参数的大小。

3.28　越南第一例水质指数

为监测和管理越南地表水的水质，Hanh 等人（2011）提出了越南第一例水质指数。

该指数包含 27 个水质参数，囊括了理化变量、油类和脂类、大肠杆菌和农药。

利用评级曲线的方法将水质变量浓度转化成质量分数（图 3.7）。Liou 等人（2004）提出了加法形式和乘法形式的混合聚合函数，从而得到最终的指数。运用主成分分析法（PCA）将所选参数分组——初始变量得以转化成互不相干的变量或主要成分（PC）：

$$Z_{ij} = a_{i1}x_{ij} + a_{i2}x_{2j} + \cdots + a_{im}x_{mj} \qquad (3.43)$$

其中，z 为组分分数；a 为组分负荷量；x 为变量测量值；i 为组分数量；m 为变量总数。保证主要成分的数量和组分负荷量的特征包括特征值、累积方差贡献率和累积百分数。

按照水质参数的范围以及它们的递增水平确定了评级曲线（表 3.32），在评级曲线的基础上，给出参数浓度的最终数值（1 ～ 100 之间，1 为最差情况，100 为最好情况）。

PCA 第一组占累计方差的 46.56%，该组分与 BOD_5、COD、NH_4^+ 和 PO_4^{3-} 有极强的正负荷关系，与 DO 有一定的负负荷关系。大量的有机物和营养物质会消耗大量的溶解氧，第一组表示有机营养物污染。第二组表示颗粒污染占累计方差的 24.02%，包括悬浮固体和浊度。第三组占累计方差的 12.54%，为大肠杆菌。

由此得出基础水质指示物（WQI_B）的聚合函数：

$$WQI_B = \left[\frac{1}{5} \sum_{i=1}^{5} q_i \times \frac{1}{2} \sum_{j=1}^{2} q_j \times q_k \right]^{1/3} \qquad (3.44)$$

其中，q_i 为有机营养物的分指数值，包括 DO、BOD_5、COD、NH_4^+、$-NPO_4^{3-}$ 和 P；q_j 为颗粒组的分指数值，包括 SS 和浊度；q_k 为细菌组的分指数值，指的是 $E.\ Coil$。

对其他水质参数的分指数进行计算，将每一个分指数与 WQI_B 做比较，将比 WQI_B 值低的水质参数纳入又一轮的计算。温度 Tw 和 pH 的系数从各自的分指数中直接计算而来，有毒物质系数由平均数计算而来。整体指数规模为 1 ～100，而 Tw、

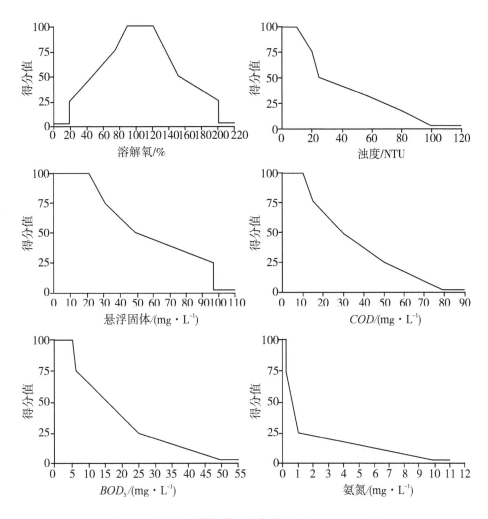

图 3.7　越南水质指数的评级曲线（Hanh et al.，2011）

pH 以及有毒物质的系数规模为 0.01 ~ 1。聚合函数如下：

$$WQI_O = \left[\coprod_i^n C_i \right]^{1/n} \left[\frac{1}{5} \sum_{i=1}^{5} q_i \times \frac{1}{2} \sum_{j=1}^{2} q_j \times q_k \right]^{1/3} \qquad (3.45)$$

其中，C_i 为 Tw、pH 和有毒物质的分指数系数；n 为系数数量。

根据 WQI_B 和 WQI_O 的得分对水质进行分类：

(1)91 ~ 100：水质极好。

(2)76 ~ 90：水质好。

(3)51 ~ 75：水质一般。

(4)26 ~ 50：水质差。

(5)1 ~ 25：水质很差。

表 3.32   越南水质指数的水质参数权重赋值

参数	分数值				
	100	75	50	25	1
	等级 1	等级 2	等级 3	等级 4	等级 5
pH	6～8.5	6～8.5	5.5～9	5.5～9	5.5～9.0
温度/℃	—	—	—	—	40
饱和溶解氧/%	88～112	75～88，112～125	50～75，112～125	50～75，125～150	<20，>200
浊度/NTU	5	20	30	70	100
悬浮固体/(mg·L^{-1})	20	30	50	100	100
COD/(mg·L^{-1})	10	15	30	50	80
BOD/(mg·L^{-1})	4	6	15	25	50
氨/(mg·L^{-1})	0.1	0.2	0.5	1	10
亚硝酸盐/(mg·L^{-1})	0.01	0.02	0.04	0.05	—
硝酸盐/(mg·L^{-1})	2	5	10	15	—
正磷酸盐/(mg·L^{-1})	0.1	0.2	0.3	0.5	—
氯化物/(mg·L^{-1})	250	400	600	—	600
氟化物/(mg·L^{-1})	1	1.5	1.5	2	10
氰化物/(mg·L^{-1})	0.005	0.01	0.02	0.02	0.1
三氧化二砷/(mg·L^{-1})	0.01	0.02	0.05	0.1	0.1
镉/(mg·L^{-1})	0.005	0.005	0.01	0.01	0.01
铅/(mg·L^{-1})	0.02	0.02	0.05	0.05	0.5
三价铬/(mg·L^{-1})	0.05	0.1	0.5	1	—
六价铬/(mg·L^{-1})	0.01	0.02	0.04	0.05	—
铜/(mg·L^{-1})	0.1	0.2	0.5	1	2
锌/(mg·L^{-1})	0.5	1	1.5	2	3
镍/(mg·L^{-1})	0.1	0.1	0.1	0.1	0.5
总铁/(mg·L^{-1})	0.5	1	1.5	2	5
汞/(mg·L^{-1})	0.001	0.001	0.001	0.002	0.01
锰/(mg·L^{-1})	0.1	—	0.8	—	1
油和油脂/(mg·L^{-1})	0.01	0.02	0.1	0.3	—
苯酚/(mg·L^{-1})	0.005	0.005	0.01	0.02	0.5

续表 3.32

参数	分数值				
	100	75	50	25	1
	等级 1	等级 2	等级 3	等级 4	等级 5
大肠杆菌或耐热性大肠杆菌/[MPN·(100 mL)$^{-1}$]	20	50	100	200	—
总大肠杆菌群/[MPN·(100 mL)$^{-1}$]	2500	5000	7500	10000	—

3.29　比较

表 3.33 为各参数之间的比较情况。

表 3.33　各类指数的分指数、聚合函数及缺陷综述

指数	分指数	聚合函数	缺陷
霍顿	分段线性(阶梯函数)	加权和、乘积两方面	区域重叠
布朗(NSF WQI_a)	隐性非线性	加权和	区域重叠
Landwehr(NSF WQI_m)	隐形非线性	加权积	非线性
Parti	分段非线性	加权和(算术平均数)	区域重叠
McDuffie & Haney	线性	加权和	区域重叠
Dinius	非线性	加权和	区域重叠
Dee	隐性非线性	加权和	区域重叠
O'Connor's(FAWL, PWS)	隐性非线性	加权和	区域重叠
Deininger & Landwehr(PWS)	隐性非线性	加权和 加权积	区域重叠 非线性
Walski & Parker	非线性	加权积 几何平均数	非线性
Stoner	非线性	加权和	
Nemerow & Sumitomo	分段线性	最大算术平均值的均方根	出现负值
Smith	类型多种	最小因子	—
Viet & Bhargava	类型多种	加权积	—

References

Abbasi, S. A., Arya, D. S., 2000. Environmental Impact Assessment. Discovery Publishing House, New Delhi.

Bhargava, D. S., 1983. Use of a water quality index for river classification and zoning of Ganga River. Environmental Pollution Series B: Chemical and Physical 6 (1), 51 – 67.

Bhargava, D. S., 1985. Water quality variations and control technology of Yamuna River. Environmental Pollution Series A: Ecological and Biological 37 (4), 355 –376.

Boyacioglu, H., 2007. Development of a water quality index based on a European classification scheme. Water SA 33 (1), 101 –106.

Brown, R. M., McClelland, N. I., Deininger, R. A., Land-wehr, J. M., 1973. Validating the WQI. The paper presented at national meeting of American society of civil engineers on water resources engineering, Washington, DC.

Brown, R. M., McClelland, N. I., Deininger, R. A., Tozer, R. G., 1970. A water quality index — do we dare? Water Sewage Works 117, 339 –343.

Canadian Council of Ministers of the Environment (CCME), 2001. Canadian water quality index 1.0 technical report and user's manual. Canadian Environmental Quality Guidelines Water Quality Index Technical Subcom-mittee, Gatineau, QC, Canada.

Cude, C. G., 2001. Oregon water quality index: a tool for evaluating water quality management effectiveness. Journal of the American Water Resources Association 37 (1), 125 –137.

Cude, C. G., 2002. Reply to discussion — Oregon water quality index: a tool for evaluating water quality management. Journal of the American Water Resources Association 38 (1), 315 –318.

Dalkey, N., Helmer, O., 1963. An experimental application of the Delphi method to the use of experts. Management Science 9, 458 –467.

Deininger, R. A., Landwehr, J. M., 1971. A water quality index for public water supplies. Unpublished report, School of Public Health, University of Michigan, Ann Arbor.

Dhamija, S. K,, Jain, Y., 1995. Studies an the water quality index of a lentic water body at Jabalpur, M. P. Pollution Research 14 (3), 341 –346.

Dinius, S. H., 1972. Social accounting system for evaluating water. Water Resources Research 8 (5), 1159 –1177.

Dinius, S. H., 1987. Design of an index of water quality. Water Resources Bulletin 23 (5), 833 –843.

Dojlido, J., Raniszewsk, I. J., Woyciechowska, J., 1994. Water quality index — application for rivers in Vistula river basin in Poland. Water Science and Technology 30,

57 −64.

Dunnette, D. A., 1980. Oregon Water Quality Index Staff Manual. Oregon Department of Environmental Quality, Portland, Oregon.

Haire, M. S., Panday, N. N., Domotor, D. K., Flora, D. G., 1991. USEPA Report, No. EPA-600/9 −91/039.

Hanh, P., Sthiannopkao, S., Ba, D., Kim, K. W., 2011. Development of water quality indexes to identify pollutants in vietnam's surface water. Journal of Environmental Engineering 137 (4), 273 −283.

Helmet, O., Rescher, N., 1959. On the epistemology of the inexact sciences. Management Science 6(1).

Horton, R. K., 1965. An index number system for rating water quality. Journal of Water Pollution Control Federation 37 (3), 300 −306.

House, M., Ellis, J. B., 1980. Water quality indices (UK): an additional management tool? Progress in Water Technology 13, 413 −423.

Li, C., 1993. Zhongguo Nuanjing Kexue (Chinese) 13, 63.

Liou, S. M., Lo, S. L., Wang, S. H., 2004. A generalized water quality index for Taiwan. Environmental Monitoring and Assessment 96 (40603), 35 −52.

Lumb, A., Sharma, T. C., Bibeault, J. -F., 2011. A Review of genesis and evolution of water quality index (WQI) and some future directions. Water Quality, Exposure and Health, 1 −14.

Nemerow, N. L., Sumitomo, H., 1970. Benefits of Water Quality Enhancement, Report No. 16110 DAJ, prepared for the U. S. Environmental Protection Agency. December 1970. Syracuse University, Syracuse, NY.

O'Connor, F. M., 1972. The application of multi-attribute scaling procedures to the development of indices of water quality. Ph. D. dissertation, University of Michigan.

Otto, W. R., 1978. Environmental Indices: Theory and Practice. Ann Arbor Science Publishers Inc, Ann Arbor, MI.

Peterson, R., Bogue, B., 1989. Water quality index (used in environmental Assessments), EPA Region 10. Seattle.

Prati, L., Pavanello, R., Pesarin, F., 1971. Assessment of surface water quality by a single index of pollution. Water Research 5, 741 −751.

Said, A., Stevens, D. K., Sehlke, G., 2004. An innovative index for evaluating water quality in streams. Environmental Management 34 (3), 406 −414.

Sargoankar, A., Deshpande, V., 2003. Development of an overall index of pollution for surface water based on a general classification scheme in Indian context. Environmental Monitoring and Assessment 89, 43 −67.

Sarkar, C., Abbasi, S. A., 2006. Qualidex — a new software for generating water quality indite. Environmental Monitoring and Assessment 119, 201 −231.

Shyue, S. W., Lee, C. -L., Chen, H. -C., 1996. Approach to a coastal water quality index for Taiwan. OCEANS'96 MTS/IEEE Conference Proceedings. The Coastal Ocean — Prospects for the 21st Century, 904 −907.

Sinha, S. K., 1995. Potability of some rural ponds water at Muzaffarpur (Bihar) — A note on water quality index. Journal of Pollution Research 14 (1), 135 −140.

Smith, D. G., 1987. Water Quality Indexes for Use in New Zealand's Rivers and Streams. Water Quality Centre Publication No. 12, Water Quality Centre, Ministry of Works and Development, Hamilton, New Zealand.

Smith, D. G., 1990. A better water quality indexing system for rivers and streams. Water Research 24(10), 1237 −1244.

Stoner, J. D., 1978. Water-quality indices for specific water uses. Us Geologica Survey Circular(770).

Swamee, P. K., Tyagi, A., 2000. Describing water quality with aggregate index. ASCE Journal of Environmental Engineering 126(5), 451 −455.

Swamee, P. K., Tyagi, A., 2007. Improved method for aggregation of water quality subindices. Journal of Environmental Engineering 133 (2), 220 −225.

Viet, N. T., Bhargava, D. S., 1989. Indian Journal Environmental Health 31, 321.

Walski, T. M., Parker, F. L., 1974. Consumers water quality index. Journal of ASCE Environmental Engineering Division 100 (EE3), 593 −611.

Wepener, V., Euler, N., van Vuren, J. H. J., Du Preez H. H., Kohler, A., 1992. The development of an aquatic toxicity index as a tool in the operational management of water quality in the Olifants River. Kruger National Park Koedoe 35 (2), 1 −9.

Wepener, V., Van Vuren, J. H. J., Preez, H. H. D. U., 1999. The implementation of an aquatic toxicity index as a water quality monitoring tool in the Olifants River (Kruter National Park). Koedoe 42 (1), 85 −96.

4 避免水质指数评估中的不确定性：采用高等统计学、概率论及人工智能

在先前的章节中描述的所有获得水质指数公式的方法，在某种意义上是十分明确的。这些方法依据对水质特征的精确判断，使用合适的决策手段，在明确的聚合规则下，将一系列特征值聚合从而得到综合水质状况。

但所有水质评价实验方案都是简化的，也就是说，人们试图利用这些方案，达到以基础部分的评估反映自然整体状况的目的。任何天然水源和人工水资源都是由成百上千种物质组成的，不同的资源存在不同的情况。如果对某种水资源能够精准评估，就需要对其存在的每一种物质都进行物理、化学和生物方面的分析，这样的分析方法成本太过高昂。因此，简化方法应运而生，通过假定部分组分对所有其他成分具有较好的代表性，从而得到合适的组分用于分析。这样的方法一开始就具有不确定性和主观性。

此外，天然水特性在不同的时间和空间中各不相同（Abbasi，1998）。例如，同一湖泊水质在不同深度和宽度的位点瞬时情况一般不一样；湖泊中任意位点的理化特性和生物组成也都是瞬息万变。图 4.1 和图 4.2 正是对此情况的举例说明。

图 4.1 为某热带湖泊不同深度溶解氧 DO 和温度的函数图像。例如，表层样本分别测得 DO 为 10 mg/L，温度为 30 ℃；而在水下 5 m 处测得 DO 浓度仅为 2 mg/L，温度为 10 ℃。尽管这些图像并非精密、一成不变的，但可以知道它的整个过程是处在不断变化中。图 4.2 展示了两个关键的水质参数——pH 和 CO_2 在一天之中是如何变化的。会发生这样的变化，是因为水体并不是了无生机的，而是一个实时动态的系统。当清晨的第一缕阳光打破黑暗照射到水体上时，光合作用就已经开始了。光合作用释放氧气，提升水体溶解二氧化碳的利用率。到了正午，当太阳能摄入量达到最大值时，光合作用也达到顶峰。随后，随着时间的推移，太阳辐射强度开始逐渐减弱，呼吸作用重新占据主导地位，此时二氧化碳水平上升，溶解氧 DO 水平下降。因此，有了图 4.2 关于一天中 pH 和二氧化碳的波动曲线。这样的波动也会引起一些水质其他参数的相似的日波动，例如硬度、碱度、微量金属、磷和氮。

如若某天为阴天或者部分水体被乌云遮覆，这些图像又会有所不同。因此，可以说，随着环境温度和太阳能通量的改变，这些图像也会有所改变。这些图像的变化，有受到相当一部分水体回用的影响，同时，市政废水和工业废水的流入也成为引起图像变化不可忽视的因素。此外，水体中的生物组成在不同层次上也会随着水化学特性和昼夜节律的变化而变化。

事实上，季节交替和昼夜变化对自然水体的水质影响深远，世界各地的湖泊长时间记录的 pH 反而显得不那么重要了（Abbasi & Arya，2000；Abbasi & Abbasi，2011）。

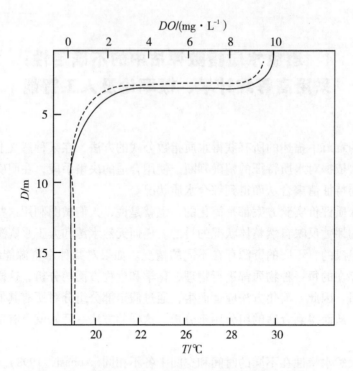

图 4.1   某典型湖泊中溶解氧、温度随水深变化曲线

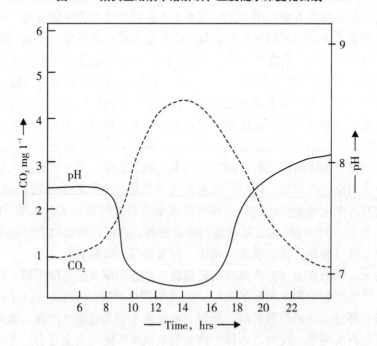

图 4.2   一天中 pH 和 CO_2 浓度随时间变化曲线

尽管指数的发展有各种不确定性，但是不影响其重要性(Silvert, 2000)，依旧可以对水质状况进行相对精确的评价。

决定"重要性"的主体并不是测量工具，而是利益相关者的意见。不同社会阶层，人与人之间存在文化起源和态度的差异，各自对"重要性"的侧重点必然也有所不同。这些差异使得没有一种指数能在全球范围内适用，这些方面的影响在接下来的章节中会进行更为详细的讨论。

由于各种原因，通常从一些机构获取的数据难免有遗漏和错误。如果完全无视这些数据，就无法知道水质随时间变化的情况。基于概率论和模糊逻辑算法，同时结合其他运算方法，是认识不确定数据的最佳方法。

对于解决复杂的水质问题(在之前的章节有详细描述)，统计学的使用显得更为科学合理。与此同时，指数的发展过程中也越来越多地使用概率论和人工智能。

许多指数已经开发使用统计技术，如多变量分析、主成分分析和因子分析。模糊数学和概率论在水质指数的发展中也得以运用。

References

Abbasi, S. A., 1998. Water quality: sampling and analysis, 200 – 250. Discovery Publishing House, New Delhi.

Abbasi, S. A., Arya, D. S., 2000. Environmental Impact Assessment. Discovery Publishing House, New Delhi.

Abbasi, T., Abbasi, S. A., 2011. Water quality indices based on bioassessment: the biotic indices. Journal of Water and Health 9 (2), 330 –348.

Silvert, W., 2000. Fuzzy indices of environmental conditions. Ecological Modelling 130 (1/2/3), 111 –119.

5 运用统计分析的水质指数

5.1 简介

在先前的章节中，已经介绍了一些简单的统计方法，例如源自霍顿指数的平均计算法、求和计算法。指数通常以参数、参数相关允许浓度和参数相关权重等为基础，开发人员（有时候还会有专家予以协助）对其进行选择和定义。本章描述的指数，是基于统计法（包括因素分析法和主成分分析法）对相关数据进行分析，从而确定水质指数中参数的重要性及其重要程度。

相较于传统指数计算，该方法的主观猜测成分小，但更为复杂，应用起来会更加困难。

以统计为基础的指数旨在探索参数之间联系的某种相关性，从而确定各个因素的重要程度，以便选出水质的决定性因素。Shoji 等人（1966）将因子分析运用到日本 Yodo 河系统中，分析了 20 种污染变量间的相互关系，对比变量与其他每个变量之间的联系，选出关联度最高的组合，从而确定 3 个影响河流水质的主要因素，它们分别是污染物、温度和降雨。

在指数检测的基础概念中，Landwehr（1979）认识到"无论其结构如何，指数和水质成分一样，都是一些随机变量"。同时，他对广泛使用的指数函数结构特性进行了统计比较和衍生。

Joung 等人（1978）检测了美国内华达州卡森流域的水质数据，采用因素分析法探索了含有 10 个污染参数的水质指数。通过相关系数模型，确定了变量之间的线性组合。这些组合能够较好地对现有矛盾进行解释，但和变量本身的关联不大。上述方法能够在消除冗余变量的同时，保留原始数据中的重要信息。此方法为包含 5 种变量的部分营养指数和总营养指数确定出最重要的变量和指数权重，这些指数随后被应用于美国内华达州斯内克河以及科罗拉多河的河流流域。选用总营养指数（参数包括 *DO*、*BOD*$_5$、总磷、温度和电导率），Joung 将其与布朗（1970）的 NSF 水质指数进行了比较（布朗指数运用的水质数据取自美国 20 个不同的地方）。

Coughlin 等人（1972）着力研究了近流域居民的用水情况与布朗 NSF 水质指数间的关系。他们采用的是主成分分析法，研究单独的 NSF 水质指数变量之间的关系，例如离水距离、地价以及居民在溪水附近的活动（包括沿溪步行、涉水行进和水中捕鱼）。他们发现水质污染和涉水行进、捕鱼、野餐、鸟类观察、散步等其他活动都有关系。

5.2 Harkin 指数

先前章节中阐述的各类常规指数，如布朗(1970)的 NSF 水质指数和第 3 章中提到的其他指数，都存在缺乏客观性的问题。因此，Harkin(1974)提出了一个以观察排序为基础、用于分析水质数据的统计学方法。

Harkin 指数是 Kendall(1955)非参数分类过程的应用。一开始它会对每个污染变量的观测值进行排序，包括作为水质标准或推荐限值的控制值。对于每个污染变量 i 的观察结果 j 而言，转换值 Z_{ij} 为观测值 R_{ij} 与控制值 R_{ic} 之差再除以标准差 S_i：

$$Z_{ij} = (R_{ij} - R_{ic})/S_i \tag{5.1}$$

其中，R_{ij} 为第 i 个变量的第 j 个观测值；R_{ic} 为第 i 个变量的控制值等级；S_i 为第 i 个变量等级的标准差。

接着，计算指数，其为 Z_{ij} 值平方求和(有 n 种污染变量)：

$$l = \sum_{i=1}^{n} Z_{ij}^2 \tag{5.2}$$

而标准差计算如下：

$$S_i = m_i^2 - \frac{1}{12} \tag{5.3}$$

其中，m_i 为污染变量 i 值的数量(观测值和控制值)。

在 Harkin 方法中，相同的值通常不只出现一次，重复值的出现会使得方差变小，这个问题不容忽视。因此，如果有重复值出现，标准差的计算则变为如下形式：

$$S_i = \left\{ \frac{1}{12} m_i \left[m_i^3 - m_i - \sum_{k=1}^{q_i} (t_k^3 - t_k) \right] \right\}^{1/2} \tag{5.4}$$

其中，m_i 为每个变量 i 的个数；t_k 为重复值个数；q_i 为重复值独立事件次数。

Harkin 指数是一个相对指数，而非绝对。因此，不同数据集得到的值无法直接比较。

5.3 β 功能指数

Harkin(1974)方法被 Shaefer 和 Janardan(1977)外推为一个具有固定范围的统计指数：β 功能指数。它采用的是和 Harkin 指数一样的排位过程。另外，有两个值需要额外先行计算，一个是将源自方程(5.1)的转换值 Z_{ij} 平方后求和得到的 S，另一个是包括控制值在内的所有值之和。计算式如下：

$$S = \sum_{i=1}^{a} \sum_{i=1}^{m_i} Z_{ij}^2 \tag{5.5}$$

$$T = \sum_{i=1}^{a} \sum_{i=1}^{m_i-1} R_{ij} \tag{5.6}$$

其中，m_i 是污染变量 i 的个数。

利用转换后的 S 和 T 进行 β 功能指数的计算：

$$I = \frac{1}{b}\left[\frac{S}{S+T}\right]^{1/2} \tag{5.7}$$

$$b = \left[\frac{2\sum_{i=1}^{n}m_i^2}{3\sum_{i=1}^{n}m_i^2 + \sum_{i=1}^{n}m_i - 2n}\right]^{1/2} \tag{5.8}$$

其中，n 为污染变量个数。如果每个变量的观测数量相同（即对于所有 I 而言，$m_i = m$），那么方程可以简化为：

$$b = \left[2m^2/(3m^2 + m - 2)\right]^{1/2} \tag{5.9}$$

当卡方分布和 T 分布的值约为常数时，指数遵循 β 概率分布。该指数为非参数型指数，即无论数据基础分布如何，指数分布都是一样的。

如上所述指数的参数个数和规模如表 5.1 所示。

表 5.1　1～4 节出现的指数的参数个数及规模

指数	参数个数	规模
Shoji 复合污染指数	18	$-2 \sim 2$
Joung 部分营养指数	5	$0 \sim 100$
Joung 总营养指数	5	$0 \sim 100$
Coughlin 主成分指数	*	N. A.
Harkin 指数（Kendall 排序）	*	$0 \sim 100$
Schaeffer & Janardans β 功能指数	*	$0 \sim 1$
Kung 模糊聚类算法	*	@

注：* 变量不固定，由指数计算而得；@ 符合标准结果。

5.4　混合聚合函数指数

如果一个指数需要处理的参数量过大，就容易存在模糊和重叠问题（第 2 章中有详细描述）。Liou 等人（2004）将混合聚合的方法应用于台湾"一般"水质指数的开发中，包括运用算术聚合和几何聚合来规定其比例系数。

13 个变量，包括 DO、BOD_5、NH_3-N、粪大肠杆菌、浊度、悬浮固体、温度、pH、Cd、Pb、Cr、Cu 和 Zn，都被转换为 $0 \sim 100$ 规模的值；分数越高代表水质越好。将国家水源分类情况作为转换的标准，其标准采用了其他国家的水质背景数据和中国台湾的标准等。其中 As、Cd、Pb、Cr、Cu 和 Zn 被认为是有毒物质，它们的评级曲线通过如下方程计算：

$$r_i = \frac{C_i}{S_i} \tag{5.10}$$

其中，r_i 为第 i 个物质的浓度比；C_i 为物质的浓度，单位为 mg/L；S_i 为最大允许浓度，单位为 mg/L。

表 5.2 给出了不同水质参数对应的指数值结果。接下来的过程中，主成分分析法（PCA）适用于辨认出变量之间的共同特征：新主分 k 由原始组分 p 通过加权线性组合得来（Johnson & Wichern，1998）。

表 5.2　不同水质等级的指数值（Liou et al.，2004）

得分	粪大肠杆菌/ [MPN· (100 mL) $^{-1}$]	溶解氧/ (mg·L^{-1})	生化需氧量/ (mg·L^{-1})	氨氮/ (mg·L^{-1})	悬浮固体/ (mg·L^{-1})	浊度/ NTU	温度/ ℃	pH	毒性 (r*)^a
100	0	≥6.55	≤2.95	≤0.45	≤19.5	0	≤38	≥6，≤9	0
90	6								
80	50					4			
70	5000	5.55	3.95	0.7	34.5	15			
50	10000				30				
30		3.25	10	2	75	50			
0	1000000	≤2.04	≥15.05	≥3.05	≥100	120	>38	>9，<6	≥1

注：（r*）^{a} 表示特定有毒物质最大允许浓度比。

对整体指数而言，将 PCs 写入聚合函数，有如下形式：

$$WQI = C_{tem} C_{pH} C_{tox} \times \left[\left(\sum_{i=1}^{3} I_i W_i \right) \left(\sum_{j=1}^{z} I_j W_j \right) \left(\sum_{k=1}^{1} I_k \right) \right]^{1/3} \tag{5.11}$$

其中，I_i 表示"有机物的"分指数值，包括 3 个变量，分别是 DO、BOD_5 和氨氮（I_1 为 DO 的分指数，I_2 为 BOD_5 的分指数，I_3 为 NH_3-N 的分指数）；I_j 则表示特殊分指数值，由悬浮固体和浊度组成；I_k 表示粪大肠杆菌测定值，代表微生物。三者对温度（C_{tem}）、pH（C_{pH}）、有毒物质（C_{tox}）的影响作出解释。这些乘数在 3 个变量的相关影响特性和评级结构上表达良好。

5.5　埃及地中海沿岸基于主成分分析法的水质指数

为了识别埃及地中海沿岸污染最严重和最干净的海水，EI-Iskandarani 等人（2004）构建了一个主成分分析框架。就协变量，使用了不同站点的沿海 NO_2、NH_4、NO_2+NO_3、总氮、PO_4、总磷和 Si 的数据，这些数据代表了两年富营养化参数的年平均水平，运用主成分分析模型对数据集进行研究。受埃及环境法执行的影响，一个水质指数被发展出并应用于地中海沿岸水质监测。

5.6 里约莱尔马河水质指数

Sedeno-Diaz 和 Lopez-Lopez(2007)用两种方法对莱尔马河流域过去 25 年的水质时空变化特征进行评估：一种是利用乘法加权的指数，另一种是利用主成分分析法(PCA)。

这些水质指数是基于早期 Dinius(1987)指数而来的，其形式为：

$$WQI = \prod_{i=1}^{n} I_i^{w_i}$$

其中，I_i 为参数的分指数，数值为 $0 \sim 100$；w_i 为参数的权重，数值为 $0 \sim 1$。$\sum_{i=1}^{n} w_i = 1$ 表示各个 w_i 之和为 1，n 为参数个数。

该水质指数包含 12 个参数，分别是 DO、BOD、总粪大肠杆菌、碱度、硬度、氯化物、电导率、pH、硝酸盐、色度和温度。将每一个参数的年平均用于分指数运算(表 5.3)，随后推出所需的水质指数。PCA 用于参数重要性的评定，指数范围为 $0 \sim 100$。

表 5.3 Sedeno-Diaz 和 Lopez-Lopez(2007)水质指数变量的分指数和权重值

参数	分指数 I_i	权重值 w_i
溶解氧(百分饱和度)	$I_{DO} = 0.82(DO) + 10.56$	0.109
五日生化需氧量/$(\text{mg} \cdot \text{L}^{-1})$	$I_{BOD} = 108(BOD)^{-0.3494}$	0.097
硝酸盐/$(\text{mg} \cdot \text{L}^{-1})$	$I_{NO3} = 125(\text{N})^{-0.2718}$	0.090
总大肠杆菌/$(\text{MPN} \cdot \text{mL}^{-1})$	$I_{ColTot} = 136(\text{TotCol})^{-0.1311}$	0.090
粪大肠杆菌/$(\text{MPN} \cdot \text{mL}^{-1})$	$I_{ColFec} = 106(E.\ coil)^{-0.1286}$	0.116
碱度/$(\text{mg} \cdot \text{L}^{-1})$	$I_{ALC} = 110(\text{ALK})^{-0.1342}$	0.063
硬度/$(\text{mg} \cdot \text{L}^{-1})$	$I_{DUR} = 552(\text{Ha})^{-0.4488}$	0.065
氯化物/$(\text{mg} \cdot \text{L}^{-1})$	$I_{Cloruros} = 391(\text{Cl})^{-0.4488}$	0.074
温度/℃，T_a 为空气温度，T_s 为水体温度	$I_{T℃} = 10^{2.004 - 0.0382\,|T_a - T_s|}$	0.077
电导率/$(\mu\Omega \cdot \text{cm}^{-1})$	$I_{COND} = 506(\text{SPC})^{-3315}$	0.079
pH	$I_{pH} = 10^{0.6803 + 0.1856(pH)}$，pH < 6.9	0.077
	$I_{pH} = 100$，$6.9 \leqslant pH \leqslant 7.1$	
	$I_{pH} = 10^{3.65 - 0.2216(pH)}$，pH > 7.1	
色度/Pt-Co	$I_{COLOUR} = 127(\text{C})^{-0.2394}$	0.063

5.7 基于多元技术结合的新型水质指数

Qian 等人（2007）运用多元分析技术，结合综合性水质指数（表 5.4）对美国佛罗里达州的印第安纳河水质情况进行了估算。

表 5.4 Qian 等人（2007）运用的统计学技术总结

技术	简要介绍	研究目的
聚类分析	对数据进行分组	从 6 个监测站点中辨别相似度
主成分分析法（PCA）	在保存主要信息的前提下将一些测定的变量转化为更简洁的成分	使用大量原始数据获取精简数据集对水质情况进行表征
探索性因素分析法（EFA）	揭示无法直接测定的潜在因素	为有关的重要的水质成分提供更多的信息；在原始数据中辨别有用的相关信息；进一步减少变量个数；是 PCA 的一种验证手段
趋势分析	利用线性回归探索水质随时间的变化趋势	利用不同时间系列的数据来确定变化趋势
水质指数（WQI）	对给出地区的整体水质进行表征	为研究地区的水质给出一份整体描述

考虑到记录的连续长度及所选地点的实际情况，选用 6 个站点的 13 个水质参数用于分析，参数包括：DO、电导率、pH、浊度、色度、总悬浮固体、亚硝态氮、硝态氮、氨氮、总凯氏氮、正磷酸盐、总磷、总铁。

为了对对数正态分布做出解释，同时将数据中异常值的影响尽量减小，将组分浓度进行对数变换，再将对数变换均值进行聚合。采用聚类法对 6 个监测站点进行分组。聚类法用到了欧几里得相异性和沃德关联算法。为了最小化分类聚合单位规模的影响，采用方程将对数转换数据进行标准化处理，以便让每个变量的重要性程度处于同一水平上：

$$z_{i_f} = \frac{x_{i_f} - m_f}{s_f} \tag{5.12}$$

其中，m_f 和 s_f 分别是所有站点对数转换变量 f 的平均值和绝对平均偏差；x_{i_f} 和 z_{i_f} 分别是站点 i 的对数转换变量 f 的原始值和标准值。用绝对平均偏差代替一般标准差是为了减小异常情况的影响。两个物体之间的不同点，例如距离 $d(i,j)$，计算如下（欧几里得距离）：

$$d(i,j) = \sqrt{\sum_{f=1}^{p} (z_{i_f} - z_{j_f})^2} \tag{5.13}$$

其中，i 和 j 表示不同站点；p 表示变量个数。

对每一组监测站而言(以聚类方式进行分组)，将 PCA 应用于年度数据集和季度数据集中(标准对数转换浓度)。对每一个聚集组而言，将探索性因素分析法(EFA)应用于年度数据集和季度数据集中(标准对数转换浓度)。EFA 采用的是最大变异法。当负载成分值大于 0.75 时，则认为其为主要成分。

对每个聚集组而言，在显著性水平 $p < 0.1$ 时，对 1979—2004 年的年度和季度趋势进行了解，利用简单线性回归(因子得分变化随时间变化)，对源自全数据 EFA 和季度 EFA 的前 5 个因素值的时间序列进行分析。

对每个聚集组而言，基于年度和季度的数据集，利用方程(5.14)来计算水质指数。在显著性水平 $p < 0.1$ 的情况下，利用简单的线性回归来确定每个水质指数的年度和季度的变化趋势：

$$WQI = \sum_{i=1}^{n} \left\{ \frac{I_i \times L_i}{\sum_{i}^{n} (I_i \times L_i)} \times \frac{[C_i]}{[S_i]} \right\} \tag{5.14}$$

其中，WQI 为水质指数；n 为主成分个数；I_i 为第 i 个主要成分因子相应的方差比例；L_i 为第 i 个主要成分的负载量(绝对值)；$[C_i]$ 为第 i 个主要成分的浓度；$[S_i]$ 为第 i 个主要成分的水质标准。

在方程(5.14)中，I_i 和 L_i 分别意味着涉及所有因素的主要成分的第 i 个因子的相关重要性程度和在指定因子中所有成分的第 i 个主要成分的相关重要性程度。因此有：

$$\frac{I_i \times L_i}{\sum_{i}^{n} (I_i \times L_i)}$$

由此可以以一种组合性的方法，测定出对全体水质指数而言，第 i 个主要成分的相对贡献程度。$[C_i]/[S_i]$ 各自单独地表示出第 i 个主要成分的水质情况，因此，有临界状态值1。

溶解氧和 pH 的标准通常不同于其他污染物的标准情况。溶解氧一般是数值越高表明水质情况越好，而其他污染物一般是数值越高表明水质情况越不好。pH 则是落在 6.0 ~8.5 的范围内，表明水质才达到要求。在先前 DO 和 pH 的转换中，这些差异都已经被考虑进去了。纯理论理想状态下，如果所有主要成分的测量值都达到标准水平，那么 WQI 的值就等于1。小于1则表明，水体设计使用情况满足水质要求；大于1则表明，水体设计使用情况与水质要求不匹配。同时应该注意该水质指数是提供水质状况的平均估算。即使某些关键值超过标准要求，整体水质指数仍有可能是小于1 的。

5.8　辽河研究指数

Meng 等人(2009)使用主要成分分析(PCA)对辽河水质参数做了研究。使用 PCA

辨别对河流健康有重要影响的水质因子。为了更容易解释主要成分，使用最大变量旋转法来辨别高负载值因子。随后将该指数的每个成分值相加计算河流健康评价指数（RH）：

$$RH = \sum_{i=1}^{n} (EH_i \times W_i)$$

其中，EH_i 是第 i 个评价指数的数值；W_i 是第 i 个评价指数的权重。根据等式（5.15），指标值是随着人为干扰的增加而减少的。

$$EH = \frac{EH_{max} - EH_{fact}}{EH_{max} - EH_{\text{III}}} \qquad (5.15)$$

随着污染程度的增加，指标值也提高，可由等式（5.16）表示如下：

$$EH = \frac{EH_{fact}}{EH_{\text{III}}} \qquad (5.16)$$

其中，EH_{max} 是该指数的最大值；EH_{fact} 是该指数的实际数值；EH_{III} 是该指数第 III 类别的数值。权重 W_i 由 PCA 决定。可以使用集群分析（CA）来获得水质和栖息地的空间质量分布结果（图 5.1），这里使用 Ward 融合方法和平方欧几里得距离测量法。

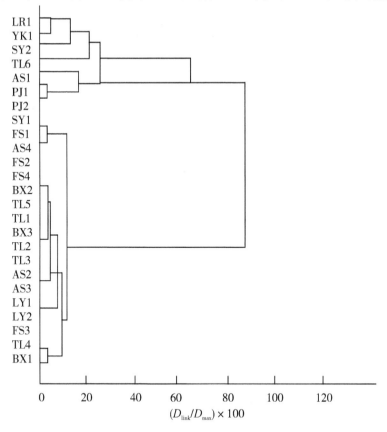

图 5.1　展示监测站点集群效应的树形结构图（Meng et al., 2009）

（D_{link}/D_{max} 表示联系距离与最大距离的商。）

河流生态健康全面综合评价系统被建立了起来，评价归为 9 个"健康"和"亚健康"以及 8 个"病态"和"亚病态"。

5.9 基于多因素分析的水质指数

多变量因素分析（MFA）使用与变量"p"原始数据（X_1，X_2，…，X_p）相关联的结构来代替原始数据集，该结构具有更小的假设变量集，在数量和结构上更加简化，能解释原始变量中多数的变化。

该技术允许从变量的原始空间维度中简化数据，可以选择出水资源分析中最具代表性的参数（de Andrade et al.，2007）。因素分析可以识别更敏感的指标，评价水资源的水质变化变得更加便利。Toledo 和 Nicolla（2002）已经证明评价流域水质变化使用因素分析为基础的指数更有用。

Coletti 等人（2010）使用 8 个参数（电导率、pH、总氮、氨、硝酸盐、总磷、悬浮固体和浊度）开发了以 MFA 为基础的水质指数，并将其应用到巴西 Rio das Pedras 流域的研究中。

该水质指数开发需要 3 个步骤：①准备相关模型；②提取共同因素和可简化的空间；③旋转与共同因素相关的坐标轴，获得更加简单容易的解决方案。

首先建立一个无差别的基础模型，这是 MFA 技术所要求的。使用由原始数据获得的模型，可以得到一个使用 Spearman 相关系数的模型，该模型可以揭示研究变量间的线性关系。

使用因素分析来找出共同因素，共同因素的数量是由变量的总变异百分比决定的。

为获得更简单的因素负载模型，可以采用最大方差法对坐标轴进行旋转。结果如果不能令人满意，接下来的步骤可以使用未经旋转的坐标轴。

因素分析的统计模型如下：

$$z_{ij} = \sum_{p=1}^{m} a_{jp}F_{pi} + u_j Y_{ji} \tag{5.17}$$

其中，$a_{jp}F_{jp}$（$i=1,2,K,N$；$j=1,2,K,n$）是共同因素 p 对线性结合的贡献；$u_i Y_{ji}$ 是观测量 Z_{ij} 表现出的残留误差。

使用流域 6 个采样点 3 个样本的平均结果对模型进行调整校正，样本数据包括 8 个参数 13 个月的监测数据。该指数显示，由于农业活动，Rio das Pedras 流域的水质状况正在逐渐恶化，该指数可以作为该区域水资源监测的推荐工具。

5.10 对印度 Kandla Creek 地区人为影响的研究

Shirodkar 等人（2010）给出了将几种统计技术与由 Sargeonkar 和 Deshpande（2003；第 3 章中予以阐述）早期开发的"整体污染指数"结合使用，评价印度 Kandla Creek 地区人类活动对水质影响的案例。

采用多变量分类技术分离 3 个不同季节 20 个变量的数据矩阵，以减少数据集的维度，更好地发现数据的主要趋势或潜在的变化模式。冗余分析（RDA）是主成分分析（PCA）的一种形式，用来探索测量的物化指数和生物变量之间的关系，其分类坐标轴与环境变量是线性结合的。对每个季节的数据分别进行因素分析，获得的陡坡图用来辨别保留下来的主要成分（PCs）。PCs 的负载分为强（>0.75）、中（0.5～0.75）、弱（0.4～0.5）三级。随后，使用最大方差标准化旋转法（VNR）分配 PC 负载，这样的离差就是最小化大小系数数量的最大值。Kaiser-Meyer-Olkin（KMO）对因素分析的可靠性做了测试，Spearman 相关矩阵可以辨别与测量环境数据密切相关的变量。

根据 Sargaonkar 和 Deshpande（2003）给出的整合步骤可以得到"整体污染指数（OIP）"，结果发现了季节对 Creek 地区不同地点水质的影响规律（图 5.2）。

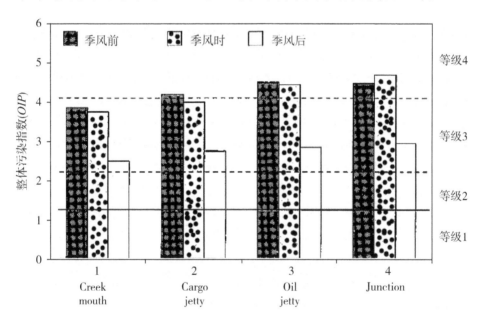

图 5.2　Kandla Creek 地区不同采样点在 3 个季节中的整体污染指数（Shirodkar et al., 2010）
［该水体属于 3 级（"轻微污染"，指数得分为 2～4）或 4 级（"污染"，指数得分大于 4）。］

References

Brown, R. M., McClelland, N. I., Deininger, R. A., Tozer, R. G., 1970. A water quality index — do we dare? Water Sewage Works 117, 339 −343.

Coletti, C., Testezlaf, R., Ribeiro, T. A. P., de Souza, R. T. G., Pereira, D. A., 2010. Water quality index using multivariate factorial analysis. Revista Brasileira de Engenharia Agricola e Ambiental 14 (5), 517 −522.

Coughlin, Robert E., Hammer, Thomas R., Dickert, Thomas G., Sheldon, Sallie,

1972. Perception and Use of Streams in Suburban Areas: Effects of Water Quality and of Distance from Residence to Stream. Regional Science Research Institute, Philadelphia, PA. Discussion Paper No. 53. March 1972.

de Andrade, E. M., Araujo, L. D. F. P., Rosa, M. E., Disney, W., Alves, A. B., 2007. Surface water quality indicators in low Acaraã basin, Cearãj, Brazil, using multivariable analysis. Engenharia Agricola 27 (3), 683 −690.

Dinius, S. H., 1987. Design of an index of water quality. Water Resources Bulletin 23 (5), 833 −843.

EMskandarani, M., Nasr, S., Okbah, M., Jensen, A., 2004. Principal components analysis for quality assessment of the Mediterranean coastal water of Egypt. Modelling, Measurement and Control C 65 (40575), 69 −83.

Harkin, R. D., 1974. An objective water quality index. Journal of the Water Pollution Control Federation 46 (3).

Johnson, R. A., Wichern, D. W., 1998. Applied Multivariate Statistical Analysis. Prentice-Hall Inc.

Joung, H. M., Miller, W. W., Mahannah, C. N., Guitjens, J. C., 1978. A Water Quality Index Based on Multivariate Factor Analysis. Experiment Station J., Series No. 378, University of Nevada, Nevada Agricultural Experiment Station, Reno, Nevada.

Kendall, M. G., 1955. Rank Correlation Methods. Charles Griffin, London.

Landwehr, J. M., 1979. A statistical view of a class of water quality indices. Water Resources Research 15 (2), 460 −468.

Liou, S. -M., Lo, S. -L., Wang, S. -H., 2004. A generalized water quality index for Taiwan. Environmental Monitoring and Assessment 96 (40603), 35 −52.

Meng, W., Zhang, N., Zhang, Y., Zheng, B., 2009. Integrated assessment of river health based on water quality, aquatic life and physical habitat. Journal of Environmental Sciences 21 (8), 1017 −1027.

Qian, Y., Migliaccio, K. W., Wan, Y., Li, Y., 2007. Surface water quality evaluation using multivariate methods and a new water quality index in the Indian River Lagoon, Florida. Water Resources Research 43 (8).

Sargaonkar, A., Deshpande, V., 2003. Development of an overall index of pollution for surface water based on a general classification scheme in Indian context. Environmental Monitoring and Assessment 89, 43 −67.

Sedeno-Diaz, J. E., Lopez-Lopez, E., 2007. Water quality in the Rão Lerma, Mexico: an overview of the last quarter of the twentieth century. Water Resources Management 21(10), 1797 −1812.

Schaeffer, D. J., Janardan, K. G., 1977. Communicating envi-ronmental information to the public a new water quality index. The Journal of Environmental Education 8, 18 − 26.

Shirodkar, P. V., Pradhan, U. K., Femandes, D., Haldankar, S. R., Rao, G. S., 2010. Influence of anthropogenic activities on the existing environmental conditions of Kandla Creek (Gulf of Kutch). Current Science 98 (6), 815 −828.

Shoji, H., Yomamoto, T., Nakamura, T., 1966. Factor analysis on stream pollution of the Yodo river system. International Journal of Air Water Pollution 10, 291 −299.

Toledo, L. G., Nicolella, G., 2002. I'ndice de qualidade de a'gua em microbacia sob uso agrícola e urbano. Scientia Agrícola 59 (1), 181 −186.

6 基于模糊逻辑和其他人工智能的水质指数

6.1 简介

人工智能(AI)，指某种明确的技术或方法，是通过推理或"学习"，将原有的知识进行拓展的一种能力。"基于知识系统"或"专家系统"都是人工智能的范例。人工智能以探索式的知识获取为基础，通常以一系列带有言语意义且语义清晰的定性条件进行表达，有通过推理或"学习"拓展原有知识基础的能力。人工智能系统可以通过"训练"识别图案或信号并做出回应。模糊推理、遗传算法、人工神经网络以及自组织映射，都是人工智能技术在水质指数开发中的应用。模糊推理是目前为止应用最为广泛的一项技术，常被应用于因素分析、主成分分析和聚类分析相结合的综合分析。

6.2 模糊推理

模糊推理是人工智能涉及的研究领域之一，最初被认为是表现模糊本质或语言学(多-少、由 X 和 Y 得 Z，等等)知识的一种方法。模糊逻辑的基础是模糊数学运算(Zadeh，1965；Ross，2004)。模糊逻辑与专家系统相结合即为模糊推理(Yager & Filvel，1994)。

模糊数学的发明者 Zadeh(1965)指出："随着系统复杂性的增加，我们对其性能进行精确且有效描述的能力将逐渐减小，精确度和有效性(或相关性)相互独立且达到极限。这意味着，真实情况常处于不确定或模糊状态。"Zadeh 将此种状态称为"模糊性"。他将精确度和模糊性相结合，使传统的"是-非"双重逻辑转换为更加灵活的"多-少"多重价值逻辑。考虑到临界值的影响，多重价值逻辑可以转变为以从属函数或隶属度(也被称作兼容度或真实度)为基础的"是-非"双重逻辑(Zadeh，1977)。

实验方案和传统处理数据的方法不能消除自然界中普遍存在的随机性，如前文所述，基于模糊规则处理知识或数据也有不确定性和不足之处。模糊模型可以定性表现知识和推理过程，在精确分析不能实现的情形下发挥作用。相较严格的数字模型，模糊模型的精确性更低。使用模糊模型在简明性、运算速度和灵活性等方面的优势可以很大程度上弥补精确性存在的不足(Bárdossy，1995)。

模糊推理的优势如下：

(1)模糊推理可以描述各种各样的非线性关系。

(2)基于模糊推理更加简单。

(3)模糊推理可被语音翻译，使得模糊推理堪比人工智能模型。

（4）模糊推理使用了其他方法未曾利用的信息，如个人的知识和经验。

（5）模糊逻辑可以在不影响最终结果的情况下处理和加工遗漏的数据。

指标开发方面，模糊方法拥有超越传统方法的优势。模糊方法具有将水资源生态状况的定量和定性数据进行拓展与结合的能力，能够避免产生误导性的精确度假象。相较精确数学模型，以模糊规则为基础的模型能够更好地描绘真实情况（在此情况下，水质指数被期望能反映整体情形）下的生态复杂性。

19世纪60年代（Zadeh，1965），模糊规则在科学与工程多个领域成功地模拟了动态系统。其也被应用于解决与水相关的复杂环境问题（Sadiq & Rodriguez，2004；Vemula et al.，2004；Liou & Lo，2005；McKone & Deshpande，2005；Ghosh & Mujumdar，2006），并逐渐主导了水质指数的发展。

在模糊推理中，输入集通过模糊逻辑映射得到输出集，这种映射可被用于决策或图案识别。这个过程主要包括4个部分（Yen & Langari，1990；Ross，2004；Cruz，2004；Calderia et al.，2007）：①模糊集和从属函数的开发；②模糊集运行；③模糊逻辑；④推理规则。

6.3　模糊计算浅谈

水质指数开发中，模糊计算原理通过以下方式进行表现（Chang et al.，2001；Ocampo-Duque et al.，2006；Sadiq & Tesfamariam，2008）。

如果一个未知数量群体不完全属于集合 A 和集合 B，在某种程度上又属于集合 A 和集合 B，那么模糊计算可以表现该群体的不确定或模糊信息，这是一种区间分析的通用形式。一个模糊数描述未知量 x 和从属函数 μ_x 之间的关系，其数值介于0和1之间。

模糊集是经典集理论（该理论认为，x 既属于也不属于集合 A）的延伸，其认为 x 可以通过从属函数 μ_x 成为集合 A 的子集。正常的、凸形的、有界的模糊集可以作为模糊数（Klir & Yuan，1995）。模糊数可能具有不同的形状（例如钟形、三角形、梯形和高斯形）。梯形和三角形的模糊数（图6.1）常被用于水质指数的开发。一个梯形的模糊数（ZFN）可以通过区域（其 X 轴已确定）中的四个顶点（a，b，c，d）进行表达，能够分别表示最小值、最大可能间距以及最大值等数值。三角形的模糊数（TFN）是ZFN（梯形模糊数）的一种特殊情况，其顶点 b 与 c 重合。

模糊集 A 中的 α－截集是一种明确集合（间隔）A^α，全集 X 的元素在 A 中的隶属度大于或等于特定数值 α，也就是 $A^\alpha = \{x \mid \mu_x \geqslant \alpha\}$ 的所有元素均包含在 α－截集中。

模糊计算基于两个前提（Klir & Yuan，1995）：①每一个模糊数均可以用其 α－截集进行唯一表达；②每个模糊数的 α－截集都是 $\alpha \in (0, 1)$ 的实数闭区间。一旦区间确定，传统的区间分析即可使用（Ferson & Hajagos，2004）。表6.1列出了在多种预先设定的 α－截集水平下，比如说（0，0.1，0.2，…，1），能够实现模糊计算的常用区间运算。

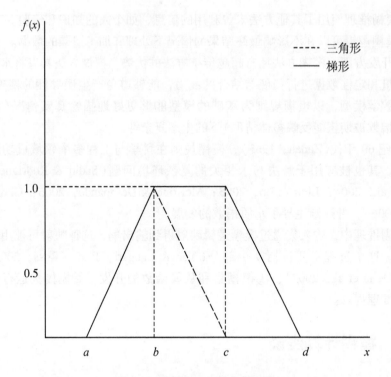

图 6.1   梯形和三角形从属函数

表 6.1   几种可用于区间分析的算数运算

运算	公式[1]	结果[2]
加	$A + B$	$[a_1 + b_1,\ a_2 + b_2] = [5,\ 15]$
减	$A - B$	$[a_1 - b_1,\ a_2 - b_2] = [1,\ 5]$
乘	$A \times B$	$[a_1 \times b_1,\ a_2 \times b_2] = [6,\ 50]$
除	A / B	$[a_1 / b_1,\ a_2 / b_2] = [1.5,\ 2]$
内积	$Q \cdot B$	$[Q \cdot b_1,\ Q \cdot b_2] = [4,\ 10]$

注:[1]A 和 B 均为正数;如果使用负数,相应的最小值和最大值需要人工选择。
[2]$A = [a_1,\ a_2] = [3,\ 10]$;$B = [b_1,\ b_2] = [2,\ 5]$;$Q = 2$。$a_1 < a_2$;$b_1 < b_2$;$a_i$ 且 $b_i (i = 1,\ 2) > 0$;$Q > 0$。

如果 X 的元素均可用 x 表示,则模糊集 A 可被定义为一系列有序数对:

$$A = \{x,\ \mu_A(x) \setminus x \in X\}$$

其中, $\mu_A(x)$ 是 x 在 A 中的从属函数。A 从属函数是根据便利原则确定的任意曲线。

标准的模糊集运算包括并集(或)、交集(且)和补集(非)。这三种运算包含了模糊逻辑的本质。如果全集 X 中有两个模糊集 A 和 B,对于 X 中给定的元素 x,可以实现以下运算:

$$（交集，且）\quad \mu_{A \cap B}(x) = \min(\mu_A(x),\ \mu_B(x)) \tag{6.1}$$

$$（并集，或）\quad \mu_{A \cup B}(x) = \max(\mu_A(x), \mu_B(x)) \tag{6.2}$$

$$（补集，非）\quad \mu_{\bar{A}}(x) = 1 - \mu_A(x) \tag{6.3}$$

另一个重要的概念是推理规则。"如果－则"规则的形式如下："如果 x 的值为 A，则 z 的值为 C。"其中 A 和 C 分别是 X 和 Z 中通过模糊集定义的真值，"如果"部分称为前提，"则"部分称为结果。规则的前提和结果可以由多个部分构成。

模糊推理系统（FIS）由四部分组成：模糊化、权衡、推理规则评估和去模糊化。模糊化包括定义输入和输出以及各自的从属函数。从属函数将变量的数字化值转化为模糊集描述变量性质的隶属度。并不是所有的变量都具有同样的重要性，建立能够控制每个变量对最终结果影响的方法十分必要，常用的方法是层次分析法。

模糊聚类分析法（FCA）和模糊综合评价法（FSE）是两种最常用的技术。模糊聚类分析法用于收集原始数据，通过独立运算将数据分成不同种类。大多数模糊聚类分析法的规则都是基于代表性物体的搜寻，要求所有观测结果聚集在一个最小的基础上（Selim，1984；Trauwaert et al.，1991）。模糊综合评价法将原始数据通过先前确定的质量标准整合成几个不同的类别。在水质评价方面，相较模糊聚类分析，模糊综合评价法能够发挥更大的作用。一个精心设计的模糊综合评价方法能够消除取样和分析过程中所有的不确定因素，将取样结果与每一参数的质量标准进行对比，并对所有参数数值进行总结归纳（Otto，1978；Lu et al.，2000）。

Islam 等人（2011）对模糊－基础方法的优缺点进行分析并编制成表（表 6.2），对包括模糊集在内的各种软计算方法的优缺点做了比较（表 6.3）。

表 6.2　模糊－基础方法的优缺点（Islam et al.，2001）

优点	缺点
容易用自然的语言翻译	不能避免重叠，可以通过考验和失败的过程进行处理
能处理复杂和模糊情形下的问题	不能将标准值与水质参数相结合
能将专家的意见与硬数据相结合	在某些延伸领域表现刻板（通过仔细选择参数进行缓解）
能通过简单规则描述大量非线性关系	易被操控或受到人类主观因素的影响
提供了简单易懂的数学模型	
能够解释参数间的相互联系（依赖）	
能在不影响水质指数最终数值的情况下处理遗失数据	
没有歧义且能通过仔细选择参数来表现不同的水质用途	

表 6.3   应用于水质评价的软计算方法的优缺点比较(Islam et al., 2001)

评价标准	人工神经网络	模糊集	证据推理	贝叶斯网络	粗糙集
简易程度	低	高	中	中	中
易理解程度	零	高	中	高	高
模糊程度	零	高	中	中	高
随机性	零	低	高	高	中
因果关系	高	高	高	高	中
冗余	零	高	零	零	零

6.4   模糊规则在水质指数开发中的应用

在阐述"传统水质指数的缺点可以通过使用模糊规则加以克服"这一观点中，Kung 等人(1992)是最为接近开发模糊水质指数的团队。在他们提出的基于模糊聚类分析法中，应用了整合多个水质综合分类的水质指数，很大程度上可以克服传统指数基于精确数学带来的不匀称性等问题。

除了引言提到的问题，传统水质指数解释方面也存在诸多困难。例如，水质指数1.0 及以下的分数意味着水质属于可接受的范围，那么通过 3 种不同方式得到的具有较高误差的指数值可能被接受。首先，测量的成分刚刚达到许可标准，造成异常可疑的"临界状态"。其次，有毒物质的测量值远低于许可标准，富营养化参数超过许可标准，该指数仅意味着水质的轻微恶化。最后，重金属的测量值略高于许可标准，其他物质处于相当低的水平，该指数将表示水质处于高污染状态。

在上述指数测量中，0.99 的分数意味着水质处于正常状态，1.01 则表示水质处于污染状态。引言中提出了水质动态本质，这种敏锐或"清晰""全－无"的界限是不现实的。一个湖泊样本的指数值早上可能是 0.99，下午则可能达到 1.01，并不表示湖水早上安全下午污染。由于开发指数使用的方法不同，相同水平的水质参数可能小于 1.00，使用不同方法计算得到的指数可能会比原来的更高!

Kung 等人(1992)认为，相比精确数学，能处理复杂条件和不确定性的模糊数学可以更好地应用于多个领域。模糊数学在水质评价中也得到了认可。将模糊分类应用于开发水质评价方法，得到了比仅仅使用水质指数更有意义的结果。

经典的(精确的)分类算法能够将物体精确地分配到一类当中(Foody，1992)。经常发生的是，物体不能被严格分配到某一类别中，它们可能位于两个类别之间。这种情况下，模糊分类方法可以提供更加合适的工具来表现真实的数据结构。

集合 X 到 $Y(X$、Y 都是数据集)的模糊关系 $\pmb{R}$ 是以从属函数 $u\pmb{R}: X*Y \to [0, 1]$ 为特征的 $X*Y$ 的模糊子集。对于每一个 $x \in X$，$y \in Y(x$、y 均为元素且 $x \in X$，$y \in$

Y), $u\underset{\sim}{R}(x,y)$ 表示 x 与 y 之间的紧密程度。如果 $X=Y$，则表示 $\underset{\sim}{R}$ 是 X 的模糊关系函数。每个类别中的元素应尽可能地相似，每个类别应尽可能不同，分类过程以近似度量进行控制，模糊集由模糊关系决定。$\underset{\sim}{R}$ 相似度矩阵应符合下列条件。

（1）自反性。

若 $\underset{\sim}{R}$ 具有自反性（Zadeh，1971），需满足：

$$u\underset{\sim}{R}(x,x) = 1, \forall x \in X \tag{6.4}$$

（2）对称性。

若模糊关系 $\underset{\sim}{R}$ 具有对称性（Zimmermann，1985），需满足：

$$u\underset{\sim}{R}(x,y) = u\underset{\sim}{R}(y,x) = 1, \forall x,y \in X \tag{6.5}$$

（3）传递性。

若模糊关系 $\underset{\sim}{R}$ 具有（最大－最小）传递性（Zimmermann，1985），需满足：

$$\underset{\sim}{R} \cdot \underset{\sim}{R} \subseteq \underset{\sim}{R} \tag{6.6}$$

那么模糊关系则趋于稳定（Wang，1983）。特殊的类别代表一系列处于临界水平的元素，可以被认为是这一水平的相似簇。

大多数现实情况下，模糊关系具有自反性和对称性，不具有传递性。在汇入聚类图之前需要进行转化。转化可以通过模糊矩阵的"最大－最小"自我倍增过程进行，即：

$$r_{ij} = \vee (r_{ik} \wedge r_{jk}) = (\underset{\sim}{R}^* \cdot \underset{\sim}{R})_{ij} \tag{6.7}$$

其中，$\vee$ 是最大算子，$\wedge$ 是最小算子，r_{ij} 表示相似度量矩阵 $\underset{\sim}{R}$ 中第 i 行第 j 列的元素。在特定的一步中，有

$$\underset{\sim}{R}^* = \underset{\sim}{R}^k = \underset{\sim}{R}^{2k} \tag{6.8}$$

那么模糊关系 $\underset{\sim}{R}$ 则趋于稳定（Wang，1983），表现动态分组过程的聚类即能实现，同时获得一系列处于特定临界水平的元素，合适的临界水平由相对局部条件下的专家来决定。

Kung 等人（1992）提出的方法特点如下：

（1）水质分析中，模糊聚类分析法（FCA）可以作为传统定量方法的补充或替代，特别是当水质指数值接近正常与异常的临界值时。

（2）相较传统的普通水质指数方法，模糊聚类分析的结果更加接近自然水平，因为水质分析是急需人类智力活动支持的复杂和模糊领域之一。

（3）水质分析中，相较其他决定性方法，模糊分析应用更为简便。

（4）结合其他水质指数，模糊聚类分析法获得的结果可以依据空间分布阐明水质差异，可以描述每个类别的特点及独特成因。

6.5   使用模糊综合评价法评估水质及其他模糊水质指数的开发

模糊聚类分析法通过相互关系将样本分为多个未知标准，需要大量数据作为支持，而模糊综合评价法以已知标准为基础进行样本分类。模糊聚类分析法除了分类因子外，其他部分也需具有较高的相似度。

模糊综合评价法是传统综合评价法的改良版本，克服了二元逻辑中根深蒂固的缺点。Lu 等人（1999）使用模糊综合评价法计算了中国台湾翡翠水库的水质。将 Lu 等人的模糊综合评价与 Carlson 指数（Carlson，1997）的水质关键数据结果进行比较，Carlson 指数不能反映水质的长期变化趋势，忽略了水库某些模糊综合评价能够监测到的现象。Lu 和 Lo（2002）使用模糊综合评价的自组织映射（SOM）进行训练时，对水库水质数据有了更深的见解。

自组织映射（SOM）是一种神经网络模式，或者说是能够实现从高维度空间或输入信号向低维度进行特殊非线性映射的神经元。"自组织"意味着未给出输入模式和输出数值之间学习和组织信息的能力。自组织映射能够将结构有序、高维度的信号转换成很多更低维度的有序网络。这些网络能够随着输入模式的变化来调整权重，并以此进行自我组织。自组织映射能够抵抗噪声干扰，在不确定的情况下对处理数据有很大帮助。

Lu 和 Lo（2002）将自组织映射作为模糊综合评价的补充工具，突出了人工智能在水质评价方面的潜能。早些时候，Chang 等人（2001）发表了一份报告，将 3 种模糊综合评价技术与美国国家卫生基金会的水质指数（NSF-WQI）进行了比较，数据采集自中国台湾曾文水库的 7 个采样站（图 6.2）。水质指数可以根据每个质量参数的独立权重生成输出结果。简单模糊分类、模糊信息强度和去模糊化这 3 种模糊综合评价（FSE）技术在水质分类中的评价是循序渐进的，隶属函数在图 6.3 中列出。

传统水质指数给人的感觉更加"悲观"，相较模糊的结果，传统水质指数评价结果常常显示水质更差。相较简单的模糊分类方法，模糊信息强度和去模糊化结果更有条理，Chen 等人（2011）已发表了一份非常相似的研究成果。

Haiyan（2002）基于 1997 年的监测数据，以及中国国家环境质量标准，将模糊综合评价应用于中国郑州大气质量、水质和土壤质量的评价，评价程序包括以下 5 个步骤：

（1）选择评价参数，建立评价标准。

（2）对评价参数建立每个级别评价标准的隶属函数。

（3）搜集与所有评价参数有关的监测数据，搜集国家标准的隶属函数。

（4）为每个监测点的评价参数分配权重，得到权重矩阵。

（5）计算解出模糊算子。随着模糊逻辑在环境评价中的应用，Adriaenssens 等人（2004）对模糊逻辑在生态系统决策支持方面的应用进行了回顾和评价，声称模糊逻辑对于解决可持续发展、环境评价和预测模型很有前途。

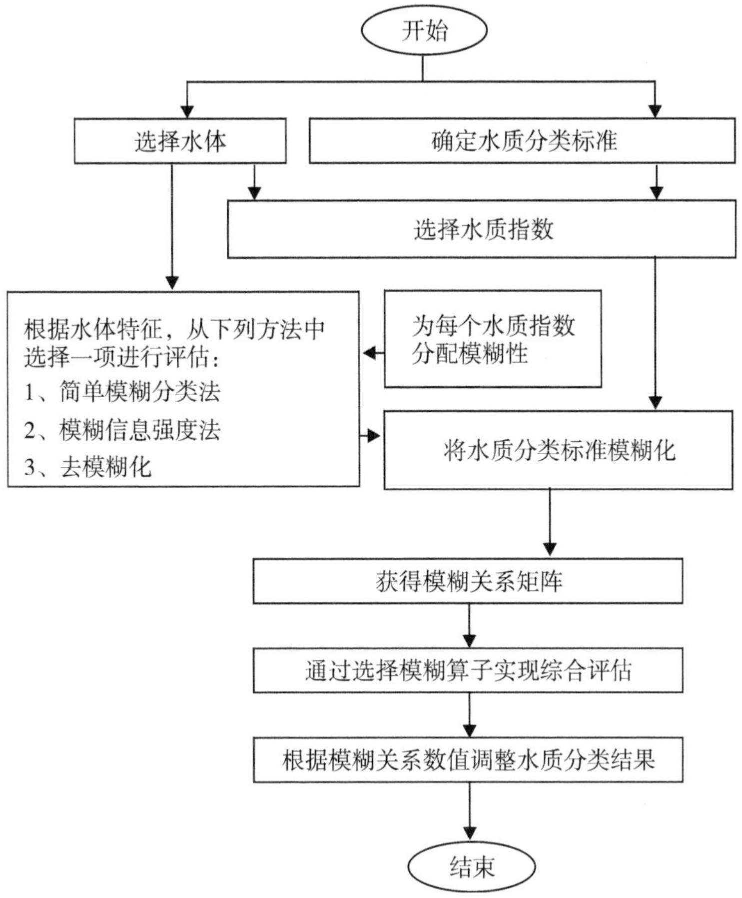

图 6.2　Chang 等人(2001)研究步骤的流程

Prato(2005)推荐使用模糊逻辑来评价生态系统的稳定性,相较传统清晰集合的方法,模糊逻辑在评价生态系统稳定性方面更加适合。

Shen 等人(2005)结合重金属和高浓度农药进行污染状况调查,使用模糊综合评价法(FCA)对太湖流域的土壤环境质量做了评估,此项评估结论由以下 6 个步骤计算得出:

(1)选择评价参数。

(2)建立隶属函数。

(3)计算隶属函数矩阵。

(4)计算权重矩阵。

(5)决定模糊算法。

(6)对数据进行统计学处理。

模糊综合评价法能够为土壤环境质量的分析和评估提供科学依据。

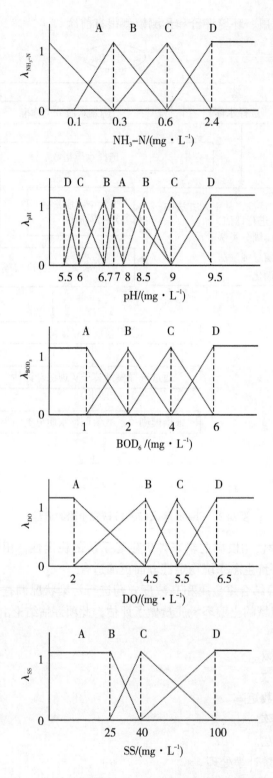

图 6.3 Chang 等人(2001)在研究中使用的隶属函数

模糊逻辑方法也被 Altunkaynak 等人（2005）用来探测和剔除金角湾每月溶解氧历史记录中显现出的线性趋势。

6.6　模糊指数在环境决策方面的延伸

Silvert（1997，2000）在描述海床渔场的影响评价及其他领域课程中指出，使用模糊规则具有一定的优势。他对此给出了几个可能的方式，通过使用模糊逻辑指数为多目标决策和建立共识带来便利。不同利益相关者在可接受/不可接受（以及相应程度）的环境条件看法上存在广泛差异，更常见的是互相冲突。

用符号 μ 表示模糊关系。如果用 x 表示环境变量的数值，那么 $\mu(x)$ 就是设定的可接受条件下对应的关系式，数值介于 0 和 1 之间。如果一个湖泊处于缺氧状态且鱼类全部死亡，那么 μ 可能为 0，表示这种情况完全不可接受。

Silvert（2000）观察到，大多数情况下不止一个环境变量非常重要。可以定义"局部隶属度式"函数 $\mu_i(x_i)$，以此来表示第 i 个环境变量的可接受度。设法将局部隶属度式结合起来，得到可接受度的测量值，所使用的方法取决于给定的条件。例如，湖泊为保持健康的鱼类数量，以氧气水平、水温和营养物含量作为环境变量，任何一个变量处于有害水平对鱼类来说都是致命的，所以使用 $\mu = \min(\mu_1, \mu_2, \mu_3)$ 作为模糊交集是比较合适的。根据定义，可接受度取决于 3 个局部可接受度最低的一个数值。可能存在某些补偿效应，能够缓和可接受度较低的变量造成的影响，结合规则选择必须考虑给定的条件。

复杂情况下模拟环境变量 x 和可接受度 $\mu(x)$ 之间的关系则令人担忧，可接受度可能因人而异，毕竟萝卜青菜各有所爱。

对于大规模水质变量，数值过低或过高都是不可接受的。类似的情况下，中间范围的数值最易接受。某些环境条件的可接受度是极其苛刻的，经常难以量化。例如，没有较好的技术来判断一种气味是好还是坏，也不能判断其好坏程度。只有在几种特定的环境下，才有可能判定一种气味在某种程度上是不可接受的，并在未对 x 做定量测量的情况下为 μ 赋予合适的数值。

这几种情况下，具有强大力量的模糊逻辑脱颖而出。模糊逻辑可以处理主观和非量化数据，基于清晰数学的方法则不能处理此类数据。环境作用不仅对少数科学家和利益相关者很重要，对于商人、政治家和普通市民在内的全体人类来说也很重要。民众关心的景观破坏、恶臭或噪声性头痛等不能通过仪器进行检测的现象，不能将其简单看待。一旦社会和政治领域开始冒险，将这些情况告知民众是根本不可能的。

评估渔场对底栖生物的影响，Silvert（2000）观察到，潜水员能够快速且容易地记录水中现象，比如很少的水草、几个螃蟹以及厚片状细菌垫。实际上，量化水草的生物量、每平方米中螃蟹的数量以及细菌垫的厚度和覆盖百分比需要特殊的装备和额外的潜水时间。其他有用的数据，比如强烈的硫化物味道就很难彻底量化。

Silvet 和他的同事们完成了一项试点项目，旨在探索模糊逻辑在开发底栖生物条件指标方面的用途，项目以以色列埃拉特地区的渔场为研究区域（Angel et al., 1998）。4 个模糊集分别代表无影响、温和、严峻和极端 4 种影响级别。模糊集在解决概念方面起到了立竿见影的效果，这些问题会导致数据难以解读，即不同种类的观测数据会导致不相容的结果。例如，有健康底栖生物种群，意味着影响为零，最坏也是温和的影响。但厚细菌垫的额外斑块可能指向严重甚至极端影响。模糊集允许这些种类中存在不止一个非零关系，这为解决不兼容性提供了新的机制。

局部隶属度首先为每个观察对象分配关系值。例如，海草的出现通常认为是海床处于健康状态的强有力指标。潜水员像平常一样辨别海草的覆盖面，对于无影响、温和、严峻和极端 4 种影响程度可以分配 $\mu_{\text{NIL}} = 0.8$、$\mu_{\text{MOD}} = 0.2$ 以及 $\mu_{\text{SEV}} = \mu_{\text{xTR}} = 0$。这种分配规则被称为"关联规则"，常应用于 8 类观察对象，即长度、厚度、*Beggiatoa sp.* 细菌垫的颜色、海草和指示型大型底栖生物的数量、大型底栖生物、鱼的生物扰动程度以及能见度。

观察对象都是定性的，潜水员可以不用任何测量装置将其分类。例如，海草的覆盖面可以用"无""很少"或"正常"来记录，细菌垫的厚度可以用"薄""厚"或"大量"来记录。底栖生物评价过程中，每个变量都被赋予了相应的权重来反映其重要性。海草的有无和细菌垫的数量被赋予了较高的权重，是底栖生物状态好坏的强有力指标。细菌垫的颜色和可见指示、大型底栖生物（其经常不容易看到）的有无则被赋予了相对较低的权重。

整个程序的开发是适应观测数据而进行的，不是遵循传统的规划方案来采集。除了使采样计划更加便捷和实用，该程序还可以维持较高的采样频率。

有得必有失，简化实验将牺牲一些相当复杂的数学分析。考虑到底栖生物的观测数据数量巨大，需要将局部隶属度相结合以得到全面的隶属度值，用无影响、温和、严峻和极端 4 个模糊集来表示影响程度。对此，使用"对称加和"的方法（Silvert, 1979，1997），该方法可以避免数值判断，更适合于环境影响评估。

模糊分析揭示了某些其他方法未曾发现的现象。当水质恶化的时候，模糊逻辑在量化目标和定性观察方面表现出其他方法不能实现的作用。

进一步观察发现，相较其他方法，模糊逻辑在开发环境指数方面的显著特征就是结合类似指数的灵活性，如对应于普通（清晰）集合的简单二进制指数，例如"可接受与不可接受"。

模糊逻辑的特性在多目标决策中比其他技术更高效、更适用。社会并不总是就某个环境成分的价值达成共识。各种各样的鸟类和海洋哺乳动物，因为美丽的外表和娱乐价值而被娱乐用户青睐，却被渔夫和农民们视为捕食者和竞争者。在处理自然土地临界值时，也很复杂，比如多少原始森林应该保留、多少原始森林应该被开发。模糊集可接受条件，应该以几个可接受集为基础，每一个集代表不同社会阶层的观点。

在沿海地区，利益相关者的兴趣包括优越的娱乐使用性、野生渔业资源的可持续性以及贝类养殖的盈利性。影响这些利益的相关变量则包括鸟类的丰富度以及有毒海藻的有无。从娱乐的视角来看，鸟类都是非常值得拥有的（除非是非常常见的品种，比如说海鸥），其丰富度越高，娱乐目标满足度就越高。渔夫们却不会与鸟类分享这份快乐。对他们来说，鸟类大多是他们的"利益掠夺者"，即使是蛎鹬和贝类养殖场主饲养的绒鸭也不例外。有毒海藻对于游泳者和其他娱乐用户来说仅仅是件麻烦事，却对贝类养殖场造成经济破坏。隶属度和权重将因人而异。绒鸭数量越多，鸟类观察者的隶属度（可接受度）越高，贝类养殖者的可接受度则越低。此类形式可被用来区分利益相关者间的分歧，有助于通过量化分歧来解决复杂情况下的纷争。

Silvert（2000）推荐使用三步程序来处理利益相关者间的纷争。该方法假定用数学计算解决复杂社会和政治问题是不现实的，但给出了一种区分不同价值的量化方法，需要在谈判期间使用。这样的方法能够阐明以下潜在问题：

（1）辨别能够达成共识的环境变量，在局部隶属度和权重因子方面达成共识。例如，点源空气污染通常会引起周围居民更多的关注，而污染制造者则不会过多关注。每个人都会认同空气污染是不受欢迎的，因此，就可接受度的水平达成共识是可能的。

（2）参与者关注真正有争议的领域，比如海洋哺乳动物和鸟类在上述情形下的状况，而不是为即将达成共识的问题分心。

（3）各方目标被清楚标明，不同目标的可接受度集可以在不同情形进行计算，并为进一步讨论提供论点。

6.7　基于遗传算法的水质指数

传统聚合方法对超过标准的部分指数和最大指数要求过于严格，忽略了较少部分指数的作用，导致评估结果不能总是表示真实的水质。Peng（2004）推荐使用以参数的对数函数进行表达的水质指数公式，该方法不依赖于参数的监测数值，而是结合相关"基值"进行运算，基于遗传算法（GAs）来优化参数。之所以选择遗传算法，是因为作为基于进化理论的最优搜索算法，其高效之处已逐渐得到证明。遗传算法还具有使用简单、通用、稳定、能实现并行处理等特点（Holland，1992；Li & Peng，2000）。

对数函数形式的水质指数表达式为：
$$WQI_j = a_j + b_j \ln(1 + c_j) \tag{6.9}$$
其中，a_j 和 b_j 是参数 j 的待定参数；c_j 是参数 j 的监测数值。

不同参数的可接受标准数相差巨大，a_j 和 b_j 几乎总是不相同的。如果参数 j 的"基值"c_{j0}取自每个个体参数，且 c_j 在等式（6.9）中被 x_j 取代，则 c_{j0} 的指标数值变为：
$$x_j = c_j / c_{j0} \tag{6.10}$$
"基值"c_{j0}的目标是使所有参数值正常化，即所有参数能对应相应标准的相同水平。

遗传计算可以在等式（6.9）中对 a_j 和 b_j 进行优化，使 a 和 b 的数值能够应用于多元参数：
$$WQI_j = a + b \ln(1 + x_j) \tag{6.11}$$

目标函数结构如下：

$$\min f(x) = \frac{1}{KM} \sum_{k=1}^{K} \sum_{j=0}^{N} [WQI_{jk} - WQI_{ek}] \tag{6.12}$$

其中，K 是 Peng(2004)的研究中 5 级水质水平的级数；N 是等式(6.11)中考虑的参数(30)个数；WQI_{jk} 是参数 j 的第 k 级标准指数，由等式(6.11)计算得到；WQI_{ek} 是指数 k 级标准的目标值，与参数 j 无关。

K 分别代入数值 1、2、3、4、5，用遗传算法优化 a 和 b。在等式(6.12)得到 $\min f(x) \leqslant 0.03$ 的条件下，$a = -0.80$，$b = 1.56$。分指数为：

$$WQI_j = -0.80 + 1.56 \ln(1 + x_j) \tag{6.13}$$

参数 $N(30)$ 对应 $K(1\sim5)$ 每个级别的平均数，在 WQI_{jk} 基础上得到整体水质指数：

$$WQI = \sum_{j=1}^{M} W_j \cdot WQI_j \tag{6.14}$$

其中，WQI_j 是参数 j 由等式(6.13)计算得到的单一指数；W_j 是参数 j 的联合加权值。

考虑到水质特征以 S 形曲线变化，在计算综合指数时，WQI_j 在较低水平得到轻微加强，在较高水平则被轻微减弱。对于此，可采用一种折中有效的函数来解决：

$$W_j' = \begin{cases} (u_j/2)^{1/2}, & 0 \leqslant u_j \leqslant 0.5 \\ 1 - [(1-u_j)/2]^{1/2}, & 0.5 < u_j \leqslant 1 \end{cases} \tag{6.15}$$

珠海前山河水质分析中，其新指数做了论证使用。

6.8 Ocampo-Duque 等人的模糊水质指数(2006)

基于模糊逻辑水质指数开发步骤，Ocampo-Duque 等人(2006)用某种情形的假定(和简化的)对其步骤进行了阐述，此情形下溶解氧(DO)和有机物(BOD_5)使用模糊水质(FWQ)指数来评估水质条件。选择"低""中""高"3 种模糊集作为输入条件，将"好""中""差"3 种模糊集作为输出条件(图6.4)，梯形隶属函数对这些模糊集的定义如图 6.5 所示。

在水质评价过程中，专家们经常使用"如果一条河流，有机物水平很低，溶解氧含量很高，那么预期水质状况是不错的"的表达，对于上述例子，可以用模糊语言进行阐述。

规则 1：如果 BOD_5 很低而 DO 很高，那么水质属于"好"的水平。

规则 2：如果 BOD_5 和 DO 均处于中等水平，那么水质属于"中"的水平。

规则 3：如果 BOD_5 很高而 DO 很低，那么水质属于"差"的水平。

对上述规则的应用，可以区分基于模糊逻辑的推理与传统决定性推理存在哪些本质上的不同。如果对水体 R1 和 R2 两点的水质进行评估，得到 BOD_5 分别为 1.0 和 3.3，DO 分别为 9.0 和 6.5，对于 R1 的监测数据，可以明确地应用规则 1。同样的规则却不能应用于 R2。当输入值接近两个模糊集的边界值时，正如 R2，输出结果不是直接得到的，应该执行模糊运算。

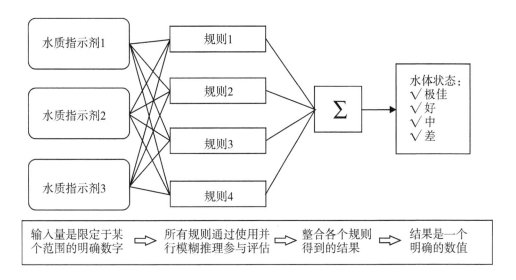

图6.4　**模糊逻辑中输入 - 输出关系图**（转自 Ocampo-Duque et al.，2006）

图 6.5 所示的隶属函数表明，3.3 的 BOD_5 属于"低"和"中"的模糊集，其相应的隶属度分别为 0.2 和 0.8。同样，6.5 的 DO 数值属于"高"和"中"的模糊集，相应的隶属度均为 0.5。变量常属于不同集合。

鉴于规则的前提条件由多部分构成，模糊逻辑运算应对每一个规则给予一定程度的支持。将等式（6.2）应用于这 3 个规则，分别得到 0.2、0.5 和 0.0 的支持度。

整个规则的支持度形成输出模糊集，模糊规则应用的结果是将整个模糊集分配到输出变量中。模糊集以特定隶属函数来表现质量结果。上述 3 个规则的支持度均小于 1，最低影响方法的应用导致 μ =0.2 时水质属于"好"的模糊集，μ =0.5 时水质属于"中"的模糊集。这种现象如图 6.6 所示，列代表输入/输出模糊集，行代表模糊规则。

决定在测试系统所有规则的基础上做出，各个规则的结果需要整合到一起以做出决定。如图 6.6 所示，每个规则的输出模糊集被整合为整体输出模糊集。整合使用的最大方法（Ross，2004）可将删减输出模糊集联合到一起。

然后进行去模糊化的最后一步。整合的输出模糊集为去模糊化的输入部分。

模糊性在中间步骤对于规则评估给予了尽可能多的支持，最终理想的输出结果是一个数值。去模糊化是可用方法中最优选和具有吸引力的一种方法，是模糊化的中心，输出模糊集返回以下曲线的中心：

$$Z^* = \frac{\int \mu(z) \cdot z \, \mathrm{d}z}{\int \mu(z) \, \mathrm{d}z} \tag{6.16}$$

通过替代等式（6.5）中相应的隶属函数（如图 6.5 所示），"$R2$"点的水质指数将达到：

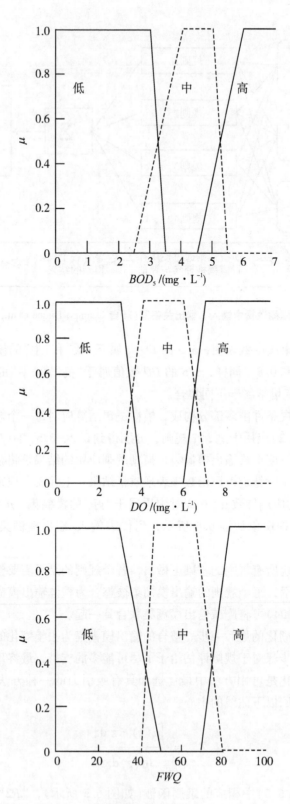

图 6.5   Ocampo-Duque 等人(2006)的模糊水质指数中 BOD_5、DO、FWQ 等参数的隶属函数

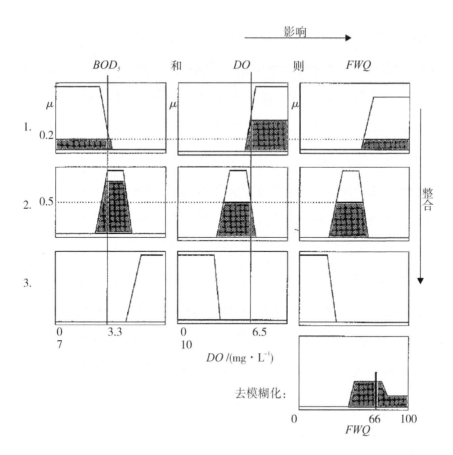

图 6.6 Ocampo-Duque 等人(2006)在模糊水质指数开发过程中对于两变量、三规则的水质评分的
模糊推理

$$FWQ^* = \frac{\int_{40}^{45}(0.10_z - 4)z\,dz + \int_{45}^{75}(0.5)z\,dz + \int_{75}^{78}(-0.10_z + 8)z\,dz + \int_{78}^{100}(0.2)z\,dz}{\int_{40}^{45}(0.10_z - 4)dz + \int_{45}^{75}(0.5)dz + \int_{75}^{78}(-0.10_z + 8)z\,dz + \int_{78}^{100}(0.2)dz} =$$

65.9
(6.17)

在实际应用中，Ocampo-Duque 等人(2006)使用了 27 种水质指示剂和 96 种规则，
稍后会介绍。其研究的整个程序如图 6.4 所示。

模糊推理系统(FIS)的成功应用取决于规则变量权重的分配。

权重的分配决定了最终分数输入相关变量的重要性和影响。如果权重分配不当，
一个好的模糊推理也能产生错误的模拟。因此，使用基于层次分析法(AHP)的综合
多属性决策辅助方法来估计水质变量的相对重要性。层次分析法通过选项的次序优化
来解决决策问题，基础是 Saaty 的特征向量(Saaty，2003)和一致性相关指数，基于最
大特征值和 $n \times n$ 正倒数矩阵 A 的相关特征向量。矩阵 A 中的元素 a_{ij} 是决策者使用
AHP 的 1～9 标度的两两相比方法，对 n 个选项的偏重程度做出的数字预估。在较低
的标度上，两个选项是同等优先的；在逐步增大到 9 的标度上，数值显示某一选项是

更优先选择的。

奇异值分解(SVD)法(Gass & Rapcsak, 2004)与层次分析法结合使用可以使决策者通过特别决定的、正常化的正权重向量 w 得到合适的优先级, w 的数值为:

$$w_i = \frac{u_i + \dfrac{1}{v_i}}{\sum\limits_{j=1}^{n} u_j + \dfrac{1}{v_j}}, \quad i = 1, 2, \cdots, n \tag{6.18}$$

其中, u 和 v 分别属于矩阵 A 最大奇异值的左右奇异向量; n 是变量个数。权向量的一致性测度(CM)取决于 Frobenius 准则的绝对标尺:

$$CM = \frac{\| A - \tilde{A} \|_F}{\| A \|_F + (41/9)_n} \tag{6.19}$$

其中, $\tilde{A}$ 由每对(i, j)的设置(w_i/w_j)组成。如果 $CM < 0.10$, 则矩阵 A 被认为是一致的, 成对比较需要重新进行。

选择 27 个水质参数以覆盖大范围的可能污染物(表 6.4)。梯形隶属函数被用来代表"低""中""高"和"差""中""好"等模糊集。

表 6.4　Icaga(2007)为其模糊水质指数设立的质量级

水质参数	质量级的限值				观测值
	I	II	III	IV	
温度(T)/℃	25	25	30	>30	16.75
pH	6.5～8.5	6.5～8.5	6～9	<6, >9	8.40
溶解氧(DO)/(g·m^{-3})	8	6	3	<3	8.53
氧饱和度(OS)/(g·m^{-3})	90	70	40	<40	无数据
氯化物(Cl)/(g·m^{-3})	25	200	400	>400	145.74
硫化物(SO$_4$)/(g·m^{-3})	200	200	400	>400	499.33
氨(NH$_3$)/(g·m^{-3})	0.2	1	2	>2	2.108
氮化物(NO$_2$)/(g·m^{-3})	0.002	0.01	0.05	>0.05	0.026
硝酸盐(NO$_3$)/(g·m^{-3})	5	10	20	>20	0.930
总磷/(g·m^{-3})	0.02	0.16	0.65	>0.65	无数据
总溶解性固体(TDS)/(g·m^{-3})	500	1500	5000	>5000	1329.08
色度(Pt-co 单位)	5	50	300	>300	21.82
钠(Na)/(g·m^{-3})	125	125	250	>250	235.88

$$\mu(x;a,b,c,d) = \max\left(\min\left(\frac{x-a}{b-a},1,\frac{d-x}{d-c}\right),0\right) \qquad (6.20)$$

其中，a、b、c、d 是隶属函数参数（表 6.4）。表 6.4 中所示模糊集的范围是欧洲河流水质的趋势浓度（EEA，2003）、饮用水水质标准（WHO，2004）、毒性和生态毒性参数、西班牙河流流域内水体分类的规则和设定的目标。

96 个规则已被阐明，每个指示剂和局部分数都有对应成组的 3 个规则来解释。每个规则只有一个前提条件以便于进行权重分配。模糊规则的结构为：如果指示剂 i 属于"低"，那么模糊水质为"好"；如果指示剂 i 属于"中"，那么模糊水质为"中"；如果指示剂 i 属于"高"，那么模糊水质为"差"。对于溶解氧（DO）和酸碱度（pH）也有例外，在这些情况下，模糊规则为：如果 DO 属于"低"，那么模糊水质为"差"；如果 DO 属于"中"，那么模糊水质为"中"；如果 DO 属于"高"，那么模糊水质为"好"。如果 pH 属于"低"或"高"，那么模糊水质为"中"；如果 pH 属于"中"，那么模糊水质为"好"。

模糊水质指数（$FWQI$）的表现与加泰罗尼亚水事厅简化的水质指数（$ISQA$）（ACA，2005）以及 Said 等人（2004）基于埃布罗河数据计算得出的传统水质指数（WQI）进行对比，可以观察到，WQI 和 $ISQA$ 的得分总会超过 70 分，意味着"河水具有较好的水质"。$ISQA$ 的分数比其他两个的要高，这是因为 $ISQA$ 没有考虑微生物污染的影响。$FWQI$ 表示在埃布罗河下游，其河水的水质"一部分是中等，一部分是较好"。根据 Confederación Hidrográfica del Ebro 的报道，$FWQI$ 的输出结果更接近真实状况。由此可知，埃布罗河的水质随着与大海距离的缩短而降低。

6.9 Icaga 的模糊水质指数

紧随 Ocampo-Duque 等人（2006）模糊水质指数的步伐，下面来介绍由 Icaga（2007）开发的模糊水质指数。研究程序包括以下 6 个步骤。

（1）使用观测数值为水质参数设定质量级，此项在表 6.5 中列出。

（2）将参数安排进不同的级别以获得 4 组参数。

（3）使用隶属函数将质量参数的测量尺度标准化，得到质量测量度（隶属度）。这一步中，会用到以下 4 个隶属函数：

$$mf_1 = \begin{cases} 1, & x < a \\ 1-[(x-a)/(b_1-a)], & a \leqslant x < b_1 \\ 1, & \text{其他} \end{cases} \qquad (6.21)$$

$$mf_2 = \begin{cases} (x-a)/(b_1-a), & a \leqslant x < b_1 \\ 1, & b_1 \leqslant x < b_2 \\ 1-[(x-b_2)/(c_1-b_2)], & b_2 \leqslant x < c_1 \\ 0, & \text{其他} \end{cases} \qquad (6.22)$$

$$mf_3 = \begin{cases} (x - b_2)/(b - c_1), & b \leqslant x < c_1 \\ 1, & c_1 \leqslant x < c_2 \\ 1 - [(x - c_2)/(d - c_2)], & c_2 \leqslant x < d \\ 0, & \text{其他} \end{cases} \quad (6.23)$$

$$mf_4 = \begin{cases} 1 - [(x - c_2)/(d - c_2)], & c_2 \leqslant x \leqslant d \\ 1, & d < x \\ 0, & \text{其他} \end{cases} \quad (6.24)$$

其中，mf_i 是指第 i 个隶属函数；x 是观测值；a、b、c、d 是相关隶属函数的限值（表 6.5 和表 6.6）。如果隶属函数是梯形的，那么 b_1 和 c_1 是梯形的第一顶级，b_2 和 c_2 是梯形的第二顶级；否则，有 $b_1 = b_2$，$c_1 = c_2$。隶属函数图形如图 6.7 和图 6.8 所示。

（4）使用以下 4 个规则基础：

如果 $QP_1 = $ Ⅰ 或 $QP_2 = $ Ⅰ 或… 或 $QP_N = $ Ⅰ，那么有 $QP = $ Ⅰ。

如果 $QP_1 = $ Ⅱ 或 $QP_2 = $ Ⅱ 或… 或 $QP_N = $ Ⅱ，那么有 $QP = $ Ⅱ。

如果 $QP_1 = $ Ⅲ 或 $QP_2 = $ Ⅲ 或… 或 $QP_N = $ Ⅲ，那么有 $QP = $ Ⅲ。

如果 $QP_1 = $ Ⅳ 或 $QP_2 = $ Ⅳ 或… 或 $QP_N = $ Ⅳ，那么有 $QP = $ Ⅳ。

其中，QP_i 是第 i 个质量参数；Ⅰ、Ⅱ、Ⅲ、Ⅳ 是传统分类中的质量级；N 是质量参数的数目。基于"或"运算的规则可用来获得最大值。对于所有类别，这些规则都将使用"如果 $T = $ Ⅰ 或 $DO = $ Ⅰ 或 $NO_3 = $ Ⅰ，那么有输出结果 $= $ Ⅰ"的模式。

（5）使用模糊算法，使用各个参数的隶属函数分级决定各组的模糊推断。

（6）各组的 4 个模糊推断去模糊化，通过使用中心法获得 0 与 100 之间的指数值（Bandemer & Gottwald，1996）。

对于希伯湖的湖水，研究发现其模糊水质指数为 41.2。

表 6.5 Icaga（2007）研究程序中隶属函数的限值

水质参数	隶属函数的参数					
	a	b		c		d
		b_1^a	b_2^b	c_1^a	c_2^b	
温度（T）/℃	17.5	22.5		27.5		32.5
pH≥7.5	7.5	7.75		8.75		9.25
pH<7.5	5.75	6.25		6.75		7.5
溶解氧（DO）/（$g \cdot m^{-3}$）^{G}	9	7		4.5		1.5
氯化物（Cl）/（$g \cdot m^{-3}$）	0	50	100	300		500
硫化物（SO_4）/（$g \cdot m^{-3}$）	50	150		250	350	450
氨（NH_3）/（$g \cdot m^{-3}$）	0	0.4		1.5		2.5

续表 6.5

水质参数	a	隶属函数的参数				d
		b		c		
		b_1^a	b_2^b	c_1^a	c_2^b	
氮化物(NO_2)/($g \cdot m^{-3}$)	0	0.004		0.03		0.07
硝酸盐(NO_3)/($g \cdot m^{-3}$)	2.5	7.5		15		25
总溶解性固体(TDS)/($g \cdot m^{-3}$)	0	1000		3250		6250
色度/Pt-co	0	27.5		175		425
钠(Na)/($g \cdot m^{-3}$)	31.25	93.75		156.3	218.8	281.3
输出隶属函数	12.5	37.5		62.5		87.5

注:[a]梯形隶属函数的第一上角;[b]梯形隶属函数的第二上角;[c]隶属函数的逆序数。

表 6.6　Ocampo-Duque 等人(2006)开发模糊水质指数使用的水质参数及相关隶属函数

水质参数		单位	低			中				高			范围
			$a=b$	c	d	a	b	c	d	a	b	$c=d$	
基础的	DO	mg/L	0	3	4	3	4	7	8	7	8	12	0～2
	pH	—	0	6	7.5	6	7	8	9	7.5	9	14	0～4
	CON	μS/cm	0	600	700	600	700	800	900	800	900	1400	0～1400
	SS	mg/L	0	11	13	11	13	15	17	15	17	24	0～24
有机物	BOD_5	mg/L	0	2.5	3.5	2.5	3.5	4	5	4	5	10	0～10
	TOC	mg/L	0	3	4	3	4	7	8	7	8	10	0～10
微生物	TC	MPN/100 mL	0	250	500	250	500	4000	5000	3750	5000	10000	0～10000
	FC	MPN/100 mL	0	100	200	100	200	1600	2000	1500	2000	4000	0～4000
	Sa	存在1 缺失 0/L	0	0.2	0.4	0.2	0.4	0.6	0.8	0.6	0.8	1	0～1
	FS	MPN/100 mL	0	100	200	100	200	800	1000	800	1000	2000	0～2000
阴离子和 铵根离子	PO_4	mg/L	0	0.2	0.4	0.2	0.4	0.6	0.8	0.6	0.8	1	0～1
	NO_3	mg/L	0	10	20	10	20	30	40	30	40	50	0～50
	NH_4	mg/L	0	0.07	0.14	0.07	0.14	0.18	0.24	0.18	0.24	0.5	0～0.05
	SO_4	mg/L	0	75	100	75	100	125	150	125	150	250	0～250
	Cl	mg/L	0	50	100	50	100	150	200	150	200	250	0～250
	F	mg/L	0	0.3	0.6	0.3	0.6	0.9	1.2	0.9	1.2	1.5	0～1.5

续表 6.6

水质参数	单位	低			中				高			范围
		$a=b$	c	d	a	b	c	d	a	b	$c=d$	
Atr	ng/L	0	80	160	80	160	240	320	240	320	500	0～500
BTEX	μg/L	0	40	80	40	80	120	160	120	160	200	0～200
Ni	μg/L	0	10	15	10	15	20	25	20	25	50	0～50
Sim	μg/L	0	80	160	80	160	240	320	240	320	500	0～500
TCB	μg/L	0	4	8	4	8	12	16	12	16	20	0～20
Cr	μg/L	0	10	20	10	20	30	40	30	40	50	0～50
HCBD	μg/L	0	0.4	0.8	0.4	0.8	1.2	1.6	1.2	1.6	3	0～3
PAH	ng/L	0	20	40	20	40	60	80	60	80	100	0～100
As	μg/L	0	15	25	15	25	35	45	35	45	60	0～60
Pb	μg/L	0	15	25	15	25	35	45	35	45	60	0～60
Hg	μg/L	0	0.2	0.4	0.2	0.4	0.6	0.8	0.6	0.8	1	0～1

优先控制物质

模糊水质分数	—	差			中				好			范围
		0	40	50	40	50	70	80	70	80	100	0～100

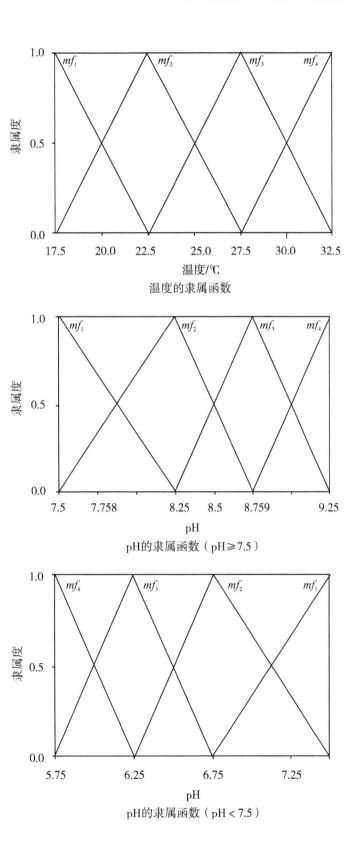

温度的隶属函数

pH的隶属函数（pH≥7.5）

pH的隶属函数（pH＜7.5）

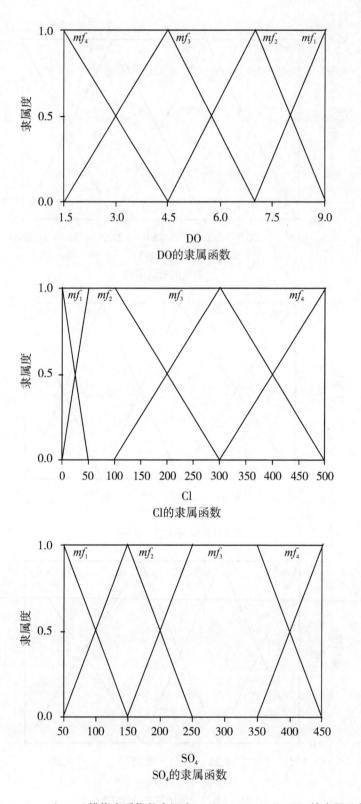

图 6.7   Icaga(2007)模糊水质指数中温度、pH、DO、Cl 和 SO_4 的隶属函数

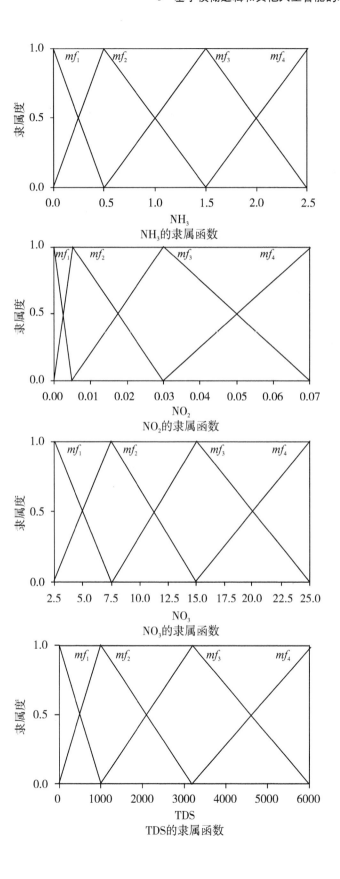

NH$_3$的隶属函数

NO$_2$的隶属函数

NO$_3$的隶属函数

TDS的隶属函数

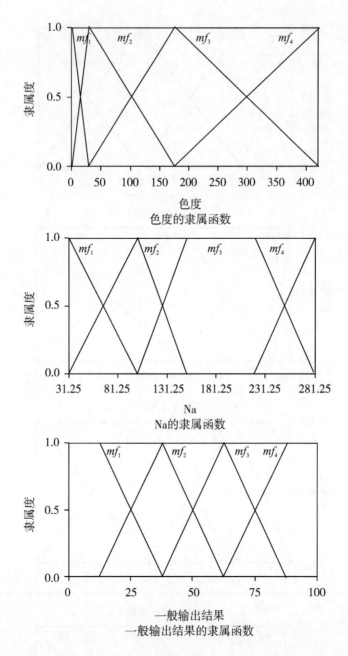

图 6.8   Icaga(2007)模糊水质指数中 NH_3、NO_2、NO_3、TDS、色度、Na 和一般输出结果的隶属函数

6.10   有序加权平均聚合运算的使用

在减少模糊(夸大)和重叠问题的尝试中，Sadiq 和 Tesfamariam(2008)在开发模糊水质指数时曾经使用有序加权平均(OWA)运算。有序加权平均运算(Yager,

1988)提供了介于最小值和最大值运算之间的灵活聚合方法。有序加权运算产生的权重包括决策者的态度和耐心,与环境系统的重要性有关联。

关于有序加权平均运算在土木工程和环境工程方面应用的论文数不胜数(Sadiq & Tesfamariam,2007;Makropoulos & Butler,2006;Smith,2006)。为了使有序加权平均运算包含模糊"可接受度"的测量,推荐使用一种模糊数有序加权平均运算(FN-OWA),这样可使有序加权平均运算处理模糊或语言值,以及通过"可接受的"环境质量来处理不确定性。

多标准决策分析问题并不涉及关于故障树分析法的乘(且)及和(或)的概率互斥问题。换句话说,这些问题既不需要 t-准则(最小值)中严格的"且",也不需要 s-准则(最大值)中严格的"或"。总结上述观点,Yager(1988)引进了新系列的整合技术,即有序加权平均(OWA)运算,其构成了一种通常意义上的类型运算。有序加权平均运算包括以下 3 个步骤:①对输入参数进行重排;②根据有序加权平均运算决定权重;③整合。

n 维的有序加权平均运算是 $R_n \rightarrow R$ 的映射,包括 n 维权重向量 $\boldsymbol{\omega} = (\omega_1, \omega_2, \cdots, \omega_n)^T$,其中 $\omega_j \in [0, 1] \sum_{j=1}^{n} w_j = 1$。对于给定的 n 维输入参数向量 $(x_1, x_2, \cdots, x_n)$,有序加权平均运算通过以下方式决定环境指数(EI):

$$EI = OWA(x_1, x_2, \cdots, x_n) = \sum_{j=1}^{n} w_j y_j \qquad (6.25)$$

其中,y_j 是向量 $(x_1, x_2, \cdots, x_n)$ 中第 j 大的数值,且 $y_1 \geqslant y_2, \cdots, \geqslant y_n$。因此,有序加权平均的权重 w_j 与任何特殊值 x_j 都没有联系,与 y_j 的"顺序"位置有关。有序加权平均的线性形式整合了 n 维输入参数向量 $(x_1, x_2, \cdots, x_n)$,提供了非线性解决方案(Yager & Filev,1994)。

最小值与最大值之间的范围通过 ORness(β)的概念来确定,定义如下(Yager,1988):

$$\beta = \frac{1}{n-1} \sum_{i=1}^{n} w_i(n-i), \beta \in [0,1] \qquad (6.26)$$

ORness 的特点是在某种程度上聚合过程就像是一种运算。$\beta = 0$,表示向量 $\boldsymbol{\omega}$ 变成了 $(0, 0, \cdots, 1)$,也就是一个最小值的输入参数在 n 维输入参数向量 $(x_1, x_2, \cdots, x_n)$ 中分配到了全部权重,意味着有序加权平均运算变成了最小值运算。当 $\beta = 1$ 时,有序加权平均的向量 $\boldsymbol{\omega}$ 变成了 $(1, 0, \cdots, 0)$,就是一个最大值的输入参数在 n 维输入参数向量 $(x_1, x_2, \cdots, x_n)$ 中分配到了全部权重,意味着有序加权平均运算变成了最大值运算。同样的,当 $\beta = 0.5$ 时,有序加权平均的向量 $\boldsymbol{\omega}$ 变成了 $(1/n, 1/n, \cdots, 1/n)$,就是输入参数向量 $(x_1, x_2, \cdots, x_n)$ 的算数平均数。

有序加权平均的权重通过如下周期单调增加(RIM)的量 $Q(r)$ 来产生:

$$w_i = Q\left(\frac{i}{n}\right) - Q\left(\frac{i-1}{n}\right), i = 1, 2, \cdots, n \qquad (6.27)$$

Yager(1996)对模糊子集的参数类别做了定义,提供了一系列在 $Q(r)$ 和 $Q^*(r)$ 之间持续变化、周期单调增加的量:

$$Q(r) = r^\delta, r \geq 0 \tag{6.28}$$

对于 $\delta = 1$,$Q(r) = r$(一个线性函数)被称作连接量。对于 $\delta \to \infty$,$Q^*(r)$ 是通用量(且 - 类型)。对于 $\delta \to 0$,$Q^*(r)$ 是存在量(或 - 类型)。

因此,等式(6.27)可以概括为:

$$w_i = \left(\frac{i}{n}\right)^\delta - \left(\frac{i-1}{n}\right)^\delta, i = 1, 2, \cdots, n \tag{6.29}$$

其中,δ 是多项式函数的次数。$\delta = 1$,周期单调增加函数就像一种均匀分布,也就是 $(x_1, x_2, \cdots, x_n)$ 分配了相同的权重,得到一个算数平均数,即为 $\omega_i = 1/n$。$\delta > 1$,周期单调增加函数倾向于右边,也就是"且 - 类型"运算,展现出负倾斜的有序加权平均权重分配。$\delta < 1$,周期单调增加函数倾向于左边,也就是"或 - 类型"运算,展现出正倾斜的有序加权平均权重分配。合适 δ 值的选择将在后面章节进行阐述。

n 个模糊输入参数,如果需要重排或对 n 维模糊输入参数向量 $(x_1, x_2, \cdots, x_n)$ 排序,有序加权平均运算将其描述为模糊数的集合 $(x_1, x_2, \cdots, x_n)$,转变为模糊数有序加权平均。

"最大值的中值"(MoM)在去模糊化中决定 n 个模糊输入参数在向量中的顺序:

$SM(EI, k) = 1 - DM(EI, k) =$

$$1 - \frac{(W_1^{SM}|a_{EI} - a_k| + W_2^{SM}|b_{EI} - b_k| + W_3^{SM}|C_{EI} - C_k| + W_4^{SM}|d_{EI} - d_k|)}{(d_{k=5} - a_{k=1})}$$

为了估计环境指数(EI),推荐了环境指数定义的 5 种常量,即非常差(VP)、差(P)、一般(F)、好(G)和非常好(VG)(表6.7)。

模糊数有序加权平均方法常应用于以下 3 种场景:$\delta = 1/3$(或 - 类型)、$\delta = 1$(中性)和 $\delta = 3$(且 - 类型)。计算得到相应的 ORness 值,$\beta = 0.76$、0.5 和 0.22,水质指数的结果见图6.9。随着 δ 值的增加(或 ORness β 值的减小),环境指数的数值将减小;反之亦然。因此,较小的 ORness 数值($\beta < 0.5$)会使决策者感到悲观,较大的 ORness 数值($\beta > 0.5$)使决策者感到乐观。对于中性及"且 - 类型"的决策态度,水质指数类别属于差,对于"或 - 类型"的决策态度,水质指数的类别为一般。假设这 3 种情景是对河水利用的代理,分别为娱乐、灌溉、饮用,饮用水源的水质仅仅是边际下降所产生的不良后果就已十分严重,决策者将会保守地(或悲观地)选择更小的 ORness 数值($\beta < 0.5$)。如果水源的最初利用目的是娱乐,那么将会采用更大的 ORness 数值($\beta > 0.5$)。

表 6.7　原始水质数据向模糊指数的转化

$i(1)$	水质指数(2)	观测值 $(q_i)(3)$	转化函数(4)	转化函数参数(5)	模糊指数(Si)(6)
1	$BOD_5/$ $(\text{mg} \cdot \text{L}^{-1})$	20	UDS($\overline{m}^1$, $\overline{q}_c^1$)	$\overline{m}^1 = (2.1, 3, 3, 9)$, $\overline{q}_c^1 = (10, 20, 30)$	$(0.014, 0.13, 0.34)$
2	粪大肠杆菌群/ [MPN · $(100 \text{ mL})^{-1}$]	66	UDS($\overline{m}^2$, $\overline{q}_c^2$)	$\overline{m}^2 = (0.21, 0.3, 0.39)$, $\overline{q}_c^2 = (2, 4, 6)$	$(0.25, 0.43, 0.59)$
3	$DO/$比例	0.6	US($q*^3$, $\overline{n}^3$, $\overline{p}^3$, r^3)	$\overline{n}^3 = (1.5, 3, 4.5)$, $\overline{p}^3 = (0.9, 1, 1.1)$, $q*^3 = 1$, $r^3 = 0$(用作确定值)	$(0.414, 0.62, 0.83)$
4	硝酸盐/ $(\text{mg} \cdot \text{L}^{-1})$	25	UDS($\overline{m}^4$, $\overline{q}_c^4$)	$\overline{m}^4 = (2.1, 3, 3, 9)$, $\overline{q}_c^4 = (20, 44, 60)$	$(0.04, 0.23, 0.48)$
5	pH	7.8	US($q*^5$, $\overline{n}^5$, $\overline{p}^5$, r^5)	$\overline{n}^5 = (1.6, 4, 6.4)$, $\overline{p}^5 = (5.4, 6, 6.6)$, $q*^5 = 7$, $r^5 = 0$(用作确定值)	$(0.79, 0.87, 0.94)$
6	磷酸盐/ $(\text{mg} \cdot \text{L}^{-1})$	2	UDS($\overline{m}^6$, $\overline{q}_c^6$)	$\overline{m}^6 = (0.7, 1, 1.3)$, $\overline{q}_c^6 = (0.34, 0.67, 1.01)$	$(0.08, 0.25, 0.47)$
7	温度/℃	32	US($q*^7$, $\overline{n}^7$, $\overline{p}^7$, r^7)	$\overline{n}^7 = (0.25, 0.5, 0.75)$, $\overline{p}^7 = (6.3, 7, 7.7)$, $q*^7 = 20$, $r^7 = 0$(用作确定值)	$(0.25, 0.40, 0.63)$
8	总固体/ $(\text{mg} \cdot \text{L}^{-1})$	1000	US($q*^8$, $\overline{n}^8$, $\overline{p}^8$, r^8)	$\overline{n}^8 = (0.5, 1, 1.5)$, $\overline{p}^8 = (0.9, 1, 1.1)$, $q*^8 = 75$, $r^8 = 0.8$(用作确定值)	$(0.10, 0.17, 0.37)$
9	浊度/JTU	70	UDS($\overline{m}^9$, $\overline{q}_c^9$)	$\overline{m}^9 = $, $\overline{q}_c^9 = (25, 50, 75)$	$(0.07, 0.27, 0.50)$

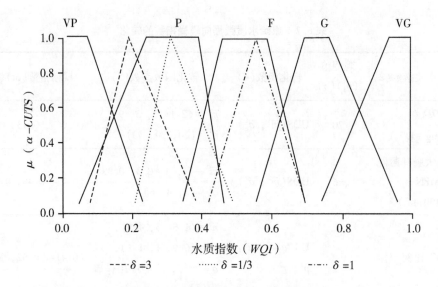

图 6.9　使用模糊数－有序加权平均运算得到的评估水质指数值（Sadiq & Tesfamariam，2008）

6.11　巴西河流模糊水质指数

基于模糊规则的水质指数，Lermontov 等人（2008，2009）开发出了模糊水质指数（*FWQI*）并在 Ribeira do lguape 河中进行检验。

该指数遵循了传统的模糊规则，模糊集以隶属函数的形式定义，并将其映射到 [0，1]。曲线用来映射每个集合的隶属函数，显示了特定的数值属于相应的集合：

$$\mu A : X \to [0,1]$$

9 个相同的参数梯形和三角形隶属函数（图 6.1）构成了巴西圣保罗州官方 CETESB 水质指数的基础，该模糊水质指数可与 CETESB 水质指数相比较并得到验证。CETESB 模糊水质指数已经纳入美国国家卫生基金会的水质指数范围（NSF，2007）。通过下列等式对水质数据进行处理得到模糊集：

$$\text{梯形：} f(x;\ a,\ b,\ c,\ d) = \begin{cases} 0, & x < a \text{ 或 } d < x \\ \dfrac{(a-x)}{(a-b)}, & a \leqslant x < b \\ 1, & b \leqslant x < c \\ \dfrac{(d-x)}{(d-c)}, & c \leqslant x \leqslant d \end{cases} \tag{6.30}$$

$$\text{三角形：} f(x;\ a,\ b,\ c) =$$

$$\begin{cases} 0, & x < a \text{ 或 } c < x \\ \dfrac{(a-x)}{(a-b)}, & a \leqslant x < b \\ \dfrac{(c-x)}{(c-b)}, & b \leqslant x \leqslant c \end{cases} \tag{6.31}$$

这些集合根据对质量的感知度进行命名，质量的范围从"非常好"到"非常差"。梯形函数只在"非常好"这一语言变量下使用，而三角形函数适用于其他所有情况。使用模糊推断的语言模型，输入数据集合－水质变量（前提条件）－通过"如果/那么"的语言规则处理数据，产生输出数据集合作为结果。

使用的数据处理流程如图 6.10 所示，个体质量变量通过推断系统进行处理，然后产生几组介于 0 到 100 之间的正常化数值。使用新的推断对这几组数值进行二次处理，最终结果就是模糊水质指数 *FWQI*。

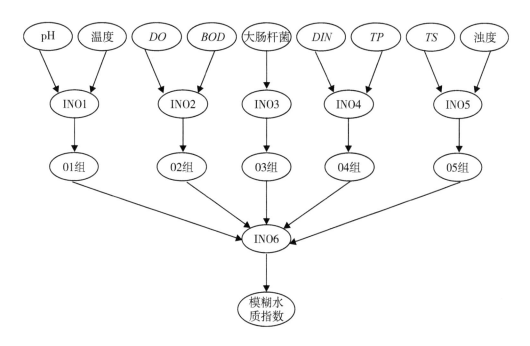

图 6.10　Lermontov **等人**(2009)**使用的处理流程**

获取水质指数的传统方法中，参数通过表格或曲线以及权重因子进行正常化（Conesa，1995；Mitchell & Stapp，1996；Pesce & Wunderlin，2000；CETESB，2004—2006；NSF，2007），随后通过传统数学方法进行计算。以模糊规则为基础的方法中，参数通过图 6.11 中水质指数的模糊推断系统进行正常化和分组。

新开发的模糊水质指数与 CETESB 模糊水质指数之间有很好的相关性（相关率为0.794）。

Roveda 等人(2010)在对巴西圣保罗州索罗卡巴河的研究中也采用了 Lermontov 等人(2009)的模糊水质指数，与 CETESB 水质指数相比较，可以发现，使用模糊水质指数对调查取样位置的水质进行分类的方法更加严谨。

Roveda 等人(2010)计算得到的 107 个指数中，78 个(73%)的值在两个系统下给出了相同的分类结果，有 29 个(27%)的分类结果不同。这 29 个数值中，有 20 个(69%)是模糊水质指数的分类结果低于 CETESB 水质指数的分类结果，其他 9 个则

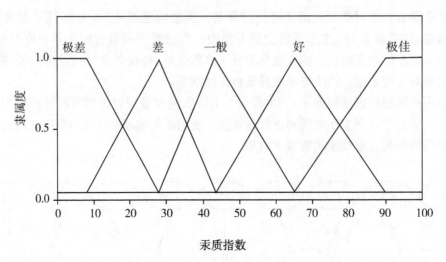

图 6.11　Lermontov 等人（2009）使用的模糊集函数

给出了更高的数值。

两个指数间的相关性数值为 $R = 0.71$。

6.12　模糊－概率混合水质指数

Nikoo 等人（2010）通过模糊推断系统（FIS）、Bayesian 网络（BNs）和概率神经网络（PNNs）提出了混合概率水质指数（PWQI）。该方法基于现存水质监测数据的概率质量函数，并应用于伊朗的 Jajrood 河，结果显示该方法在河流水质评价和分区方面十分有效。

该方法的流程如图 6.12 所示。首先，水质参数的选择要考虑水质的时空变化和研究领域污染的主要特征。有了这些参数的水质数值，两个知名指数被计算出来：美国国家卫生基金会水质指数（NSF-WQI）和环境部长委员会水质指数（CCME-WQI）。然后，基于指数数值，设立了 5 个水质类别：极佳、好、一般、警戒和差，以及相应的模糊隶属函数，被作为是模糊推断系统的输入（NSF-WQI 以及 CCME-WQI）和输出（水质类别）。由于两个指数对于相同集合的水质参数产生了不同的结果，建立各个指数在最终评分中的影响就显得十分必要了。层次分析法的成对比较矩阵被用来为美国国家卫生基金会水质指数（NSF-WQI）和环境部长委员会水质指数（CCME-WQI）分配权重，权重分别为 0.37 和 0.63。

为构建混合概率水质指数，经过训练的模糊推断系统被用在蒙特卡洛（Monte Carlo）分析中。美国国家卫生基金会水质指数和环境部长委员会水质指数被认为是均匀分布的随机变量，模糊推断系统在不同模拟中的输出都得以保存。贝叶斯网络和神经网络在蒙特卡洛（Monte Carlo）分析中的结果得到训练和验证。经过训练的贝叶斯网络和神经网络在河流系统中用作水质评价和分区的混合概率水质指数。为了评估结果精确度，将输出结果与模糊推断系统进行比较，贝叶斯网络的平均相关错误率为

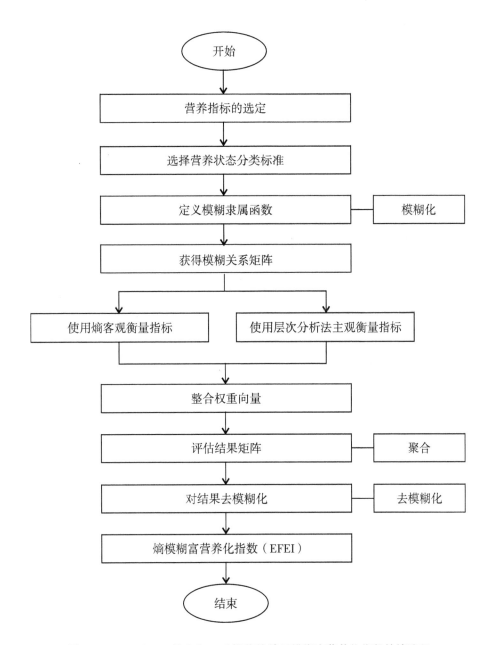

图 6.12 Taheriyoun 等人(2010)推荐的基于模糊富营养化指数的熵流程

7.8%,表明该网络可以被精确应用于概率水质评价。

概率水质指数的主要特征是模糊推断系统输入变量的数量可以灵活增加。例如,沉积物质量、水和沉积物中的杀虫剂浓度可看作模糊推断系统的输入部分。

Safavi(2010)在研究伊朗 Zayandehroud 河时,将模糊推断和人工神经网络相结合来预测水质。

6.13   基于熵的模糊水质指数

模糊综合评价法(FSE)中,水质参数的权重一般依靠经验或使用成对比较法来决定,这取决于专家的判断和经验,有误判的可能(Chowdhury & Husain,2006)。熵理论以热动力学为基础,Shannon(1948)将其延伸为测量系统混乱度的信息理论。信息系统中熵的值越大,拥有的随机性越大,数据表达出的信息越少(Zeleny,1982)。换句话说,熵可以作为数据中不确定性的测量工具以及数据传达的有用信息延伸。为了获得数据中有用的信息延伸,熵可以成为定义水质参数或参数权重的客观方法。

Chowdhury 和 Husain(2006)开发了衡量不同水质处理技术健康风险的方法,该方法使用决策领域的熵和模糊集理论。在研究中,属性的权重由结合方法来决定,其中层次分析法(AHP)作为测量主观权重的方法,熵作为决定属性客观权重的方法。

在 Chowdhury 和 Husain(2006)工作的基础上,Taheriyoun 等人(2010)基于熵的模糊综合评价来获得水质数据输入中的随机性和不确定性,还开发了分析水库营养状态的指数。模糊隶属函数根据所选的水质参数进行定义,参数的权重则通过熵和层次分析法来决定,程序如图6.13所示。

权衡程序可以将 Taheriyoun 等人(2010)的水质指数从其他模糊水质指数中区分出来,其突出特点将在下文予以论述。

n 个参数的 m 个数据集可组成评估矩阵:

$$EM = \begin{bmatrix} X_{11} & X_{12} & \cdots & X_{1n} \\ X_{21} & X_{22} & \cdots & X_{2n} \\ \vdots & \vdots & & \vdots \\ X_{m1} & X_{m2} & \cdots & X_{mn} \end{bmatrix} \tag{6.32}$$

评估矩阵元素 X_{ik} 代表第 k 个参数的第 i 个数据集($i = 1, 2, \cdots, m$; $k = 1, 2, \cdots, n$)(Zeleny,1982;Hwang & Yoon,1981)。

参数的权重由以下步骤决定。

(1)将初始评估矩阵的元素正常化。由于 n 个参数的测量尺度相同,假定矩阵中所有进入的初始数值都处于0到1的范围,通过初始矩阵将元素正常化:

$$r_{ik} = \begin{cases} \dfrac{X_{ik}}{\max\{X_{ik}\}_k} : \text{最大值标准} \\[2ex] \dfrac{\max\{X_{ik}\}_k}{X_{ik}} : \text{最小值标准} \end{cases} \tag{6.33}$$

最大值标准适用于更高数值的参数,每个元素都要除以第 k 个参数的最大值[等式(6.32)第 k 列的最大值]。另一方面,最小值标准适用于更小数值的参数,最小值要除以每个元素。其遵循 $r_{ik} \in [0, 1]$ 。

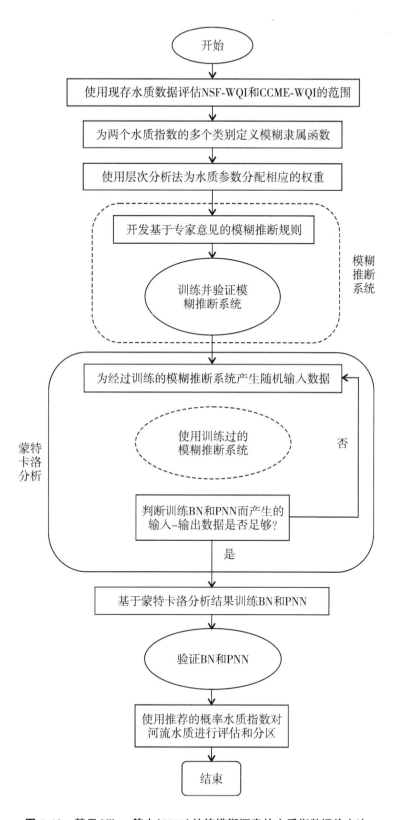

图 6.13　基于 Nikoo 等人 (2010) 的熵模糊概率的水质指数评价方法

（2）计算标准发生的可能性 p_{ik}。

$$p_{ik} = \frac{r_{ik}}{\sum\limits_{k=1}^{m} r_{ik}}$$

（3）测量第 k 个标准（参数）的熵。

$$E_k = -C \sum_{i=1}^{m} (p_{ik} \cdot Ln, p_{ik})$$

其中，C 代表常数，其定义为：

$$C = \frac{1}{Ln\ m}$$

（4）计算参数的客观重要性作为熵的权重。某个参数或标准分配的权重除了主观评估外，还与数据集产生的平均内在信息直接相关，第 k 个参数提供的信息多样化程度被定义为熵的补足部分：

$$d_k = 1 - E_k \tag{6.34}$$

第 k 个标准的客观重要性评估为：

$$W_k = \frac{d_k}{\sum\limits_{k=1}^{n} d_k} \tag{6.35}$$

等式（6.34）和（6.35）反映出参数的熵数值越小，信息的容量越大，各个参数可以分配到合适的权重。

（5）将客观重要性 ω_k 与主观重要性 λ_k 相结合，评估第 k 个参数的整体重要性 W_k^*。

$$W_k^* = \frac{\lambda_k \cdot W_k}{\sum\limits_{j=1}^{n} \lambda_j W_j}$$

整合规则与 Chang 等人（2001）提出的相似，结果的整合通过模糊关系矩阵和 n 个参数的权重向量相乘得到（Lu et al., 1999）：

$$B = W^* \times R = [b_e b_m b_0]$$

其中

$$W^* = [W_C^*\ W_P^*\ W_{SD}^*\ W_{HO}^*]$$

$$R = \begin{bmatrix} \mu_e & \mu_n & \mu_0 \\ \mu_p & \mu_{pn} & \mu_p \\ \mu_{SDe} & \mu_{SDm} & \mu_{SD0} \\ \mu_{HOe} & \mu_{HOm} & \mu_{HO0} \end{bmatrix}$$

其中，b_e、b_m 和 b_0 表示水库营养状态的部分，分别表示营养富足、营养中等和营养贫瘠。

指数的应用表明叶绿素中包含着最多的有用信息和最小的熵容量，透明度包含的有效信息最少，数据的熵最多。营养级由最小不确定性和最多信息量的参数决定。

以上方法在处理遗失数据或不可靠信息时十分可靠，该方法可以测量参数值的熵含量。

6.14　模糊河流污染的决策支持体系

Nasiri 等人(2007)提出了模糊"多属性决策支持专家系统"，该方法可以计算水质指数，基于水质指数改进方法可以确定计划优先顺序。指数开发的步骤与前文描述的相似。Nasiri 等人(2007)加入了以下几个步骤。

(1)开发河段质量指数。每个河段，根据属性权重，通过 Yager 最大－最小多属性决策模型(Yager，1980)整合属性并计算得到水质指数。在此过程中，对于河段 r，质量指数集 $\widetilde{QI}$ 定义如下：

$$\widetilde{QI}_{T_{r=1,2\cdots,R}} = \bigcap_{i=1,2,\cdots,I} \widetilde{S}_{i,r}^{w*i,r} = \left\{ \left(S, \mu_{Q\tilde{I}_r}(S) \right) \middle| \mu_{Q\tilde{I}_r}(S) = \right. \tag{6.36}$$

$$\left. \min_{i=1,2,\cdots,l} (\mu_{\tilde{S}_{i,r}}(S))^{w*i,r} \right\}$$

基于 Yager 的算法，最大关系值的元素表明河段质量指数 QI_r^* 的决策点为：

$$QI_r^* = \left\{ s \middle| \mu_{Q\tilde{I}_r}(s) = \max(\mu_{Q\tilde{I}_r}) \right\} \tag{6.37}$$

(2)确定每个河段的优先次序。水质指数的主要目标是对水质管理方案进行评估。水质管理方案可以潜在提升，这可以作为比较备选方案的基础，并提供备选方案的优先次序。对于河段 r，方案的效力指数定义为：

$$+QI_r^* = \begin{cases} 1 - \left(\dfrac{QI_r^*}{QI_r^*(0)} \right), & QI_r^* < QI_r^*(0) \\ 0, & \text{其他} \end{cases} \tag{6.38}$$

QI_r^* 和 $QI_r^*(0)$ 分别代表河段 r 在实施水质管理方案前后水质指数的预估值。

(3)确定河段重要度。河段的水质与其水质因子密切相关，Basiri 等人(2007)假设河段水质的临界值由该河段水质因子的临界值决定。因此，河段的重要性由其水质因子的重要度决定：

$$\widetilde{W}_r = \{ \widetilde{W}_{1,r}, \widetilde{W}_{2,r}, \cdots, \widetilde{W}_{I,r} \} \tag{6.39}$$

在模糊理论中，

$$\widetilde{W}_r = \bigcup_{i=1,2,\cdots,l} \widetilde{W}_{i,r} = \left\{ \left(W, \mu_{\widetilde{W}_r}(w) \right) \middle| \mu_{\widetilde{W}_r}(w) = \max_i \left(\mu_{\widetilde{W}_{i,r}}(w) \right) \right\} \tag{6.40}$$

这种方法中，河段重要性的模糊分配包含所有河段 $\widetilde{W}_{i,r} \subseteq \widetilde{W}_r$ 的水质因子临界值的模糊分配。

每一个河段都有相似的权重集，覆盖和描绘了该河段所有可能的重要度和临界值，拥有大量更高临界值的水质因子的河段应有更高的重要性。

（4）确定河流水质指数。等式（6.40）计算得到河流权重，整合等式（6.39）计算得到河流所有河段的水质指数。由于河段指数都是明确的数值，使用算数聚合方法代替集理论运算方法（如交集、并集等）。使用简单的附加权衡方法，并考虑河段的重要性集 W_r^* 的代表性数值，有：

$$WQI^* = \sum_{r=1}^{R} W_r^* QI_r^* \Big/ \sum_{r=1}^{R} W_r^* \qquad (6.41)$$

（5）确定每一河流质量的优先次序。河流效力指数与河段指数相似，水质管理方案可以表现在河水质量的总量提升上，定义为：

$$+QI^* = \begin{cases} 1 - \left(\dfrac{QI^*}{QI^*(0)} \right), & QI^* < QI^*(0) \\ 0, & 其他 \end{cases} \qquad (6.42)$$

QI^* 和 $QI^*(0)$ 分别表示河流水质指数［等式（6.41）］在水质管理方案实施前后的预估值。

比较这些方案的效力指数，每个水质方案的等级都能被确定，正如更高的指数数值表示效力具有更高的等级和优先次序。在泰国他钦河（Tha Chin River）流域的实例研究论证了这个方法的适用性。

6.15   模糊工业水质指数

Soroush 等人（2011）的模糊工业水质指数在 0 ～ 100 范围内进行运算，已经被应用于伊朗伊斯法罕省 Zayandehrud 河的研究中，该方法使用 6 个参数（pH、总硬度、总碱度、SO_4^{2-}、Cl^- 和总溶解性固体物量），持续监测工业用水的河水水质。

6.16   随机观测中误差和不确定度对水质评价的影响

对水质进行评估时，观测参数权重的影响一般都会考虑在内，但随机观测错误（SOE）的影响并没有考虑。使用蒙特卡洛（Monte Carlo）模拟，结合 Shannon 熵理论、最大熵原理（POME）以及 Tsallis 熵理论，Wang 等人（2009）调查了随机观测错误对两个观测指数的影响：小观测错误和大观测错误。随机性和模糊性代表了两类不确定性十分重要，在开发或评估水质模型时应同时考虑。Wang 等人使用了 3 种模型，模型 Ⅰ 和模型 Ⅱ 同时考虑了模糊性和随机性，另一个模型则只考虑了模糊性。在中国 3 个代表性湖泊研究中，3 个模型的随机观测错误对水质评估的影响与小观测错误及大观测错误没有关联。当观测数据的精确度存在重大不同时，随机观测错误对水质评估的影响会增加，对评估结果的影响最小。

References

ACA, Agencia Catalana del Agua (Catalonia, Spain). (2005). Available at: <http://www. mediambient, gencat. net/ aca/ca/inici. jsp > [Accessed October 2005].

Adriaenssens, V., De Baets, B., Goethals, P. L. M., De Pauw, N., 2004. Fuzzy rule-based models for decision support in ecosystem management. Science of the Total Environment 319, 1 −12.

Altunkaynak, A., Ozger, M., Cakmakci, M., 2005. Fuzzy logic modeling of the dissolved oxygen fluctuations in Golden Horn. Ecological Modelling 189, 436 −446.

Angel, D., Krost, P., Silvert, W., 1998. Describing benthic impacts of fish farming with fuzzy sets: theoretical background and analytical methods. Journal of Applied Ichthyology 14, 1 −8.

Bandemer, H., Gottwald, S., 1996. Fuzzy Sets, Fuzzy Logic Fuzzy Methods with Applications. John Wiley & Sons, Chichester. 239.

Bárdossy, A. D., 1995. Fuzzy Rule-based Modeling with Applications to Geophysical Biological and Engineering Systems. CRC Press, Boca Raton, New York, London, Tokyo.

Caldeira, A. M., Machado, M. A. S., Souza, R. C., Tanscheit, R., 2007. Inteligencia Computacional aplicada a administracão economia e engenharia em Matlab. Thomson Learning, São Paulo.

Carlson, R. E., 1977. A trophic state index for lakes. Limnol Oceanogr 22 (2), 361 −369.

Chang, N. B., Chen, H. W., Ning, S. K., 2001. Identification of river water quality using the fuzzy synthetic evaluation approach. Journal of Environmental Management 63(3), 293 −305.

CHE, Confederación Hidrográfica del Ebro. (2004). Memoria de la Confederación Hidrográfica del Ebro del año 2003. Available at: < http://www. oph. chebro. es/ > [Accessed October 2005].

Chen, D., Ji, Q., Zhang, H., 2011. Fuzzy synthetic evaluation of water quality of Hei River system. International Conference on Measuring Technology and Mechatronics Automation 280 −283.

Chowdhury, S., Husain, T., 2006. Evaluation of drinking water treatment technology: an entropy-based fuzzy application. Journal of Environmental Engineering, ASCE 132 (10), 1264 −1271.

Companhia de Tecnologia de Saneamento Ambiental (CETESB), 2004, 2005 and 2006 Relatório 57 de Qualidade das Águas Interiores do Estado de São Paulo, São Paulo.

Conesa, F. V. V., 1995. Guía Metadológica para la Evaluacón del Impacto Ambiental.

Ed. Mundi-Prensa.

Cruz, A. J. de. O, 2004. Lógica Nebulosa. Notas de aula. Universidade Federal do Rio de Janeiro, Rio de Janeiro.

EEA, 2003. Air pollution by ozone in Europe in summer 2003: overview of exceedances of EC ozone threshold values during the summer season April—August 2003 and comparisons with previous years. Topic Report No 3/2003. European Economic Association, Copenhagen. http://reports. eea. europa. eu/topic_ report_ 2003_ 3/en,p. 33.

Ferson, S., Hajagos, J. G., 2004. Arithmetic with uncertain numbers: rigorous and (often) best possible answers. Reliability Engineering and System Safety 85, 135 − 152.

Foody, G. M., 1992. A fuzzy sets approach to the represen-tation of vegetation continua from remotely sensed data: an example from lowland health. Photogrammetric Engineering and Remote Sensing 58 (2), 221 −225.

Gass, S. I., Rapcsak, T., 2004. Singular value decomposition in AHP. European Journal of Operational Research 154, 573 −584.

Ghosh, S., Mujumdar, P. P., 2006. Risk minimization in water quality control problems of a river system. Advances in Water Resources 29 (3), 458 −470.

Haiyan, W., 2002. Assessment and prediction of overall environmental quality of Zhuzhou City, Hunan province, China. Journal of Environmental Management 66, 329 −340.

Holland, J. H., 1992. Genetic algorithms. Scientific American 4, 44 −50.

Hwang, C., Yoon, K., 1981. Multiple Attribute Decision Making, Methods and Applications, a State-of The-art Survey. Springer-Verlag, Berlin.

Icaga, Y., 2007. Fuzzy evaluation of water quality classification. Ecological Indicators 7 (3), 710 −718.

Islam, N., Sadiq, R., Rodriguez, M. J., Francisque, A., 2011. Reviewing source water protection strategies: a conceptual model for water quality assessment. Environmental Reviews 19 (1), 68 −105.

Karamouz, M., Zahraie, B., Kerachian, R., 2003. Development of a master plan for water pollution control using MCDM techniques: a case study. Water International, IWRA 28 (4), 478 −490.

Klir, G. J., Yuan, B., 1995. Fuzzy Sets and Fuzzy Logic: Theory and Applications. Prentice-Hall International, Upper Saddle River, NJ.

Kung, H., Ying, L., Liu, Y. C., 1992. A complementary tool to water quality index: fuzzy clustering analysis. Water Resources Bulletin 28 (3), 525 −533.

Lermontov, A., Yokoyama, L., Lermontov, M., Machado, M. A. S., 2009. River quality analysis using fuzzy water quality index: Ribeira do Iguape river watershed.

Brazil Ecological Indicators 9 (6), 1188 −1197.

Lermontov, A., Yokoyama, L., Lermontov, M., MacHado, M. A. S., 2008. Aplição da lógica nebulosa na parametrizaç ão de um novo índice de qualidade das águas. Engevista 10 (2), 106 −125.

Li, Z. Y., Peng, L. H., 2000. Damage index formula of air quality evaluation based on optimum of genetic algorithms. China Environmental Science 20 (4), 313 −317.

Liou, Y. T., Lo, S. L., 2005. A fuzzy index model for trophic status evaluation of reservoir waters. Water Research 39 (7), 1415 −1423.

Lu, R. K., Shi, Z. Y., 2000. Features and recover of degraded red soil. Soil 4, 198 − 209. In Chinese.

Lu, R. S., Lo, S. L., 2002. Diagnosing reservoir water quality using self-organizing maps and fuzzy theory. Water Research 36 (9), 2265 −2274.

Lu, R. S., Lo, S. L., Hu, J. Y., 1999. Analysis of reservoir water quality using fuzzy synthetic evaluation. Stochastic Environmental Research and Risk Assessment 13 (5), 327 −336.

Lu, R. S., Lo, S. L., Hu, J. Y., 2000. Analysis of reservoir water quality using fuzzy synthetic evaluation. Stochastic Environmental Research and Risk Assessment 13 (5), 327.

Makropoulos, C. K., Butler, D., 2006. Spatial ordered weighted averaging: incorporating spatially variable attitude towards risk in spatial multicriteria decision-making. Environmental Models and Software 21 (1), 69 −84.

McKone, T. E., Deshpande, A. W., 2005. Can fuzzy logic bring complex environmental problems into focus? Environmental Science & Technology 39, 42A −47A.

Mitchell, M. K., Stapp, W. B., 1996. Field Manual for Water Quality Monitoring: An Environmental Education Program for Schools, vol. 277. Thomson-Shore, Inc, Dexter, Michigan.

Nasiri, F., Maqsood, I., Huang, G., Fuller, N., 2007. Water quality index: a fuzzy river-pollution decision support expert system. Journal of Water Resources Planning and Management 133, 95 −105.

Nikoo, M. R., Kerachian, R., Malakpour-Estalaki, S., Bashi-Azghadi, S. N., Azimi-Ghadikolaee, M. M., 2010. A probabilistic water quality index for river water quality assessment: a case study. Environmental Monitoring and Assessment, 1 −14.

NSF National Sanition Foundation International. (2007). Avaitlable in: < http://www. nsf. org >(Accessed on October of 2007).

Ocampo-Duque, W,, Ferre-Huguet, N., Domingo, J. L., Schuhmacher, M., 2006. Assessing water quality in rivers with fuzzy inference systems: a case study. Environment International 32 (6), 733 −742.

Otto, W. R., 1978. Environmental Indices: Theory and Practice. Ann Arbor Science Publishers Inc, Ann Arbor, MI.

Peng, L., 2004. A Universal Index Formula Suitable to Multiparameter Water Quality Evaluation. Numerical Methods for Partial Differential Equations 20 (3), 368 −373.

Pesce, S. E., Wunderlin, D. A., 2000. Use of water quality indices to verify the impact of Cordoba City (Argentina) on Suquia River. Water Research 34 (11), 2915 − 2926.

Prato, T., 2005. A fuzzy logic approach for evaluating ecosystem sustainability. Ecological Modelling 187, 361 −368.

Ross, T. J., 2004. Fuzzy Logic with Engineering Applications. John Wiley & Sons, New York.

Roveda, S. R. M. M., Bondanca, A. P. M., Silva, J. G. S., Roveda, J. A. E., Rosa, A. H., 2010. Development of a water quality index using a fuzzy logic: a case study for the Sorocaba river. IEEE World Congress on Computational Intelligence, WCCI 2010.

Saaty, T. L., 2003. Decision-making with the AHP: why is the principal eigenvector necessary? European Journal of Operational Research 145, 85 −91.

Sadiq, R., Rodriguez, M. J., 2004. Fuzzy synthetic evaluation of disinfection by-products — a risk-based indexing system. Journal of Environmental Management 73 (1), 1 −13.

Sadiq, R., Tesfamariam, S., 2007. Probability density func-tions based weights for ordered weighted averaging (OWA) operators: an example of water quality indices. European Journal of Operational Research 182 (3), 1350 −1368.

Sadiq, R., Tesfamariam, S., 2008. Developing environmental indices using fuzzy numbers ordered weighted aver-aging. (FN-OWA) operators. Stochastic Environmental Research and Risk Assessment 22 (4), 495 −505.

Safavi, H. R., 2010. Prediction of river water quality by adaptive neuro fuzzy inference system (ANFIS). Journal of Environmental Studies 36 (53), 1 −10.

Said, A., Stevens, D. K., Sehlke, G., 2004. An innovative index for evaluating water quality in streams. Environmental Management 34 (3), 406 −414.

Selim, S. Z., 1984. Soft clustering of multi-dimensional data: a semi-fuzzy approach. Pattern Recognition 17 (5), 559 −568.

Shannon, C., 1948. A mathematical theory of communication. The Bell System Technical Journal 27, 379 −423.

Shen, G., Lu, Y., Wang, M., Sun, Y., 2005. Status and fuzzy comprehensive assessment of combined heavy metal and organo-chlorine pesticide pollution in the Taihu Lake region of China. Journal of Environmental Engineering 76, 355 −362.

Silvert, W., 1979. Symmetric summation: a class of operations on fuzzy sets. IEEE Transactions on Systems, Man, and Cybernetics SMC-9, 657 −659.

Silvert, W., 1997. Ecological impact classification with fuzzy sets. Ecological Modelling 96, 1 −10.

Silvert, W., 2000. Fuzzy indices of environmental conditions. Ecological Modelling 130 (1 −3), 111 −119.

Smith, P. N., 2006. Flexible aggregation in multiple attribute decision making: application to the Kuranda Range road upgrade. Cybernetics and Systems 37 (1), 1 −22.

Soroush, F., Mousavi, S. F., Gharechahi, A., 2011. A fuzzy industrial water quality index: case study of Zayandehrud River system. Iranian Journal of Science and Technology, Transaction B: Engineering 35(1), 131 −136.

Swamee, P. K., Tyagi, A., 2000. Describing water quality with aggregate index. Journal of Environmental Engineering Division ASCE 126 (5), 450 −455.

Taheriyoun, M., Karamouz, M., Baghvand, Λ., 2010. Development of an entropy-based Fuzzy eutrophication index for reservoir water quality evaluation. Iranian Journal of Environmental Health Science and Engineering 7 (1), 1 −14.

Trauwaert, E., Kaufman, L., Rousseeuw, P., 1991. Fuzzy clustering algorithms based on the maximum likelihood principle. Fuzzy Sets and Systems 42, 213 −227.

Vaidya, O. S., Kumar, S., 2006. Analytic hierarchy process: an overview of applications. European Journal of Operational Research 169, 1 −29.

Vemula, V. R., Mujumdar, EP., Gosh, S., 2004. Risk evaluation in water quality management of a river system. Journal of Water Resources Planning and Mangement-ASCE 130, 411 −423.

Wang, Pei-zhuang, 1983. Theory of Fuzzy Sets and Its Application. Shanghai Science and Technology Publishers, Shanghai, China.

Wang, D., Singh, V. P., Zhu, Y. S., Wu, J. C., 2009. Stochastic observation error and uncertainty in water quality evaluation. Advances in Water Resources 32 (10), 1526 −1534.

World Health Organisation (2004). Guidelines for drinking water quality. Health Criteria and Other Supporting Information (2nd ed.). Geneva, 2, 231 −233.

Yager, R. R., 1980. On a general class of fuzzy connectives. Fuzzy Sets and Systems 4 (3), 235 −322.

Yager, R. R., 1988. On ordered weighted. averaging aggregation operators in multicriteria decision making. IEEE Transactions on Systems, Man, and Cybernetics 18, 183 −190.

Yager, R. R., 1996. Quan tifier guided aggregation using OWA operators. International Journal of General Systems 11, 49 −73.

Yager, R. R., Filer, D. P., 1994. Parameterized "andlike" and "orlike" OWA operators. International Journal of General Systems 22, 297 −316.

Yager, R. R., Filvel, D. P., 1994. Essentials of Fuzzy Modeling and Control. John Wiley & Sons, New York.

Yang, S. M., Shao, D. G., Shen, X. P., 2005. Quantitative approach for calculating ecological water requirement of seasonal water-deficient rivers. Shuili Xuebao/Journal of Hydraulic Engineering 36 (11), 1341 −1346.

Yen, J., Langari, R., 1999. Fuzzy Logic: Intelligence. Control and Information. Prentice-Hall, Inc. , Upper Saddle River.

Zadeh, L. A., 1965. Fuzzy sets. Information and Control 8, 338 −353.

Zadeh, L. A., 1971. Similarity Relations and Fuzzy Orderings. Information Science 3, 177 −200.

Zadeh, L. A., 1977. Fuzzy Sets and Their Application to Pattern Recognition and Clustering Analysis. Classification and Clustering, San Francisco, California. 251 −299.

Zeleny, M., 1982. Multiple Criteria Decision Making. McGraw-Hill, New York.

Zimmermann, H. J., 1985. Fuzzy Set Theory — and Its Applications. Kluwer Nijhoff Publishing, Norwell, Massachusetts.

7　概率(或)随机水质指数

7.1　简介

模糊理论处理知识相对不确定的部分，概率理论处理事件发生的不确定性。换句话说，概率根据部分知识状态对事件的发生做出预测。在一个特定的采样站，不是所有的样品每一时刻都能符合或不符合给定的标准。同样，参数在不同时间、不同场合会有不同的结果，既可能处在许可范围内，也可能处在许可范围外。任何水质监测项目受资源和采样站数量的限制，采样频率有限，只能产生部分数据。基于这些数据评估，评估这些瞬间水质处于可接受或不可接受状态，以及哪些方面可接受或不可接受。如何获取时间函数和限制(以及必要不完全的)数据容量将是一种挑战。"概率"或"随机"水质指数的目的正是如此。

Landwehr(1979)注意到所有依赖水质成分的指数都是随机变量，所以指数也都是随机变量。

如果 x 表示水质成分(随机变量)，$f(x)$ 表示 x 函数的概率，在某种意义上，$f(x)$ 本身即是反映水质状态的指数。对于 $f(x)$ 特性的参数，水质的改变可以认为是绝对的或者相对的。假如，x 的微小数值表示水质较好，与有毒和致癌化学物质一样，μ 含量降低，x 表示水质在绝对意义上有提升。如果 x 是在一定范围内，如 x 代表 pH，μ 值增加或者减少是否意味着水质的改进或者恶化，这取决于 μ 是否超出理想范围。

x 的可变性通过 σ^2 来表示，这提供了 x 另外的测量方式。当 σ^2 很小，可以说水的变化趋势很小或很容易处理，换句话水质处于较好状态。

许多国家都在水质标准的基础上管理水资源，这些标准被用来判断是否违反了相应的标准。例如，要求适于饮用的水中铜含量不得高于 0.05 mg/L，所有样品的铜含量高于 0.05 mg/L 将被视为"不适宜"，而铜含量为 0.05 mg/L 或低于该浓度的水体被视为"适宜"。

这种遵从/不遵从的关注模式可以看作一种非常简单的指数(Landwehr，1979)。标定曲线 $\varphi_i(x_i)$，$i = 1,\ 2,\ \cdots,\ n$，n 是指定成分的数量，定义为阶梯函数，x 为 1 的情况表示为水质较好，当 x 为不遵从或者为 0 时则表示水质较差或不可接受。

该"指数"定义为：

$$I = \prod_{i=1}^{n} \left(\varphi_i(x) \right)^{1/n} \tag{7.1}$$

当 $\varphi_i(x_i) = 0$ 或 1 时，I 为 0 或 1。事实上，当且仅当每一个成分都遵从指导时，I 将等于 1，表示水质处于较好状态。指数 $1/n$ 不必计算，与维持指数的函数形式直接相关。

　　该准则目的是使所有管辖内的水体处于规定状态，即理想情况下，所有地点的 I 值都应为 1。由于 x_i，$i=1$，2，…，n，是随机变量，缺少某些 x_i 信息时很难评估政策是否成功。此外，标准表示需要满足目标，需要控制 x_i 的分布函数以使水质满足目标要求。如果 x_i 是独立的，x_i 可能会被单独处理；如果不是独立的，问题将变得十分复杂。

　　管理部门试图规定"在某采样点 n_2 天内至少 n_1 次采集的样品中，95% 的样品所有参数都符合标准，那么水质是可接受的"来表达水质标准。那些概率指数曾经强调的标准问题仍然存在，将在下面的章节予以论述。

7.2　全球水质随机指数

　　为某种目的对水质进行评估时，Beamonte 等人（2005）推荐使用可接受水平的随机水质指数（表 7.1）。随机指数以每个参数的概率分布为基础进行开发。为了获取这些值，引入了一种混合对数正态模型，该方法被应用于拉普雷萨监测站（La Presa Station）的数据获取中，这是西班牙地表水水质网络的一个取样点。

表 7.1　不同水质参数的类别及基于概率和决定性（单位向量）指数的整体质量
（Beamonte et al.，2005）

参数	概率向量				单位向量			
	A_1	A_2	A_3	$+A_3$	A_1	A_2	A_3	$+A_3$
色度	0.962	0.038	0.000	0.000	1	0	0	0
温度	0.961	0.000	0.000	0.039	1	0	0	0
硝酸盐	1.000	0.000	0.000	0.000	1	0	0	0
氟化物	1.000	0.000	0.000	0.000	1	0	0	0
溶解铁	0.977	0.023	0.000	0.000	1	0	0	0
铜	0.885	0.115	0.000	0.000	1	0	0	0
锌	1.000	0.000	0.000	0.000	1	0	0	0
砷	0.987	0.000	0.011	0.002	1	0	0	0
镉	0.996	0.000	0.000	0.004	1	0	0	0
总铬	0.990	0.000	0.000	0.010	1	0	0	0
铅	0.944	0.000	0.000	0.056	1	0	0	0
硒	0.877	0.000	0.000	0.123	1	0	0	0
汞	0.991	0.000	0.000	0.009	1	0	0	0

续表7.1

参数	概率向量				单位向量			
	A_1	A_2	A_3	$+A_3$	A_1	A_2	A_3	$+A_3$
钡	0.447	0.553	0.000	0.000	1	0	0	0
氰化物	0.997	0.000	0.000	0.003	1	0	0	0
硫酸盐	0.000	0.000	0.000	1.000	0	0	0	1
酚	0.514	0.377	0.107	0.002	1	0	0	0
水溶碳氢化合物	0.142	0.837	0.020	0.001	0	1	0	0
芳香碳氢化合物	0.903	0.000	0.096	0.001	1	0	0	0
总杀虫剂	0.876	0.107	0.015	0.002	1	0	0	0
氨	1.000	0.000	0.000	0.000	1	0	0	0
总计	17.450	2.050	0.250	1.250	19	1	0	1

该指数尝试通过用欧盟(现在是欧盟环境委员会)水质管理分类来解决这些问题。如果水体采样点相同,常规采样间隔采集的水样95%的样品水质参数都符合要求,则假设水体参数符合表7.1中的参数值。即使样品不符合要求,水质参数偏差也不得超过50%。

观测同一采样点特定时间段的样品,管理分类将每一参数分配到95%的水质水平中。其余采样点将被归为最差水质参数类别中。

但过于简化可能造成误导性的解释结果。如果在一个采样点中某一参数的分析测定数据仅6%的数据不符合A_3类别(表7.1)的标准,那么这个采样点就将被归为$+A_3$的类别,尽管所有其他的参数可能都符合A_1类别的标准。这个系统对于异常值非常敏感,特别是数据点不够多的时候,通常情况正是如此。如果在一个采样点每个参数的测定数据不超过20个,只要一个属于$+A_3$类别,那么与其相关的参数和采样点都将归为$+A_3$类别。

Beamonte等人(2005)首次开发了欧盟环境委员会(EEC)采样点管理分类水质指数。采样点的管理质量向量为每个水质参数数量的向量(a, b, c, d),其中a表示A_1级别参数的数量,b表示A_2级别参数的数量,以此类推。随后使用管理质量向量(a_1, b_1, c_1, d_1)和(a_2, b_2, c_2, d_2)对两个采样点进行比较:如果d_1比d_2小,则第一个采样点的水质优于第二个,但如果不相上下的话,再比较c_1和c_2,以此类推。

管理质量向量者可以将它们从坏到好依次排序,即从向量$(0, 0, 0, k)$到向量$(k, 0, 0, 0)$,其中k是使用参数的数量。为采样点分配的等级被用作其水质指数,Beamonte等人(2004)证实管理质量向量(a, b, c, d)的等级是通过下列公式得到的:

$$I(a,b,c,d) = \frac{1}{6}(s_1^3 + 3s_1^2 + 2s_1) + \frac{1}{2}(s_2^2 + s_2) + a + 1 \tag{7.2}$$

其中，$s_1 = a + b + c$，$s_2 = a + b$。$I(a, b, c, d)$被称为"管理质量指数"，因为其与欧盟环境委员会的管理分类始终一致。这个指数最差的数值将始终为1，最好的数值将取决于$k = a + b + c + d$，即所研究的参数的数目，取数值$(k+3)(k+2)(k+1)/6$。使用一个简单的线性转换，这个指数的范围可以达到0至100。

上述程序的缺点是在各水质水平对参数进行分类时，对于95%样品所属的水平，按照没有不确定性的情况来处理。可以通过一个单位向量来代表每个参数，该向量的分类等级等于1，其他的3个数值等于0。管理分类向量是k个单位向量的总和。由于样本具有可变性，估计的百分比相较实际的百分比可能处于不同的质量水平，会给出错误的分类结果。

为应对问题的不确定性，推荐使用下列程序来得到随机水质指数。用η代表参数分析结果95%的数据分布，η后验分布的结果通过贝叶斯范例（Bayesian paradigm）以及分类概率向量$\boldsymbol{p} = (p_1, p_2, p_3, p_4)$获得，$p_i$是$\eta$代表第$i$个水质水平区间的后验概率。

推荐使用这种分类概率来代替等式（7.2）中使用的单位向量。如果参数所属的质量水平没有不确定性，概率向量$\boldsymbol{p}$接近1，其他数值可忽略不计。否则，向量$\boldsymbol{p}$的某些部分将有重要的数值。

研究中k个参数的概率向量总和构成随机质量向量，这可作为管理质量的备选向量。随机质量向量的所有数值都是真实的，不是整数，也不是负数，其各项加和为k。

对于特定采样点得到的随机质量向量(v_1, v_2, v_3, v_4)，其随机水质指数为：

$$SI(v_1, v_2, v_3, v_4) = \frac{1}{6}(s_1^3 + 3s_1^2 + 2s_1) + \frac{1}{2}(s_2^2 + s_2) + v_1 + 1 \tag{7.3}$$

其中，$s_1 = v_1 + v_2 + v_3$，$s_2 = v_1 + v_2$。

概率分类向量$\boldsymbol{p} = (p_1, p_2, p_3, p_4)$的统计程序取决于描述数据行为的统计模型，考虑使用正态分布和混合的对数正态分布。

正态模型假定所给参数的有效数据符合未知平均值为μ、方差为σ^2的正态分布。95%是随机水质指数的关注量，且有$\eta = \mu + 1.64\sigma$。为了获得概率分类向量$\boldsymbol{p} = (p_1, p_2, p_3, p_4)$，对于$\eta$的后验分布，可采用蒙特卡洛（Monte Carlo）方法，具体包括以下步骤：1）由后验分布(μ, σ_1^2)得到向量(μ_1, σ_1^2)；2）计算$\eta_1 = \mu_1 + 1.64\sigma_1$。重复上述步骤$N$次，从$\eta$，$\{\eta_1, \eta_2, \cdots, \eta_N\}$的后验分布中获得$N$次随机样本。

η属于质量水平A_1相关区间的概率，可以估计为$p_1 = R_1/N$，其中R_1表示属于区间样本$\{\eta_1, \eta_2, \cdots, \eta_N\}$的点数量。可以通过$p_1 = R_1/N$的标准误差上界对$N$进行选择，即为$p_1(1-p_1)/\sqrt{N}$。概率分类向量$\boldsymbol{p} = (p_1, p_2, p_3, p_4)$的其他数值可以用简单的方法进行估计。

正态统计模型对于水质大部分参数是不适合的，只能在对数据进行适当转换后用于几种有限的情况。对数转换相对更有效，由于水质参数是正数，某些频繁的取值为0，有的参数在水体中并未真正出现或只在小部分出现，导致无法观测，任何合理的统计模型在0点对于$\pi > 0$都允许取正值概率。

因此，推荐使用混合概率模型，既不是离散的也不是连续的，其称为混合对数正态模型，通过 $MLN(\gamma \mid \pi, \mu, \sigma^2)$ 来表示。这个模型可以表示为 $P(\gamma=0)=\pi>0$ 和 $\log \gamma$，γ 为正值，是平均值为 μ、方差为 σ^2 的正态变量。

根据 $MLN(\gamma \mid \pi, \mu, \sigma^2)$ 模型得到一个 m 次的随机样本，足够的统计数据需要有非零观测值的数量 n，以及非零数据对数函数的平均值 $\bar{x}$ 和方差 s_2。

分类概率 p_1 通过后验概率 $P(\eta \leqslant c_1)$ 得到，其中 c_1 是 A_1 类别的强制性极限值。用相似的方法，通过 η 的后验累积分布函数，即可计算得到整个概率分类向量 $\boldsymbol{p}=(p_1, p_2, p_3, p_4)$。

η 的后验分布是一种混合分布，因为 η 在任何 π 大于 0.95 的情况下均为 0。因此，有 $P(\eta \leqslant c)=P(\eta=0)+P(\eta \leqslant c \mid \eta \neq 0)(1-P(\eta=0))$。$P(\eta=0)=P(\pi>0.95)=1-F_\pi(0.95)$，其中 $F_\pi(\cdot)$ 是 π 的后验分布的累积分布函数。

$F_\pi(0.95)$ 易于计算，因为 π 的后验分布为 β。此外，$P(\eta \leqslant c \mid \eta \neq 0)$ 可以通过以下模拟进行估计：如果 $\{\eta_1, \eta_2, \cdots, \eta_N\}$ 是蒙特卡洛样本，由 η 的后验分布的连续部分产生，且 R 是 η_i 比 c 小的点数量，R/N 是蒙特卡洛对 $P(\eta \leqslant c \mid \eta \neq 0)$ 的估值，那么，$1-F_\pi(0.95)+F_\pi(0.95)R/N$ 是对 $P(\eta \leqslant c)$ 的估值。

个体参数的单位向量和概率向量以及整体质量向量(相应指数)有何不同，可以从表7.1查看，表中数据是由西班牙瓦伦西亚(Valencia)附近的拉普雷萨(La Presa)监测站得到的水质数据。

可以看到，其中13个参数属于同一类别的概率大于0.95，另外6个参数更少，合理地说，属于同一类别的概率在80%到95%之间。对于钡和酚类，其属于 A_1 或 A_2 类别的概率十分相近。在决定性(单位向量)指数中，钡属于 A_1 类别，但随机水质指数更加决定性地显示其属于 A_2 类别。

7.3 Cordoba 等人(2010)对全球随机指数的修正

为了使用随机水质指数研究西班牙联邦水文胡加尔水系(Confederation Hydrographic del Jucar，CHJ)12 条河流的水质，以及对传统水质指数进行对比，Cordoba 等人(2010)对 Beamonte 等人(2005)的上述随机水质指数做了轻微修正。将随机水质指数与以溶解氧(DO)为基础的指数和某些生物指数进行比较。

所做的修正包括根据 Provencher 和 Lamontagne(1997)的"普通"水质指数(GPI)对模糊水质指数进行调节，前者在 CHJ 使用后成为传统的水质指数。与其他众多传统指数相似(见第3章)，GQI 有如下形式：

$$GQI = \sum_{i=1}^{n} Q_i P_i \tag{7.4}$$

其中，n 是分析使用的物理和化学变量的个数；Q_i 是一个等价函数，可以将变量 i 的浓度转化成范围在 0 到 100 之间(根据水的用途决定，0 表示最差的水平，100 表示最理想的水平)代表水质水平的数值；P_i 是变量 i 的权重。所有权重的加和必须为 1.0，这样计算得到的指数才能位于 0 到 100 之间。

根据这个范围,当 Q_i =100 时,关于变量 i 的水质水平为"极佳";当 $100 > Q_i \geq$ 85 时为"很好";当 $85 > Q_i \geq 75$ 时为"好";当 $75 > Q_i \geq 60$ 时为"可用";当 $60 >$ $Q_i > 0$ 时为"糟糕"(也就是相当于必要的);当 Q_i =0 时为"不可接受"。为了计算 GQI, P_i 和 Q_i 的数值需要根据西班牙水文联合会决定"普通质量指数"的程序来获得。

Cordoba 等人(2010)将计算 GQI 所用的数据 Q_i 进行转化,这样两个指数的测量尺度变得十分相似。定义与变量相关的水质 Q_i 的转化数值及用以计算 $PWQI$ 的质量区间被用来反映 GQI, $PWQI$ 可以表达为:

$$PWQI = \frac{1}{6}s_1^3 + (3s_1^2 + 2s_1) + \frac{1}{2}(s_2^2 + s_2) + v_1 + 1 \qquad (7.5)$$

其中,s_1、s_2 和 v_1 是不同物理和化学参数预先设定的质量区间概率值,是根据 95% 的相关比例进行演算,以及描述数据行为的具体概率模型得到的。换句话说,$PWQI$ 被用来表示 GQI 的质量水平。

将 $PWQI$ 和 GQI 以及其他指数进行比较,是利用了 CHJ 在 15 年间(1990—2005) 采集自 12 条河流 22 个监测站 9 个水质变量的数据。

对于有极端表现的监测站,两个指数的分类结果十分相似,水质特别好或特别差的监测站两个指数的分类结果处于相同明确模式。对于中等水质,$PWQI$ 和 GQI 的分类结果有所不同。

整个研究期,GQI 与 $PWQI$ 有积极的联系。Kendall 以及 Spearman 相关系数分别为 $0.636(p < 0.001)$ 和 $0.768(p < 0.001)$,其他指数也得到了相似的结果。

结果揭示出,当下列任何一个变量从计算中剔除时,$PWQI$ 的平均值没有发生显著改变,这些变量为:总磷酸盐、硝酸盐、溶解氧和悬浮固体。下列任何一个变量从计算中剔除时,$PWQI$ 的平均值会发生显著改变,这些变量为:总大肠菌群、电导率、生化需氧量、化学需氧量和 pH 值。此外,省略后面的变量会增加指数的平均值,表示水质更好。

References

Landwehr, J. M., 1979. A statistical view of a class of water quality indices. Water Resources Research 15 (2), 460 –468.

Beamonte, E., Berm6dez, J. D., Casino, A., Veres, E., 2004. Un Indicator Global para la Calidad del Agua. Aplicación a las Aguas Superficiales de la Comunidad Valenciana, Estadística Española 156, 357 –384.

Beamonte, E., Bermúdez, J. D., Casino, A., Veres, E., 2005. A global stochastic index for water quality: the case of the river Turia in Spain. Journal of Agricultural, Biological, and Environmental Statistics 10 (4), 424 –439.

Cordoba, E. B., Martinez, A. C., Ferrer, E. V., 2010. Water quality indicators: comparison of a probabilistic index and a general quality index. The case of the Confederación

Hidrográfica del Jú car (Spain). Ecological Indicators 10 (5), 1049 −1054.

Provencher, M., Lamontagne, M. P., 1977. Méthode De Determination D'un Indice D' appréciation De La Qualité Des Eaux Selon Différentes Utilisations. Québec, Ministère des Richesses Naturelles, Service De La Qualité Des Eaux.

8 "计划"或"决策"指数

8.1 简介

如前文所述，每一个水质指数都可以作为工具来评价和比较不同用途的水质，将结果与影响因素相关联，在此基础上优化提升水质，相应地进行资源分配和生态管理。换句话，水质指数可以作为规划和决策的工具。

有些指数已被明确作为"规划工具"，本章将对其中较为重要的几个指数进行阐述。

8.2 水质管理指数

紧跟美国国家卫生基金会水质指数（NSF-WQI；Brown et al., 1970）的步伐，美国环保局（USEPA）主动落实水质管理指数。美国环保局水项目办公室与 MITRE 公司合作开发了一组指数，分别是水质指数或者污染普遍性、持续性和强度综合指数（*PDI*），国家规划优先指数（*NPPI*）以及优先行动指数（*PAI*）。

这些指数被用来评估全美 1000 个规划区域。该工作于 1971 年完成，4 年后相关成果才予以公布（Truett et al., 1975）。这 3 个指数可以被称作第一组用于水质规划与管理的水质指数。

8.2.1 水质指数或 *PDI* 指数

该指数的定义式为：

$$V = \frac{P \times D \times I}{M} \tag{8.1}$$

其中，普遍度（P）是用规划区域内不符合的联邦水质标准或其他合法水质标准的溪流里程数来表示的。不符合现象只有当溪流水质偏离任何一个合法标准时才出现。

污染点的持续性（D）可以根据发生污染的季度或季节数来表示，其比例含义如下：

(1)0.4 表示只有一个季度发生污染。

(2)0.6 表示有两个季度发生污染。

(3)0.8 表示有三个季度发生污染。

(4)1.0 表示全部四个季度都发生了污染。

污染浓度（I）是区域污染严重性指标，根据污染的影响而不是水质参数来表现污染严重性。I的范围是 0 到 1，代表 3 个成分测量值的简单求和，三个成分分别从生态、实用和审美方面阐明污染的影响。

$PDI(V)$对于规划区域或"模块开发单元"（BDU）来说，就是由普遍度、持续性和污染测量值除以溪流总里程数得到的结果。

8.2.2 国家计划优先指数（$NPPI$）

该指数旨在初步了解规划效果并根据优先次序进行区域排序。根据对于整个国家的优先次序，确定资金分配的最终次序：

（1）规划市政水处理设施（以及其他的水质控制措施），资金的获得和使用遵循经济节约的原则。

（2）在水质改善方面获得最大程度的国家人口效益。

（3）水体质量能够最大限度上满足或超过所要求的水质标准。

为了保证规划区域（BDU）中的国家计划优先指数（$NPPI$）能反映出水质管理规划需求和优先次序，需要对该指数中的一系列参数进行优化和拓展，以包含下列几点：

（1）当前区域人口数。

（2）下游受影响区域人口数。

（3）计划投资总额。

（4）可控制性。

（5）目标规划等级：用 1 到 4 的整数表示，1 代表基本没有规划，4 代表对高度复杂区域进行全面开发和执行性规划，2 和 3 代表中等规划等级。

（6）三角洲规划等级：即处于当前规划等级和目标规划等级之间的不同等级，以表现对更高水平规划的需求。

（7）PDI指数：用作国家计划优先指数的输入变量，与上述公式略有不同的是，PDI不能表达出规划区域受污染溪流占总溪流里程数的百分比，而且与污染源相关联。

（8）人均规划成本。

国家规划优先指数参数确定后，用一个数值函数来表示每个参数如何影响指数的（图 8.1）。每个参数都被分配了相应的权重以表示对规划优先指数（表 8.1）的相对重要性。数值函数的形式由水项目办公室和 MTTRE 的员工共同参与决定。权重数值的分配由水项目办公室的员工进行分配，代表 10 个有经验的水质资深员工独立判断的平均水平。

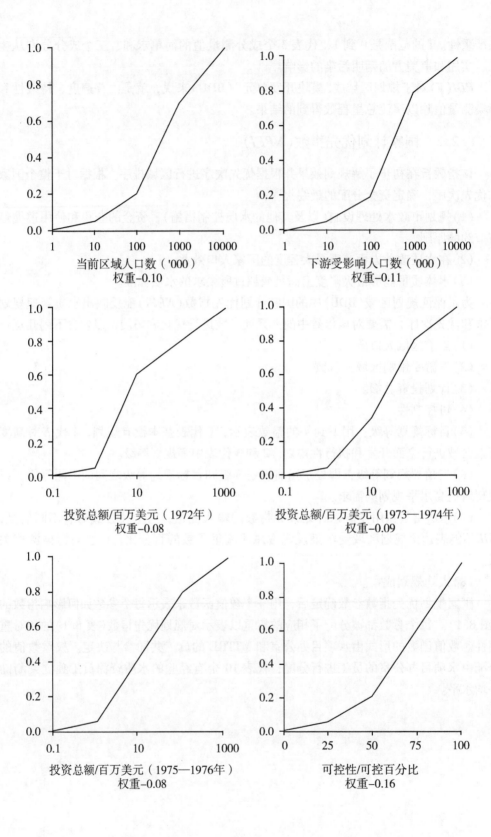

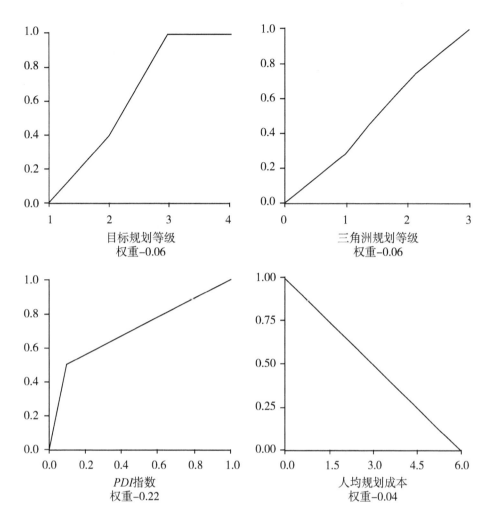

图 8.1 **计算规划优先指数的不同标准的数值函数**(Truett et al., 1975)

表 8.1 *NPPI* **中参数分配的权重**(Truett et al., 1975)

标准	权重
当前区域人口数	0.10
下游受影响人口数	0.11
投资总额 FY 1972	0.08
投资总额 FY 1973—1974	0.09
投资总额 FY 1975—1976	0.08
可控性	0.16
目标规划等级	0.06

续表8.1

标准	权重
三角洲规划等级	0.06
PDI 指数	0.22
人均规划成本	0.04
合计	1.00

参数权重通过图8.1中相应的函数转化后进行加和运算，也就是说：

$$NPPI_i = \sum_j a_j f_j(x_{ij})$$

其中，i 表示特定的规划区域（或 BDU）；$NPPI_i$ 是该 BDU 的指数值；j 表示特定参数；a_j 表示该参数分配到的"重要性权重"，$\sum a_j = 1$；x_{ij} 是第 j 个参数对于第 i 个 BDU 的数值；f_j 是对于第 j 个参数的转化（或数值函数），在图8.1中列出。

转化给定参数可以得出计算需要的"映射数值"。

8.3 以水质为基础的环境评估体系

Dee 等人（1972，1973）推荐使用一种体系来评估大规模水资源项目的环境影响。该体系包括12个常规参数（如溶解氧、pH、浊度和粪大肠杆菌等）表示的水质指数，杀虫剂和有毒物质除外。这些复杂水质参数的分指数和 Brown 的 NSF-WQI（Brown et al.，1970）指数类似。

该指数的计算考虑或不考虑拟建水资源项目的影响。环境影响（EI）的计算方法为：

$$EI = \sum^{78} W_i I_i (考虑) - \sum^{78} W_i I_i (不考虑) \tag{8.2}$$

8.4 Zoeteman 潜在污染指数（*PPI*）

该指数由 Zoeteman（1973）作为规划工具开发而来，并非基于水质变量观测值，是根据可能与污染有关的间接因素进行计算的指数。该指数由排水区域内的污染程度、经济活动程度以及河水平均流速计算得到，公式如下：

$$PPI = NG/Q \times 10^{-6} \tag{8.3}$$

其中，N 代表排水区域内生活的人口数；G 代表人均国民生产总值（GNP）；Q 代表河流的年平均流速（m^3/sec）。

Zoeteman 将 *PPI* 应用于全球160个河流监测点，并根据污染变量比较各个监测点的 *PPI* 数值，其中超过40个监测点的观测值是有效的。这些河流测得的 *PPI* 数值范围从0.01到1000。*PPI* 指数也曾应用于 Rhine 河的监测（1973）。

8.5 Inhaber(1974)的环境质量指数

该环境质量指数是特别为加拿大开发的,以 Inhaber(1974)为代表。该指数包含4个参数,分别代表大气、水体、土地和其他方面的环境质量。

空气质量指数由3个主要部分组成(图8.2),涉及城区空气质量、环城空气质量以及城区外空气质量。

水质指数由两个主要部分组成。一部分是关于工业和城市废弃物排放对水体的影响,另一部分是关于水质实际测量值及其他附属方面(图8.2)。

土地质量指数包括6个分指数,包含对森林、城市过度拥挤、侵蚀、公共土地使用、露天开采及沉降等土地特征的概括(图8.2)。

关于环境质量的其他方面由杀虫剂和放射性两个分指数组成(图8.2)。

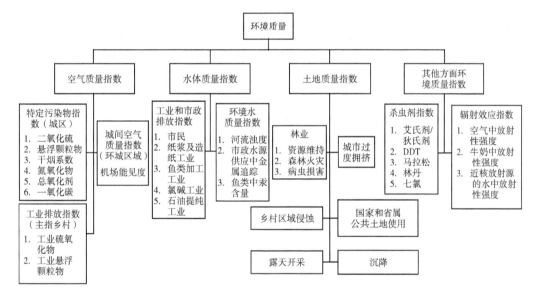

图8.2 关于大气质量、水体质量、土地质量和其他方面环境质量的指数示意(Inhaber,1974)

这四个指数中的某些分指数又由更加细化的分指数构成。例如,关于林业分指数是由三个细化分指数组成。

为了使这些指数或者分指数相结合,采用均方根的方法进行处理。该方法相对简便,相较传统线性平均数,对极端环境条件更加敏感。

为了强调环境中某些部分,需要使用权重。权重根据专家建议进行分配,权重并不是完全确定的。判断优先权重是否公平合理,还需要考虑公众的意见。

第二类权重关于人口,环境质量指数中的许多部分描述人类生存的环境条件,应当根据可能受影响的人口数来为指数分配权重。例如,某一城市的人口数是另一城市的两倍,就应当为其分配两倍于另一城市的权重。

大气、水体和土地都是环境质量的重要组成成分，没有数据能够评估其相互之间的相对重要性，所以为其分配相同的权重。环境的其他方面相对要简单得多，为其分配较低的权重。若整体环境质量权重为 1，大气、水体、土地和其他方面分配到的权重分别为 0.3、0.3、0.3 和 0.1。环境质量指数(EQI)可由以下公式进行计算：

$$EQI = \left\{ \left[0.3(I_{大气})^2 + 0.3(I_{水体})^2 + 0.3(I_{土地})^2 + 0.1(I_{其他})^2 \right]/1 \right\}^{1/2} \quad (8.4)$$

$I_{大气}$、$I_{水体}$、$I_{土地}$ 和 $I_{其他}$ 的数值分别为 0.99、0.73、0.54 和 0.088，则 EQI 的数值为 0.74。

0.74 的 EQI 值并不代表加拿大环境的测量现状，但基于做出的若干假设，该数值胜于测量值。后续年份中，更低或更高的 EQI 值将意味环境条件在向更好或者更差的方向发展。

8.6　Johanson 和 Johnson(1976)污染指数

Johanson 和 Johnson(1976)开发了规划指数辨别可能受污染的地点，该指数筛选了 652 个监测点的数据。对于每个地点，污染指数(PI)可由下列公式计算：

$$PI = \sum_{i=1}^{a} W_i C_i \quad (8.5)$$

其中，W_i 代表污染变量 i 的权重；C_i 代表监测点污染变量 i 的最高浓度。

对于每个污染变量 i，其权重是基于国家观测浓度的中值的倒数得到的。

8.7　Ott 的国家计划优先指数

Ott(1978)使用国家计划优先指数($NPPI$)为不同需求的部门分配优先权，确保规划的水处理项目的资金获得及经济使用水资源。该指数由 10 个分指数的权重加合计算得到：

$$NPPI = \sum_{i=1}^{10} W_i I_i \quad (8.6)$$

其中，每个分指数 I_i 是通过分段线性函数计算得到的。

8.8　运行管理的水质指数

House 和 Ellis(1987)提出了饮用水供应指数($PWSI$)、水体毒性指数(ATI)以及饮用味道指数(PSI)，用于水资源的运营管理，并且在英国伦敦几条河流的运营管理中将指数体系与国家水资源委员会(NWC)的分类方法进行对比，以论证指数体系的实用性。

这些指数通过图 8.3 所示的步骤开发，考虑了 9 个参数，分别是：DO、$NH_3 - N$、BOD、NO_3、Cl、悬浮固体、pH、温度以及总大肠杆菌群数。将 10 ～ 100 分为 4

个级别来分别代表水质的 4 个等级：

(1) Ⅰ级(71 ~ 100)表示水质较好，适于以较低的处理成本进行高价值利用。

(2) Ⅱ级(51 ~ 70)表示水质尚可，适于以中等处理成本进行高价值利用。

(3) Ⅲ级(31 ~ 50)表示水体已受到污染，可用于中等价值利用，处理成本高。

(4) Ⅳ级(10 ~ 30)表示水体已严重污染，经济价值低，处理需要大量投入。

标准曲线是根据每个参数与已颁布的水质指数及潜在用途细分标准相平衡得到的，着重强调了欧洲经济委员会和欧洲内陆渔业咨询委员会推荐的水质标准。质量标准以最大适合浓度或最大限制浓度的形式给出，这种用途的平均水质(WQR)也被归于此类。标准使用的是最大许可浓度或强制浓度，在应用中使用的是限制平均水质。这种方法衍生得到的指数不仅用于水质分类和指示水的可能用途，也可以准确定位某水体所属的类别，为使用者提供最大量的信息，并能实现最好的管理实践。该指数使得基于水质改进或恶化而评估经济损益成为可能。

权重分配通过问卷调查应用于每个参数(图 8.3)，这些问卷是人员根据英格兰、威尔士和苏格兰等地区的税务局和河流净化董事会的数据设计出来的。

该指数根据下列集合函数计算得到：

$$WQI = \frac{1}{100}\left(\sum_{i=1}^{n} q_i w_i\right) \tag{8.7}$$

其中，q_i 代表第 i 个参数的 WQI；w_i 代表第 i 个参数的权重；n 代表参数的数量。

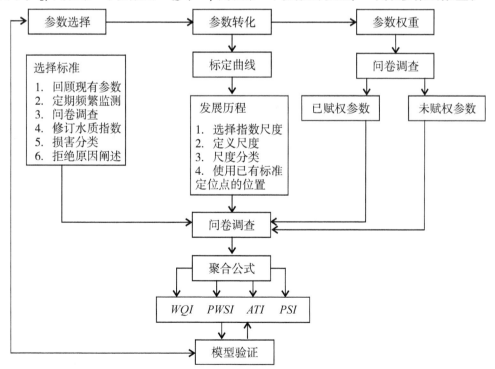

图 8.3　House 和 Ellis(1987)开发四种水质指标时使用的步骤

其他 3 个指标也是根据图 8.3 所示的步骤开发得来的。第一个指标——饮用水供应指数（PWSI）基于 13 个生化和生物成分（表 8.2）开发，目的是用于饮用水的初级使用或其他能考虑到的可能用途。剩下的两个指标本质上属于毒性指标。水体毒性指数（ATI）基于重金属和苯酚等（表 8.2）9 个参数开发，这些物质都会对鱼类和野生生物造成危害。饮用味道指数（PSI）反映了水体用于饮用水水源供应（PWS）的合适程度，判断的基础是包括重金属、杀虫剂和碳氢化合物在内的 12 个参数（表 8.2）。

表 8.2　House 和 Ellis(1987)的 3 个伴随指数中涵盖的水质参数

PWSI	PSI	ATI
溶解氧	总铜	溶解铜
氨氮	总锌	总锌
生化需氧量	总镉	溶解镉
悬浮固体	总铅	溶解铅
硝酸	总铬	溶解铬
酸碱度	总砷	总砷
温度	总汞	总汞
氯化物	总氰化物	总氰化物
总大肠杆菌	酚类	酚类
硫酸	总碳氢化合物	
氟化物	聚芳碳氢化合物	
颜色	总农药	
溶解铁		

8.9　调节水管理系统的指数

Pryazhinskaya 和 Yarosheveskii(1996)提出了模拟河流水管理系统运营的方法，考虑了模型中主要成分的函数，并将其与其他模型之间的关系进行了概述。他们分析了传统开发和控制水管理系统的规则，描述这些规则的形式以及在输入公式中将它们的表现形式标准化。

8.10　评估生态区域因子、水文因子和湖泊因子的指数

Ravichandran 等人(1996)开发了基于主成分分析(PCA)的方法论，包括地质学、地貌学和盆地形态学等 23 个特征。其中，南印度 Tamiraparani 盆地由 63 个小盆地组成。

由 5 个成分计算得到 PCA 数值，小盆地分成了几个具有相似特征的小组，水系图可描绘出 9 个生态区域。对生态区域进行水质调查，在 278 个水质样本中得到 pH、EC、*DO*、TDS、主要离子和营养物质等参数。PCA 能够揭示对盆地水质有特别重要影响的 3 个过程：离子变量的地质起源、农业生产中营养物质的渗出以及碳酸盐的作用。

随后使用水文学和湖沼生态学比较了生态区域水质空间变化的原因。基于采样点在盆地的位置，将水样按照生态区域、水文学和湖沼生态学的分类方法进行分组。水质变量的箱线图验证显示，水文学和湖沼生态学分类方法表现出统计学上的不同，生态区域分类法具有更小的区域差异。

相较空间判别函数定义的水样离子富集度和养分变化，生态区域分类在水质变化解释空间具有相对更好的能力。

8.11　流域质量指数

为了描述智利中部地区 Chilblain 河地表水水质的时空变化特点，Debels 等人（2005）根据 18 个采样点的定期监测数据开发了由 9 个物理化学参数计算得到的水质指数。该指数以主要成分分析（PCA）的结果为基础，改良后被引入原水水质指数。

WQIDIR1 和 WQIDIR2 是该水质指数的两个版本，这两个水质指数都是基于生化需氧量、pH、温度、电导率和溶解氧来开发的，它们被认为能够充分展示原始指数的时空变化。

8.12　流域污染评价指数

Sanchez 等人（2007）推荐使用一种水质指数及该指数与亏氧量（*D*）之间的相互关系作为流域环境质量的指数。该水质指数由下列经验公式（Pesce & Wunderlin，2000）计算得到：

$$WQI = k \frac{\sum_i C_i P_i}{\sum_i P_i} \tag{8.8}$$

其中，*k* 代表主观常数，最大值 1 代表水质极好，0.25 代表水体明显受到污染；C_i 代表参数的正常数值；P_i 代表参数分配到的相关权重。没有考虑常数 *k*，是为了避免得到主观公式，正如其他人使用这个公式所做的（Nives，1999；Hernández-Romero et al.，2004）。参数 P_i 分配到的权重为最大值 4 时，表示参数对水生生物的影响十分重要，例如 *DO* 和 TSS；参数分配到的权重为最小值 1 时，表示流域受到污染的可能性较小，例如温度和 pH（表 8.3）。水质被分为"极差""差""中等""好"和"极好"5 个类别，分别基于 0 ~ 25、26 ~ 50、51 ~ 70、71 ~ 90 和 91 ~ 100 的分数基础（Jonnalagedda & Mhere，2001）。

表 8.3　Sanchez 等人(2007)的指数中，水质参数基于欧洲标准(EU，1975)的 C_i 值和 P_i 值

参数	P_i	C_i										
		100	90	80	70	60	50	40	30	20	10	0
分析数值范围												
pH	1	7	7～8	7～8.5	7～9	6.5～7	6～9.5	5～10	4～11	3～12	2～13	1～14
K	2	<0.75	<1.00	<1.25	<1.50	<2.00	<2.50	<3.00	<5.00	<8.00	<12.00	>12.00
TSS	4	<20	<40	<60	<80	<100	<120	<160	<240	<320	<400	>400
Amm.	3	<0.01	<0.05	<0.10	<0.20	<0.30	<0.40	<0.50	<0.75	<1.00	<1.25	>1.25
NO_2^-	2	<0.005	<0.01	<0.03	<0.05	<0.10	<0.15	<0.20	<0.25	<0.50	<1.00	>1.00
NO_3^-	2	<0.5	<2.0	<4.0	<6.0	<8.0	<10.0	<15.0	<20.0	<50.0	<100.0	>100.0
P_T	1	<0.2	<1.6	<3.2	<6.4	<9.6	<16.0	<32.0	<64.0	<96.0	<160.0	>160.0
COD	3	<5	<10	<20	<30	<40	<50	<60	<80	<100	<150	>150
BOD_5	3	<0.5	<2.0	<3	<4	<5	<6	<8	<10	<12	<15	>15
DO	4	≥7.5	>7.0	>6.5	>6.0	>5.0	>4.0	>3.5	>3.0	>2.0	>1.0	<1.0
T	1	21/16	22/15	24/14	26/12	28/10	30/5	32/0	36/−2	40/−4	45/−6	>45/<−6

注：除 pH 外，所有参数的单位均为 mg/L；电导率单位为 mS/cm。

水质指数(WQI)似乎与亏氧量(D)相关。当 D 的值增加时，WQI 的值会减小。两个变量之间满足线性等式：

$$WQI = -6.39D + 93.61 \tag{8.9}$$

回归系数为 0.91 且 $p \leqslant 0.1$。在西班牙 Las Rozas 流域，D 可以作为一种快速测量水质的方法。相较于冬季，水质在秋季、春季和夏季似乎有所降低。

8.13　灌溉水地理信息系统协助的水质指数

灌溉水水质与土壤特性、作物种类、灌溉时间等因素紧密相连，因此很难对灌溉水水质进行准确定义。从管理的角度来说，将所有相关参数结合起来分析比只关注一个独立参数更有意义。考虑这一因素，Simsek 和 Gunduz(2007)提出了整合地理信息系统(GIS)技术，用来评估涉及潜在土壤和作物问题的灌溉水水质。这种指数主要关注五方面的威胁：①盐碱威胁；②渗透和泄露威胁；③特殊离子毒性；④微量元素毒性；⑤对敏感作物的其他各种影响。这种方法已应用于评估土耳其西部的安纳托利亚的 Simav 平原灌溉水水质。

灌溉水水质参数基于 Ayers 和 Westcot(1985)发表的指导方针来选择，内容在表 8.4 至表 8.6 中给出。这些参数能够很好地表现相关威胁的特征，而且可以与其他参数相结合构成一种评估特殊水质的通用模式。

灌溉水水质指数由下列公式计算得到：

$$IWQ = \sum_{i=1}^{5} G_i \qquad (8.10)$$

其中，i 为增量指数，G 表示表 8.4 所示 5 类威胁中的贡献值。

第一个类别盐碱威胁用 EC 值来表示，公式为：

$$G_1 = W_1 r_1 \qquad (8.11)$$

其中，W_1 是这组威胁的权重；r_1 是表 8.4 所示参数的评分值。

表 8.4　Simsek 和 Gunduz(2007)灌溉水质指数的参数类别

威胁	权重	参数	范围	等级	灌溉适用度
盐碱威胁	5	电导率/	$EC < 700$	3	高
		$(\mu S \cdot cm^{-1})$	$700 \leqslant EC \leqslant 3000$	2	中
			$EC > 3000$	1	低
渗透和泄漏威胁	4	见表 8.5 的细节			
特殊离子威胁	3	钠吸收率(−)	$SAR < 3.0$	3	高
			$3.0 \leqslant SAR \leqslant 9.0$	2	中
			$SAR > 9.0$	1	低
		硼/(mg·L^{-1})	$B < 0.7$	3	高
			$0.7 \leqslant B \leqslant 3.0$	2	中
			$B > 3.0$	1	低
		氯化物/(mg·L^{-1})	$Cl < 140$	3	高
			$140 \leqslant Cl \leqslant 350$	2	中
			$Cl > 350$	1	低
微量元素威胁	2	见表 8.6 的细节			
对敏感作物的其他各种影响	1	硝态氮/(mg·L^{-1})	$NO_3 - N < 5.0$	3	高
			$5.0 \leqslant NO_3 - N \leqslant 30.0$	2	中
			$NO_3 - N > 30.0$	1	低
		碳酸氢盐/(mg·L^{-1})	$HCO_3 < 90$	3	高
			$90 \leqslant HCO_3 \leqslant 500$	2	中
			$HCO_3 > 500$	1	低
		pH	$7.0 \leqslant pH \leqslant 8.0$	3	高
			$6.5 \leqslant pH < 7.0$ 和 $8.0 < pH \leqslant 8.5$	2	中

续表 8.4

威胁	权重	参数	范围	等级	灌溉适用度
			pH <6.5 或 pH >8.5	1	低

表 8.5　渗透和泄漏威胁的类别(Simsek & Gunduz, 2007)

参数	SAR					等级	适用性
	>20	<3	3~6	6~12	12~20		
EC	>700	>1200	>1900	>2900	>5000	3	高
	700~200	1200~300	1900~500	2900~1300	5000~2900	2	中
	<200	<300	<500	<1300	<2900	1	低

表 8.6　Simsek 和 Gunduz(2007)的灌溉水质指数中微量元素毒性的评级

元素	浓度范围	评级	灌溉适用性	元素	浓度范围	评级	灌溉适用性
铝/ (mg·L^{-1})	Al <5.0	3	高	铅/ (mg·L^{-1})	Pb <5.0	3	高
	5.0≤Al≤20.0	2	中		5.0≤Pb≤10.0	2	中
	Al >20.0	1	低		Pb >10.0	1	低
砷/ (mg·L^{-1})	As <0.1	3	高	锂/ (mg·L^{-1})	Li <2.5	3	高
	0.1≤As≤2.0	2	中		2.5≤Li≤5.0	2	中
	As >2.0	1	低		Li >5.0	1	低
铍/ (mg·L^{-1})	Be <0.1	3	高	锰/ (mg·L^{-1})	Mn <0.2	3	高
	0.1≤Be≤0.5	2	中		0.2≤Mn≤10.0	2	中
	Be >0.5	1	低		Mn >10.0	1	低
镉/ (mg·L^{-1})	Cd <0.01	3	高	钼/ (mg·L^{-1})	Mo <0.01	3	高
	0.01≤Cd≤0.05	2	中		0.01≤Mo≤0.05	2	中
	Cd >0.05	1	低		Mo >0.05	1	低
铬/ (mg·L^{-1})	Cr <0.1	3	高	镍/ (mg·L^{-1})	Ni <0.2	3	高
	0.1≤Cr≤1.0	2	中		0.2≤Ni≤2.0	2	中
	Cr >1.0	1	低		Ni >2.0	1	低
钴/ (mg·L^{-1})	Co <0.05	3	高	硒/ (mg·L^{-1})	Se <0.01	3	高
	0.05≤Co≤5.0	2	中		0.01≤Se≤0.02	2	中
	Co >5.0	1	低		Se >0.02	1	低

续表8.6

元素	浓度范围	评级	灌溉适用性	元素	浓度范围	评级	灌溉适用性
铜/ (mg·L^{-1})	Cu <0.2	3	高	钒/ (mg·L^{-1})	V <0.1	3	高
	0.2≤Cu≤5.0	2	中		0.1≤V≤1.0	2	中
	Cu >5.0	1	低		V >1.0	1	低
氟/ (mg·L^{-1})	F <1.0	3	高	锌/ (mg·L^{-1})	Zn <2	3	高
	1.0≤F≤15.0	2	中		2≤Zn≤10	2	中
	F >15.0	1	低		Zn >10	1	低
铁/ (mg·L^{-1})	Fe <5.0	3	高				
	5.0≤Fe≤20.0	2	中				
	Fe >20.0	1	低				

第二个渗透和泄漏威胁是由 EC-SAR 组合起来表示的，公式为：

$$G_2 = W_2 r_2 \tag{8.12}$$

其中，W_2 是威胁的权重值；r_2 是表8.5所示参数的评分值。

第三个特殊离子毒性是由水中 SAR、氯化物及硼离子浓度来表示的，由 3 种离子的加权平均值计算：

$$G_3 = \frac{W_3}{3} \sum_{j=1}^{3} r_j \tag{8.13}$$

其中，j 是增量指数；W_3 是表8.4所示分组的权重值；r 是表8.4所示每一参数的评分值。

第四个微量元素毒性由所有可分析离子权重的平均值计算，公式为：

$$G_4 = \frac{W_3}{N} \sum_{k=1}^{N} r_k \tag{8.14}$$

其中，k 是增量指数；N 是可分析的微量元素总数；W_4 是该组的权重值；r 是表8.6所示每一参数的评分值。

第五个类别对于敏感作物的各种影响是通过硝态氮、碳酸氢盐以及水体的 pH 来表示的，由这 3 个因子的加权平均值计算得到：

$$G_5 = \frac{W_5}{3} \sum_{m=1}^{3} r_m \tag{8.15}$$

其中，m 是增量函数；W_5 是该组的权重值；r 是表8.4所示每一参数的评分值。

8.14　流域管理的指数系统

为了调查水质和 Goiás 东北部公共水源流域范围内土地使用间的关系，Bonnet 等人(2008)开发并测试了一个包括 4 个指数的指数体系。

基于涵盖年度平均状况、干旱以及洪涝状况的 174 个数据点进行主成分分析（PCA），该水质指数通过下列公式获得：

$$IQA_n = \sum (p_1 \cdot c_n : p_6 \cdot c_n) \tag{8.16}$$

其中，p 是 6 个参数中每个参数的数值；c 是特征向量的系数（权重）。

分配了权重的 IQA 通过各自占总体变化的比率来获得：

$$IQA_p = \sum (IQA_1.\%_1 : IAQ_6.\%_6) \tag{8.17}$$

季节性对比指数由下列公式计算得到：

$$ISC = (IQA_{1全} - IQA_{1干}) / IQA_{1全} \tag{8.18}$$

标准化的植被指数（$NRVI$）通过两种类别的土地进行计算，分别是：①"使用"，包括年度产量级别、文化中心轴和草地；②"剩余本土植被"，包括山脚下的落叶林、半落叶林、低地、山脚下及山区、河流或湖泊、树木繁茂的草原、林地、树木茂密的公园、草色青青的草原。基于每个流域的周长和面积，以及每个多边形内使用和剩余的盆地，$NRVI$ 可以通过下列公式获得：

$$NRVI = \frac{面积_{剩余} - 面积_{使用}}{面积_{剩余} + 面积_{使用}} \tag{8.19}$$

这些地方的水质 62.46% 低于标准状况，而这些盆地的 $NRVI$ 可接受等级只有 31.52%。

8.15　评估虾场水质的模糊水质指数

与 Ocampo-Duque 等人（2006）使用过的方法相似，Carbajal 和 Sanchez（2008）开发了一种模糊水质指数（$FWQI$），将温度、盐度、DO 和 pH 等作为输入来监测虾场栖息地的水质质量。模糊水质指数表现与加拿大环境部长委员会（CCME）水质指数的比较结果如图 8.4 所示。两个指数与它们分数相一致的顺序为：CCME-$WQI < FWQI$，$FWQI$ 对于温度、DO 和盐度的变化更为敏感。

8.16　再生灌溉水可接受评价指数

为了评估处理废水灌溉对植物造成的潜在毒性，Deng 和 Yang（2009）提出了"灌溉安全"指数。

对于植物来说，灌溉水中污染物毒性 i 与暴露剂量 x_i 相关，公式如下：

$$y_i = ax_i^b \tag{8.20}$$

其中，y_i 表示第 i 个污染物对于植物的毒性；x_i 表示第 i 个污染物的暴露剂量；a、b 是常量，$b > 1$。污染物灌溉对植物伤害等级越高，植物受到的风险越大。因此，

$$ps_i = (d_i / Std_i) \times (W_i + CV_i)^k \tag{8.21}$$

其中，ps_i 表示第 i 个污染物造成的灌溉风险，是一个无量纲数；d_i 表示水中有害物

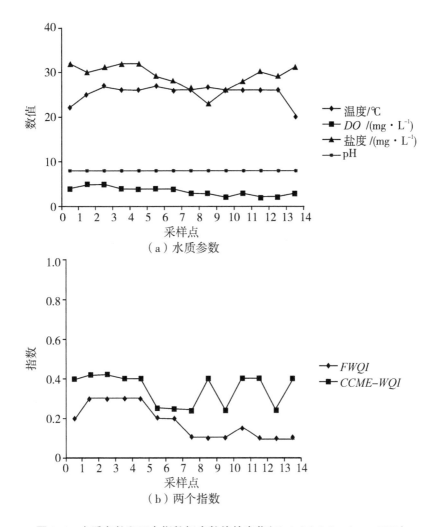

图 8.4 水质参数和两个指数相应数值的变化(Carbajal & Sanchez，2008)

质的平均浓度，单位为 mg/L；Std_i 表示第 i 个污染物的可接受限值；W_i 表示第 i 个污染物造成损害的系数；CV_i 表示第 i 个污染物浓度的变异系数；k 表示控制比率，大于 0。

可以推断，当 ps_i 超过 0.3，第 i 个污染物的浓度很大，或者其变异系数非常大时，应当考虑灌溉风险；当 ps_i 超过 1 时，灌溉将超出可接受限值。通过这种推理方法，基于各个成分对植物的潜在毒性(当超出某个等级的情况发生时)，对水质成分进行了分组，结果如下：

| BOD、COD、Cr、SS、TKN、TP、温度、pH | < | LAS、总盐、石油、Cl⁻、S²⁻、Cu、Zn、Sn、B | < | Hg、Cd、As、Cr⁶⁺、Pb、氟化物、CN⁻、挥发性酚、苯、三氯乙醛、蛔虫卵、丙烯醛、粪大肠杆菌 |

8.17　灌溉管理水质指数

灌溉水质指数表现出水质对于灌溉的可能选择，Meireles 等人（2010）提出，应该评估灌溉对土壤和植物造成的损害并提出缓解措施。

该指数开发分两步。第一步，使用主要成分分析（PCA）和因子分析（FA）对影响灌溉大多数水质的参数进行鉴别。第二步，对水质测量值（q_i）和聚合参数（w_i）进行定义。q_i 是基于每个参数进行估计的，根据表 8.7 所示的加州大学咨询委员会推荐的灌溉水水质以及 Ayers 和 Westcot（1999）建立的标准。水质参数由无量纲数进行表示，数值越高，表示水质越好（表 8.7）。

q_i 的计算基于表 8.7 所示的极限值和实验室对水质的测量结果得出：

$$q_i = q_{i\max} - \left[\left(X_{ij} - X_{\inf} \right)^* \left(q_{i\mathrm{amp}} \right) \Big/ X_{\mathrm{amp}} \right] \tag{8.22}$$

其中，$q_{i\max}$ 是 q_i 在该级别的最大值；X_{ij} 是该参数的观测值；$X_{\inf}$ 是该参数所属级别的最低极限值；$q_{i\mathrm{amp}}$ 是级别的幅值；$X_{i\mathrm{amp}}$ 是该参数所属级别的幅值。

表 8.7　Meireles 等人（2010）的水质指数中使用的参数的极限值

q_i	$EC/$ (dS·cm^{-1})	SAR°/ (mmol$_c$L^{-1})$^{1/2}$	Na$^+$/ (mmol$_c$L^{-1})	Cl$^-$/ (mmol$_c$L^{-1})	HCO$_3$/ (mmol$_c$L^{-1})
85 ~ 100	0.20 ≤ EC < 0.75	2 ≤ SAR° < 3	2 ≤ Na$^+$ < 3	1 ≤ Cl$^-$ < 4	1 ≤ HCO$_3$ < 1.5
60 ~ 85	0.75 ≤ EC < 1.50	3 ≤ SAR° < 6	3 ≤ Na$^+$ < 6	4 ≤ Cl$^-$ < 7	1.5 ≤ HCO$_3$ < 4.5
35 ~ 60	1.50 ≤ EC < 3.00	6 ≤ SAR° < 12	6 ≤ Na$^+$ < 9	7 ≤ Cl$^-$ < 10	4.5 ≤ HCO$_3$ < 8.5
0 ~ 35	EC < 0.20 或 EC ≥ 3.00	SAR° < 2 或 SAR° ≥ 12	Na$^+$ < 2 或 Na$^+$ ≥ 9	Cl$^-$ < 1 或 Cl$^-$ ≥ 10	HCO$_3$ < 1 或 HCO$_3$ ≥ 8.5

为评估每个参数最后一个级别的 X_{amp}，应考虑将水质水样的物理化学分析结果的上限设为最大值。

参数权重是根据所有因子的总和乘以每个参数的可说明性，通过 PCA 或 FA 的方式获得，将 w_i 的数值标准化，它们的总和等于：

$$w_i = \frac{\sum_{j=1}^{k} F_j A_{ij}}{\sum_{j=1}^{k} \sum_{i=1}^{n} F_j A_{ij}} \tag{8.23}$$

其中，w 是水质指数中参数的权重；F 是成分自动获得的数值；A_{ij} 是因子 j 的参数 i 的可说明性；i 是模型选择的物理和化学参数的数量，范围为 1 到 n；j 是模型中所选因子的数量，范围为 1 到 k。

水质指数通过下列公式进行计算：

$$WQI = \sum_{i=1}^{n} q_i w_i \qquad (8.24)$$

其中，WQI 的数值范围为 0 到 100；q_i 是第 i 个参数的质量，0 到 100 的数字是参数浓度的函数；w_i 是第 i 个参数的标准化权重，是一种重要性函数（用来解释水质的全球性变化）。

为了鉴别 Acarau 河中水质参数之间的重要关系，Meireles 等人（2010）使用最大方差对 PC 每个结果因子进行矩阵循环处理。这种方法通过设置更低的因子重要性将参数的贡献最小化，这样参数的负载接近 0 或 1，可以排除中间数值，避免相互错综的关系使结果更加困难（Vege et al.，1998；Helena et al.，2000；Wunderlin et al.，2001）。

给出了基于水质指数范围的水管理指导方针表（表 8.8），并已应用于巴西 Acarau 河盆地的研究中。

表 8.8　基于 Meireles 等人（2010）的水质指数的用水管理

WQI	用水限制	推荐	
		对于土壤	对于植物
$85 \sim 100$	无限制（NR）	很难造成土壤盐碱化或钠化问题，此类水可用于大多数土壤，除非土壤渗透性极低，推荐用于灌溉实践	对于大多数植物都不具有毒性风险
$70 \sim 85$	低限制（LR）	推荐用于轻薄质地或良好渗透性的土壤灌溉及盐分淋洗。在质地厚重的土壤中可能会发生钠质化，应避免在黏土水平高于 $2:1$ 的土壤中使用	避免盐度敏感植物
$55 \sim 70$	中等限制（MR）	在渗透性优良的土壤中使用，建议进行温和盐分淋洗	对盐度有中等耐受力的植物可以生长
$40 \sim 55$	高限制（HR）	用于没有致密层的高渗透性土壤。EC 高于 2000 dS·m^{-1} 及 SAR 高于 7.0 的土壤应采用高频灌溉计划	在有特殊盐碱控制处理的情况下可用于灌溉耐受力优良的植物，除非水中 Na、Cl 和 HCO$_3$ 含量较低
$0 \sim 40$	严重限制（SR）	在常规条件下应避免用于灌溉。对于特殊情况，可偶尔使用。盐度低和 SAR 高的水需要使用石膏处理。盐碱含量高的土壤用水必须具有高渗透性，需要额外补水以避免盐分积累	只可用于高盐碱耐受力的植物，除非水中 Na、Cl 和 HCO$_3$ 含量极低

8.18   分析自动采样(持续监测)产生数据的指数

自动采样通过仪器无延时监测某些水质变量(比如电导率、pH、温度、DO、浊度、氨和硝酸盐),但无法监测不能瞬时监测的变量(例如 BOD_5 和大肠杆菌),直接监测的数据水质评估指数不一定适合持续监测网络。

自动采样具有较高的采样频率,非常庞大的数据库(样本和变量按时重复)也可以在一天内获得,使得后续分析得以进行。具有该属性的合适指数可以探测点集,它们可能对水体质量有非常大的影响。通常非持续性监测数据的影响可能不会显现。

基于这个前提,Terrado 等人(2010)对先前 5 个持续监测网络水质指数的适合性进行了评估:

(1)Catalan 水利局的水质指数:ISQA。

(2)Pesce 和 Wunderlin 的水质指数(2000)。

(3)河流污染指数(Liou et al., 2004)。

(4)美国国家卫生基金会的水质指数(NSF-WQI;Brown et al., 1970)。

(5)加拿大环境部长委员会的水质指数(CCME-WQI;CCME, 2001)。

Terrado 等人(2010)的评估结果在表 8.9 中进行了概括。可持续获得变量(例如 pH、电导率、浊度、溶解氧、水体温度、氨,以及某些情况下,硝酸盐、氯化物和磷酸盐)的指数分配了更大的重要性,其他参数的指数分配了较小的重要性。为了省去争议部分,很多水质指数使用平均值计算指数。此外不同参数的选择上更倾向于能够在特定时期,灵活对不同水体做出评估的指数。有这些特性的指数会赋予更高的分数。

数据计算的简洁程度、数据遗失容忍或错误数据自纠、非同步数据的可能性等参数也会被分配更高的权重。

表 8.9   Terrado 等人(2010)所列的 5 个水质指数的标准

标准	指数				
	ISQA	Pesce & Wunderlin	Liou et al.	NSF-WQI	CCME-WQI
使用连续采样测量参数	中	好	中	差	好
适用于水体的不同用途	差	差	差	差	好
有定义目标的指导方针	好	好	好	好	中
有真实应用案例	中	差	差	中	好
考虑了幅值	中	中	中	中	好
(未实现目标总数)	中	中	中	中	好
项目难度	好	好	好	中	好

续表 8.9

标准	指数				
	ISQA	Pesce & Wunderlin	Liou et al.	NSF-WQI	CCME-WQI
遗失数据容忍度	差	差	差	差	中
综合数据需求	差	差	差	差	好
错误数据自纠	差	差	差	差	差

CCME-WQI 的优缺点如表 8.10 所示，建议如下：

（1）水体的月质量评估，应当进行每日计算，而不是直接根据原始数据计算月指数。

（2）具有可疑相关性的变量，表现出强相关，分析中排除以避免指数的偏差。

（3）不同的环境，应当给不同的变量分配不同的权重，突出有重要影响的水质变量，弱化影响较小的变量，这一步可以引入明确的主观程度。

表 8.10　Terrado 等人（2010）鉴别的 CCME-WQI 的优缺点

优点	缺点
①输入参数和目标的选择灵活；	①没有关于指数计算的指导方针；
②适用于不同合法需求和水体用途；	②没有关于针对每个地点和特定水体用途的目标的指导方针；
③简化复杂多元数据统计；	③易于操作（有偏颇）；
④方便管理者和普通民众进行清晰明了的判断；	④所有变量重要性相同；
⑤特定区域水质评估的适宜工具；	⑤未与其他指标或生物数据相结合；
⑥易于计算；	⑥只能用于水质诊断；
⑦可容忍数据遗失；	⑦F_1 考虑变量过少或协方差过多的情况下不能准确工作，该因子在指数计算中权重过大
⑧适于分析自动采样站采集的数据；	
⑨有实践经验；	
⑩考虑幅值（不同目标间的差异）	

8.19　亚洲国家饮用水充足性指数

Kallidaikurichi 和 Rao（2010）认为关于水体用途的指数应当能够反映合格饮用水是否充足，这样的指数应当能够处理以下几个问题：

（1）国家拥有的资源，确保拥有充足的饮用水利于发展。

（2）水源获取装置的质量能够确保水源供应。

（3）水源的容量。

（4）可实际使用水源的充足性。

(5)优质水源总量。

根据这个基本原理，饮用水充足性指数($IDWA$)应该能够反映资源、获取、容量、使用和质量等方面的情况。因此，提出了 $IDWA$ 开发的 5 个分项指数。

8.19.1   资源指数

国内人均可更新淡水资源数量已由世界发展指数（WDI，2006）测算并转化为对数标准。将人均资源总量 R_j 和国家 j 考虑在内，第一个成分指数可以写为：

$$资源指数(RI) = \left[(\log R_j - \log R_{min})/(\log R_{max} - \log R_{min}) \right] \times 100 \quad (8.25)$$

其中，R_{max} 在 2004 年是 138775 m^3，数据从巴布亚新几内亚获得；R_{min} 为 1 m^3，其对数形式为 0。

8.19.2   获取指数

最大的可能获取是 100% 的人口能够获取的安全水源总量。最小值不会为零，任何定居点人类生存都需要一点饮用水。Ethiopia 在 2004 年测得的最低的获取率为 22%，该指数可以通过以下方式表达：

$$国家"j" 的获取指数(AI) = \left[(A_j - 22)/(100 - 22) \right] \times 100 \quad (8.26)$$

8.19.3   容量指数

该指数的公式为：

$$国家"j" 的获取指数(CI) = \left[(\log C_j - \log C_{min})/(\log C_{max} - \log C_{min}) \right] \times 100 \quad (8.27)$$

8.19.4   使用指数

为了获得基于人均消费总量的使用指数，最小值设为 70 LPCD，由印度政府规定。最大值选择了新加坡的数据，水资源的保有量是担保的水资源持续供应量，也就是直接与水龙头安全获取的水量相结合。新加坡在 1995—2002 年的国内人均消费总量的平均值为 167 LPCD。该指数可以通过以下方式表达：

$$国家"j" 的使用指数(UI) = \left[(U_j - 70)/(167 - 70) \right] \times 100 \quad (8.28)$$

8.19.5   质量指数

由于缺少关于水质的可靠国家数据，使用腹泻致死率(DR)，即每 100000 人死于腹泻的人数来表示水质。世界卫生组织（WHO）的数据显示，DR 的最大值为老挝，接近 100；最小值为韩国，为 0.5。该指数根据 100 和国家数值之间的差异进行计算，将此结果作为水质的间接测量值：

$$国家"j" 的质量指数(QI) = \left[(100 - DR_j)/(100 - 0) \right] \times 100 = 100 - DR_j \quad (8.29)$$

$IDWA$ 可由 5 个成分指数的简单平均计算得到：

$$IDWA = \frac{RI + AI + CI + UI + QI}{5} \qquad (8.30)$$

同时提出了另外一种 $IDWA$-Ⅱ，该指数中单一国家的获取指数被城乡家庭供水管线连接率代替，成分指数的数值从 5 上升到了 6。该指数关注城乡饮用水的供应需求。

$IDWA$ 和 $IDWA$-Ⅱ在亚洲 23 个国家的应用表明，这两个指数具有很强的关联性，能够不同程度地揭示出国家之间饮用水充足性的细微差异。

8.20 预测农业背景下溪流水质的指数

Shiels(2010)尝试使用地理信息系统(GIS)获得的遥感数据和地理空间数据将景观指数与农业景观中的溪流水质相联系。

8.20.1 自然覆盖指数(I^{NC})

为了获得该指数，可以用流域中自然覆盖面(NC)的陆地面积除以总面积(TA)：

$$I^{NC} = \frac{NC}{TA} \qquad (8.31)$$

其中，NC 被定义为发生自然观测、捕猎、捕鱼、伐木等重要人类活动或允许植物多年生长的区域。可以从 2001 年美国国家土地覆盖数据库中选择森林、灌木、草地和湿地的土地使用状况或土地覆盖等级进行计算。

8.20.2 河流-溪流廊道综合指数(I^{RSCI})

该指数定义为溪流两岸 100 m 内自然覆盖面的土地面积，即自然覆盖廊道(CNC)除以总廊道(两岸 100 m)面积：

$$I^{RSCI} = \frac{CNC}{TCA} \qquad (8.32)$$

8.20.3 湿地面积指数(I^{WE})

现有湿地面积(PEW)除以历史湿地面积(HEW)即可得到流域内剩余湿地的大约面积：

$$I^{WE} = \frac{PEW}{HEW} \qquad (8.33)$$

从流域内土地使用(点源)到溪流的距离会改变土地使用对溪流的影响，所以采用与距离成反比的权重分配方式。

8.20.4 旱地面积指数(I^{EDL})

该指数定义为每一流域中旱地面积(DA)除以总土地面积：

$$I^{EDL} = \frac{DA}{TA} \qquad (8.34)$$

8.20.5　坡地农业百分比(I^{PAGS})

农业土地(行栽作物)坡度在 3%～10%($PAG1$)、10%～30%($PAG2$)和 30% 以上($PAG3$)这 3 个坡度范围内的土地面积除以农业土地总面积(TAA):

$$I^{PAGS} = (PAG1 \times 0.25 + PAG2 \times 0.5 + PAG3) \times \frac{1}{TAA} \qquad (8.35)$$

8.20.6　溪流 CAFOs 接近度指数(I^{PCS})

在河流-溪流河道两岸 0～100 m($PC1$)、101～500 m($PC2$)、501～1000 m($PC3$)以及 1000 m 以上($PC4$)范围内发现的指定动物喂养(CAFOs)点的数量除以流域内最高 CAFOs(HCW)的数值:

$$I^{PCS} = \left(\frac{PC1}{HCW} \times 1 + \frac{PC2}{HCW} \times 0.5 + \frac{PC3}{HCW} \times 0.25 + \frac{PC4}{HCW} \times 0.125 \right) \times 1.75$$

$$(8.36)$$

使用 1.75 的乘数是增加指数值使其最大值为 1.0。用于计算典型个体指数的数值见表 8.11。

表 8.11　一组关于 Shiels(2010)使用的指数系统的直观分数

指数	变量	计算方法	分数
自然覆盖面	I^{NC}	1231 ha 的自然植被 / 10103 ha 的流域土地	0.12
河溪廊道	I^{RSCI}	505 ha 的自然植被 / 2562 ha 的缓冲	0.20
湿地面积	I^{WE}	196 ha 的现有湿地 / 3542 ha 的含水湿土	0.06
旱地面积	I^{EDL}	2766 ha 的旱地 / 10103 ha 的流域土地	0.27
农业土地中坡度介于 3%～10%、10%～30% 和 >30% 的比例	I^{PAGS}	(4370 ha 的农业土地坡度为 3%～10% +1019 ha 的农业土地坡度为 10%～30% +26 ha 的农业土地坡度为大于 30%)/7155 ha 的流域中农业土地	0.23
对于溪流的 CAFOs 接近度	I^{PCS}	(0 CAFOs 在 100 m 内/ 15 最大 CAFOs ×1 + 5 CAFOs 在 500 m 内/ 15 最大 CAFOs ×0.5 + 3 CAFOs 在 1000 m 内/ 15 最大 CAFOs ×0.25 + 0 CAFOs 在 1000 m 外/ 15 最大 CAFOs ×0.125) × 1.75	0.38

8.21　废水处理程度评价指数

为了给不同废水处理实现的水质等级提供一个全面图谱并比较它们的表现,Verlicchi 等人(2011)设计了被称为"废水处理指数"的新指数。这个指数基于废水排放进入水体表面或重复利用经常监测的 6 个参数：BOD_5、COD、SS、P_{tot}、NH_4 以及大肠杆菌($E.\,coli$)。

这 6 个参数开发标定曲线是根据每个特定范围(表 8.12)的预期限值，每个指数设定两个关键点：最小值为 0，最大值为意大利对排入地表水的废水所许可的限值，分别用 C_i 和 $C_{i\,law}$ 表示，其中 i 为 BOD_5、COD、SS、P_{tot}、NH_4 以及大肠杆菌。

表 8.12　Verlicchi 等人(2011)开发分指数使用的 6 个水质变量的数值范围

限值	$BOD_5/$ (mg·L^{-1})	$COD/$ (mg·L^{-1})	$SS/$ (mg·L^{-1})	$NH_4/$ (mg·L^{-1})	$P_{tot}/$ (mg·L^{-1})	$E.\,coli/$ [CFU·(100 mL)$^{-1}$]
最小值	0	0	0	0	0	0
$C_{i\,law}$	25	125	35	15	1	5000

6 个变量假定的标定曲线是连接最小值和 $C_{i\,law}$ 的直线。

如果测得的浓度 $C_i > C_{i\,law}$，可以推断线性相关造成一个分指数超过 100。

新指数由下列公式决定：

$$WWPI = \frac{\sum_i I_i^{n_i}}{\sum_i 100^{n_i}} \times 100 =$$
$$\frac{I_{BOD_5}^1 + I_{COD}^1 + I_{SS}^1 + I_{NH_4}^1 + I_P^1 + I_{E.\,coli}^{1.4}}{5 \times 100^1 + 100^{1.4}} \times 100 \tag{8.37}$$

其中，I_i 是基本参数 i 为 BOD_5、COD、SS、P、NH_4 以及大肠杆菌的分指数，除了大肠杆菌的值为 1.4 外，其他参数的 n_i 值等于 1。

大肠杆菌分指数的数值越高，给消毒能力分配的权重越大。

$WWPI$ 可以醒目地显示出有多少处理废水的水质低于意大利对于废水排放进入地表水的法律要求。对于已经充分处理过的废水，其指数应该小于或等于 100。

敏感性分析表明，大肠杆菌是最有影响力的参数，其值一个微小的增加或减少都会导致 $WWPI$ 比率显著变化。例如，其数值增加 20% 会导致 $WWPI$ 增加大约 20%，同样的增加比率对于其他 5 个参数来说，只会造成 0.5%～3% 的增加幅度。

不同变量对最终 $WWPI$ 数值的影响按照下列次序依次递增：

$$NH_4 < COD < BOD_5 < SS < P_{tot} \ll E.\,coli$$

8.22　水质缓冲区优先布局指数控制非点源污染

Dosskey 和 Qiu(2011)提出了 5 个实验指数，用以评价流域中确定缓冲区对于减少农业非点源污染的作用。

5 个指数的计算基于美国新泽西州 Neshanic 河 144 km² 的流域面积中一个

10 m ×10 m 的农业土地数字高程网络，指数包括基于地形的湿润指数(WI)、地形指数(TI)和 3 个基于调查的土壤指数：沉积物获取效率(STE)、水获取效率(WTE)和地下水相互作用(GI)。

对于每个网格单元，WI 由下列公式计算得到

$$WI = \ln(\alpha / \tan\beta) \tag{8.38}$$

其中，α 是排入网格单元的排水面积；β 是每个网格单元的坡度度数。

TI 通过计算每个单元土壤的储水能力改良去除 WI 中多余的解释（Walter et al.，2002）。其计算公式为：

$$TI = \ln(\alpha / \tan\beta) - \ln(K_{sat}D) \tag{8.39}$$

其中，K_{sat} 是基石或紧密土壤层等土壤深度 D 在一层以上的土层饱和导水率。

经验性沉积物因子是基于土壤调查计算的，公式为：

$$沉积物因子 = D_{50} / (RKLS) \tag{8.40}$$

其中，D_{50} 是结构类别中的土壤表面粒子粒径的中值(mm)；R、K、L、S 分别来自英国修正的土壤流失方程中的降雨腐蚀度、土壤腐蚀度、坡长和坡度因子（Renard et al.，1997）。

沉积物获取效率(STE)作为输入负载的比率，是根据其他标准条件下的缓冲计算的：

$$STE = 100 - 85e^{-1320(沉积物因子)} \tag{8.41}$$

经验性的渗透因子通过下列公式计算：

$$渗透因子 = K_{sat}^2 / (RLS) \tag{8.42}$$

其中，K_{sat} 是土层表面的饱和导水率(每小时)。

水获取效率(WTE)由于输入总量的原因，通过下列公式计算：

$$WTE = 97(渗透因子)^{0.26} \tag{8.43}$$

结果显示，每个指数都与更高的污染风险和景观潜在的缓解措施密切相关。对于流域，污染物的产生与过饱和(由 TI 和 WI 强调)和过度渗透进程(由 STE 和 WTE 强调)都有关系，各指数相互补充。

References

Ayers, R. S., Westcot, D. W., 1985. Water Quality for Agri-culture, 174 pp. Rome, FAO, Paper 29. Rev. 1.

Ayers, R. S., Westcot, D. W. A., 1999. Qualidade da Aguana Agricultura, second ed., Campina Grande: UFPB. 218 p. (Estudos FAO: Irrigacao e Drenagem, 29).

Bonnet, B. R. P., Ferreira, L. G., Lobo, E. C., 2008. Water quality and land use relations in Goias: a watershed scale analysis. Revista Arvore 32 (2), 311 −322.

Brown, R. M., McClelland, N. I., Deininger, R. A., Tozer, R. G., 1970. A water quality index—do we dare? Water Sewage Works 117, 339 −343.

Canadian Council of Ministers of the Environment (CCME), 2001. Canadian water quality index 1.0 technical report and user's manual. Canadian Environmental Quality Guidelines Water Quality Index Technical Subcom-mittee, Gatineau, QC, Canada.

Carbajal, J. J., Sanchez, L. P., 2008. Classification based on fuzzy inference systems for artificial habitat quality in shrimp farming. In: 7th Mexican International Conference on Artificial Intelligence—Proceedings of the Special Session. MICAI 2008, pp. 388 −392.

Debels, P., Figueroa, R., Urrutia, R., Barra, R., Niell, X., 2005. Evaluation of water quality in the ChillAin River (Central Chile) using physicochemical parameters and a modified Water Quality Index. Environmental Monitoring and Assessment 110 (40603), 301 −322.

Dee, N., Baker, J., Drobny, N., Duke, K., Fahringer, D., 1972. Environmental evaluation system for water resource planning (to Bureau of Reclamation, U.S. Department of Interior). Battelle Columbus Laboratory, Columbus, Ohio. January, 188 pages.

Dee, N., Baker, J., Drobny, N., Duke, K., Whitman, I., Fahringer, D., 1973. An environmental evaluation system for water resource planning. Water Resource Research 9 (3), 523 −535.

Deng, J., Yang, L., 2009. Irrigation Security of Reclaimed Water Based on Water Quality in Beijing. Environ. Sci. & Eng. Coll., Huangshi Inst. of Technol., Huangshi, China. CORD Conference Proceedings, 1 −4.

Dosskey, M. G., Qiu, Z., 2011. Comparison of indexes for prioritizing placement of water quality buffers in agricultural watersheds1. JAWRA Journal of the American Water Resources Association 47 (4), 662 −671.

European Union (EU), 1975. Council Directive 75/440/EEC of 16 June 1975 concerning the quality required of surface water intended for the abstraction of drinking water in the Member States. Official Journal L 194 25/ 07/1975, 0026 −0031.

Hale, S. S., Paul, J. F., Heltshe, J. F., 2004. Watershed landscape indicators of estuarine benthic condition. Estuaries and Coasts 27, 283 −295.

Helena, B., Pardo, R., Vega, M., Barrado, E., Fernandez, J. M., Fernandez, L., 2000. Temporal evaluation of ground-water composition in an alluvial aquifer (Pisuerga River, Spain) by principal component analysis. Water Research 34 (3), 807 −816.

Hernández-Romero, A. H., Tovilla-Hernández, C., Malo, E. A., Bello-Mendoza, R., 2004. Water quality and presence of pesticides in a tropical coastal wetland in southern Mexico. Marine Pollution Bulletin 48 (11/12), 1130 −1141.

House, M. A., Ellis, J. B., 1987. The development of water quality indices for operational management. Water Science and Technology 19 (9), 145 −154.

Inhaber, H., 1974. Environmental quality: outline for a national index for Canada. Science (New York, N. Y.) 186 (4166), 798 −805.

Johanson, E. E., Johnson, J. C., 1976. Contract, (68-01-2920). USEPA, Washington DC, USA.

Jonnalagadda, S. B., Mhere, G., 2001. Water quality of the odzi river in the Eastern Highlands of Zimbabwe. Water Research 35 (10), 2371 −2376.

Kallidaikurichi, S., Rao, B., 2010. Index of drinking water adequacy for the Asian economies. Water Policy 12(S1) 135 −154.

Liou, S. -M., Lo, S. -L., Wang, S. -H., 2004. A generalized water quality index for Taiwan. Environmental Monitoring and Assessment 96 (40603), 35 −52.

Meireles, A. C. M., de Andrade, E. M., Chaves, L. C. G., Frischkorn, H., Crisostomo, L. A., 2010. A new proposal of the classification of irrigation water. Revista Ciencia Agronomica 41 (3), 349 −357.

Nives, S. G., 1999. Water quality evaluation by index in Dalmatia. Water Research 33, 3423 −3440.

Ocampo-Duque, W., Ferré-Huguet, N., Domingo, J. L., Schuhmacher, M., 2006. Assessing water quality in rivers with fuzzy inference systems: a case study. Environment International 32 (6), 733 −742.

Ott, W. R., 1978. Environmental Indices: Theory and Practice. Ann Arbor Science Publishers Inc, Ann Arbor, MI.

Pesce, S. F., Wunderlin, D. A., 2000. Use of water quality indices to verify the impact of Cordoba City (Argentina) on Suquia River. Water Research 34(1), 2915 −2926.

Pryazhinskaya, V. G., Yaroshevskii, D. M., 1996. A conception of developing a system to simulate functioning water management systems of river basins with allolance made for water quality indices. Water Resources 23(4), 449 −456.

Ravichandran, S., Ramanibai, R., Pundarikanthan, N. V., 1996. Ecoregions for describing water quality patterns in Tamiraparani basin, South India. Journal of Hydrology 178 (40634), 257 −276.

Renard, K. G., Foster, G. R., Weesies, G. A., McCool, D. K., Yoder, D. C., 1997. Predicting Soil Erosion by Water: a Guide to Conservation Planning with the Revised Universal Soil Loss Equation (RUSLE). Agric. Handb. no. 703. USDA, Washington, DC.

Sanchez, E., Colmenarejo, M., Vicente, J., Rubio, A., Garcia, M., Travieso, L., Borja, R., 2007. Use of the water quality index and dissolved oxygen deficit as simple indicators of watersheds pollution. Ecological Indicators 7 (2), 315 −328.

Shiels, D. R., 2010. Implementing landscape indices to predict stream water quality in an agricultural setting: an assessr, ent of the Lake and River Enhancement (LARE) protocol in the Mississinewa River watershed, East-Central Indiana. Ecological Indicators

10 (6), 1102 −1110.

Simsek, C., Gunduz, O., 2007. 1WQ Index: a GIS-integrated technique to assess irrigation water quality. Environmental Monitoring and Assessment 128 (40603), 277 −300.

Terrado, M., Barcel6, D., Tauler, R., BorreU, E., Campos, S. D., 2010. Surface-water-quality indices for the analysisof data generated by automated sampling networks. TrAC — Trends in Analytical Chemistry 29 (1), 40 −52.

Truett, J. B., Johnson, A. C., Rowe, W. D., Feigner, K. D., Manning, L. J., 1975. Development of water quality management indices. Journal of the American Water Resources Association 11 (3), 436 −448.

Vega, M., Pardo, R., Barrado, E., Deban, L., 1998. Assessment of seasonal and polluting effects on the quality ofriver water by exploratory data analysis. Water Research 32(12), 3581 −3592.

Vcrlicchi, P., Masotti, L., Galletti, Λ., 2011. Wastewater pol-ishing index: a tool for a rapid quality assessment of reclaimed wastewater. Environmental Monitoring and Assessment 173 (1/2/3/4), 267 −277.

Walter, M. T., Steenhuis, T. S., Mehta, V. K., Thongs, D., Zion, M., Schneiderman, E., 2002. Refined conceptualization of TOPMODEL for shallow subsurface flows. Hydrological Processes 16, 2041 −2046.

World Development Indicators (WDI), Swanson, E., 2006. http://www-wds. worldbank. org/external/default/WDSontentServer/IW3P/IB/2010/04/21/000333037_ 2010 0421010319/Rendered/PDF/541650WDI0200610Box345641B01PUBLICl. pdf.

Wunderlin, D. A., Díaz, M. P., Amé, M. V., Pesce, S. F., Hued, A. C., Bistoni, M. A., 2001. Pattern recognition techniques for the evaluation of spatial and temporal variations in water quality. A case study: Suquía River Basin (C6rdoba — Argentina). Water Research 35, 2881 −2894.

Zoeteman, B. C. J., 1973. Potential pollution index as a tool for river water. Quality Management, 336 −350.

9 地下水水质评价指数

9.1 简介

开发地下水水质指数与开发地表水水质指数方法非常相似，主要在于不同参数的选择。

像大肠杆菌和 BOD 等是大多数地表水水质指数常用参数，在地下水水质指数中却很少出现。另一方面，大多数地下水水质指数中包含硼、砷等矿质参数也很少在地表水水质指数中出现。

9.2 Tiwari 和 Mishra(1985) 的水质指数

Tiwari 和 Mishra(1985) 的水质指数并不是明确针对地下水，但近几年该指数已被广泛应用于印度地下水水质评价，在其他地区也有应用(Ketata et al., 2011)。该指数开发的相关步骤如下：

（1）参数选择。这一步在多数情况下主观进行，选择所在区域的经验表明非常重要的一些参数。例如，在某一区域，硼、碘等元素在地下水中含量较高，那么就会被选择在内。

（2）权重分配。该步骤使用以下公式进行：

$$W_i = \frac{K}{O_i} \tag{9.1}$$

$$K = \frac{1}{\sum\limits_i 1/O_i} \tag{9.2}$$

其中，W_i 表示权重；K 表示常量；Q_i 表示 WHO(世界卫生组织)或 ICMR(印度医学研究委员会)关于这些参数的相关标准。

质量评分值 Q_i 根据下列公式得到：

$$q_i = \frac{V_{actual} - V_{ideal}}{V_{standard} - V_{ideal}} \times 100 \tag{9.3}$$

其中，q_i 是 n 个水样的第 i 个参数的质量评分值；V_{actual} 是实验室水样分析得到的水质参数值；V_{ideal} 是根据水质标准得到的水质参数值。对于 pH 来说，V_{ideal} 的数值是 7；对于其他参数来说，V_{ideal} 的数值是 0。O_i 是关于 WHO / ICMR 标准的参数值。

（3）聚合。该指数通过下列函数得到：

$$WQI = antilog \sum_{i=1}^{n} w_i \log q_i \qquad (9.4)$$

近几年来用该步骤开发地下水水质指数的有 Ramachandramoorthy 等人（2010）和 Srivastava 等人（2011）。

9.3　另一个经常使用的地下水水质指数开发步骤

另一个开发地下水水质指数的步骤也曾被使用过，例如 Soltan（1999）、Ramakrishnaiah 等人（2009）、Banoeng-Yakubo 等人（2009）、Vasanthavigar 等人（2010）、Banerjee 和 Srivastava（2011）以及其他人. Giri 等人（2010）用该步骤开发了"金属污染指数"（MPI）并应用于印度 Bagjata 矿区中。在下文将以 Vasanthavigar 等人（2010）开发的版本为例进行阐述。选择了 12 个参数（TDS、HCO_3、Cl、SO_4、PO_4、NO_3、F、Ca、Mg、Na、K 和 Si），对其作为饮用水水质可感知的重要性分配了权重（w_i）（表 9.1），将印度标准局（BIS）的规定作为基准点。

对硝酸盐、总溶解固体、氯化物、氟化物和硫酸盐等认为对地下水有最多影响的参数分配最大为 5 的权重。碳酸氢盐和磷酸盐分配到数值为 1 的最小权重，这两个参数很少对地下水水质造成重要影响。钙、镁、钠和钾的权重值介于 1 到 5 之间。每个参数（表 9.1）的相对权重（W_i）可以通过下列公式进行计算：

$$W_i = w_i \Big/ \sum_{i=1}^{n} w_i \qquad (9.5)$$

其中，W_i 是相对权重；w_i 是第 i 个参数（$i=1$，2，$\cdots$，n）的权重；n 是参数的数量。

可以使用下式为每个参数分配质量评分尺度（q_i）：

$$q_i = (C_i/S_i) \times 100 \qquad (9.6)$$

其中，q_i 是质量评分值；C_i 是每个水样中化学参数的浓度，单位是 mg/L；S_i 是根据 BIS：10500—1991 的指导方针得到的饮用水化学参数（mg/L）标准。

表 9.1　Vasanchavigar 等人（2010）地下水水质指数中的权重分配

水质参数	水质标准（BIS：10500—1991）	权重（w_i）	相对权重
总悬浮固体	500	5	0.116
碳酸氢盐/（mg·L^{-1}）	—	1	0.023
氯化物/（mg·L^{-1}）	250	5	0.116
硫酸盐/（mg·L^{-1}）	200	5	0.116
磷酸盐/（mg·L^{-1}）	—	1	0.023
硝酸盐/（mg·L^{-1}）	45	5	0.116
氟化物/（mg·L^{-1}）	1	5	0.116

续表 9.1

水质参数	水质标准(BIS：10500—1991)	权重(w_i)	相对权重
钙/($mg \cdot L^{-1}$)	75	3	0.070
镁/($mg \cdot L^{-1}$)	30	3	0.070
钠/($mg \cdot L^{-1}$)	—	4	0.093
钾/($mg \cdot L^{-1}$)	—	2	0.047
硅酸盐/($mg \cdot L^{-1}$)	—	2	0.047
		$\sum w_i = 41$	$\sum W_i = 0.953$

为了计算 *WQI*，为每个化学参数确定一个 SI_i，该参数可用于决定 *WQI*：

$$SI_i = W_i \times q_i \tag{9.7}$$

$$WQI = \sum SI_i \tag{9.8}$$

其中，SI_i 是第 i 个参数的分指数；q_i 是基于第 i 个参数浓度的评分值；n 是参数的个数。

WQI 的范围和相关水的类型在表 9.2 中给出。

表 9.2   指数数值和其所代表的水质类型(Vasanchavigar et al., 2010)

范围	水质类型
<50	水质极佳
50 ~ 100.1	水质良好
100 ~ 200.1	水质较差
200 ~ 300.1	水质极差
>300	不适宜饮用

对 148 个样品的研究显示，水质指数的变化符合氯化物和 EC 的变化趋势，这表明氯化物和 EC 可以作为反映地下水污染的指数。

9.4   蓄水层水质指数

Melloul 和 Collin(1998)提出了蓄水层水质指数(IAWQ)，利用盐度和污染的若干参数的数值。

为了将原始化学数据转化成标准评分值(Y)，可以将每个参数的值 P_{ij}(网络 j 现场数据参数 i)与用于饮用、灌溉或其他水体用途(WHO, 1993)的理想标准值 P_{id} 相联系。每个相对数值可以通过下列公式估计

$$X_{ij} = P_{ij} / P_{id} \tag{9.9}$$

为给予地下水相联系的 X_{ij} 指数赋分值，为 X_{ij} 分配 Y_i 如下：

(1)较好的水质，X_{ij} 等于 0.1，相应的指数评分值约为 1。

(2)对于可接受的水质，X_{ij} 等于 1(参数的原始值 P_i 等于标准的理想数值)，这类水相应的指数评分值为 5。

(3)不可接受的地下水水质，X_{ij} 大于或等于 3.5(参数的原始值 P_i 大于或等于标准理想值的 3.5 倍)，这类水相应的指数评分值为 10。

基于操作经验，$Y_1 = 1$，则 $X_1 = 0.1$；$Y_2 = 5$，则 $X_2 = 1$；$Y_3 = 10$，则 $X_3 = 3.5$。

对于任何网格 j 的参数 i，网格 j 的评分值 $Y_{ij} = f(X_{ij})$ 经过调整的抛物线函数表示为：

$$Y_i = -0.712X_i^2 + 5.228X_i + 0.484 \qquad (9.10)$$

根据公式可得到 X_i 值的相应评分值 Y_i。现场数据进行转化后，指数公式只包含 Y 的数值，代表开发下一步所需的输入数据。

地下水水质状况 $IAWQ$ 计算式如下，描述为权重之和乘以参数 i 对网格 j 的相应评分值：

$$IAWQ_j = C/n \left[\sum_{i=1}^{n} (W_{ri} \cdot Y_{ri}) \right] \qquad (9.11)$$

其中，C 为常数，用于确保数字处于理想范围(在此情况下，$C = 10$)；i、n 是所涉及的化学参数个数，该值计入分母以平均数据；W_{ri} 是 W_i / W_{max} 的相对数值，W_i 表示每一参数的权重，W_{max} 表示最大可能权重。该指数数值越低，污染的可能性越低；数值越高，污染的可能性越高。如果参数对地下水水质有毒或有威胁，则 W_i 的数值会更大。

将 W_{max} 和 Y_{max} 值整合进等式(9.3)代表 W 和 Y 相对于参考等级的数值，也能确保最终 $IAWQ$ 值保持在 1～10 的范围内，以便于评价盐度和污染的相对等级。$IAWQ$ 可以更容易地结合多个地点的数据，同时判断附加参数对地下水水质的影响。

以这种方式来查明易受污染区域的污染源，可以利用"指纹"或"指示器"的适当化学参数，辨别特定污染源是工业区还是固废填埋点。例如，某个工业区，可以选择重金属、有机物等化学参数作为工业活动的指示器。指示参数 Cl 和 NO_3 的数据随处可得，作为 $IAWQ$ 应用的初始步骤，可获得广泛鉴别该区域水质的数据。

当只考虑每个网格(j)的 Cl 和 NO_3 时，$IAWQ$ 的计算式可以表示为：

$$IAWQ_j = C/n[(W_{Clr} \cdot Y_{Clr}) + (W_{NO_3r} \cdot Y_{NO_3r})]j \qquad (9.12)$$

在评价 Sharon 地区漫灌、水淹和盐碱条件对水质的影响时，用该指数进行了测试。

9.5 Soltan(1999)的地下水水质指数

Soltan(1999)提出了以包括重金属在内的 9 个水质参数(NO_3^-、PO_3^{3-}、Cl^-、总溶解固体、BOD、Cd、Cr、Ni 和 Pb)为基础的水质指数，用以评价埃及 Dakhla 绿洲附近地区自流井的水质。参数指数通过下列公式进行计算：

$$WQI = \sum_{i=1}^{n} q_i \qquad (9.13)$$

其中，

$$q_i = 100 \times \frac{V_i}{S_i} \qquad (9.14)$$

对于 n 个参数的平均水质指数，通过下列公式计算：

$$AWQI = \frac{\sum_{i=1}^{n} q_i}{n} \qquad (9.15)$$

其中，n 是参数的个数；q_i 是第 i 个参数的评分值；V_i 是第 i 个参数的观测值；S_i 是第 i 个参数的水质标准。

污染指数可允许的数值或临界值设定为 100，污染物不存在时，$AWQI$ 的值为 0；当污染物均达到各自允许的临界值时，$AWQI$ 的值为 100；当 $AWQI$ 的值超过 100 时，意味着水样可能遭受了严重的污染问题。

9.6　地下水污染指数

为了描绘地图上不同区域的地下水污染等级，开发了关于地下水污染程度概况的指数（C_d）（Backman et al., 1998）。用于计算该指数的参数通常被认为是潜在的危害参数。指数有两个，一个是反映健康风险的指数，另一个是关于技术和审美方面的指数。

计算健康风险的指数，应考虑 F^-、NO_3^-、UO_2^{2-}、As、B、Ba、Cd、Cr、Ni、Pb、Rn 和 Se 等参数。关于技术和审美方面的指数，应考虑总溶解固体、SO_4^{2-}、Cl^-、F^-、NO_3^-、NH_4^+、Al、As、Ba、Cd、Cr、Cu、Fe、Hg、Mn、Pb、Sb、Se 和 Zn 等参数的影响。

任一指数是由下列公式计算得到的：

$$C_d = \sum_{i=1}^{n} C_{fi} \qquad (9.16)$$

其中，

$$C_{fi} = \frac{C_{Ai}}{C_{Ni}} - 1 \qquad (9.17)$$

其中，C_{fi} 是第 i 个成分的污染因子；C_{Ai} 是第 i 个成分的分析数值；C_{Ni} 是第 i 个成分许可浓度的上限；N 代表标准数值。

9.7　地表水和地下水的指数

Stambuk-Glijanovik(1999)开发的克罗地亚 Dalmatia 地区指数强调了地表水水质与地下水水质问题同等重要。

该指数由下列公式计算得到：

$$WQI = \frac{WQE}{WQE_{MAC}} \tag{9.18}$$

以测试的水质评估值（WQE）除以满足饮用水一级标准水质最高许可浓度（MAC）的水质评估值（WQE_{MAC}）来表示 WQI。

克罗地亚的标准包含 4 个级别；一级，自然状态下使用或处理后能饮用的地下水或地表水。二级，未经一级处理不能饮用的地下水或地表水。三级，自然状态下不能使用或处理后不能用于饮用的地下水或地表水。四级，水体不能使用。

WQE 以个体质量评分值（q_i）和在总体质量评估中为参数分配的权重相乘后相加进行计算：

$$WQE = \sum_{i=1}^{n} q_i w_i \tag{9.19}$$

其中，$\sum_{i=1}^{n} q_i w_i$ 是权重总和，q_i 是参数 i 的水质得分，w_i 是参数 i 的权重因子，n 是参数的个数。9 个水质参数来确定水质指数（WQI），分别为温度、矿物质、腐蚀系数 K =（SO_4 + Cl）/ HCO_3、溶解氧、BOD_5、总氮、蛋白质、氮、总磷和总大肠杆菌（MPN $coli$/100 mL）等。

9 个参数确定后，结果被记录并转化为 WQE 表，包含参数可能的数值范围及得分值（表 9.3），将所有参数相加得到水质评估结果。

每个特定参数的评分值及其权重基于调查结果估计。等级代表权重，水质 100% 并不取决于 MAC 的值。

如果矿物质、系数 K 并未确定，则指数的评估与 C_{80} 浓度相关，其包括了结果的 80%，通过下列公式计算：

$$C_{80} = \overline{C} + t\sigma \tag{9.20}$$

其中，$\overline{C}$ 是平均值；σ 是标准差；t 是 t – 测验中 80% 概率对应的数值。

氧气系数通过下列公式进行计算：

$$\alpha \text{ 饱和 } O_2 = MAC / (C - t\sigma)$$

采用反系数值是因为氧气减少表示水质恶化。

表 9.3　Srambuk-Glijanovik(1999) 所使用的参数选择，调查参数的可能范围及其用于水质评估的得分

$q_i w_i$	温度/℃	矿物质/(mg·L⁻¹)	(Cl + SO₄)/alk.	溶解氧 %饱和	BOD₅/(mg·L⁻¹)	总 N/(mg·L⁻¹)	蛋白质 N/(mg·L⁻¹)	总 P/(mg·L⁻¹)	MPN coli/100 mL
w_i	7	7	6	16	10	16	10	12	16
16				90~105		0.0~0.06			0~50
15				90~87, 105~115		0.06~0.1			50~200
14				87~84, 115~125		0.10~0.15			200~400
13				84~80, 125~130		0.15~0.2			400~600
12				80~77, 130~135		0.2~0.3		0~0.03	600~900
11				77~74, 135~140		0.3~0.4		0.03~0.06	900~1200
10				74~71, 140~145	0~1.2	0.4~0.5	0.0~0.03	0.06~0.1	1200~1800
9				71~66, 154	1.2~2.0	0.5~0.6	0.03~0.05	0.1~0.15	1800~2500
8				66~63	2.0~2.5	0.6~0.7	0.05~0.08	0.15~0.18	2500~3500
7	8~12	350		63~60	2.5~3.0	0.7~0.8	0.08~0.10	0.18~0.22	3500~5000
6	6~8, 12~15	350~500	0~0.25	60~55	3.0~3.5	0.8~0.9	0.10~0.13	0.22~0.26	5000~7000
5	4~6, 15~17	500~800	0.25~0.4	55~50	3.5~4.0	0.9~1.0	0.13~0.16	0.26~0.3	7000~10000
4	<4, 17~19	800~1200	0.4~0.65	50~45	4.0~4.5	1.0~1.2	0.16~0.20	0.3~0.35	10000~15000
3	19~21	1200~1500	0.65~1.5	45~35	4.5~5.5	1.2~1.5	0.20~0.25	0.35~0.4	15000~20000
2	21~23	1500~2000	1.5~3	35~25	5.5~6.5	1.5~2	0.25~0.50	0.4~0.5	20000~28000
1	23~25	2000~3000	3~6	25~10	6.5~8.0	2~3	0.50~1	0.5~1	28000~50000
0	>25	>3000	>6	<10	>8	>3	>1	>1	>50000

9.8 地下水水质指数的使用，水质监测网络的污染指数、污染风险图谱

Ramos Leal 等人(2004)在开发地下水水质监测网络方法时使用了 3 个评价参数：地下水污染高易污性区域(如城市集群和工业带)、存在的潜在污染源以及污染指数。

易污性的评估使用了 DRASTIC 法(包括地下水水位深度、含水层净补给量、含水层介质、土壤介质、地形坡度、包气带介质的影响以及导水系数)和另一个地下水水文学方面的步骤 SINTACS(Aller et al., 1995；Civita & de Maio，1997)。

水质指数形式为：

$$ICA = k \frac{\sum C_i P_i}{\sum P_i} \tag{9.21}$$

其中，C_i 是根据浓度为参数分配的函数百分比数值；P_i 是参数的权重；k 是常数，数值在表 9.4 中给出。常数 k 是样品美学特性(表 9.5)，例如水体表面和气味等方面的特性。

表 9.4　Stigter 等人使用的标准化程序的例证样本

样品编号	NO$_3^-$ 浓度/(mg·L^{-1})	$\leqslant GL^*$	$GL \sim MAC^@$	$>MAC$
			NO$_3^-$	
1	31	0	1	0
2	135	0	0	1
3	6	1	0	0

注：* 为指导等级；@ 为最大许可浓度。

表 9.5　Ramos Leal 等人(2004)的方法中使用的关于污染物物理特性 k 的数值

k	相关美学影响
1.00	表示水体清澈，无明显污染物
0.75	水体有轻微颜色、浮渣，水体阴暗，水体表面非自然状态
0.50	水体表面受到污染，气味强烈
0.25	水体黑臭冒泡

ICA 的最小值可以为 0，最大值为 100。ICA 的值越小，代表水质越差；ICA 的值越大，代表水质越好。

污染物指数(Backman et al., 1998)的形式如下：

$$C_d = \sum_{i=1}^{n} C_{fi} \qquad (9.22)$$

其中，

$$C_{fi} = \frac{C_{Ai}}{C_{Ni}} - 1 \qquad (9.23)$$

其中，C_{fi}是第i个成分的污染因子；C_{Ai}是第i个成分的分析数值；C_{Ni}是第i个成分的最高许可浓度。C_d的值越高，污染源确定的可能性越高。

9.9 基于粗集理论的地下水水质指数约简属性

Xiong 等人(2005)使用了粗集(RS)理论，这是分析不确定性和不精确性的数学工具，可以使地下水水质指数的属性更加简约。对于此，已经有人开始探索地下水水质指数属性的重要性和地下水的水质等级。使用差别矩阵可以简化指数属性。RS 理论在简化地下水水质指数的属性方面具有简单、精确和使用的特点。

9.10 使用对应因子分析的指数开发

Stigter 等人(2006)以饮用水为基础，将从葡萄牙两个研究区域获得的地下水水质数据每个参数都分为 3 个等级。根据前面欧盟饮用水指导方针(80/778/EEC)，第一个等级中参数浓度低于指导等级(GL)，第三个等级中每个参数的浓度均高于最大许可浓度(MAC)，第二个级别中的参数浓度介于两个等级之间。标准化程序运用简单的二进制编纂得以呈现：1 代表如果水样属于某一级别，0 代表如果水样不属于某一级别。表 9.6 可以应用于硝酸盐的标准化，其 GL 和 MAC 分别为 25 mg/L 和 50 mg/L。

两个标准水样分别被定义为拥有最好和最差的水质。所有参数都属于高质量标准的水样被归为一级(<GL)，低质量标准的水样被归为三级(>MAC)。通过查阅标准和对真实样品进行符合因子分析(CFA)来对这些数值进行整合。

CFA 可以辨别数据中潜在的关系模式。这一步把数据重新排列为少数几个不相关的"成分"或"因子"，这些"成分"或"因子"是通过统计转换从数据中提取的，转换包括对参数的相似矩阵对角化，如相关性或方差－协方差矩阵(Brown，1998；Pereira & Sousa，2000)。各个因子描述了分析统计变量的明确总量，这是根据相互关联的参数来解释的。CFA 的主要优势在于其数据矩阵具有对称性(Benzecri，1977；Pereira & Sousa，2000)，允许对相关的变量和样本进行同时研究。

Stigter 等人(2006)对两个标准样的相似性矩阵执行对角化，提取为单个特征向量来解释 100% 的数据，这样避免了完全高质量或低质量的样品。

表9.6　Stuigter等人(2006)在 GWQI 整合中用于变量选择的数据特征

标准	pH	EC/(μS·cm^{-1})	Na$^+$/(mg·L^{-1})	K$^+$/(mg·L^{-1})	Mg^{2+}/(mg·L^{-1})	Ca^{2+}/(mg·L^{-1})	NH$_4^+$/(μg·L^{-1})	Cl$^-$/(mg·L^{-1})	HCO$_3^-$/(mg·L^{-1})	SO$_4^{2-}$/(mg·L^{-1})	NO$_3^-$/(mg·L^{-1})	PO$_4^{3-}$/(μg·L^{-1})
最小值	6.4	773	27	0	6	43	0	50	77	16	5	0
1st四分位值	6.9	1170	72	2	28	137	31	119	307	65	50	19
2nd四分位值	7.1	1560	115	3	34	172	51	184	370	119	79	52
3rd四分位值	7.3	2150	166	5	47	248	120	339	425	202	151	114
最大值	8.5	6400	702	60	141	566	250	2077	570	437	581	5100
PV 98	6.5~9.5	2500	200	—	—	—	500	250	—	250	50	—
MAC 80	9.5^a	—	150	12	50	200^b	500	—	—	250	50	6691
GL 80	6.5~8.5	400	20	10	30	100	50	25	—	25	25	535
%超过PV	0%	15%	29%	8%	21%	33%	0%	35%	—	15%	75%	0%

注：① PV 98 为 1998 年欧盟指导方针中的参数数值；MAC 80、GL 80 为 1980 年欧盟指导方针中最大许可浓度和指导等级。

② ^{a}葡萄牙法律中的规定。

③ ^{b}基于葡萄牙 MAC 利用标准。

将真实水样正交投射到提取因子上，表示这些水样和两个质量标准的联系程度。结果得分与最终指数数值相关，范围在 −1(高质量)和 1(低质量)之间，是一些离散的有理数。该过程初看似乎很复杂，在实际应用中更加直接，包含的数据集范围也相对较小。整个 CFA 程序可以在一个软件中运行，正交投射(以及指数的计算)可以通过下列公式进行数学表达：

$$F_i = \frac{1}{p\sqrt{\lambda}} \sum_{j=1}^{m} \delta_j L_j \tag{9.24}$$

其中，F_i 是样本 i 的因子数值；p 是指数结构中包含的参数个数；λ 是因子的特征向量；δ_j 是 Boolean 码($\delta_j = 1$ 表示样本属于参数等级 j，$\delta_j = 0$ 表示样本不属于参数等级 j)；L_j 是属于等级 j 的因子；m 是等级的个数(为 $3p$)。

GWQI 使用的数据特性在表 9.7 中阐明。

表 9.7   Mohamad Roslan 等人(2007)使用主要成分分析获取作为水质指数公式开始的水质变量

重金属	非金属	物理特性	总指标
铜	溶解氧	温度	*BOD*
锌	pH	盐度	*COD*
铁	氨氮	电导率	苯酚
铅	硝酸盐	浊度	
三价铬	亚硝酸盐	总悬浮固体	
六价铬	磷酸盐	总溶解固体	
镍	硫酸盐		
钴	硫化物		
锰	游离氯		
银	氰化物		
锡	砷		
铝	硼		
汞			

9.11   地下水易污性评价指数

Nobre 等人(2007)在开发地下水易污性和风险图(图 9.1)中使用了 Melloul 和 Collin(1998)的 *IAWQ* 以及 3 个指数的指数系统，这 3 个指数包括内在易污性指数(*IVI*)、污染源指数(*CSI*)和水井取水区和受体指数(*WI*)。

IAWQ 已在前面的章节中阐述，Nobre 等人(2007)使用氯化物和硝酸盐作为"指

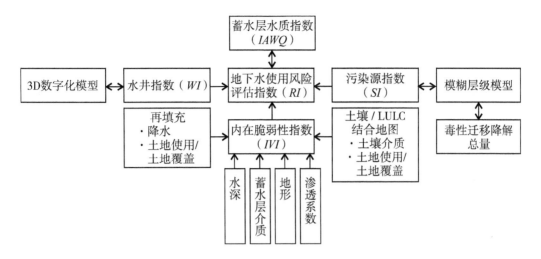

图 9.1　Nobre 等人（2007）所用指数体系中呈现的地下水易污性流程和风险图

纹"参数来计算 *IAWQ*。从图 9.1 中可以看出，该指数使用了 GIS 和基于过程的模型分析资源 -廊道 -受体风险链的结合。该方法整合了干扰污染物从源头到受体传播途径的特征，例如补水成分、自然衰减、土壤、蓄水层介质以及水井分布。该方法使用了模糊模型来评估潜在的资源风险，使主观推断得到整合，并为污染等级对地下水影响的重要程度进行了排序。

9.12　研究垃圾填埋场影响的地下水水质指数

　　Mohamad Roslan 等人（2007）创建水质指数来研究填埋场对地下水的影响，并应用在马来西亚 Sabak 地区的研究中。水质数据涵盖了 32 个变量（表 9.7），是从 6 个采样点耗时 3 年采集到的。使用主要成分分析法（PCA），最终列出了 7 个似乎对水质影响最大的参数（表 9.8）。随后在参考马来西亚政府原始水质标准（表 9.8）的基础上进行了"标记"。标记包含 0 ～ 10 的尺度。当浓度超过标准设定的最大限值时其数值为零。

表 9.8　Mohamad Roslan 等人（2007）的地下水水质指数中分配的"标记"尺度数值

变量	浓度范围	标记尺度数值
	$x \leqslant 40$	10
电导率	$40 < x < 20000$	$\dfrac{(\log 20000 - \log x)}{(\log 20000 - \log 40)} \times 10$
	$x \geqslant 20000$	0

续表9.8

变量	浓度范围	标记尺度数值
总溶解固体	$x \leqslant 50$	10
	$50 < x < 1500$	$\dfrac{(\log 1500 - \log x)}{(\log 1500 - \log 50)} \times 10$
	$x \geqslant 1500$	0
盐度	$x \leqslant 1$	10
	$1 < x < 20$	$\dfrac{(\log 20 - \log x)}{\log 20} \times 10$
	$x \geqslant 20$	0
硝酸盐	$x \leqslant 1$	10
	$1 < x < 10$	$(1 - \log x) \times 10$
	$x \geqslant 10$	0
亚硝酸盐	$x = 0$	10
	$0 < x < 1$	$(-\log x)/3.001$
	$x \geqslant 1$	0
化学需氧量	$x \leqslant 1$	10
	$1 < x < 10$	$(1 - \log x) \times 10$
	$x \geqslant 10$	0
铁	$x = 0$	10
	$0 < x < 1$	$\dfrac{-\log x}{2.01} \times (-10)$
	$x \geqslant 1$	0

根据标记范围，可以绘制"雷达图"来确定每个变量范围内多边形的形状（图9.2）。

地下水水质指数相当于多边形面积的百分比，通过下列公式进行计算：

$$A = \sum [0.5 \times \sin(360/7) \times 左边值 \times 右边值] \tag{9.25}$$

其中，左和右是指多边形中三角形的边。该研究区域指数值为26.67，代表整体水质较差。

该指数的敏感性揭示了任何变量的标记值每下降0.1，该指数的数值将下降0.3。

9.13 优化地下水水质监测网络的指数

Yeh等人（2008）尝试开发经济节约性项目来监测地下水水质，该项目从现有监测井中选择一部分来采样。目的在于，以更少的费用来获得充足的信息，判断主要蓄水层周围的水质状况。

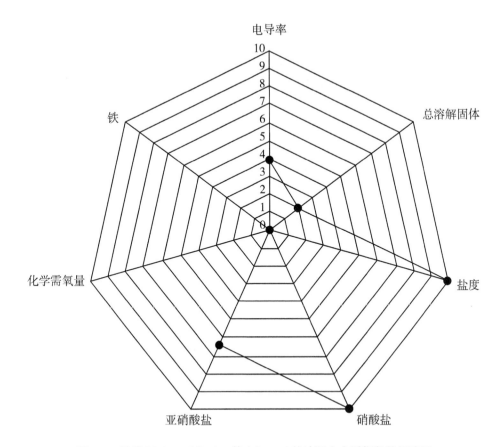

图 9.2 计算 Mohamad Roslan 等人(2007)的地下水水质指数的雷达图

使用多变量地理统计方法,同时考虑了多尺度地理统计学中的多个变量,为地下水水质监测选择水井网。该研究选择最少数量的水井,获得必要的代表性信息,提供了原始的地下水等级监测井的排序结果。

9.14 基于处理费用的地下水水质经济指数

Queralt 等人(2008)提出了经济型地下水水质指数,该指数整合了多个权重分析参数,产生的指数值介于 0 到 100 之间。该指数在评估地下水现状和分析自然或人为因素造成的水质变化方面都十分有用,包含对费用的估算。

9.15 以信息熵为基础的地下水水质指数

与 Taheriyoun 等人(2010)开发地表水水质指数(第 6 章)的逻辑相似,Pei-Yue 等人(2010)将信息熵的概念应用于水质指数的权重分配。该指数用于中国彭阳县地下水的水质评价,以便合理开采和保护地下水资源。

在水质指数开发的第一步中，使用信息熵的概念为所选的 14 个参数分配权重。

对于 m 个用于水质评价的水样（$i = 1, 2, \cdots, m$），每个水样有 n 个评估参数（$j = 1, 2, \cdots, n$），特征数值矩阵 X 的结构为：

$$X = \begin{bmatrix} x_{11} & x_{12} & \cdots & x_{1n} \\ x_{21} & x_{22} & \cdots & x_{2n} \\ \vdots & \vdots & & \vdots \\ x_{m1} & x_{m2} & \cdots & x_{mn} \end{bmatrix} \tag{9.26}$$

为了减少特性指数单元间的不同，以及不同数量级造成的影响，数据应进行如下预处理。

根据指数的属性，特征指数可以分为以下 4 种类型：效率类、费用类、特定类以及间隔类。效率类，标准化的结构函数如下：

$$y_{ij} = \frac{x_{ij} - (x_{ij})_{\min}}{(x_{ij})_{\max} - (x_{ij})_{\min}} \tag{9.27}$$

费用类，标准化的结构函数如下：

$$y_{ij} = \frac{(x_{ij})_{\max} - x_{ij}}{(x_{ij})_{\max} - (x_{ij})_{\min}} \tag{9.28}$$

进行转化后，标准级矩阵 Y 可以表示为：

$$Y = \begin{bmatrix} y_{11} & y_{12} & \cdots & y_{1n} \\ y_{21} & y_{22} & \cdots & y_{2n} \\ \vdots & \vdots & & \vdots \\ y_{m1} & y_{m2} & \cdots & y_{mn} \end{bmatrix} \tag{9.29}$$

第 i 个样本中第 j 个指数的指数数值比率为：

$$P_{ij} = y_{ij} \Big/ \sum_{i=1}^{m} y_{ij} \tag{9.30}$$

信息熵可以通过下列公式获得：

$$e_j = \frac{1}{\ln m} \sum_{i=1}^{m} P_{ij} \ln P_{ij} \tag{9.31}$$

e_j 的数值越小，第 j 个指数的影响越大。熵权重通过下列公式进行计算：

$$w_j = \frac{1 - e_j}{\sum_{j=1}^{n} (1 - e_j)} \tag{9.32}$$

其中，w_j 为第 j 个指数的熵权重，权重见表 9.9。水质指数计算的下一步中，每个参数的质量评分尺度（q_j）分配如下：

$$q_j = \frac{C_j}{S_j} \times 100 \tag{9.33}$$

其中，C_j 是每个水样参数的浓度（mg/L）；S_j 是中国饮用水水质标准中参数的浓度（mg/L）。水质指数通过下列公式进行计算：

$$WQI = \sum_{j=1}^{n} w_j q_j \qquad (9.34)$$

表9.9　Pei-Yue 等人(2010)以信息熵为基础的地下水水质指数中的地下水类别

WQI	等级	水质
<50	1	水质极佳
50~100	2	水质较好
100~150	3	水质中等
150~200	4	水质较差
>200	5	水质极差

　　基于水质指数的得分,地下水水质分为 5 个等级,分别从"极佳"到"极差"(表 9.10)。

表9.10　指数范围及水质调查的发现(Jinturkar et al., 2010)

FWQI 范围	水质级别	描述	符合标准的样品比率
0.8~1.0	极佳	几乎所有时段的所有测量值都在目标范围内	28
0.6~0.8	较好	条件很少超出自然或理想等级	44
0.4~0.6	中等	条件有时会超出自然或理想等级	28
0.2~0.4	较差	条件经常超出自然或理想等级	0
0~0.2	极差	条件总是超出自然或理想等级	0

9.16　基于模糊逻辑的地下水水质指数

　　Jinturkar 等人(2010)通过模糊逻辑对印度 Chikhli 地区的地下水水质进行了研究。该指数遵循 Ocampo-Duque 等人(2006)开发地表水模糊水质指数(第 6 章)使用的流程,基础步骤如图 9.3 所示。

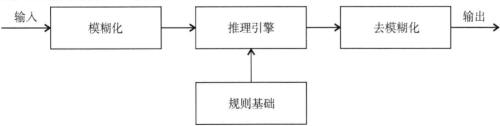

图9.3　Jinturkar 等人(2010)开发模糊水质指数的主要步骤

选择了 7 个水质参数并为所有参数开发了三角隶属函数(图 9.4)。

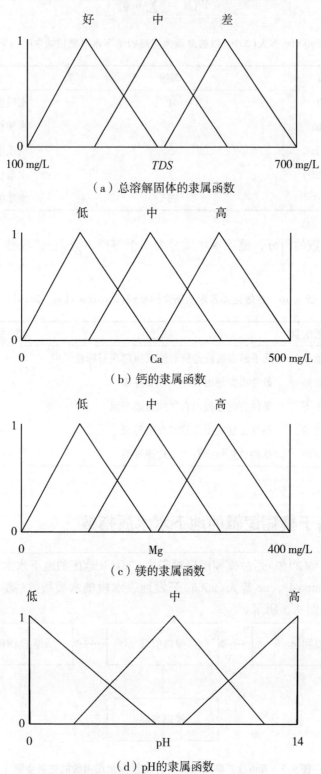

（a）总溶解固体的隶属函数

（b）钙的隶属函数

（c）镁的隶属函数

（d）pH的隶属函数

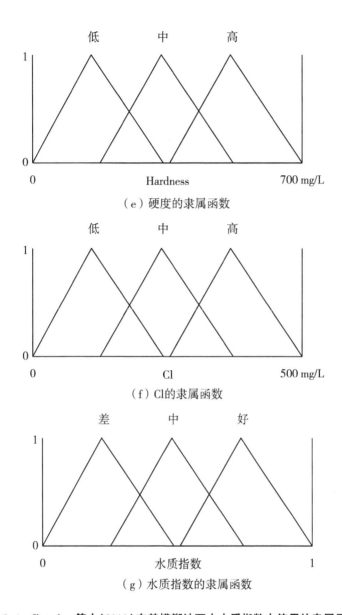

（e）硬度的隶属函数

（f）Cl的隶属函数

（g）水质指数的隶属函数

图 9.4 Jinturkar 等人（2010）在其模糊地下水水质指数中使用的隶属函数

每个参数的模糊集，以世界卫生组织（WHO）和印度医学研究委员会（ICMR）的水质标准作为指导，开发规则可以阐述如下。

规则#1：如果 pH 低、*TDS* 极佳、Ca 低、Mg 低、硬度低、Cl 低，那么有水质指数较差。

规则#76：如果 pH 中等、*TDS* 差、Ca 低、Mg 低、硬度低、Cl 高，那么有水质指数较好。

在规则#1 中，水质指数 *TDS* 表示为极佳，而 pH、Ca、Mg、硬度、Cl 被归为低的等级。在规则#76 中，pH、*TDS* 和 Cl 分别为中等、差和高，而 Ca、Mg、硬度为低，则水质指数等级为好。在这种方式中，每个参数基于开发规则分析，总共有 82 个规则用来测试这个规则基础。

9.17   蓄水层水质网络绘制中使用的水质指数和 GIS

Ketata 等人(2011)基于对初级健康的感知，为 10 个参数(pH、TDS、Cl、SO_4、HCO_3、NO_3、Ca、Mg、Na 和 K)分配了权重。溶解固体、氯化物、硫酸盐和硝酸盐在大多数情况下控制地下水水质，被分配最大值为 5 的权重。碳酸氢盐对地下水水质没有重要影响，被分配最小值为 1 的权重。其他参数像钙、镁、钠和钾根据对饮用水水质的影响，被分配到数值介于 1 和 5 之间的权重。

指数开发剩余的步骤与本章之前所述的步骤相同，以 Vasanthavigar 等人(2010)的水质指数为参考。

将水质指数与地理信息系统(GIS)相结合，得到突尼斯 El Khairat 蓄水层的地下水水质图，在图 9.5 中呈现。之前报道的使用水质指数和 GIS 进行地下水水质评估的例子，包括澳大利亚松树种植园杀虫剂影响的评价(Pollock et al.，2005)、土耳其灌溉水水质的影响(Simsek & Gunduz，2007)以及对印度 Kerala 地区高原村庄地下水水质的评估(Hatha et al.，2009)。

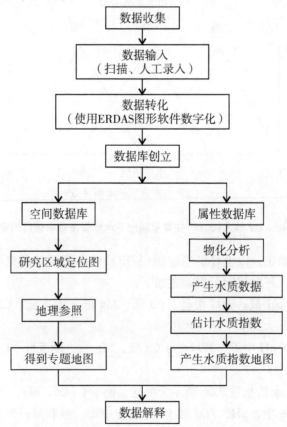

图 9.5   水质指数与 GIS 在 Ketata 等人(2011)的蓄水层水质地图绘制中的使用

References

Aller, L., Bennett, T., Lehr, J. H., Petty, R. J., 1985. DRASTIC: A Standardized System for Evaluating Ground Water Potential Using Hydrogeological Settings, Environ-mental Research Laboratory. US Environmental Protection Agency, Ada Oklahoma.

Backman, B., Bodiš, D., Lahermo, R, Rapant, S., Tarvainent, T., 1998. Application of a groundwater contamination index in Finland and Slovakia. Environmental Geology 36 (1/2), 55 −64.

Banerjee, T., Srivastava, R. K., 2011. Evaluation of environ-mental impacts of Integrated Industrial Estate-Pantnagar through application of air and water quality indices. Environmental Monitoring and Assessment 172 (1/2/3/4), 547 −560.

Banoeng-Yakubo, B., Yidana, S. M., Emmanuel, N., Akabzaa, T., Asiedu, D., 2009. Analysis of groundwater quality using water quality index and conventional graphical methods: the Volta region, Ghana. Environmental Earth Sciences 59 (4), 867 −879.

Benzécri, J. P., 1977. L'Analyse des correspondances. Les Cahiers de l'Analyse des Données. Ⅱ (2), 125 −142.

Brown, J. R., 1998. Recommended chemical soil test proce-dures for the north central region. Missouri Agric. Exp. Stn. North Central Regional Res. Publ. no. 221 (Revised). SB 1001. Columbia.

Civita, M., De Maio, A., 1997. SINTACS. Un Sistema Parámetrico per la Valutazione e la Cartografia della Vulnerabilitá Degli Acquiferi All'inquinamento. Meto-dologia & Automatizzazione. 191. Pitagora Editrice Bologna.

Conesa Fedz-Vitora, V., 1993. Methodological Guide for Enviromental Impact Evaluatión (Guia Metodológica para la Evaluación de Impacto Ambiental), first ed. Mundi Prensa, Madrid, p.276.

Giri, S., G., Gupta, S. K., Jha, V. N., Tripathi, R. M., 2010. An Evaluation of Metal Contamination in Surface and Groundwater around a Proposed Uranium Mining Site, Jharkhand, India. Mine Water and the Environment 29(3), 225 −234.

Halth, A. A. M., Rejith, R. G., Jeeva, S. R, Vijith, H., Sowmya, M., 2009. Determination of groundwater quality index of a highland village of Kerala (India) using geographical information system. Journal of Ebvuribnebtal Health 71 (10), 51 −58.

Jinturkar, A. M., Deshmukh, S. S., Agarkar, S. V., Chavhan, G. R., 2010. Determination of water quality index by fuzzy logic approach: a case of ground water in an Indian town. Water Science and Technology 61(8), 1987 −1994.

Ketata, M., Gueddari, M., Bouhlila, R., 2011. Use of geographical information system and water quality index to assess groundwater quality in E1 Khairat deep aquifer

(2nfidha, Central East Tunisia). Arabian Journal of Geosciences, 1 −12.

Melloul, A. J., Collin, M., 1998. A proposed index for aquifer water-quality assessment: the case of Israel's Sharon region. Journal of Environmental Management 54 (2), 131 −142.

Mohamad Roslan, M. K., Mohd Kamil, Y., Wan nor Azmin, S., Mat Yusoff, A., 2007. Creation of a ground water quality index for an open municipal landfill area. Malaysian Journal of Mathematical Sciences 1 (2), 181 −192.

Nobre, R. C. M., Rotunno Filho, O. C., Mansur, W. J., Nobre, M. M. M., Cosenza, C. A. N., 2007. Groundwater vulnerability and risk mapping using GIS, modeling and a fuzzy logic tool. Journal of Contaminant Hydrology 94, 277 −292.

Ocampo-Duque, W., Ferré-Huguet, N., Domingo, J. L., Schuhmacher, M., 2006. Assessing water quality in rivers with fuzzy inference systems: a case study. Environment International 32 (6), 733 −742.

Pei-Yue, L., Hui, Q., Jian-Hua, W., 2010. Groundwater quality assessment based on improved water quality index in Pengyang County, Ningxia, Northwest China. E-Journal of Chemistry 7 (Suppl. 1), S209 −S216.

Pereira, H. J., Sousa, A. J., 2000. Análise de Dados para o Tratamento de Quadros Multidimensionais: Textos de Apoio ao Curso Intensivo de Análise de Dados, 1988 − 2000. CVRM, Instituto Superior Técnioo, Lisbon, Portu-gal. p. 105.

Pollock, D. W., Kookana, R. S., Correll, R. L., 2005. Integration of the pesticide impact rating index with a geographic information system for the assessment of pesticide impact on water quality. Water, Air, and Soil Pollution: Focus 5 (1/2), 67 −88.

Queralt, E., Pastor, J. J., Corp, R. M., Galofré, A., 2008. Economic index of quality for ground water (IEQAS) based on the potabilisation treatment cost. Practical application to aquifers in Catalonia. Indice económico de calidad para las aguas subterráneas (IEQAS) basado en el coste del tratamiento de potabilizacidn. Aplicacidn prfictica en los acufferos de Catalulña 28 (293), 89 −94.

Ramachandramoorthy, T., Sivasankar, V., Subramanian, V., 2010. The seasonal status of chemical parameters in shallow coastal aquifers of Rameswaram Island, India. Environmental Monitoring and Assessment 160 (1/2/3/4), 127 −139.

Ramakrishnaiah, C. R., Sadashivaiah, C., Ranganna, G., 2009. Assessment of water quality index for the groundwater in Tumkur taluk, Karnataka state, India. E-Journal of Chemistry 6 (2), 523 −530.

Ramos Leal, J. A., 2002. Validación de mapas de vulner-abilidad acuffera e Impacto Ambiental, Caso Rio Turbio, Guanajuato. Tesis de Doctorado. Instituto de Geofísica, UNAMUR.

Ramos Leal, J. A., Barrón Romero, L. E., Sandoval Montes, I., 2004. Combined use of aquifer contamination risk maps and contamination indexes in the design of water quality monitoring networks in Mexico. Geofísica Internacional 43 (4), 641 −650.

Simsek, C., Gunduz, O., 2007. IWQ Index: A GIS-integrated technique to assess irrigation water quality. Environ-mental Monitoring and Assessment 128 (1/2/3), 277 − 300.

Soltan, M. E., 1999. Evaluation of groundwater quality in Dakhla Oasis (Egyptian Western Desert). Environmental Monitoring and Assessment 57, 157 −168.

Srivastava, P. K., Mukherjee, S., Gupta, M., Singh, S. K., 2011. Characterizing monsoonal variation on water quality index of river mahi in India using geographical infor-mation system. Water Quality, Exposure and Health 2 (3/4), 193 −203.

Stambuk-Giljanovic, N., 1999. Water quality evaluation by index in Dalmatia. Water Research 33 (16), 3423 −3440.

Stambuk-Giljanovik, N., 2003. Comparison of Dalmation water evaluation indices. Water Environment Research 75, 388 −405.

Stigter, T. Y., Ribeiro, L., Carvalho Dill, A. M. M., 2006. Evaluation of an intrinsic and a specific vulnerability assessment method in comparison with groundwater salinisation and nitrate contamination levels in two agricultural regions in the south of Portugal. Hydrogeology Journal 14 (1/2), 79 −99.

Taheriyoun, M., Karamouz, M., Baghvand, A., 2010. Development of an entropy-based Fuzzy eutrophication index for reservoir water quality evaluation. Iranian Journal of Environmental Health Science and Engineering 7 (1), 1 −14.

Tiwari, T. N., Mishra, M., 1985. A preliminary assignment of water quality index to major Indian rivers. Indian Journal of Environmental Protection 5 (4), 276 −279.

Vasanthavigar, M., Srinivasamoorthy, K., Vijayaragavan, K., Rajiv Ganthi, R., Chidambaram, S., Anandhan, P., Manivannan, R., Vasudevan, S., 2010. Applcation of water quality index for groundwater quality assessment: Thirumanimuttar sub-basin, Tamilnadu, India. Environmental Monitoring and Assessment 171(1/2/3/4), 595 − 609.

WHO, 1993. Guidelines for Drinking-Water Quality: Recommendations, second ed. World Health Oranisation, Geneva, p.188.

Xiong, J. Q., Li, Z. Y., Zou, C. W., 2005. Attribute reduction of groundwater quality index based on the rough set theory. Shuikexue Jinzhan/Advances in Water Science 16 (4), 494 −499.

Yeh, M. S., Shan, H. Y., Chang, L. C., Lin, Y. P., 2008. Establishing index wells for monitoring groundwater quality using multivariate geostatistics. Journal of the Chinese Institute of Civil and Hydraulic Engineering 20(3), 315 −330.

10 加拿大和美国的水质指数

10.1 简介

前面章节中已对几种水质指数（*WQIs*）进行了阐述，有些已经是在美国或加拿大开发的。为什么要用单独一章来阐述这两个国家的水质指数呢？原因是美国和加拿大不仅有州或省拥有自己的官方水质指数，也有国家级的水质指数。

大部分国家只有国家指数，甚至有些国家没有任何级别的水质指数（Khan & Abbasi，1997a，1997b，1998a，1998b，1999a，1999b，2000a，2000b，2001；Abbasi，2002；Sargaonkar & Deshpande，2003）。

美国国家卫生基金会的水质指数（*NSF-WQI*）以及加拿大环境部长委员会的水质指数（*CCME-WQI*）已被几个国家作为官方水质指数的模板。这些指数也经常被作为参考模板开发或验证新水质指数（Stojda & Dojlido，1983；Soltan，1999；Bordalo et al.，2006；Abrahao et al.，2007；Sedeno-Diaz & Lopez-Lopez，2007；Bordalo & Savva-Bordalo，2007；Avvannavar & Srihari 2008；Carbajal and Sanchez，2008；Chaturvedi & Bhasin，2010；Nikoo et al.，2010；Thi Minh Hanh et al.，2011）。

本章涵盖了美国和加拿大多个官方水质指数，不仅有州级或省级的，也有国家级的。本章也对 Said 等人（2004）的工作进行了概述，其工作目标是开发比 *NSF-WQI* 和 *CCME-WQI* 使用参数更少的指数。

10.2 加拿大水质指数

10.2.1 Alberta 指数

Alberta 指数使用了"表现指示器"来表示水质，该指数可以计算出样本的分数，却不用遵循总体采样的数值标准。该指数表示为：

$$A = (n_{超过}/n_{测量}) \times 100 \tag{10.1}$$

A 是样本的百分比，样本采集点至少有一个参数值超过了水体目标用途的水质标准。在 Alberta 指数中，目标用途包括娱乐、农业和水生生物生存。

只有定期采样点统计的样本数充足（>30）时，指数才能给出有意义的结果。当样本数量少时，指数给出的结果会有偏差。

10.2.2 Centre St Laurent 指数

Centre St Laurent(CSL)开发的水质指数包含 3 个变量(CCME，1999)：

$$WQI = \left[\sum (A_i \times F_i) \right] \Big/ n \qquad (10.2)$$

其中，A_i 是参数 i 超出指导要求 i 的平均等级。当参数值超出指导要求时，计算"超出数值/指导数值"的比率，然后将这些比率相加并除以事件发生的总次数。F_i 是参数值超过指导要求的次数相比于该参数采样总次数的频率($F_i = F_{超过} / F_{总}$，对于参数 i)。n 是参数的个数。所考虑的水体用途不同，CSL 计算的水质指数也不同。

该指数比较精细但不能解释中等水质情况。例如，一个水质参数在可接受等级非常接近限值，而另一个参数在可接受等级内却远低于限值。前一种情况，参数"超过"可接受等级的限值的可能性(或者风险)远大于后一种情况，但该指数对这种情况并不敏感。

10.2.3 英国哥伦比亚水质指数(BCWQI)

英国哥伦比亚水质指数(BCWQI)包括其他指数未曾考虑的额外因子(CCME，1999)：

$$BCWQI = (F_1^2 + F_2^2 + F_3^2)^{1/2} \qquad (10.3)$$

其中，F_1 是水质指导要求超标的百分比；F_2 是至少一个指导方针超标的测量值的百分比；F_3 是任何一个指导方针超标的最大程度(数值标准化为 100)。该指数的两个因子与其他指数的成分类似：F_2 与 Alberta 指数类似，F_3 与 Centre St Laurent 指数类似。F_1 并未在其他指数中使用过(CCME，1999)。

英国哥伦比亚指数(BCWQI)是基于水质目标的变化开发的。这些目标取决于不同的水质用途：饮用、娱乐、灌溉、家畜饮用、野生和水生动物生存等。该指数的数值为 0～5 表示水质极佳，60～100 代表水质较差(Husain et al.，1999)。BCWQI 是 Manitoba 州级指数，对国家级指数如加拿大水质指数(WQI)产生了很大的影响，详情可见 2.7 节。

10.2.4 适用于 Manitoba 的 BCWQI

Manitoba 州采用了英国哥伦比亚的方法，Manitoba 地区 8 个采样点 4 年数据的评价发现，BCWQI 似乎可以为 Manitoba 州给出合理的结果。

10.2.5 Ontario 指数

Onrario 指数使用了 BCWQI 并对 F_3 做了修改，代表平均标准化超出数而不是最大值，这样是为了避免目标的超出数过大时会造成 F_3 的饱和问题(CCME，1999)。

10.2.6 Quebec 指数

Quebec 指数最初在新西兰开发(Smith，1990)，该指数基于最小数量的分指数开

发,并通过测量的水质参数进行计算(CCME, 1999):

$$WQI = \min(I_1, I_2, \cdots, I_n) \tag{10.4}$$

该方法计算分指数时考虑了德尔菲曲线的使用,根据专家意见考虑了水质成分特定等级的意义。这些曲线是非线性的,代表对设定水体用途下参数特定等级的整合意见。Quebec 指数代表任何测量参数"最差情况下的影响"(CCME, 1999)。

10.2.7　加拿大环境部长委员会的水质指数(CCME-WQI)

CCME-WQI 是 BCWQI 的改编版本,该指数中包括 3 个因子,每个因子的数值范围为 0 ～ 100。

CCME-WQI 中,将所选水质目标的 3 个变量测量值结合起来,可以得到虚拟"目标超过数"空间中的一个特征向量。该指数中,"目标"是指加拿大全国水质指导要求或采样点特定的水质目标。向量长度的尺度范围是 0 ～ 100,从 100 递减可以得到该指数,0(或接近 0)表示水质极差,接近 100 表示水质极佳。

CCME-WQI 由 3 个因子组成,如图 10.1 所示。

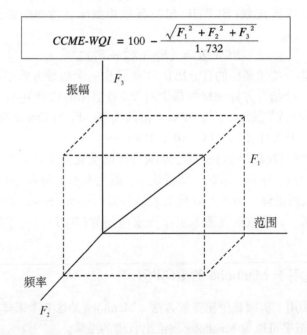

$$CCME\text{-}WQI = 100 - \frac{\sqrt{F_1^2 + F_2^2 + F_3^2}}{1.732}$$

图 10.1　三维空间内将 3 个因子(F_1、F_2 和 F_3)进行加和计算水质指数(WQI)的图形
[该指数与在 F_1、F_2 和 F_3 之间的变化成正比(Terrado et al., 2010)。]

因子 1(F_1)——范围:该因子表示范围,可以评价水质不符合要求的程度。该因子可以直接从 BCWQI 中采用:

$$F_1 = \left(\frac{不符合要求变量}{总变量} \right) \times 100 \tag{10.5}$$

其中，变量表示指数计算期间测试的目标水质参数。

因子 2(F_2)——频率：该因子代表不符合目标的独立测试（失败测试）的百分数。

$$F_2 = \left(\frac{失败测试数}{总测试数} \right) \times 100 \tag{10.6}$$

该因子的公式直接采用自 BCWQI。

因子 3(F_3)——振幅：该因子代表未达到目标的测试数值。其计算过程有以下三步。

（1）个体浓度超过目标浓度称为一次"偏移"，当大部分测试数值未超过目标时，

$$偏离_i = \left(\frac{失败测试值_i}{目标_i} \right) - 1 \tag{10.7}$$

对于大多数测试值不低于目标的情况：

$$偏离_i = \left(\frac{目标_i}{失败测试值_i} \right) - 1 \tag{10.8}$$

（2）个体参数未能遵循的总程度以个体测试偏移目标量求和除以测试的总次数（符合或不符合目标测试总次数）进行计算。偏移标准化的变量（nse）通过下列公式计算：

$$nse = \frac{\sum\limits_{i=1}^{n} 偏离_i}{测试总次数} \tag{10.9}$$

（3）F_3 通过不对称函数计算，将偏移目标（nse）的和标准化得到 $0 \sim 100$ 范围内的数值：

$$F_3 = \frac{nse}{0.01\ nse + 0.01} \tag{10.10}$$

CCME-WQI 通过下列公式计算：

$$CCME\text{-}WQI = 100 - \frac{\sqrt{F_1^2 + F_2^2 + F_3^2}}{1.732} \tag{10.11}$$

该因子得到的值为 1.732，这 3 个参数因子中的每一个都可以得到 100 的数值，意味着向量长度最大可以达到 $\sqrt{100^2 + 100^2 + 100^2} = \sqrt{30000} = 173.2$。除以 1.732 可以使向量长度的最大值设为 100。

CCME-WQI 与 BCWQI 密切相关，反过来，CCME-WQI 对采样设计和水质目标的选择非常敏感（Said et al., 2004）。Khan 等人（2003）将 CCME-WQI 应用于加拿大河流研究。结果显示 3 个采样点中没有水质极佳符合水生生物的生存或饮用要求，两个地点的水质极佳能够满足农业要求。3 个地点的水质对于 3 种用途的满足情况见表 10.1。

表 10.1 *CCME-WQI* 指示的 3 条河流水质(Khan et al., 2003)

地点	用途	水质
Dunk 河(Bedeque 湾 EMAN 地点)	饮用	中
	水上活动	差
	农业	好
Mersey 河(Kejimkujik 国家公园 EMAN 地点)	饮用	中
	水上活动	差
	农业	极佳
Point Wolfe 河(Fundy 国家公园 EMAN 地点)	饮用	好
	水上活动	差
	农业	极佳

Khan 等人(2003)使用年度数据集做了一个时间序列分析,结果显示,有两个地点的饮用水水质(处理前)正呈现逐渐恶化趋势(Kejimkujik 国家公园的 NS-EMAN 地点,以及 Bedeque 湾的 PEI-EMAN 地点)。参数的记录次数有限会显著影响时间序列分析。记录次数过少会造成 *WQI* 数值偏高(意味着水质更佳),过少的数据会降低 CCME 加拿大水质指导要求的超出部分的发生概率和频率。有研究发现,总铁、总铅、pH、总钙等参数经常会超出指导要求。

近期研究中(Terrado et al., 2010),包括 *CCME-WQI* 和 *NSF-WQI* 在内的 5 个水质指数在自动采样(持续监测)网络中进行了适应性评价。结果发现,*CCME-WQI* 是最为适合该用途的指数。该研究更多的细节已在第 8 章中予以阐述。*CCME-WQI* 在加拿大以外的地区也得到了持续应用(Carbajal & Sanchez, 2008; Zouabi Aloui & Gueddari, 2009)。

10.3　美国水质指数

10.3.1　俄勒冈水质指数(*OWQI*)

俄勒冈州环境质量部门(ODEQ)1980 年开发了独创的俄勒冈水质指数(*OWQI*)。*OWQI* 计算包括两步。首先,将拥有不同测量单位的原始分析结果转化为无单位的分指数值,范围为从 10(最差的情况)到 100(最理想的情况)。然后,将分指数结合,给出范围为从 10 到 100 的单一水质指数数值。*OWQI* 整合了 8 个水质变量(温度、*DO*、*BOD*$_5$、pH、氨态氮、硝态氮、总磷酸盐、总悬浮颗粒物和粪大肠杆菌)(Cude, 2001)。

10.3.2 佛罗里达溪流水质指数(*FWQI*)

佛罗里达溪流水质指数(*FWQI*)是在 1995 年佛罗里达的环境评估战略中开发,是关于水体澄清程度(浊度和总悬浮固体)、溶解氧、需氧物质[生化需氧量(*BOD*)、化学需氧量(*COD*)、总有机碳(*TOC*)]、营养物质(磷和氮)、细菌(总大肠杆菌和粪大肠杆菌)以及生物多样性(自然或人工底栖大型无脊椎动物多样性和 Beck 的生物指数)等多个参数的算术平均数。该指数表示的结果如下:0 到 45,表示水质较好;45 到 60,表示水质一般;60 到 90,表示水质较差(SAFE,1995)。

10.3.3 Lower Great Miami 流域增强项目水质指数(*WEP-WQI*)

1996 年,俄亥俄州 Dayton 地区的 Lower Great Miami 流域增强项目开发了水质指数和河流指数。河流指数的计算需两步:首先是包含化学、物理和生物变量的 *WEP-WQI*,然后是包含水质变量和对水流清澈度(浊度)测量的河流指数。这两个指数的表达都涵盖了"极佳""较好""中等""极差"等评分尺度(WEP,1996)。

10.3.4 国家卫生基金会水质指数(*NSF-WQI*)

该部分已在第 3 章中予以阐述。*NSF-WQI* 或者其变量的原版或改编版本在包括印度(Bhargava,1985)、巴西(Abrahao et al.,2007)、墨西哥(Sedeno-Diaz & Lopez-Lopez,2007)、几内亚比绍(Bordalo & Savva-Bordalo,2007)、波兰(Stojda & Dojlido,1983)、埃及(Soltan,1999)、葡萄牙(Bordalo et al.,2006)、意大利(Giuseppe & Guidice,2010)等在内的多个国家使用过。Croatia 的研究指出了 *NSF-WQI* 的优越性(Siambuk-Giljanovic,1999,2003)。*NSF-WQI* 的步骤也是开发地下水水质指数时使用的步骤(Chaturvedi & Bhain,2010)。

10.4 Said 等人(2004)的水质指数

Said 等人(2004)论证,美国及加拿大大部分流域并没有参数的长期和持续监测数据,需要开发一种使用更少参数的新指数,以便能够比较不同地点的水质状况。

他们引入了基于 5 个参数的指数,目的是用该指数代替使用更多参数的指数。其水质指数开发包括两步。第一步,根据水质变量的重要性进行排序,这些变量包括 *DO*、总磷酸盐、粪大肠杆菌、浊度和电导率。第二步,"列出"对水质和其他参数有明显影响的参数。根据测试,*DO* 分配到了最大的权重,其次是粪大肠杆菌和总磷,温度、浊度和电导率被认为影响最小。最终使用公式进行指数融合,数值处于"合理"范围内。对数的使用是为了给出更小的数值,以便决策者、股东和普通民众的理解。通过敏感性分析测试该指数对水质变量的响应能力,结果如图 10.2 所示。

最终形式中,水质指数是根据每个变量对水体的影响程度来选择的。例如,粪大肠杆菌和总磷浓度越高,对健康和水生生物生存造成损害的可能性越大。在该指数公

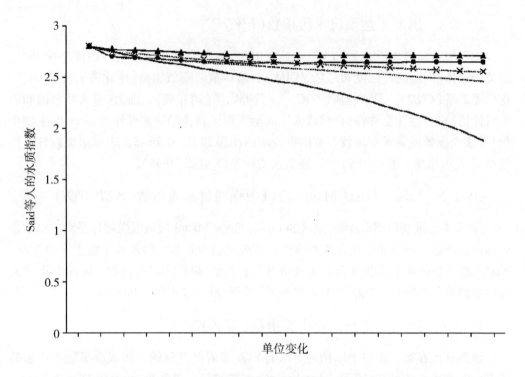

图 10. 2   Said 等人(2004)的水质指数对于水质参数单位变化的敏感性

[溶解氧(*DO*)对水质指数有最快的影响，紧接着是粪大肠杆菌(*F-coli*)、总磷(*TP*)、电导率(*SC*)以及浊度。
DO——(0 ～ 100 % Salt)；*F-coli*......(0 ～ 3000 no. /100 mL)；TP...x...(0 ～ 2 mg/L)；*SC* - - - · - - -
(0 ～5000 μs/cm)；浊度 - - - ▲ - - -(0 ～ 1000 NTU)。]

式中，选择粪大肠杆菌和总磷来对这些状况做出强有力的响应。

Said 等人(2004)认为浊度和电导率有线性作用，在指数中对变量的影响更小。
这是因为，除非将浊度与更致病微生物相联系，也就是使粪大肠杆菌的等级增加，否
则浊度不会造成很大的危害。

据此，在计算指数值时没有必要将变量的数值标准化，消除复杂指数中的分指数
即可使计算更加简单。

Said 等人(2004)的指数形式如下：

$$WQI = \log \frac{(DO)^{1.5}}{(3.8)^{TP}(Turb)^{0.15}(15)^{F\text{-}coli/10000} + 0.14(SC)^{0.5}} \tag{10.12}$$

其中，*DO* 是溶解氧(% 饱和)；*Turb* 是浊度[浊度单位为 NTU]；*TP* 是总磷酸盐
(mg/L)；F-coli 是粪大肠杆菌(计数/100 mL)；*SC* 是电导率(mS/cm，25 ℃)。该指
数设计的数值范围为 0 到 3，最大值也就是最理想的数值是 3。在水质极佳的水体中，
有 100% 的溶解氧，没有 *TP*，没有粪大肠杆菌，浊度小于 1 NTU，电导率小于 5 mS/
cm，则指数数值为 3。指数值最高到 2 的水体水质被认为是可接受的，数值小于 2 意
味着水体处于临界状态，需要采取措施进行补救。如果有一个或者两个变量发生恶
化，则该指数的值将小于 2。如果大部分的变量都发生恶化，则该指数将小于 1，意

味着水质极差。

Said 等人(2004)的水质指数特点是依赖的参数更少,指数的计算和使用更加简单,这也成为该指数的主要限制因素。将水质变量的个数减少到最少,也导致该指数不能体现出随机短期变化的影响,除非监测时间更长。该指数可以用来评估一般用途的水体,不能用于做出管理决策或评价特殊用途的水体,水质的局部变化也不能得到及时反映。该指数无法反映出溪流的生境变化,微量金属、有机污染物或其他有毒物质造成的污染也无法反映。这并不是该指数独有的限制因素,其他指数的应用也会受限于其所涵盖的水质参数。

表 10.2 给出了 *NSF-WQI*(Mitchell & Stapp,1996)和 Said 等人(2004)的水质指数计算比较。*NSF-WQI* 包含 9 个水质变量(*DO*、粪大肠杆菌、pH、*BOD*₅、温度、*TP*、硝酸盐、浊度和 *TS*),数值为 77.9,落在水质较好的类别,该地区的水质被认为是属于较好的级别。*NSF-WQI* 为每个变量分配了权重因子。Said 等人(2004)的水质指数值为 2.22,意味着水质较好,但只用了简单的一个步骤。这两个水质指数在 *DO*、浊度和总磷方面的变化趋势如图 10.3 所示。

表 10.2　Said 等人(2004)的指数结果与国家卫生基金会水质指数的计算比较

变量	结果	单位	Q 值	权重因子	小计
DO	82	%饱和	90	0.17	15.3
粪大肠杆菌	12	个数/100 mL	72	0.16	11.52
pH	7367	—	92	0.11	10.12
*BOD*₅	2	mg/L	80	0.11	8.8
温度变化	5	℃	72	0.10	7.2
总磷(PO₄)	0.5	mg/L	60	0.10	6.0
硝酸盐(NO₃)	5	mg/L	67	0.10	6.7
浊度	5	NTU	85	0.08	6.8
TS	150	mg/L	78	0.07	5.46
NSF-WQI	—	—	—	—	77.9
Said 等人(2004)的水质指数	2.22	—	—	—	—

WEP-WQI 的相对复杂性在样本计算(表 10.3)中可以看出来,在前面 10.3.3 节中已予以阐述。指数数为 54,根据指数的排列标准,54 落在了水质较好的区域范围。该指数需要 15 个变量来计算。Said 等人的水质指标数为 2.11,也表示水质较好,但计算更简单。

表 10.4 中展示了新水质指数在若干条件下的应用实例,数据见表 10.2 和表 10.3。尽管 *NSF-WQI* 的 77.9 数值意味着水质属于"较好"水平,*WEP-WQI* 的 72 数值

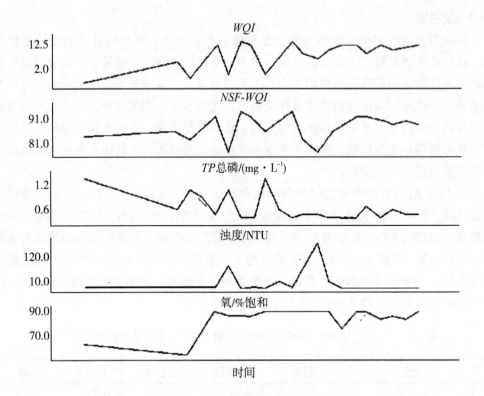

图 10.3   Said 等人(2004)的水质指数和 *NSF-WQI* 在 3 个水质变量方面的变化

也意味着水质"极佳"(表 10.3),但对于非专业人士,这种情况可能极具迷惑性。
Said 等人(2004)的水质指数是数值范围从 1 到 3 的特别简单的新指数。表 10.4 显示,
大部分溪流的该指数值处于 2 和 3 之间,除了水体总磷超过 0.5 mg/L、浊度超过
50 NTU、粪大肠杆菌超过 200 个菌群/100 mL 或电导率超过 750 mS/cm 等情况。在
这个表中,较好水质的水体,各项参数的最低限制为 50% 饱和的 *DO*,200 个/
100 mL 的菌群数,0.05 mg/L 的 *TP*,50 NTU 的浊度以及 100 ms/cm 的 SC,限值在
第 5 行。

表 10.3   流域增强项目水质指数(WEP-WQI)与 Said 等人(2004)
的水质指数在复杂性方面的比较

变量	平均值	评分	水质权重因子	水质权重小计	水质权重最大值
总氨	3.24	1	2	2	8
阿特拉津	0.02	4	—	—	—
毒死蜱	0.01	4	—	—	—
杀虫剂	(4 +4)/ 2 =4	2	8	8	—
溶解氧	10.02	4	3	12	12

续表10.3

变量	平均值	评分	水质权重因子	水质权重小计	水质权重最大值
埃希氏大肠杆菌	80.00	4	—	—	—
粪大肠杆菌	105.00	4	—	—	—
病原体	(4+4)/2=4	2	8	8	
鱼类毒性	69.00	2	3	6	12
硝酸盐	6.97	1	2	2	8
PAH	0.25	4	2	8	8
pH	8.33	3	1	3	4
电导率	0.66	2	1	2	4
水温	16.82	3	1	3	4
WEP-WQI	—	—	—	54	72
WQI	2.11	—	—	—	—

图 10.3 对新指数和 *NSF-WQI* 做了比较,给出了一些有意思的观测结果。在某一天,当 *NSF-WQI* 为84%时,表示水质"极佳",而推荐指数给出的数值仅为1.83,反映该水体需要采取补救措施。造成两个指数对水质解释不同的原因在于磷提高了 1.5 mg/L。Said 等人(2004)的水质指数认为,1.5 mg/L 的磷浓度表示水体并不属于 "极佳"的等级,而 *NSF-WQI* 认定为"极佳"。相较 *NSF-WQI* 来说,Said 等人(2004) 的水质指数对磷和浊度的提高以及 *DO* 的降低更为敏感。

表 10.4　不同变量等级对 Said 等人(2004)的水质指数的影响范围

DO/ % 饱和	浊度/ NTU	F-coli/ [个数·(100 mL)⁻¹]	F-coli/ [10⁻⁴个数·(100 mL)⁻¹]	TP/ (mg·L⁻¹)	SC/ (mS·cm⁻¹)	WQI
90	1	100	0.01	0.02	1	2.85
70	10	200	0.02	0.7	20	2.12
60	50	500	0.05	1	90	1.71
90	80	1000	0.1	1.4	270	1.66
50	50	200	0.02	0.05	100	2.01
90	100	3000	0.3	0.5	270	1.89
100	200	5000	0.5	0.5	100	1.74
100	270	4000	0.4	0.2	300	1.94
82	5	12	0.0012	0.5	3	2.43
100	0.5	0	0	0	0.5	3.00

续表 10.4

DO/ % 饱和	浊度/ NTU	F-coli/ [个数·(100 mL)$^{-1}$]	F-coli/ [10^{-4}个数·(100 mL)$^{-1}$]	TP/ (mg·L^{-1})	SC/ (mS·cm^{-1})	WQI
60	200	200	0.02	0.1	300	1.96
82	5	12	0.0012	0.5	75	2.30
100	20.35	105	0.0105	0.7	660	2.11

Said 等人(2004)的水质指数相较其他指数优势在于：其指数更加简单，效果更加快捷，不需将水质变量标准化或者计算分指数，评价水质状况所需变量的数量也更少。为了使该指数更具有代表性，采样点不能选择污水处理厂的下游、有大量动物或未处理的人类排放物进入河流的区域。综合来看，这个指数结果与使用 NSF-WQI 或 WEP-WQI 的结果相似，使用的变量更少。

References

Abbasi, S. A., 2002. Water Quality Indices. State of the art report, Scientific Contribution No. INCOH/SAR-25/ 2002. INCOH, National Institute of Hydrology, Roorkee.

Abrahão, R., Carvalho, M., Da Silva Jr., W. R., Machado, T. T. V., Gadelha, C. L. M., Hernandez, M. I. M., 2007. Use of index analysis to evaluate the water quality of a stream receiving industrial effluents. Water SA 33 (4), 459 −465.

Avvannavar, S. M., Shrihari, S., 2008. Evaluation of water quality index for drinking purposes for river Netravathi, Mangalore, South India. Environmental Monitoring and Assessment 143 (1/2/3), 279 −290.

Bhargava, D. S., 1985. Water quality variations and control technology of Yamuna River. Environmental Pollution Series A: Ecological and Biological 37 (4), 355 −376.

Bordalo, A. A., Savva-Bordalo, J., 2007. The quest for safe drinking water: an example from Guinea-Bissau (West Africa). Water Research 41 (13), 2978 −2986.

Bordalo, A. A., Teixeira, R., Wiebe, W. J., 2006. A water quality index applied to an international shared river basin: the case of the Douro River. Environmental Management 38 (6), 910 −920.

Carbajal, J. J., Sanchez, L. P., 2008. Classification based on fuzzy inference systems for artificial habitat quality in shrimp farming, 388 −392.

CCME (1999). Canadian Environmental Qualities Guide-lines, Canadian Council of Ministers of the environment, Manitoba Statuary Publications, Winnipeg, Canada.

Chaturvedi, M. K., Bhasin, J. K., 2010. Assessing the water quality index of water treatment plant and bore wells, in Delhi, India. Environmental Monitoring and Assessment 163 (1/2/3/4), 449 -453.

Cude, C. G., 2001. Oregon water quality index: a tool for evaluating water quality management effectiveness. Journal of the American Water Resources Association 37 (1), 125 -137.

Giuseppe, B., Guidice, R. L., 2010. Application of two water quality indices as monitoring and management tools of rivers. Case study: the Imera Meridiopnale River Italy. Environmental Management 45, 856 -867.

Husain, T., Khan, A. A., Mukhtasor, A., 1999. Final Report on Water Quality Index for Northwest Territories. Water Management Planning Section, Yellowknife. 12 - 13.

Khan, F., Husain, T., Lumb, A., 2003. Water quality evaluation and trend analysis in selected watersheds of the Atlantic region of Canada. Environmental Monitoring and Assessment 88 (40603), 221 -242.

Khan, F. I., Abbasi, S. A., 1997a. Accident hazard index: a multiattribute method for process industry hazard rating. Process Safety and Environment 75, 217 -224.

Khan, F. I., Abbasi, S. A., 1997b. Risk analysis of a chloralkali industry situated in a populated area using the software package MAXCRED- II. Process Safety Progress 16, 172 -184.

Khan, F. I., Abbasi, S. A., 1998a. Multivariate hazard identification and ranking system. Process Safety Progress 17, 157 -170.

Khan, F. I., Abbasi, S. A., 1998b. DOMIFFECT (DOMIno eFFECT): user-friendly software for domino effect analysis. Environmental Modelling and Software 13, 163 - 177.

Khan, F. I., Abbasi, S. A., 1999a. Assessment of risks posed by chemical industries: application of a new computer automated tool MAXCRED- III. Journal of Loss Prevention Process 12, 455 -469.

Khan, F. I., Abbasi, S. A., 1999b. The world's worst industrial accident of-the 1990s: what happened and what might have been-a quantitative study. Process Safety Progress 18, 135 -145.

Khan, F. I., Abbasi, S. A., 2000a. Analytical simulation and PROFAT II: a new methodology and a computer auto-mated tool for fault tree analysis in chemical process industries. Journal of Hazardous Materials 75, 1 -27.

Khan, F. I., Abbasi, S. A., 2000b. Towards automation of HAZOP with a new tool EXPERTOR Environmental Modelling and Software 15, 67 -77.

Khan, F. I., Abbasi, S. A., 2001. An assessment of the likelihood of occurrence, and the damage potential of domino effect (chain of accidents) in a typical cluster of industries. Journal of Loss Prevention in the Process Industries 14, 283 -306.

Lower Great Miami watershed enhancement program. (1996). Miami valley river index. Available at: http://www. mvrpc. org/wq/wep. htm.

Mitchell, M. K., Stapp, W. B., 1996. Field Manual for Water Quality Monitoring: An Environmental Education Program for Schools, p. 277.

Nikoo, M. R., Kerachian, R., Malakpour Estalaki, S., Bashi-Azghadi, S. N., Amml-Ghadlko aee, M. M,. 2010. A probabilistic water quality index for river water quality assessment: a case study. Environmental Monitoring and Assessment, 1 -14.

Said, A., Stevens, D. K., Sehlke, G., 2004. An innovative index for evaluating water quality in streams. Environmental Management 34 (3), 406 -414.

Sargaonkar, A., Deshpande, V., 2003. Developmen of an overall index of pollution for surface water based on a general classification scheme in Indian context. Environmental Monitoring and Assessment 89, 43 -67.

Sedeno-Diaz, J. E., Lopez-Lopez, E., 2007. Water quality in the Rão Lerma, Mexico: An overview of the last quarter of the twentieth century. Water Resources Management 21 (10), 1797 -1812.

Smith, D. G., 1990. A better water quality indexing system for rivers and streams. Water Research 24 (10), 1237 -1244.

Soltan, M. E., 1999. Evaluation of ground water quuality in Dakhla Oasis (Egyptian Western Desert). Environmental Monitoring and Assessment 57 (2), 157 -168.

Stambuk-Giljanovic, N., 1999. Water quality evaluation by index in Dalmatia. Water Research 33 (16), 3423 -3440.

Stambuk-Giljanovic, N., 2003. The water quality of the Vrgorska Matica River. Environmental Monitoring and Assessment 83 (3), 229 -253.

Stojda, A., Dojlido, J., 1983. A study of water quality index in Poland. WHO. Water Quality Bulletin 1, 30 -32.

Strategic assessment of Florida's environment. (1995). Florida stream water quality index, statewide summary. Available at: http://www. pepps. fsu. edu/safe/e/environ/swql. html.

Terrado, M., Barcel6, D., Tauler, R., Borrell, E., Campos, S. D., 2010. Surface-water-quality indices for the analysis of data generated by automated sampling networks. TrAC—Trends in Analytical Chemistry 29 (1), 40 -52.

Thi Minh Hanh, P., Sthiannopkao, S., The Ba, D., Kim, K. W., 2011. Development of water quality indexes to identify pollutants in Vietnam's surface water. Journal of Environmental Engineering 137 (4), 273 -283.

Zouabi Aloui, B., Gueddari, M., 2009. Long-term water quality monitoring of the Sejnane reservoir in northeast Tunisia. Bulletin of Engineering Geology and the Environment 68 (3), 307 -316.

11 基于 *WQI* 的软件和虚拟仪器

11.1 简介

Sarkar 和 Abbasi(2006)介绍了第一个，也是迄今为止唯一一个水质指数(*WQI*)生成软件。该软件以虚拟"水质仪"的形式报告指数值，表盘指示 *WQI* 分数，不同颜色覆盖不同指数值，如红色、黄色和绿色分别表示污染、合格和良好的水质。

该软件/虚拟仪器命名为 QUALIDEX(水质指数)。

11.2 QUALIDEX 基本架构

QUALIDEX 由数据库模块、指数生成模块、水质比较模块和报告生成模块组成。

11.2.1 *WQI* 生成模块

利用本软件可生成不同用途的水源水质指数:

(1)Oregon 水质指数(*OWQI*)。

(2)水生毒性指数(*ATI*)。

(3)Diniu 水质指数(*DWQI*)。

(4)印度国家环境工程研究所(NEERI)综合污染指数(*OIP*)。

(5)印度中央污染控制委员会水质指数(*CPCB-WQI*)。

该软件还包含其他水质指数子模块，可以根据用户选择的参数以及定义的相关权重、适用范围、子指数和聚合函数生成新的指数。

上述指数已在本模块中编码。表 11.1 列出了每个指数的特征。为了评估特定的水质指数，用户首先需要指定地点以及想要分析水质的日期和时间，然后提取该地点水质成分参数的相应值。可创建单独对话框，用于详细评估指数中包含的每个水质参数的状态。

表 11.1　QUALIDEX 的分指数函数和成分指数权重

参数	权重	适用范围(y)	Oregon 水质指数($OWQI$) 分指数函数(SI_i)	聚合函数	水质类别
温度/℃	—	$T \leqslant 11$	$SI_T = 100$		
		$11 < T < 29$	$SI_T = 76.54 + 4.172T - 0.1623T^2 - 2.0557\mathrm{E} - 3T^3$		
		$T > 29$	$SI_T = 10$		
DO_C/(mg·L^{-1})	—	$DO_C < 3.3$	$SI_{DO} = 10$		
		$3.3 < DO_C < 10.5$	$SI_{DO} = -80.29 + 31.88DO_C - 1.401DO_C^2$		
		$DO_C \geqslant 10.5$	$SI_{DO} = 100$		
DO_S(%饱和)		$100\% < DO_C \leqslant 275\%$	$SI_{DO} = 100 \exp[(DO_S - 100)^* - 1.197\mathrm{E} - 2]$		
		$DO_S > 275\%$	$SI_{DO} = 10$		
BOD_5/(mg·L^{-1})	—	$BOD_5 \leqslant 8$	$SI_{BOD_5} = 100 \exp(BOD_5^* - 0.1993)$	$WQI = \sqrt{\dfrac{n}{\sum\limits_{i=1}^{n} \dfrac{1}{S_i^2}}}$	
		$BOD_5 > 8$	$SI_{BOD_5} = 10$		
pH	—	$\mathrm{pH} < 4$	$SI_{\mathrm{pH}} = 10$		$10 \sim 59$——非常差
		$4 \leqslant \mathrm{pH} < 7$	$SI_{\mathrm{pH}} = 2.628 \exp(\mathrm{pH}^* 0.5200)$		$60 \sim 79$——差
		$7 \leqslant \mathrm{pH} \leqslant 8$	$SI_{\mathrm{pH}} = 100$		$80 \sim 84$——中等
		$8 < \mathrm{pH} \leqslant 11$	$SI_{\mathrm{pH}} = 100 \exp(\mathrm{pH} - 8)^* - 0.5188$		$85 \sim 89$——好
		$\mathrm{pH} > 11$	$SI_{\mathrm{pH}} = 10$		$90 \sim 100$——非常好
总固体量/(mg·L^{-1})	—	$TS < 40$	$SI_{TS} = 100$		
		$40 \leqslant TS \leqslant 220$	$SI_{TS} = 1426 \exp(TS - 8.862\mathrm{E} - 3)$		

续表 11.1

参数	权重	适用范围(y)	分指数函数(SI_i)	聚合函数	水质类别
			Oregon 水质指数（*OWQI*）		
		$TS>220$	$SI_{TS}=10$		
氨 $+NO_3-N$	—	$N\leqslant3$	$SI_N=100\ \exp(N^*-0.4605)$		
		$N>3$	$SI_N=10$		
总磷	—	$P\leqslant0.25$	$SI_P=100-299.5P-0.1384P^2$		
		$P>0.25$	$SI_P=10$		
大肠杆菌/	—	$FC\leqslant50$	$SI_{FC}=98$		
[个数 · (100 mL)$^{-1}$]		$50<FC\leqslant1600$	$SI_{FC}=98\ \exp[(FC-50)^*-9.9178E-4]$		
		$FC>1600$	$SI_{FC}=10$		

参数	权重	适用范围(x)	分指数函数(y)	聚合函数	水质类别
			水生毒性指数（*ATI*）		
$DO/(mg \cdot L^{-1})$	—	$0\leqslant DO\leqslant5$	$y=10x$		
		$5<DO\leqslant6$	$y=20x-50$		
		$6<DO\leqslant9$	$y=10x+10$		
		$DO>9$	$y=100$		
pH	—	—	$y=98\ \exp[-(x-8.16)^2 \cdot (0.4)]+17\ \exp[-(x-5.2)^2 \cdot (0.5)]+15\ \exp[-(x-11)^2 \cdot (0.72)]+2$		
锰	—	—	$y=0.115\ \exp^{(-0.05)} \cdot \exp^{(0.0013x)}+5$		

续表 11.1

| 参数 | 权重 | 适用范围(x) | 水生毒性指数(ATI) | | 水质类别 |
			分指数函数(y)	聚合函数	
镍	—	—	$y=-28\ln(x-10)+211$		
氟化物	—	—	$y=-71\ln[0.001(x+2.5)]-235$		
铬	—	—	$y=-40\ln[0.1(x+150)]+210$		$60\sim100$——适合所有鱼类
铝	—	—	$y=-27\ln[0.1(x-30)]$	$I=\frac{1}{100}\left(\frac{1}{n}\sum_{i=1}^{n}q_i\right)^2$	$51\sim59$——仅适用于耐生鱼类
氨	$NH_4^+\geqslant0.02$	$y=100$		$0\sim50$——完全不适合鱼类正常生存
		$0.02<NH_4^+\leqslant0.062$	$y=-500x+110$		
		$0.062<NH_4^+\leqslant0.05$	$y=40/(x+0.65)^2$		
		$NH_4^+>0.05$	$y=-5.8x+32.5$		
铜	—	—	$y=-26\ln(x-18)+180$		
锌	—	—	$y=-22\ln[0.001(x-20)]+16$		
正磷酸盐	—	—	$y=100\exp(-2.4x)$		
钾	—	—	$y=150\exp(-0.02x)+8$		
浊度	—	—	$y=-220\ln[0.001\ln(x)+30]-689$		
总溶解盐量	—	—	$y=117\exp-0.00068x-7$		

续表 11.1

参数	权重	适用范围(x)	Diniu 水质指数(DWQI)		
			分指数函数(y)	聚合函数	水质类别
DO/%饱和	0.019	—	$0.82DO + 10.56$		
BOD$_5$/(mg · L^{-1})	0.097	—	$108(BOD_5)^{0.3494}$		
Coli/ [MPN · (100 mL)$^{-1}$]	0.090	—	$136(Coli)^{-0.1311}$		
E. Coli/ [个数 · (100 mL)$^{-1}$]	0.116	—	$106(E.\ Coli)^{-0.1286}$		
碱度/ppm CaCO$_3$	0.063	—	$110(Alk)^{-0.1342}$		
硬度/ppm CaCO$_3$	0.065	—	$552(Ha)^{-0.4488}$		
氯化物/(mg · L^{-1})	0.074	—	$391(Cl)^{-0.3480}$	$IWQ = \sum_{i=1}^{n} I_i w_i$	
SP. Conductance/ (μΩ · cm^{-1})	0.079	—	$306(Sp.\ C)^{-0.3315}$		
pH	0.077	<6.9	$10^{0.6803+0.1856(pH)}$		
		6.9～7.1	1		
		>7.1	$10^{3.57-0.2216(pH)}$		
硝酸盐/(mg · L^{-1})	0.090	—	$125(N)^{-0.2718}$		
温度/℃	0.077	—	$10^{2.004-0.0-382(Ta-Ts)}$		
色度(Pt-Co)	0.063	—	$127(C)^{-0.2394}$		

续表 11.1

参数	权重	适用范围(y)	综合污染指数（OIP）		
			分指数函数（P_i）	聚合函数	水质类别
浊度	—	≤5	$P_i=1$		
		5～10	$P_i=y/5$		
		10～500	$P_i=(y+43.9)/34.5$		
pH	—	7	$P_i=1$		
		>7	$P_i=\exp[(y-7)/1.082]$		
		<7	$P_i=\exp[(7-y)/1.082]$		
色度	—	10～150	$P_i=(y+130)/140$		
		150～1200	$P_i=y/75$		
%DO	—	<50	$P_i=\exp[-(y-98.33)/36.067]$		
		50～100	$P_i=(707.58-y)/14.667$		
		≥100	$P_i=(y-79.543)/19.054$		
BOD_5	—	<2	$P_i=1$		
		2～30	$P_i=y/1.5$		
TDS	—	≤500	$P_i=1$		
		500～1500	$P_i=\exp[(y-500)/721.5]$		
		1500～3000	$P_i=(y-1000)/125$		
		3000～6000	$P_i=y/375$		0～1——非常好

续表 11.1

综合污染指数（*OIP*）

参数	权重	适用范围(y)	分指数函数（P_i）	聚合函数	水质类别
硬度	—	$\leqslant 75$	$P_i = 1$	$OIP = \dfrac{\sum\limits_i P_i}{n}$	$1 \sim 2$——可接受
		$75 \sim 500$	$P_i = \exp(y + 42.5)/205.58$		$2 \sim 4$——轻度污染
		>500	$P_i = (y + 500)/125$		$4 \sim 8$——污染
Cl	—	$\leqslant 150$	$P_i = 1$		$8 \sim 16$——重度污染
		$150 \sim 250$	$P_i = \exp[(y/50 - 3)/1.4427]$		
		>250	$P_i = \exp[(y/50 + 10.167)/10.82]$		
NO$_3$	—	$\leqslant 20$	$P_i = 1$		
		$20 \sim 50$	$P_i = \exp[(145 - y)/76.28]$		
		$50 \sim 200$	$P_i = y/65$		
SO$_4$	—	$\leqslant 150$	$P_i = 1$		
		$150 \sim 2000$	$P_i = (y/50 + 0.375)/2.5121$		
		$2000 \sim 15000$	$P_i = (y/50 - 50)/16.071$		
		>15000	$P_i = y/15000 + 16$		
As	—	$\leqslant 0.005$	$P_i = 1$		
		$0.005 \sim 0.01$	$P_i = y/0.005$		
		$0.01 \sim 0.1$	$P_i = (y + 0.015)/0.0146$		
		$0.1 \sim 1.3$	$P_i = (y + 1.1)/0.15$		

续表 11.1

综合污染指数（OIP）

参数	权重	适用范围(y)	分指数函数(SI_i)	聚合函数	水质类别
F	—	$0 \sim 1.2$	$P_i = 1$		
		$1.2 \sim 10$	$P_i = (y/1.2) - 0.3819)/0.5083$		

Ved Prakash 指数[$CPCB\text{-}WQI$]

参数	权重	适用范围(y)	分指数函数(SI_i)	聚合函数	水质类别
$DO/\%$ 饱和	0.31	$0 \sim 40\%$	$I_{DO} = 0.18 + 0.66x$	$WQI = \sum\limits_{i=1}^{p} w_i I_i$	$63 \sim 100$——好-非常好
		$40\% \sim 100\%$	$I_{DO} = -13.5 + 1.17x$		$50 \sim 63$——中等-好
		$100\% \sim 140\%$	$I_{DO} = 163.34 - 0.62x$		$38 \sim 50$——差
$BOD_5/(\mathrm{mg \cdot L^{-1}})$	0.19	$0 \sim 10$	$I_{BOD_5} = 96.67 - 7.0x$		<38——差-非常差
		$10 \sim 30$	$I_{BOD_5} = 38.9 - 1.23x$		
pH	0.22	$2 \sim 5$	$I_{pH} = 16.1 + 7.35x$		
		$5 \sim 7.3$	$I_{pH} = -47.61 + 20.09x$		
		$7.3 \sim 10$	$I_{pH} = 316.96 - 29.85x$		
		$10 \sim 12$	$I_{pH} = 96.17 - 8.0x$		
粪大肠菌群	0.28	$10^3 \sim 10^5$	$I_{coli} = 42.33 - 7.75 \log_{10}x$		
		$>10^5$	$I_{coli} = 2$		

通过一个通用的交互界面，用户可按顺序浏览特定参数对话框。指数包含每个水质参数，用户需首先从数据库中提取该点原始参数值，软件随后评估参数的子指数值。选项可查看参数的子指数曲线，该曲线指示污染随参数值的变化。综合污染指数（*OIP*）中，可以根据每个单独参数对水质进行分类。

最后，单独子指数汇总产生总体水质指数得分。单个水质参数的比较以图形方式自动给出，特定地点和时间的总体状态由水质表中的指数分数表示，水质根据指数的分类方案进行分类。

11.2.2 数据库模块

QUALIDEX 中 5 个指数所需参数的分析数据存储在数据库模块中。

该模块包括 5 个 MS 访问文件，每个成分指数一个。图 11.1 描述了输入该模块的典型数据。对于每个指数，特定日期和时间、特定站点的相应参数值存储在各自的 MS 访问电子表格中。MS 访问文件已经通过 Windows 数据源管理员开放数据库连接（ODBC）导入软件。QUALIDEX 软件（图 11.2）本身开发了一个用户友好界面，用户能够输入、保存和编辑原水水质数据，如图 11.3 所示。

MS 记录表

地点名称	纬度	经度	日期	时间	浊度	pH	色度	%DO	BOD$_5$	TDS	硬度	氯化物	硝酸盐	硫酸盐	大肠杆菌	砷	氟化物
地点 1	11.930 N	79.820 E	1/5/04	9:00	2.5	6.8	12	88	1	350	67.5	120.5	15.2	120.5	45	0.0045	1
地点 2	11.910 N	79.825 E	2/5/04	9:00	7.5	6.2	120	80	2.8	1000	100	210	35.5	200.5	450	0.0075	1.35
地点 3	11.925 N	79.818 E	3/5/04	9:00	50	5.5	200	68	5.5	2000	240	505.5	48.5	310.5	4000	0.025	1.75
地点 4	11.875 N	79.800 E	4/5/04	9:00	150.5	4.8	500	35	10	2800	450	700	75	600	7500	0.075	5.5
地点 5	11.900 N	79.810 E	5/5/04	9:00	200	5.2	1000	18	18	4500	650	900	150	1200	12000	1.12	8.5
地点 6	11.915 N	79.815 E	6/5/04	9:00	8	7.8	68.5	120	1.85	1200	85	230	41.5	205.5	300	0.006	1.35
地点 7	11.850 N	79.822 E	7/5/04	9:00	175	9.3	450	140	7.5	2500	410	750	75	678	7800	0.08	4.5

图 11.1　污染综合指数(OIP)MS 记录数据库模块输入典型数据集

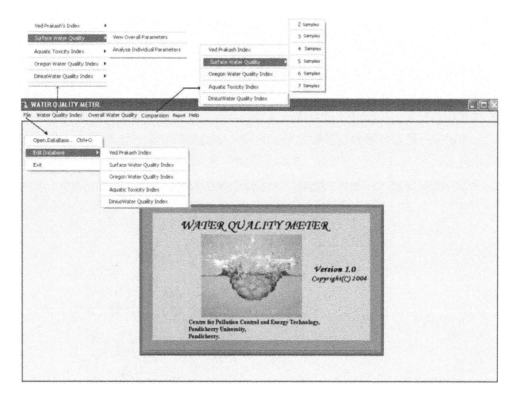

图 11.2　QUALIDEX 图形用户界面主菜单

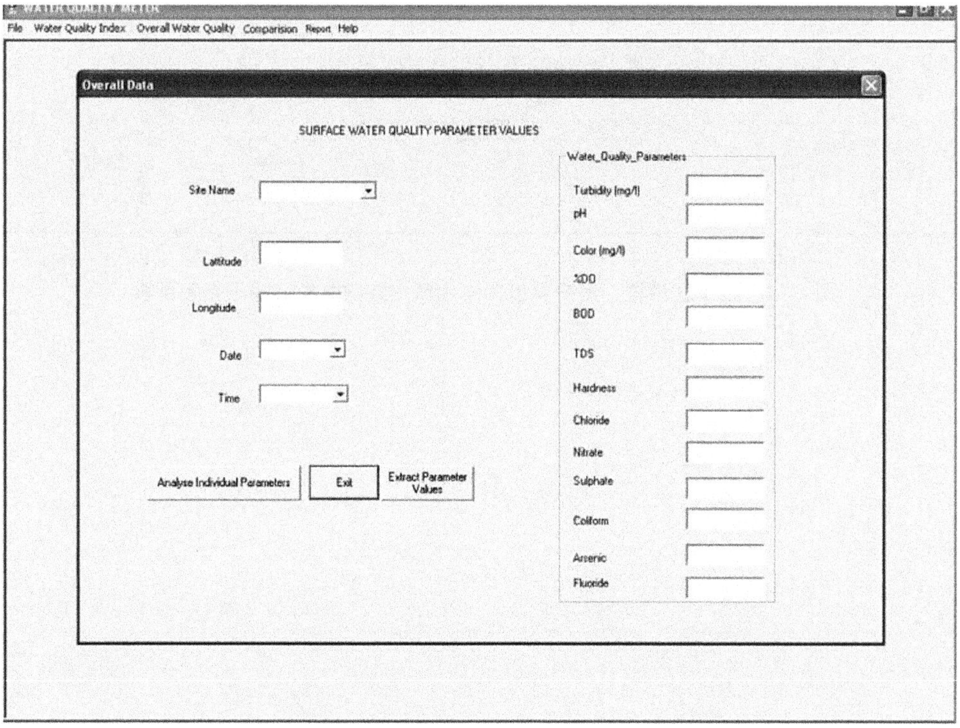

图 11.3　将原水水质数据输入、编辑和保存到数据库模块的用户友好界面

11.2.3　新水质指数($NWQI$)子模型

该子模块用户能够生成自己的水质指数，并将结果与 QUALIDEX 中的其他已知指数进行比较。该子模块为用户选择特定水质参数提供了灵活性，并将适当的子指数函数与其联系起来，从而可以根据特定区域的水污染问题来评估水质总体状况。

在确定对污染贡献最大的参数之后，可以采取适当的对策来管理污染。该模块示例屏幕截图如图 11.4 所示，而运行新水质指数的典型工作流程如图 11.5 所示。

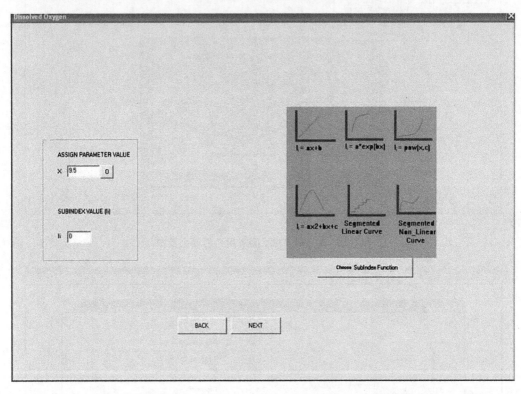

图 11.4　样本对话框，用户可以为新水质指数的参数选择子指数函数

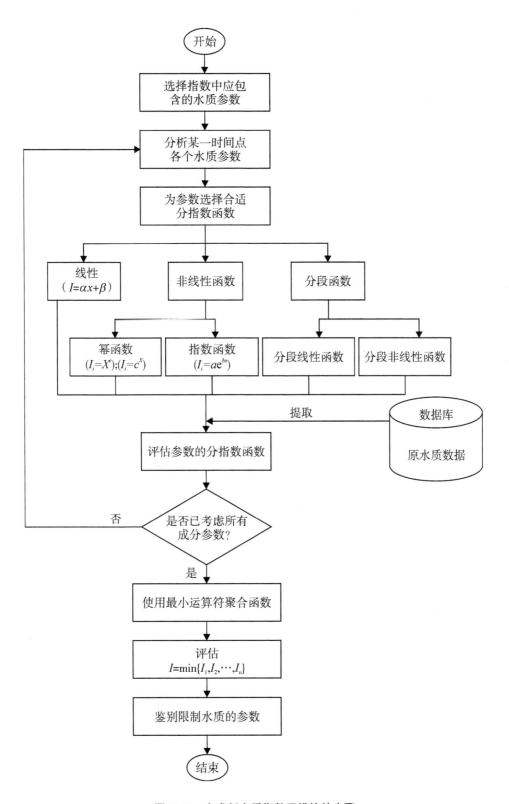

图 11.5　生成新水质指数子模块的步骤

11.2.4　水质比较模块

全面评估水质时空变化对决策者制定适当的政策和缓解措施非常重要，QUALI-DEX 拥有一个水质比较模块，开发该模块的主要目的是：

（1）评估水质的空间变化（即不同地点的变化）。

（2）评估水质的时间变化（即不同时间间隔的变化）。

软件中提供了 5 个水质指数的水质比较。通过该模块，用户可以选择比较多达 7 个样本的水质。为了评估从不同地点采集样本的水质空间变化，用户必须从下拉菜单中选择各个地点、采集样本的日期和时间。

如果用户想评估给定地点的水质时间变化，需要选择特定地点以及想要比较的日期和时间。该软件将提取参数值，并在不同的时间间隔评估该地点的整体指数值。

最终结果以用户友好条形图的形式自动生成，水质指数得分显示在水质表中。

11.2.5　报告生成模块

水质指数生成和水质比较模块中的计算结果可以简明汇总表的形式查看。每次运行，相应的汇总表存储在软件 html 文件中，在 QUALIDEX 用户界面报告生成菜单中访问。

表 11.2 为水质比较模块生成的报告通用格式。比较矩阵由多个单元格组成。矩阵的每个单元都被分成两个部分，包含站点的水质参数值和对应评估子指数函数值。矩阵的底部，通过聚集特定位置构成参数的所有子指数函数来评估总体指数得分。水质分类根据综合指数值进行描述。

图 11.2、图 11.3、图 11.6、图 11.7、图 11.8、图 11.9 为 QUALIDEX 软件截屏，用于综合污染指数（OIP）。图 11.2 显示了 QUALIDEX 用户界面的主菜单，从中可以访问 QUALIDEX 的相应模块。图 11.3 显示了输入原水水质数据、编辑数据以及将数据保存到数据库模块的界面。图 11.6 显示了水质参数开发的标准界面。图 11.7 为综合污染指数对话框，可以生成子指数函数曲线和评估参数。图 11.8 描述了水质指数生成模块中总体水质评估的标准格式。包括 WQI 值的评估、水质成分参数的图形比较和水质分类。该图还显示了虚拟"水质仪"，通过该仪器，可以直观地看到并记录因污染物或海水流入而发生的水质变化。

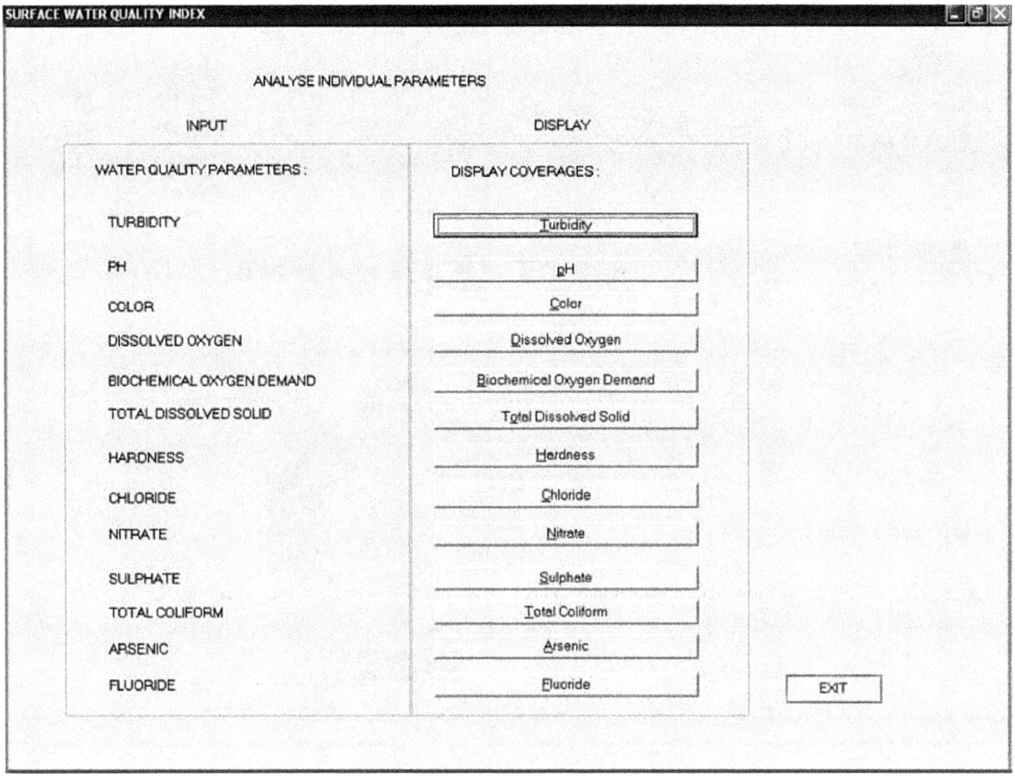

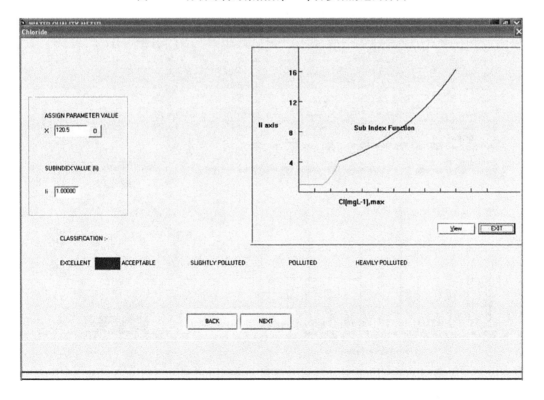

图 11.6 分析综合污染指数(*OIP*)各参数的通用界面

图 11.7 用于评估总体污染指数(*OIP*)组成参数的子指数函数样本对话框

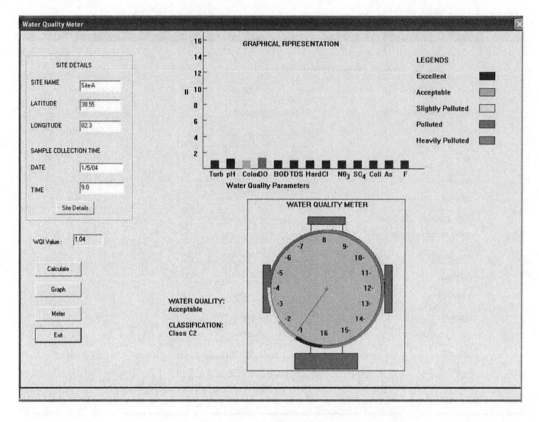

图 11.8　综合污染指数(OIP)总体水质评估的样本对话框

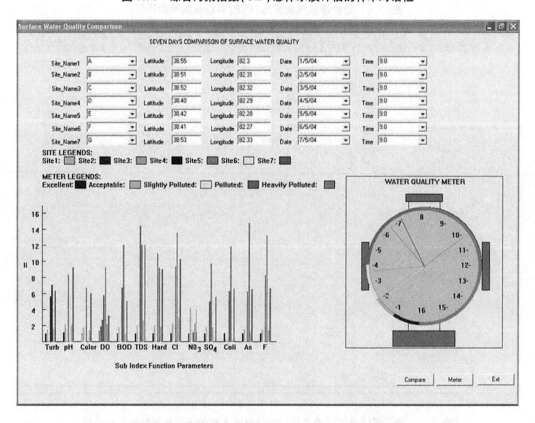

图 11.9　综合污染指数(OIP)水质比较样本对话框

表 11.2　综合污染指数(*OIP*)水质比较模块生成的报告通用格式

参数	综合污染指数(*OIP*)						
	7 个不同站点参数值和对应分指数值						
	Site 1	Site 2	Site 3	Site 4	Site 5	Site 6	Site 7
	S. I	S. I	S. I	S. I	S. I	S. I	S. I
浊度	2.5	7.5	50.0	150.5	200	8.0	175
	1.00	1.50	2.72	5.63	7.07	1.60	6.34
pH	6.8	6.2	5.5	4.8	5.2	7.8	9.3
	1.20	2.09	4.0	7.64	5.28	2.09	8.38
颜色	12	120	200	500	1000	68.5	450
	1.01	1.76	2.66	6.67	13.33	1.42	6.0
%*DO*	88	80	68	35	18	120	140
	1.33	1.88	2.7	5.79	9.27	2.12	3.17
$BOD_5/$(mg·L^{-1})	1.0	2.8	5.5	10.0	18	1.85	7.5
	1.00	1.87	3.67	6.67	12.0	1.0	5.0
TDS/(mg·L^{-1})	350	1000	2000	2800	4500	1200	2500
	1.00	2.0	8.0	14.40	12.0	2.64	12.0
硬度/(mg·L^{-1})	67.5	100	240.0	450	650	85	410
	1.00	2.0	3.95	10.97	9.20	1.86	9.03
Cl/(mg·L^{-1})	120.5	210	505.5	700	900	230	750
	1.00	2.29	6.31	9.33	13.51	3.03	10.23
NO_3/(mg·L^{-1})	15.2	35.5	48.5	75	150	41.5	75
	1.00	4.21	3.55	1.16	2.31	3.89	1.15
SO_4/(mg·L^{-1})	120.5	200.	310.5	600	1200	205.5	678
	1.00	1.75	2.62	4.93	9.70	1.79	5.55
大肠杆菌	45	450	4000	7500	12000	300	7800
	1.00	0.27	2.41	6.22	11.82	0.19	6.60
As/(mg·L^{-1})	0.0045	0.0075	0.025	0.075	1.12	0.006	0.08
	1.00	1.50	2.74	6.16	14.80	1.20	6.51
F/(mg·L^{-1})	1.0	1.35	1.75	5.5	8.5	1.35	4.5
	1.00	1.46	2.12	8.26	13.18	1.46	6.62
综合指数得分	1.04	1.89	3.67	7.22	10.27	1.87	6.66
水质分类	可接受	可接受	轻度污染	污染	重度污染	可接受	污染

借助 7 个不同地点水质，对综合污染指数(*OIP*)的子指数值和对应指数得分进行了比较。水质比较模块产生的相应输出如图 11.9 所示。该图还显示了"水质表"上的读数。

Reference

Sarkar, C., Abbasi, S. A., 2006. Qualidex — a new software for generating water quality indice. Environmental Monitoring and Assessment 119(1/2/3), 201 −231.

第 2 编
基于物理生物评价的水质指数

12　水质生物评价导论

12.1　简介

第 1 编已提到，现代水质指数(WQI)以理化因子为基准，包括 pH、DO、温度、浊度、硬度、总悬浮物、硝酸盐、磷酸盐、某些重金属和杀虫剂。从第一个水质指数即 Horton 指数到最新发展的指数，所有生物特征中只有粪大肠杆菌和 BOD 起重要作用。例如，加拿大、印度污染控制中心发展的 WQI，俄勒冈州和不列颠哥伦比亚的 WQI 也是如此。有一个例外是佛罗里达河流的 WQI 包含有小型无脊椎动物。

近年来，人们从理化指数转向生物指数，主要有以下两点原因：

(1)理化参数对水质的解释受制于自身测量。正如第 4 章中所述，检测饮用水指定的理化参数，包括 pH、盐度、硬度、BOD 和 COD 等，还有足以对人体构成危害的重金属或杀虫剂，甚至是放射性物质，如此多的天然和人工化学物质不可能一一分析。水生生物如浮游生物、大型无脊椎动物、鱼和底栖动物群落结构，不仅反映当前水质状况，还能反映水体生态系统健康(图 12.1)。通过分析生态系统健康发展趋势，还能反映出周边环境状况(图 12.2)，更凸显出生物评价的价值。水生生境或生态系统生物群落结构综合反映出的干扰因素累积影响，是理化参数不能做到的。

(2)过分依赖理化评价而忽视生物评价是导致河流生态系统完整性退化的主要原因。北美、澳大利亚、新西兰、中欧、西欧等国家和地区已经有生物指数，其他国家和地区，尤其是亚洲，还只用理化指数进行水质评价。近年来全球气候变暖对水生生态系统影响的日益严重给人们敲响了警钟。因此，在水质评价中，亟须将生物评价和理化评价相结合。

12.2　生物指数发展过程

19 世纪 40 年代，水质指数的概念被提出，那时水生生物或多或少作为水资源适应性或其他方面的指示种。该指数随着污染对水生生物的危害而发展，人们致力于追踪生物退化程度，之后，水生生物被当作人类活动出现的指示种。因此，第一个水质指数是"生物"指数。

20 世纪上半叶的大部分时间里，水质评价的重点是化学污染的影响，很少有人记载化学标准和环境生物条件之间的联系。1964 年起这一趋势有所改变，但仅限于美国和欧洲地区。即使现在，大多数发展中国家也很少使用生物指数。1964 年，美国佛罗里达州提出特伦托生物指数(TBI)。1981 年，美国发展出第一个综合指数——生物完整性指数(IBI)。随后，特别是发达国家，将生物指数作为水质管理工具缓慢增多，发展中国家却并非如此。

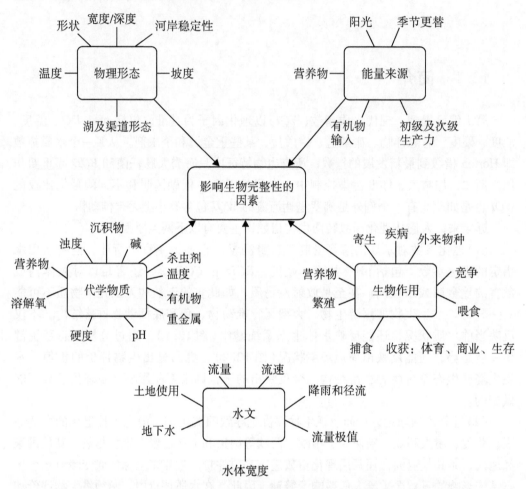

图 12.1　影响水体生物完整性的因素(Abbasi & Abbasi，2011b)

人为变化的生态影响	1. 能源(食物)来源 ·与河流中初级生产相比,进入河流有机材料的类型 ·能量流的季节模式	·粗颗粒有机物减少 ·细颗粒有机物增加 ·藻类产量增加
	2. 水的成分 ·温度 ·浊度 ·溶解氧 ·营养物 ·天然和人为的有机和无机化学物 ·pH	·极端温度增加 ·浊度增加 ·溶解氧日变化周期 ·增加的养分(特别是可溶性氮和磷) ·悬浮物增加 ·毒性增加 ·盐度变化
	3. 生境结构 ·基底/地层 ·水深和水流速度 ·产卵、育苗和藏匿空间 ·生境多样性(池塘、水槽、木质残块) ·流域大小和形状	·由于侵蚀和沉积,基底和岸边的稳定性降低 ·更均匀的水深 ·减少生境的异质性 ·通道弯度减小 ·河道缩短导致栖息地面积减少 ·河流内覆盖和河岸植被减少
	4. 流动状态 ·水量 ·水流形态(洪水/枯水等)	·改变流量极值(高流量和低流量的大小和频率) ·增大最大流速 ·减小最大流速 ·微生境多样性速率减少 ·受保护的站点减少
	5. 生物相互作用 ·竞争 ·捕食作用 ·疾病 ·寄生性 ·交流	·患病鱼频率增加 ·改变一次和二次生产 ·改变营养结构 ·改变分解速率和时间 ·破坏季节节律 ·物种组成和相对丰度的变化 ·无脊椎动物功能群的变化(刮食动物增加,碎食动物减少) ·营养结构的变化(杂食动物增加,食鱼动物减少) ·鱼类杂交频率增加 ·外来物种频率增加

图 12.2 影响水体生物群和受其影响的多种因素和因果关系(Abbasi & Abbasi,2011b)

反映水质时，哪怕是单物种的重要性也易于理解。某池塘或湖泊里长有大量蕹菜和水葫芦，只需看一眼就可以断定该水体不洁净。某静水生境被水草严重淤塞，不用任何实验，同样可以说该水体中有大量蚊子及其他昆虫的幼虫和蛹，含高浓度 *BOD* 和 *COD*，几乎没有可食用的鱼。

不是所有生物指示种都像水草一样显而易见，也不是所有的水体被污染都长满了水草。但是，生物指示种比理化参数更易观察，理化参数是基于压力来源的监测方法，生物评价是基于压力响应的监测方法。这两种方法各有千秋，理想状况是将两者联合运用。许多发达国家已将生物指示种作为水资源管理的重要元素。发展中国家中，南非已广泛使用生物指数，塞尔维亚也使用得较广泛。印度没有任何标准化或被认可的生物指数，仅限于使用非特定针对水体的常规指数，如物种丰富度指数，多样性和均匀度指数，香农指数和 Pieleous 指数。

12.3 基于压力来源和响应的监测方法

水体理化检测，代表尝试评估水体是洁净的还是含一种或多种污染物，监测水中可能的压力来源。理化参数是定向的压力来源，定义为对个体、种群、群落或生态系统造成不利影响的物理或化学的参数或过程。

通过压力源质量监测，目的是将压力来源和可能的生物响应相联系，只有建立二者的关系，这种方法才有预测能力。对于因果关系，只有在实验室可控条件下才能得出，与实际情况相差甚远。这种方法的重点在于制定和应用压力来源等级或浓度，该方法具有管理性质。

另一种监测方法是基于生物对压力的响应状况，包括对指示物的监测，目的是了解其对环境干扰物的响应特征。干扰定义为一段时间内自然资源、基质或物理环境的改变引起的生态系统、群落或种群结构的任何微小变化。响应监测的重点在于监测干扰的影响以及压力下某事物是否出现异常。

在该方法中，生态系统数据的收集和使用取决于生态系统的管理和保护理念，需重点监测河流系统的状况及行为。环境响应监测可使人们了解生态系统是如何应对特定干扰的。

从表 12.1 可知，对压力和响应的监测，两者的理念和评价结果有本质的区别。在水质管理中，两种方法有明显的用途和各自的优势。

压力来源监测的是 1990 年提出的"携带能力"或"同化能力"。该概念在淡水和海水的有机废水和其他废水处理时被引入，Cairns(1977)指出同化能力表示生态系统未遭受有害影响时所能处理的污染物浓度。

水质管理中运用同化能力有以下假设：

(1)每个环境对污染物的吸纳都有一定限度，而无不可接受的情况。

(2)在可接受的影响水平内，该能力可被量化并持续利用。

(3)不可接受的结果可被度量并量化。

（4）同化能力对形成这种能力的生物过程无不利影响。

（5）在生态状况明显改变的区域，有初步混合区或允许产生不利生态影响的区域。

表 12.1　以压力和反应为导向的水质监测特点

导向	压力因素导向法	反应因素导向法
监控要点	造成环境变化的压力因素，主要是水生系统的化学和物理因素	自然和/或人为干扰造成的影响反应，例如生物群落结构和功能的变化
管理要点	水质调节：通过调节压力源（如关注排放管道口）来控制压力源	水生态系统保护：管理水生态系统的生态完整性（生态系统或资源要点）
测量排放点	水质化学和物理变量的浓度，如 pH、溶解氧、铜	生物群落的结构和功能属性，例如底栖无脊椎动物的多样性和丰度
评估排放点	符合或不符合规定的标准或排放标准	偏离标准或期望生物学条件的程度

对常规成分如 *BOD* 的预测有一定的可靠性，持久性和有毒物质有很大的不确定性，这种不确定性在压力源相互作用如废水混合时更加明显。因此，压力源监测和管理方法应作为响应方法的补充。

图 12.3 显示生物监测中生物状况随时间的变化。

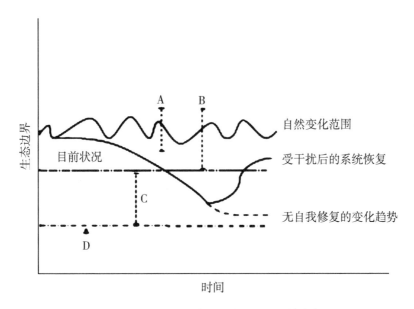

图 12.3　生物监测中生化状况随时间的变化

［自然运作的生态系统（A），可接受的波动范围（B），超出可接受范围但可通过补救措施逆转的干扰（C）以及生态系统超过可恢复的临界阈值（O）（Roux et al. 改编，1999）。］

A 部分代表自然状态下的环境状况，反映了特定空间无人为干扰时的情况，可作为参照区。

B 部分代表可接受的变异或改变范围，该范围为最低的质量管理目标。根据更专业的生物影响准则可将其细分为两部分，同时因考虑政治、经济和伦理因素。

C 部分代表不可接受的变异，是最低管理目标和生态系统丧失恢复力的过渡区。由于生态因素的不确定性，该过渡区提供了必要的安全空间。特定空间内造成不可逆改变的不确定性和不可预测性程度越高，所需的安全空间越大。一个生态不确定性的例子是当系统遭受一定程度的干扰时，生物对给定压力的适应程度。

D 代表生态系统的临界状况，超过临界状况，生态系统会受到不可逆的破坏，既不能恢复到 B 状态，更不能恢复到 A 自然状态。

由图 12.3 可知，要阐明生态系统中的自然和非自然变异，必须收集常年可靠的数据。另外，多样性生态系统的自然演变规律增加了该项任务的复杂性。同时，非自然变异会随着干扰类型的不同而不同。当自然干扰和人为干扰共同作用时，通常很难确定各种变异是由何种干扰引起的。

12.4　小结

生物指数以简单、数字化的形式描述生物群落结构，与理化指数相比，生物指数更易被自然资源管理者、决策者、政府人员和公众所理解。

基本的指数类型可分为以下 3 种：多样性指数、相似性指数和生物指数。Shannon-Weaver 指数、Simpson 多样性和优势指数、Pieleous 指数是最先出现的指数。这些指数广泛应用于水生生物甚至是陆生生物和鸟类的研究中。这些指数低估了许多重要的变化，并有简化自然系统的趋势。比如，根据 Shannon-Weaver 指数可知两污染地区多样性相同，却不能区分出两地区谁含有更多有益或有害的生物种类。这些指数可对工业污染的风险及对水质的影响进行评估，但没有一种指数是专门应用于水体生态系统研究的。因此，对这些指数不再讨论。与之相反，生物指数能直观地揭露生态系统的健康状况。在生物指数中，每个物种都被赋予敏感权重值，该值由物种在特定污染条件下的耐受性和敏感度决定。将样点所有物种的分值相加和/或平均化，可作为生物群落的健康分值，从而评估水体的健康状况。有些生物指数的评分体系将物种丰富度纳入了计算中。

第 14 章将介绍由一系列生物指数综合而来的生物指数，即生物完整性指数（*IBI*）。第 15 章将介绍多变量的水质生物评估方法，如 RIVPACS。表 12.2 概括了可用于水质评价的生物方法。

表 12.2　可用于水质评估的生物方法对比

方法	基本步骤	差异	测量
生物测定	在实验室中将试验生物体暴露于不同浓度的可疑毒物或整个排放物的稀释液中	单一 多物种	· LC_{50} · LC_{25} · 最大允许毒性浓度 · 安全浓度
生物调查	收集生活在关注水体中生物体的代表性部分，以确定水生群落的特征	个体/物种种群（可能涉及指数物种的选择）	· 生物累积的组织分析 · 书签－遗传学或生理学 · 生物量/产量 · 增长率 · 大体形态（外部或内部） · 行为 · 丰度/密度 · 物种规模差异 · 物种年龄结构 · 疾病或寄生频率
		群落/生态系统（可能涉及指数分类群或行为种群）	结构 · 物种丰富度/多样性 · 物种间的相对丰度 · 耐受/不耐受物种 · 大量机会物种 · 优势物种 · 群落营养结构 · 消失 功能 · 生产/呼吸比 · 产量/生物量比率 · 生物化学循环/营养物 · 分解 地貌 · 生境破碎/地块几何形状 · 地块之间的联系 · 各种地貌的累积效应

References

Abbasi, S. A., Vineethan, S., 1999. Ecological impacts of *Eucalyptus tereticornis-globutus*. (Eucalyptus hybrid) plantation in a mining area. Indian Forester 125 (2), 163 –186.

Abbasi S. A., 1976. Extraction and spectrophotometric determination of vanadium (V) with N-[p-N, N-dimethylanilino-3-methoxy-2-naphtho] hydroxamic acid. Analytical Chemistry 48 (4), 714 −717.

Abbasi, S. A., Soni, R., 1983. Stress-induced enhancement of reproduction in earthworm *Octochaetus pattoni* exposed to chromium (VI) and mercury (Ⅱ) -implications in environmental management. International Journal of Environmental Studies 22 (1), 43 −47.

Abbasi, S. A., Soni, R., 1984. Teratogenic effects of ch. romium (VI) in environment as evidenced by the impact pact on larvae of amphibian *Rana tigrina*: implications in the environmental management of chromium. International Journal of Environmental Studies 23 (2), 131 −137.

Abbasi, T., Abbasi, S. A., 2011a. Ocean acidification: the newest threat to global environment. Critical Reviews in Environmental Science and Technology 41 (8), 1601 −1663.

Abbasi, T., Abbasi, S. A., 2011b. Water quality indices base on bioassessment-the biotic indices. Journal of Water and Health (IWA Publishing) 9 (2), 330 −348.

Cairns Jr. , J., 1977. Aquatic ecosystem assimilative capacity. Fisheries 2, 5 −13.

CCME, 2001. Canadian water quality guidelines for the protection of aquatic life: CCME water quality index 1.0, technical report. In: Canadian Environmental Quality Guidelines. 1999 Canadian Council of Ministers of the Environment, Winnipeg.

Chari, K. B., Abbasi, S. A., 2003. Assessment of impact of land use changes on the plankton community of a shallow fresh water lake in South India by GIS and remote sensing. Chemical and Environmental Research 12, 93 −112.

Chari, K. B., Abbasi, S. A., 2004. Implications of environmental threats on the composition and distribution of fishes in a large coastal wetland (Kaliveli). Hydrology Journal 23, 85 −93.

Chari, K. B., Abbasi, S. A., 2005. A study on the fish fauna of Oussudu—a rare freshwater lake of South India. International Journal of Environmental Studies 62, 137 −145.

Chari, K. B., Abbasi, S. A., Ganapathy, S., 2003. Ecology, habitat and bird community structure at Oussudu lake: towards a strategy for conservation and management. Aquatic Conservation: Marine and Freshwater Ecosystems 13, 373 −386.

Cude, C. G., Smith, D. G., et al., 2002. Reply to the discussion on Oregon water quality index: a tool for evaluating water quality management effectiveness. Journal of American Water Resources Association 38 (1), 315 −318.

Cude, C. G., 2001. Oregon water quality index: a tool for evaluating water quality management effectiveness. Journal of American Water Resources Association 37 (1),

125 −137.

Dallas, H. F., 2002. Spatial and Temporal Heterogeneity in Lotic Systems: Implications for Defining Reference Conditions for Macroinvertebrates. PhD thesis, University of Cape Town, South Africa.

Davis, W. S., Simon, T. P., 1995. Biological Assessments and Criteria: Tools for Water Resource Planning and Decision Making. Lewis Publishers, London.

Gajalakshmi, S., Abbasi, S. A., 2004. Neem leaves as a source of fertilizer-cum-pesticide vermicompost. Bioresource Technology 92 (3), 291 −296.

Gajalalcshmi, S., Ramasamy, E. V., Abbasi, S. A., 2001. Screening of four species of detritivorous (humus-former) earthworms for sustainable vermicomposting of paper waste. Environmental Technology 22 (6), 679 −685.

Gajalakshmi, S., Ramasamy, E. V. Abbasi, S. A., 2002. High-rate composting-vermicomposting of water hyacinth (Eichhornia crassipes, Mart. Solms). Bioresource Tech-nology 83 (3), 235 −239.

Ganasan, V., Hughes, R. M., 1998. Application of an index of biological integrity (IBI) to fish assemblages of the rivers Khan and Kshipra (Madhya Pradesh). India Freshwater Biology 40, 367 −383.

Horton, R. K., 1965. An index number system for rating water quality. Journal of Water Pollution Control Federation 37 (3), 300 −306.

Ingole, B., Sivadas, S., Nanajkar, M., Sautya, S., Nag, A., 2009. A comparative study of macrobenthic community from harbours along the central west coast of India. Environmental Monitoring and Assessment 154, 135 −146.

Johnson, R. K., Wiederholm, T., Rosenberg, D. M., 1993. Freshwater biomonitoring using individual organisms, populations and species assemblages of Benthic Macro-invertebrates. In: Rosenberg, D. M., Resh, V. H. (Eds.), Freshwater Biomonitoring and Benthic Macro-invertebrates. Chapman and Hall, New York, pp, 40 −125.

Kannel, P. R., Lee, S., Lee, Y. S., Kanel, S. R., Kahn, S. P., 2007. Application of water quality indices and dissolved oxygen as indicators for river water classification and urban impact assessment. Environmental Monitoring and Assessment 132, 93 −110.

Karr, J. R., 1981. Assessment of biotic integrity using fish communities. Fisheries 6, 21 −27.

Karr, J. R., Chu, E. W., 1995. Ecological integrity: reclaiming lost connections. In: Westra, L., Lemons, J., (Eds.), Perspectives on Ecological Integrity. Kluwer Academic Publishers, Dordrecht, pp. 34 −48.

Karr, J. R., Chu, E. W., 2000. Sustaining living rivers. Hydrobiologia 422 & 423, 1 −14.

Khan, F. I., Abbasi, S. A., 1997a. Accident hazard index: a multi-attribute method for process industry hazard rating. Process Safety and Environmental Protection 75, 217 - 224.

Khan, F. I., Abbasi, S. A., 1997b. Risk analysis of a chloralkali industry situated in a populated area using the software package MAXCRED-II. Process Safety Progress 16, 172 -184.

Khan, F. I., Abbasl, S. A., 1998a. Multivariate Hazard Identi-fication and Ranking System. Process Safety Progress 17, 157 -170.

Khan, F. I., Abbasi, S. A., 1998b. DOMIFFECT (DOMIno eFFECT): user-friendly software for domino effect analysis. Environmental Modeling and Software 13, 163 - 177.

Khan, F. I., Abbasi, S. A., 1999a. Assessment of risks posed by chemical industries - Application of a new computer automated tool MAXCRED-III. Journal of Loss Prevention in the Process Industries 12, 455 -469.

Khan F. I., Abbasi, S. A., 1999b. The world's worst industrial accident of the 1990s: what happened and what might have been—a quantitative study. Process Safety Progress 18, 135 -145.

Khan, F. I., Abbasi, S. A., 2000a. Analytical simulation and PROFAT II: a new methodology and a computer automated tool for fault tree analysis in chemical process industries. Journal of Hazardous Materials 75, 1 -27.

Khan, F. I., Abbasi, S. A., 2000b. Towards automation of HAZOP with a new tool EXPERTOP. Environmental Modelling and Software 15, 67 -72.

Khan F. I., Abbasi, S. A., 2001. An assessment of the likehood of occurence, and the damage potential of domino effect (chain of accidents) in a typical cluster of industries. Journal of Loss Prevention in the Process Industries 14, 283 -306.

Khan, F. I., Husain, T., Lumb, A., 2003. Water quality evaluation and trend analysis in selected watersheds of the Atlantic region of Canada. Environmental Monitoring and Assessment 88, 221 -242.

Moog, O., Chovanec, A., 2000. Assessing the ecological integrity of rivers: walking the line among ecological, political and administrative interests. Hydrobiologia 422 & 423, 99 -109.

Norris, R. H., Norris, K. R., 1995. The need for biological assessment of water quality: Australian perspective. Austalian Journal of Ecology 20, 1 -6.

Parinet, B., Lhote, A., Legube, B., 2004. Principal component analysis: an appropriate tool for water quality evaluation and management-application to a tropical lake system. Ecological Modeling 178, 295 -311.

Perry, J., Vanderklein, E., 1996. Water Quality: Management a Natural Resource.

Blackwell Science, Cambridge, MA.

Resh, V. H., 1995. Freshwater Benthic Macro invertebrates and rapid assessment proce-dures for water quality monitoring in developing and newly industrialized countries. In: Davis, W. S., Simon, T. P. (Eds.), Biological Assessment and Criteria. Tools for Water Resource Planning and Decision-making. Lewis Publishers, Boca Raton, pp. 167 −177.

Roux, D. J., Kempster, P. L., Kleynhans, C. J., Vanvliet, H. R., Du preez, H. H., 1999. Integrating stressor and response monitoring into a resource-based water quality assessment framework. Environmental Management 23, 15 −30.

SAFE, 1995. Strategic Assessment of Florida's Environment, Florida Stream Water Quality Index, Statewide Summary. available at, http://www. pepps. fsu. edu/ safe/ pdf/swq3. pdf.

Sarkar, C., Abbasi, S. A., 2006. Qualidex—a new software for generating water quali-ty indice. Environmental Monitoring and Assessment 119, 201 −231.

Shahnawaz, A., Venkateshwarlu, M., Somashekar, D. S., Santosh, K., 2010. Fish diversity with relation to water quality of Bhadra River of Western Ghats (INDIA). Environmental Monitoring and Assessment 161 (1/2/3/4), 83 −91.

Stark, J. D., 1998. SQMCI: a biotic index for freshwater macroinvertebrate coded-abun-dance data. New Zealand Journal of Marine and Freshwater Research 32, 55 −66.

Thornton, K. W., Saul, G. E., Hyatt, D. E., 1994. Environmental monitoring and as-sessment program assessment framework. Report No. EPA/620/R-94/016. US Envi-ronmental Protection Agency, Research Triangle Park, North Carolina.

Uys, M. C., Goetsch, P. A., O'keeffe, J. H., 1996. National Biomonitoring Pro-gramme for Riverine Ecosystems: ecological indicators, a review and recommenda-tions. NBP Report Series No. 4. Institute for Water Quality Studies, Department of Water Affairs and Forestry, Pretoria, South Africa.

13　生物指数

13.1　简介

1900 年，Kolkwitz 和 Marsson 根据德国河流研究发展出污水生物系统，被公认是河流生态系统管理的第一个生物评分系统。该系统通过某些特殊指示种的出现与否来确定指数，这些指示种由不同种群和具有不同耐受性的种类(包括细菌、藻类、原生动物和轮虫，以及底栖无脊椎动物和鱼类)组成。此后，部分水生生物才被用来作为有机污染的指示种。现在发展出的许多生物指数，都是依据某种群(如大型底栖无脊椎动物)的出现及其污染耐受性确定的。复合指数可以反映污水生物系统的特点，这将在下一章中讲到。

为了使生物评价的时间和资源最优化，人们越来越重视基于群落水平快速生物评价技术的生物指数的应用。生物监测通常涉及定性(或半定量)抽样，很少或无须重复，成本较低，决策者需要说明在哪些方面进行更深入和量化的研究，以便纠正偏差 (Resh et al.，1995；Ollis et al.，2006)。Bigler 等人(2009)针对由样品大小和分类单元引起的两种生物指数敏感度评价进行了数学模拟。结果显示，与规定的硅藻计数要达到 400 个相比，采样河流数为 50 时计数 40 个，采样河流数为 60 时计数 80 个，硅藻分类单元就足以得到相同的指数分类。而且，剔除稀有种对结果的影响微不足道。这些结论说明可减少一些种类的分类来降低生物监测费用，同时又可保证监测的准确性。该结论只特定适用于硅藻发展出的指数，不能普遍适用，快速评价方法是传统定量研究和详细生物调查的先驱，而非替代者。

人们还致力于运用机器学习(人工智能)技术，如人工神经网络和遗传规划，选择预测环境中具有重要生态意义的变量。然而不论怎样，生物快速评价无法替代传统的生物调查与评价。

13.2　参照点的挑战

在所有生物评价中，确定参照点和参照状态是关键问题之一。参照点必须真实地反映自然、无污染的状况。将测试点与之对比，可了解水生生物组合和生态系统对某一干扰的响应是否超出了自然变化范围。参照状态可确定对测试点的期望，并与期望状况进行对比，确定测试点与自然状态偏离的程度。

由于人类活动的影响，大部分地区很难找出完全没受影响的参照点。因此，通常将受干扰和影响最小的点作为参照状态。一旦参照状态确定，就可以此为基准对测试点受干扰程度进行分析，并为制定生态资源质量目标提供科学依据。

为解决原始参照点的问题，Lavoie 和 Campeau（2010）发展出一种革新的方法，他们从博物馆里鱼的内脏提取硅藻，来评估河流过去的状况。通过运用加拿大硅藻指数，他们对河流 2003 年到 2007 年的状况与 1925 年到 1948 的状况进行了对比。这可能对目前监测中参照点的设定问题有所帮助。

13.3　水体生物监测费用

美国俄亥俄州环保署对水质理化监测、生物测定和生物指数的费用进行了估算（表13.1）。这是针对某一地区评估的结果，生物指数所需的费用最低。必须强调的是，理化参数的采样和分析比生物采样和鉴定快得多。另外，理化参数的连续监测可获得实时数据。

水质连续监测可得出实际水质的变化规律。某种程度上，还可利用遥感技术进行理化质量评估。基于水生生物（除大型水生植物可用遥感调查外）的生物评价是没有这些优势的。理化分析能鉴别水生生物遭受了何种污染物。

表 13.1　**水质的理化分析、生物测定和生物指数成本比较**（Yoder，1989）

范围	每个样本[*]	每次评估
理化水质		
4 样本/站点	$1436	$8616
6 样本/站点	$2154	$12924
生物测定		
筛选（急性 −48 h 暴露）	$1191	$3573
测定（LC_{50}[*] 和 EC_{50} −48 h 和 96 h）	$1848	$5544
7 d（单样本 7 天暴露急性和慢性影响）	$3052	$9156
7 d（同上，用每天收集的复合样本）	$6106	$18318
基于指数的生物评估		
大型无脊椎动物群落	$824	$4120
鱼类群落	$740	$3700
鱼类和大型无脊椎动物（组合）	$1564	$7820

注：[*] 以 1989 年价格计算。

13.4　**生物评价常用生物种类**

各种各样的生物被运用到水质生物评价和水生态系统完整性评价，包括细菌、原生动物、硅藻、藻类、大型植物、大型无脊椎动物和鱼类。底栖大型无脊椎动物应用得最为广泛，特别是在激流系统中。除了对受干扰的水体进行评价外，这些生物还可用于评价河流恢复措施和跨流域调水的影响。

最近，Wu 等人（2010）研究了农业、工业和废水污染地区河水及底泥中的线虫群落，包括丰度、捕食类型、成熟度指数和线虫通道比（NCR）。结果显示，底泥中的线虫丰度要大于水体中的。底泥中线虫丰度最低的样点和水中线虫通道比最小的样点均出现在有工业污染的地方。水样中 NCR 和河流污染指数（RPI）呈正相关，底泥中平均成熟度指数和 RPI 呈负相关。污染源决定了 NCR 和污染水平间的关系，成熟度指数与之相反。总而言之，线虫丰度及其群落结构可定性或定量地对河流污染进行长期监测。

同时，河岸鸟群和基于大型无脊椎动物的河流水质间的联系也被发现。

13.5 基于大型无脊椎动物的淡水和海水生物指数

底栖大型无脊椎动物的生物评价有诸多优势。第一，大多数大型底栖无脊椎动物都不是运动型的，它们大量存在于激流和净水中；第二，同一群落中有多个物种，对各种压力的敏感度不同，且反应迅速，可根据它们对干扰的响应进行划分，人们已了解常见种对不同类型污染的响应情况；第三，大型无脊椎动物的生命周期时长既可满足由干扰引起的瞬时变化，又可观测到随后发生的群落格局的变化；第四，大型无脊椎动物的采集简单经济，定性抽样适合生物监测，通过样品混合可轻易解决其在不同生境中的变异。

人们已经建立大型无脊椎动物的采样和数据分析方法以及多种基于此的河流生态系统生物评价指数。下面将按出现的年代顺序简单介绍应用广泛的指数。

13.5.1 Beck 生物指数（1954）

创造"生物指数"这一名字的人可能是 Beck，并且是他将之推广。Beck 生物指数被认为是第一个真正的生物指数，从美国佛罗里达州的河流研究中发展而来。该指数基于大型无脊椎动物对有机污染的耐受性，将其分类鉴定到种。对轻微污染敏感的种归为第一类，对中等污染有耐受性的种归为第二类，以区别于其他样品。将第一类中的物种数相加的和乘以 2，再加上第二类中的物种数，即为最终的指数分值。分值范围为 0 到 40，分值大于 10 说明样点洁净，分值为 1 到 6 说明样点被中度污染。

13.5.2 特仑托生物指数（TBI）（1964）

特仑托生物指数由英国特仑托河管理局发展而来，现在许多生物指数都是建立在该指数上的。用抄网在所有生境取样 10 min 后，将样品混合定性分析。指数分值范围为 0（严重污染）到 10（无污染），样点分值由对有机污染敏感度各不相同的 6 种主要的无脊椎动物是否出现来确定，6 种物种鉴定到科、属或者种水平。

13.5.3 生物指数(IB)(1968)

IB 由 TBI 发展而来的,在法国使用。用索伯网和抓斗分别在急流和静水生境采样,计算各自对应的分指数。根据主要种群的出现以及预先确定的种(鉴定到科、属或种水平)的数量赋予分值。在 IB 的基础上,增加更多的指示种,同时根据底质和流量将样点于 8 种不同生境分别采样,形成生物质量综合指数(IBQG)。在 IBQG 基础上发展而来的生物综合指数(IBG)被法国作为国家标准生物评价方法,后来被常规生物综合指数(IBGN)替代,IBGN 用网孔均为 500 μm 的索伯网和抄网分别在急流生境和静水生境采样。与 IB 不同,IBGN 要求鉴定到科。

13.5.4 Chandler 生物计分系统(CBS)(1970)

CBS 以 TBI 为基础,由评估苏格兰洛锡安区上游河流发展而来。与 TBI 不同,CBS 只在浅滩(有石头的地方)用网孔为 1000 μm 的抄网采样 5 min,最终指数分值计算考虑了物种丰度因素。计算方法是将样品中已确定的种类(鉴定到属或种)的耐受值乘以对应的丰度,再求和,即为最终分值。CBS 值无上限,不过无污染点分值一般在 3000 以上。

由于上游源头无污染地区,CBS 分值偏低,因此,将 CBS 分值除以出现的物种数,即为 Chandler 平均生物计分系统(Avg. CBS)。该系统分值范围从 0(严重污染)到 100(未污染),在区分是否受污染时比原始 CBS 更可靠,被认为能很好地指示水质状况。

13.5.5 Chutter 生物指数(CBI)(1972)

CBI 不完全基于 TBI,用抄网或索伯网(网孔为 290 μm)在有石头的地点采样。根据不同物种在污水中的耐受性进行赋值,最终 CBI 分值范围从 0 到 10,分别代表洁净和严重污染,同时用样品得分除以该样品中总生物个数代表样品中生物个体的平均得分。CBI 要求较高的分类能力,耗时长、花费大,没有获得广泛应用。

13.5.6 Hilsenboff 生物指数(HBI)

HBI 为 CBI 的改版,由美国威斯康星州的河流有机物和营养物污染评价发展而来。

每个分类单元的生物个体数限制在 10 以内,解决了原始 HBI 系统的许多问题,并减小了指数分值的季节变异,提高了 HBI 的准确性。经过修改特殊地理地区的物种耐受值,TBI 广泛应用于北美多个州的水质评价。

13.5.7 生物监测工作联盟分系统(BMWP)

该系统出现于 1978 年,1980 年和 1983 年做了修改,所有主要生境类型均用 90 μm 网孔的网箱采样 3 min,鉴定到科。将所有科的分值相加即为 BMWP 值,除以分类单元数得到样点分类单元平均分（ASPT）。BMWP-ASPT 在英国是很好的水质管理指数。

13.5.8   比利时生物指数（BBI）（1983）

BBI 将 TBI 和 BI 采样方法相结合，将激流生境和静水生境分值相加。用网孔为 300～500 μm 的抄网在所有可进行采样的点采样，河宽小于 2 m 时采样 3 min，大于 2 m 时采样 5 min。现场保存大型无脊椎动物样本，带回实验室鉴定到科或属。最终分值范围为从 0 到 10，代表从严重污染到未受污染，分值小于 5 时说明污染情况比较严重。BBI 曾在比利时和其他国家成功应用，包括西班牙、阿尔及利亚、卢森堡、葡萄牙和加拿大。目前用于比利时及其周边国家。

13.5.9   大型无脊椎动物群落指数（MCI）（1985）

MCI 由新西兰基于 BMWP 发展而来，与 CBI 和 HBI 相似。根据不同种的污染耐受性赋值 1 到 10，分别代表对污染有极高的耐受性和敏感性，将各分类单元的耐受值相加，除以分类单元数，再乘以 20 即为 MCI 值。理论上讲，MCI 值的变化范围为从 0 到 200，实际上很少超过 150，大于 120 时代表原始状态，小于 50 时说明河流受到严重污染。

13.5.10   伊比利亚 BMWP（IBMWP/BMWP）（1988）

IBMWP（Bonada，2003）是基于 BMWP 系统的一种定性或半定量方法，使用网孔为 250 μm 的踢网，基于野外科级大型无脊椎动物的鉴定。在 100 m 长的河流上对所有栖息地进行连续取样，直到没有新的分类群被记录为止。

站点最终的 IBMWP 得分、分类群数和 IASPT（IBMWP 得分除以分类群数）是基于收集和观察到的所有分类群计算的。如果分别收集和分析激流和静水生境群，也可以计算出它们的单独指数。丰度按以下等级估算：1（1～3）、2（4～10）、3（11～100）、4（>100）（Bonada，2003）。

这些丰度并不用于计算最终指数，但它们有助于解释 IBMWP 的结果。已证明 IBMWP 对西班牙河流的生物评估是有效的（1991），西班牙湖沼学会采用了该方法，用于整个伊比利亚半岛（Zamora-MuñOz & Alba-Tercedor，1996）。

13.5.11   沃河（RIVAUD）指数（1989，1995）

RIVAUD 指数（Lang et al., 1989）是为评估瑞士西部的沃州河流水质而制定。该方法包括使用踢式取样技术和网孔为 400 μm 的抄网，从水流石块生物群落中收集大型无脊椎动物。每个样本从 6 个面积为 0.1 m² 的区域采集大型无脊椎动物，将春季样本和夏季样本分类群组合用于分析一个采样点。大型无脊椎动物鉴定到科和/或属等级。指数值范围从 0 到 10，通过分类群数目的分配分数（分组为 6 类值，分配分数为 0～5）和不耐受分类群数目的分配分数（也分组为 6 类值，分配分数为 0～5）相加计算。不耐受分类群包括七翅蛾科、多翅蛾科和毛翅目。对 5 年来瑞士西部 51 条河流沿岸 162 个采样点收集的数据进行了非层次聚类分析，以划分总分类群数和不耐受分类群数(Lang et al., 1989)，RIVAUD 指数值 0～3 表示水质较差，4～6 表示水质平均，7～10 表示水质良好。

Lang 和 Reymond(1995)根据最初制定的 RIVAUD 河流指数，经过一年开发，更新的版本命名为 RIVAUD 95。RIVAUD 95 的取样方法与原指数体系的取样方法相同，只是从阿尔卑斯山河流中采集了额外的夏末样本，以确保在这一地区捕获受季节性限制的分类群。

13.5.12 溪流无脊椎动物等级编号平均水平(SIGNAL)生物指数(1995)

SIGNAL 生物指数(Chessman, 1995, 2003)最初于 1995 年制定，用于评估澳大利亚东部新南威尔士州 Hawkesbury-Nepean 河流水质(Chessman, 1995)，2003 年进行了修改，其适用性扩大到整个澳大利亚(Chessman, 2003)。大型无脊椎动物采自一个地点的 6 个预先确定的栖息地。用抄网(250 μm 网孔)对溪边、池边和水生植物进行采样，用手从溪流中移除池石和淹没的木材，用抓斗采样器获取低地河流深处的沉积物样本，通过 250 μm 网孔进行筛选。采样时间未作规定。相反，对于每个生境类型，总共收集 100 种无脊椎动物，每个分类单元不超过 10 个标本。

将标本保存后带回实验室进行科系鉴定。最初对澳大利亚东南部河流系统中广泛分布的大型无脊椎动物科进行了从 1(耐污染)到 10(对污染敏感)的敏感等级("SIGNAL 1 级")划分(Chessman, 1995)。随后，对澳大利亚各地的大型无脊椎动物科进行了修正，得出了"SIGNAL 2 级"(Chessman, 2003)。

13.5.13 丹麦溪流动物群落指数(DSFI)(1998)

DSFI 以 TBI 为基础，使用正向和负向评分。断面相距约 10 m(如果溪流宽度小于 1 m)。500 μm 网孔的抄网获得的 12 个踢样合并用于进一步分析，从淹没的石头和大的木质碎片中进行 5 min 的手挑。混合踢样和手工挑选的样品在野外分别保存，鉴定(属和科水平)在实验室进行，两组样品分开。

DSFI 最终指数值从 1(严重受损)到 7(最佳生态质量)。其计算方法考虑多样性类群的数目(根据正向和负向分类群列表，正向分类群的数目减去负向分类群的数目)和分类群的特定指示群在总的动物样本(踢样本加上从每个地点手工挑选的样本)中的比例。最终的 DSFI 指数值从矩阵中获得，该矩阵以 4 个类别的多样性组数作为列，以 6 个指示组(具有相应的指示分类列表)作为行。

13.5.14 Balkan 生物指数(BNBI)(1999)

BNBI(Simić & Simić, 1999)在塞尔维亚多瑙河支流开发，用于巴尔干半岛河流的水质评估。BNBI 大致以 CBS 为基础，对取样的大型无脊椎动物丰度进行估计。

该指数包含有大型无脊椎动物优势种、常见种及多样性,水质指数介于0(严重污染)至5(非常清洁)。

表13.2列出了这些指数的做法和属性快速计算。

表13.2 大型无脊椎动物的主要生物指数

序号	生物指数	取样	取样装置	取样规程	分类级别	指数范围	当前利用区域
1	Beck生物指数	全部,合并	没有规定	非定量	物种	0～40	—
2	特仑托生物指数	全部,合并	抄网	非定量	科+属+物种	0～10	—
3	生物指数	激流+静水,分开	索伯网+抓斗	半定量	科+属+物种	0～10	—
4	Chandler生物指数	水流中的石头	抄网(1000 μm)	半定量	属+物种	0～100	美国
5	Chutter生物指数	水流中的石头	抄网/索伯网	定量	科+属+物种	0～10	—
6	Hilsenhoff生物指数	水流中的石头	抄网	定量>100	属+物种	0～10	美国
7	生物监测工作组	全部,合并	抄网	非定量/半定量	科	0～200	英国、芬兰、瑞典
8	比利时生物指数	全部,合并	抄网	非定量	科+属	0～10	比利时和周边国家
9	大型无脊椎动物群落指数	水流中的石头	抄网/索伯网	非定量	属	0～200	新西兰
10	伊比利亚BMWP	激流+静水,组合/分离	抄网	非定量	科	0～200 0～10 (ASPT)	西班牙、意大利
11	沃河指数,1995年版	水流中的石头	抄网	半定量	科+属	0～20	瑞士西部
12	溪流无脊椎动物指数	6个预先确定的	抄网	非定量,100生物体	科	0～10	澳大利亚

续表13.2

序号	生物指数	取样	取样装置	取样规程	分类级别	指数范围	当前利用区域
13	丹麦溪流动物指数	全部，合并	抄网（500 μm）	半定量，12个样本	科+属	0～7	丹麦、瑞典
14	Balkan 生物指数	全部，合并	底栖生物网	定量	科+亚科+属	0～5	塞尔维亚

13.5.15 底栖条件指数（BCI）（1999）

BCI（Engle & Summers，1999）是针对河口环境发展起来的，它包括：①根据盐度调整后的 Shannon-Wiener 多样性指数；②颤蚓平均丰度；③双壳纲丰度百分比；④小头虫科丰度百分比；⑤端足类丰度百分比。

作为计算 BCI 的步骤，根据底层盐度计算 Shannon-Wiener 多样性指数：

$$H'_{期望} = 2.618426 - (0.044795 \times 盐度) + (0.007278 \times 盐度^2) + (-0.000119 \times 盐度^3) \tag{13.1}$$

然后，Shannon-Wiener 评分由观测值除以期望的多样性得到。在计算出所涉生物的丰度和比例之后，丰度必须进行对数变换，比例必须进行反正弦变换。接下来计算判别分数：

$$\begin{aligned} 判断值 = &(1.5710 \times 期望多样性比例) + \\ &(-1.0335 \times 颤蚓平均多样性) + \\ &(-0.5607 \times 小虫头科比例) + \\ &(-0.4470 \times 双壳类比例) + \\ &(0.5023 \times 端足类比例) \end{aligned} \tag{13.2}$$

最终 BCI 指数分数通过下式获得：

$$BCI = 判断值 - \left(\frac{-3.21}{7.50}\right) \times 10 \tag{13.3}$$

其中，-3.21 是判别分数的最小值，7.50 是判别分数的范围。

经判别分数转换后，底栖指数介于 0 到 10 之间（表 13.3）。

表13.3 咸水生物指数比较

生物指数	指数值	分类	生态状况
AMBI	$0.0 \leqslant BC < 0.2$	正常	
	$0.2 \leqslant BC < 1.2$	正常	
	$1.2 \leqslant BC < 3.3$	轻度污染	

续表 13.3

生物指数	指数值	分类	生态状况
	$3.3 \leqslant BC < 4.3$	污染	
	$4.3 \leqslant BC < 5.0$	污染	
	$5.0 \leqslant BC < 5.5$	重度污染	
	$5.5 \leqslant BC \leqslant 6.0$	重度污染	
	无生物	极度污染	
BENTIX	$4.5 \leqslant BENTIX \leqslant 6.0$	正常/纯净	非常好
	$3.5 \leqslant BENTIX < 4.5$	轻度污染，过渡性	好
	$2.5 \leqslant BENTIX < 3.5$	中度污染	中等
	$2.0 \leqslant BENTIX < 2.5$	严重污染	差
	0	无生物	极差
BQI	$1 \sim 4$		极差
	$4 \sim 8$		差
	$8 \sim 12$		中等
	$12 \sim 16$		好
	$16 \sim 20$		非常好
BCI	<3	退化条件	
	$3 \sim 5$	过渡条件	
	>5	非降级点	
BOPA	$0.00000 \leqslant BOPA \leqslant 0.06298$	未受污染点	非常好
	$0.04576 < BOPA \leqslant 0.19723$	轻度污染点	好
	$0.13966 < BOPA \leqslant 0.28400$	中度污染点	中等
	$0.19382 < BOPA \leqslant 0.30103$	严重污染点	差
	$0.26761 < BOPA \leqslant 0.30103$	极度污染点	极差
BRI	$0 \sim 33$	临界偏差	
	$34 \sim 43$	生物多样性丧失	
	$44 \sim 72$	群落机能丧失	
	>72	毁灭物群	
ISI	>8.75		非常好
	$7.5 \sim 8.75$		好
	$6.0 \sim 7.5$		正常

续表 13.3

生物指数	指数值	分类	生态状况
	4.0～6.0		差
	0～4.0		极差

13.5.16 Borja 等人(2000)的海洋生物指数(AMBI)

这一海洋生物指数依赖于软底群落个体丰度的分布,分为5个生态组。

第Ⅰ组:对有机物非常敏感的物种,在未受污染的条件下存在。

第Ⅱ组:对有机物不敏感,以低密度存在,随时间变化不大。

第Ⅲ组:对过量有机物具有耐受性,这些物种在正常条件下也可以生长;然而,它们的种群会受到有机物的刺激增长。

第Ⅳ组:机会性物种,可适应轻微到明显的不平衡条件。

第Ⅴ组:机会性物种,适应明显的不平衡条件。

这些物种以增加的压力因素梯度(有机物的富集)的敏感性分布。该指数建立在每个生态群的丰度百分比或生物系数(BC)(Marín-Guirao et al.,2005)之上。该指数也被称为 BC。

$$BC = \frac{(0 \times \% G_{\text{I}}) + (1.5 \times \% G_{\text{II}}) + (3 \times \% G_{\text{III}}) + (4.5 \times \% G_{\text{IV}}) + (6 \times \% G_{\text{V}})}{100}$$

(13.4)

BC 从0(未受污染)到7(极受污染),已被广泛应用并取得相当大的成功。最初在西班牙巴斯克地区的海岸线(Borja et al., 2000)、葡萄牙 Mondego 河口(Salas et al., 2004)、巴西海岸的3个地点和乌拉圭海岸的两个地点(Muniz et al., 2005)运用,随后在不同地理位置进行了测试(Muxika et al., 2005)。人们认为它正确地评价了这些地点的生态系统状况。因其具有能正确评估生态系统健康的能力而被视为健全的管理工具。

AMBI 的缺点是它对污染情况的反应会因物种分组出现错误。该指数反映了生态系统中的有机输入,无法检测到其他毒物的输入;对于半封闭系统,该指数的作用也有限(Blanchet et al., 2008)。

13.5.17 底栖生物反应指数(BRI)(2001)

底栖生物反应指数(BRI)是为南加州沿海制定的(Smith et al., 2001)。

BRI 的计算采用两步法,先利用排序分析建立污染梯度;之后,根据每一物种沿梯度的丰度确定其污染耐受性(Smith et al., 1998)。该指数的主要目标是确定样本中物种的加权平均污染耐受丰度,前提是每个物种都有污染耐受度。如果可以大范围知道耐受度，那么就有可能从物种组成及其耐受度推断退化程度（Gibson et al., 2000）。

指数由下式计算：

$$I_s = \frac{\sum_{i=1}^{n} P_i \sqrt[3]{a_{si}}}{\sum_{i=1}^{n} P_i \sqrt[3]{a_{si}^f}} \tag{13.5}$$

其中，I_s 为样本 s 的指数值；n 为样本 s 中的物种数；P_i 为物种 i 的耐受值（在污染梯度上的位置）；a_{si} 为样本 s 中物种 i 的丰度。指数 f 用于转换丰度权重：如果 $f=1$，则使用原始丰度值；如果 $f=0.5$，则使用丰度的平方根；如果 $f=0$，I_s 则是大于零的 P_i 值的算术值。每个物种在排序空间中的污染梯度位置（P_i）计算如下：

$$P_i = \frac{\sum_{j=1}^{t_i} g_{ij}}{t_i} \tag{13.6}$$

其中，t_i 为求和使用的样品数，只有最高的 t_i 物种丰度值包含在求和中；g_{ij} 是物种 i 在样本 j 排序梯度上的位置。公式（13.6）中获得的 P_i 被用作公式（13.5）的污染耐受度得分，以计算指数值。BRI 从 0 到 100，低得分表示较健康的底栖生物群落，BRI 定义了超出参照条件的 4 个响应级别（表 13.3）。尽管 BRI 在量化干扰方面很有用，但它无法区分自然干扰和人为干扰（Bergen et al., 2000）。这一指数的优点是没有低估生物效应，而且季节变异性低（Smith et al., 2001）。

13.5.18 BENTIX

BENTIX 指数以 AMBI 为基础，依赖于 3 个更广泛生态类群大型底栖动物数据的减少（Simboura & Zenetos, 2002）。为实现这一目标，拟定了一份指标物清单，每一物种有 1 到 3 的分数，代表其生态群组：群组 1（G_I）包括对干扰敏感或不敏感的物种（K 策略物种）；第 2 组（G_{II}）包括在干扰情况下具有耐受性并可能增加其密度的物种，以及二级机会性物种（R - 策略物种）；第 3 组（G_{III}）包括机会主义物种。指数计算如下：

$$BENTIX = \frac{6 \times \% G_I + 2 \times (\% G_{II} + \% G_{III})}{100} \tag{13.7}$$

这个指数可以从 2（生态条件差）到 6（生态质量条件高，或参照地点）。总体而言，BENTIX 指数考虑了两大类生物体：敏感群体和耐受群体。这种分类的优点是减少了计算工作量，同时减少了将物种列入不适当类群的可能性（Simboura & Zenetos, 2002）。此外，在使用这一指数时，无须具备鉴定端足类动物的专门知识，因为它包括对有机物敏感相同类别的所有生物（*Jassa* 属的个体除外）（Dauvin & Ruellet, 2007）。

BENTIX 指数已成功应用于有机污染（Simboura & Zenetos, 2002；Simboura et al., 2005）、石油泄漏（Zenetos et al., 2004）和颗粒金属废物（Simboura et al., 2007）

的研究。该指数既不低估也不高估任何群体的作用（Simboura et al.，2005）。然而，一些研究者认为，BENTIX 指数不足以评估有毒污染物的影响（Marín-Guirao et al.，2005）。该指数应用于河口和潟湖时也有局限（Simboura & Zenetos，2002；Blanchet et al.，2008；Pinto et al.，2009）。

13.5.19　指示物种指数（ISI）（2002）

ISI（Rygg，2002）是基于 Hurlbert 指数（1971）的改进版本。为了计算 ISI，必须确定每个物种的敏感值以及污染影响因子（ES100min5）。ES100 是 100 个个体中预期的物种数。5 个最低 ES100 的平均值定义为该分类单元的敏感性值，表示为 ES100min5。ISI 定义为出现在样本中分类群的平均灵敏度值。

ISI 可以准确地描述系统的环境质量，主要应用于挪威海岸。原因是 ISI 不能很容易地转换到其他地理区域，因为其他区域的分类学列表可能有很大的不同，并且计算敏感性因子可能需要不同的方法。表 13.3 给出了咸水 BIs 的概况。

13.5.20　底栖生物质量指数（2004）

底栖生物质量指数（BQI）根据《欧盟水框架指令》设计来评估环境质量的（Rosenberg et al.，2004），包括耐受度得分、丰度和物种多样性因素。该指数对底栖动物的耐受度进行评分，以确定它们对干扰的敏感性。指数计算如下：

$$BQI = \left\{ \sum \left(\frac{A_i}{Tot\ A} \right) \times ES50_{0.05i} \right\} \times \log_{10}(S+1) \qquad (13.8)$$

其中，$A_i/Tot\ A$ 为该物种的平均相对丰度；$ES50_{0.05i}$ 为该站点各物种的耐受值 i。这一指标相当于研究区域内该物种总丰度的 5%。由于较高的物种多样性与环境质量相关，该物种取以 $\log_{10}$，用于表示该站点的物种平均数（S）。使用某一物种最低丰度 5%（$ES50_{0.05i}$）代表该物种沿干扰梯度承受了最大的耐受水平；如果压力因素进一步增加，该物种就会消失。$ES50$ 计算如下：

$$ES50 = 1 - \sum_{i=1}^{S} \frac{(N-N_i)!\,(N-50)!}{(N-N_i-50)!\,N!} \qquad (13.9)$$

其中，N 是个体的总丰度；N_i 是第 i 个物种的丰度；S 是各个站点的物种数。BQI 存在两个缺陷：取样过程中，取样面积并不相同；在物种中个体的分布不是随机的，特别是某些物种为绝对优势种时。为了克服这些缺点，Rosenberg 等人（2004）建议使用多站和复制取样对一个地区进行质量评估。该指数与盐度等环境变量存在很强的相关性（Zettler et al.，2007）。

13.5.21　底栖多毛类和端足类（BOPA）指数

底栖性多毛类和端足类（BOPA）指数是 Dauvin 和 Ruellet（2007）努力改进多毛类/端足类比率（Gómez-Gesteira 和 Dauvin，2000）的结果，以便使其适用于《欧盟水框架指令》。该指数将河口和海岸群落划分为 5 个生态质量类别（表 13.3），利用多毛类/

端足类的比率来确定生态质量，其使用相对频率而不是丰度来确定指数的界限：

$$BOPA = \log\left\{\frac{f_P}{f_A+1}+1\right\} \tag{13.10}$$

其中，f_P 为机会性多毛类频率（多毛类个体总数与样本中个体总数的比值）；f_A 为端足类频率（不包括 *Jassa* 在内的端足类个体总数与样本中个体总数的比值），$f_P+f_A\le$ 1。该指数值在 0（当 $f_P=0$）和 $\log 2$（当 $f_A=0$ 时，大约为 0.30103）之间。没有机会性多毛类，当 *BOPA* 指数空值时，表明有机物量非常低。指数得分越低，该地区的环境质量越好，机会物种越少。

该指数的优点是采样方案的独立性，特别是筛网尺寸的独立性，因为它使用频率数据和每类生物的比例（Pinto et al.，2009）。其对分类学的需求很低，允许普遍使用。它只考虑了 3 类生物——机会性多毛类、端足类（*Jassa* 除外）和其他物种，并且只有前两类对指数计算有直接影响。

13.6　指示水安全和人类健康风险的生物指数

生物指数已被成功地应用于压力因素如 *BOD*、*COD* 和植物营养盐的监测，从而关系到水安全和人类健康。有证据表明，微量污染物（如农药和重金属）会显著改变底栖生物群落的结构和生理（Ivorra，2000；Blanco et al.，2007；Blanco & Becares，2010；Imoobe & Ohiozebau，2010），从而体现在相关指数中。比较研究表明，大型无脊椎动物指数对河流结构（即河床宽度和粒度分布，水流状况和类似因素）更为敏感，硅藻指数更依赖于水的化学变量，例如营养物（Soininen & Könönen，2004；Hering et al.，2006；Blanco et al.，2007；De Jonge et al.，2008；Juttner et al.，2010）。Sabater（2000）指出，硅藻指数与水体重金属之间存在显著相关性。Zamora-Muñoz 等人（1995）观察到 BWMP 和 IBWMP 与铜、锌、杀虫剂、清洁剂、脂肪、油存在显著相关性。在河流毒理因素中，金属和其他污染物（如多环芳烃总量）已被发现会影响一些大型无脊椎动物指数（Pinel-Alloul et al.，1996）。Robson 等人（2006）也注意到生物指数与 Cu 和 Pb 的显著相关性。

在一项范围广泛的研究中，Blanco 和 Becares（2010）研究了西班牙西北部 Duero 河流域的 188 个地点，计算了 19 种硅藻和 6 种大型脊椎动物指数，并与 37 种不同毒物进行了相关性分析。

毒物包括：①阴离子化合物（ACs）：氯化物、氰化物、氟化物和直链烷基苯磺酸盐（LAS）；②杀生物剂：阿特拉津、异丙甲草胺、西玛津、特丁津等；③脂肪和油；④碳氢化合物：溶解碳氢化合物、石油衍生碳氢化合物（PHCs）、酚和总多环芳烃（PAHs）；⑤含氮化合物（NDCs）：氨和铵；⑥潜在毒性元素：溶解的 As、Ba、Cd、Cu、Cr、Cr（Ⅲ）、Cr（Ⅵ）、Hg、Ni、Pb、Sb、Se、Zn 和总 As、Cd、Cl、Cr、Hg、Zn；⑦半挥发性有机化合物（SVOCs）：四氯乙烯（PCE）和三氯乙烯（TCE）。毒物的选择依据是其是否列入危险优先物质清单（欧洲议会和欧洲理事会，2001）、危险物质清单(清单 I 或清单 II)(欧洲议会和欧洲理事会，2006)。

这里探讨的生物指数包括丰富度和特定污染指数(CEMAGREF，1982)、生物硅藻指数(Lenoir & Coste，1996)、欧洲指数(Descy & Coste，1991)、富营养化污染指数——硅藻(Dell′Uomo，2004)、Sládeček 指数(Sládeček，1986)、一般硅藻指数(Rumeau & Coste，1988)、瑞士硅藻指数(Hürlimann & Niederhauser，2006)、营养硅藻指数(Kelly & Whitton，1995)、Steinberg 和 Schiefele 指数(Steinberg & Schiefele，1988)、Leclercq 和 Maquet 指数(Leclercq & Maquet，1987)、有机污染硅藻组合指数(Watanabe et al.，1988)、耐污染分类群(Schiefele & Kohmann，1993)、artois-picardie 硅藻指数(Prygiel et al.，1996)、Descy 指数(Descy，1979)、Pampean 硅藻指数(Gómez & Licursi，2001)、Lobo 指数(Lobo et al.，2002)、Rott 污水生物指数(Rott et al.，1997)、Rott 营养指数(Rott et al.，1999)、生物监测工作组(Armitage et al.，1983)分类单元平均得分(Armitage et al.，1983)、Shannon 指数(Shannon & Weaver，1949)和平衡性、科数和总丰度指数。

所分析的化学变量至少与一个生物指数显著相关。例如，硅藻指数与大型无脊椎动物科数的相关系数极高；大型无脊椎动物检测杀生物剂效果较好，硅藻指数与重金属等潜在毒性元素相关性较强。所有生物指数，特别是硅藻指数，对脂肪、油脂以及三氯乙烯的浓度特别敏感。

一般而言，在污染环境从敏感类群向耐受类群的转变，可以生物指数作为金属物和有毒有机物的指数，就像监测富营养化一样有效(Robson et al.，2006)。无脊椎动物的指数也非常适合评估这类影响，只要稍加修改以提高其敏感性和性能(García-Criado et al.，1999；Blanco & Becares，2010)。

13.7 不同生物指数的比较

在一些研究中，用不同生物指数(BIs)评估特定水域的生态状况，结果是好坏参半。这表明，每一个指数都有其特殊的"影响区"，在此范围内表现良好，在此外则不太好用。通常，为特定区域制定的指数在其他区域并不有效，特例除外。

下面介绍研究中的一些说明性例子。

(1)韩国马山湾 3 种外来 BIs 的性能评价。Choi 和 Seo(2007)比较了 3 种底栖生物指数(BPI、AMBI、BIBI)对韩国马山湾底栖生物群落的健康状况进行揭示，3 项指数均表明该区域常年处于严重污染状态。这 3 个指数提供了类似的评估。这个案例研究的是少数几个在美国和欧洲开发的指数在东南亚有效的例子。

(2)BIs 对富营养化的响应。Chainho 等人(2007)使用底栖无脊椎动物的生物多样性指数评估了葡萄牙河口的生态质量，该河口富营养季节性变化显著。研究表明，不同指数之间的一致性不高，指数间的交互作用不明显。多样性指数与富营养化的相关性显著于 AMBI 和 ABC。枯水期底栖生物指数对人为干扰反应较好。

(3)AMBI 和 BQI 在取样方面的表现。ATZI 海洋生物指数(AMBI)和底栖生物质量指数(BQI)(2007)以敏感性/耐受性分类和底栖大型动物定量组成数据为基础,从收集于波罗的海南部和狮子湾的评估表现看,在取样方面,AMBI 不受取样工作的影响,而 BQI 受影响较大。经过一定的取样,BQI 在很大程度上也可以独立于取样工作。

(4)BI 研究。Callanan 等人(2008)使用了多种 BIs,欧洲不同地方适用的指数,包括生物监测工作组评分(BMWP),分类单元平均评分(ASPT),蜉蝣目、多翅目和毛翅目分类单元(EPT),比利时生物指数(BBI)和丹麦溪流动物指数(DSFI),多种 BIs 测试了爱尔兰源头河流生态质量评估的可变性。结果表明,当参考春季无脊椎动物数据计算时,各指数在大部分站点的质量状况较好;应用夏季数据时,质量状况出现了较大的偏差。所有生物指数均存在季节差异。他们将此归因于夏季缺乏对污染敏感的群体,水质状况的季节变化在酸性溪流中特别明显。在春季,由于污染敏感类群较多,参考状态被较可靠地反映出来,而在影响最严重的夏季,需要新的生态质量评估工具。在他们所探索的高度异质性淡水生境中,夏季分类群似乎太少,无法使用现有的指数可靠地确定河流的生态质量。

(5)大型数据库比较两个欧洲 BIs。Grémare 等人(2009)使用泛欧大型动物数据库比较了 AZTI 海洋生物指数(AMBI)和底栖生物质量指数(BQI_{ES})。这两个生物指数依赖于对物种敏感性/耐受性的两种不同评估,仅可在有限的数据集上进行比较。

从数据库中共选择了 12409 个台站,划分为 4 个海洋和 1 个河口子区。计算了643 个分类群的 $ES50_{0.05}$,占整个海洋指数数据库总丰度的 91.8%。AMBI EG 与 $ES50_{0.05}$ 相关性差,较高的 AMBI 值总是与较低的 BQI_{ES} 值相关联,显示两个指数在识别生态状况(ES)较差的站点一致性较好。相反,AMBI 的低值有时与 BQI_{ES} 的低值相关联,结果 AMBI 将环境质量归于好的 ES,而 BQI_{ES} 将其归于坏的 ES。这是由 AMBI 分类为敏感物种而 BQI_{ES} 分类为耐受物种所致。

因此,这两种指数在评估敏感性/耐受性水平方面都存在弱点(AMBI 与单一敏感性/耐受性比值有关,BQI_{ES} 在优势种的耐受性之间存在密切关系)。今后的研究应侧重于澄清敏感性/耐受性有问题的物种水平,并评估地理区域和生境对 AMBI EG 和 $ES50_{0.05}$ 的相互关系。

(6)4 种 BIs 的比较及预测模型。Feio 等人(2009)应用了特定污染敏感性指数(SPI)、标准化生物硅藻指数(BDI)、欧洲经济共同体指数(CEC)和一般硅藻指数(GDI)4 个常用硅藻指数评估了河流生态质量。研究站点群落与代表给定区域未受干扰或有最佳可利用条件的参照站点被用于评估溪流的生态状况。这些指数和预测模型应用在了葡萄牙中部的 54 个站点,以评估由 27 个变量(如有机质富集、河道形态变化、河岸走廊完整性和集水区土地利用)构成的累积影响对河流的干扰性,结果通过 Spearman 关系图、盒形图和逐步判别分析进行分析对比。

这些结果为硅藻对有机物和营养物污染的敏感性提供了证据,正如 MoDi、BDI、CEC 和 SPI 4 个指数所显示的那样。研究还揭示了悬浮固体的重要性(通过 MoDi、GDI 和 SPI)。除 GDI 外,其他指数均反映了土地利用对硅藻的影响。BDI 还揭示了河段和航道结构与形态的影响，如修建人工墙、堤防以及连通性。生物多样性指数可将其河岸带的完整性联系起来；但 SPI 不能用于检测河流形态压力。GDI 所做的评估分歧最大，在揭示人为干扰方面效果较差。

预测模型似乎是评估葡萄牙中部溪流的一种好方法，其硅藻群落的结构（物种丰富度和丰度）能够显示出淡水系统在数量和质量上多样性的巨大变化。

（7）单个 BI 与 BIs 组合。即使无脊椎动物生物指数被广泛用于评估河流质量，它们在诊断损害原因方面的作用也是有限的，因为有几个潜在的原因会影响指数评分。Clews 和 Ormerod（2009）进行了一项调查，以确定简单的生物指数组合是否可以提高诊断能力。

在威尔士 Wye 河流域的 55 条溪流中，无脊椎动物在分类组成以及代表酸化（AWIC）、轻度富营养化/有机污染（BMWP/ASPT）和流量（LIFE）的指数得分方面存在显著差异。受不同形式污染影响，BMWP 得分往往降低，酸化和富集地点在结合这些指数分类时，彼此之间以及与未受损害的溪流之间就可以区分开来。通过揭示某些地点生物 BMWP 的增加如何反映出富营养化的局部减少，综合指数还能够区分生物质量随时间变化趋势的各种竞争解释。

在相对未受污染的流域，如 Wye 河流域，经校准响应特定压力的简单单变量指数也具有生物诊断能力。此外，它们还有助于确定不同地点的具体管理需要，减轻高地基底贫瘠支流的酸化，减少下游集水区的扩散养分。①应发展更多的压力特异性指数，例如，用于检测形态改变、沉积和金属影响；②进一步探索一组或多组生物（例如硅藻和无脊椎动物）的组合指数，以提高河流监测的生物诊断能力。

（8）3 个 BIs 和 1 个 IBI 的比较。Simboura 和 Argyrou（2010）评估了用于地中海底栖大型无脊椎动物生态质量分类的 4 个指数。研究是根据希腊和塞浦路斯参加地理相互校准工作获得的数据进行的，应用 AMBI、M-AMBI、MEDOCC 和 BENTIX 指数对现有底栖物种数据进行分析，绘制了各生态类群沿各指数分级值的演替图，计算了方法间的一致性水平，评价了各方法在估算生态质量状况方面的性能。

AMBI 及其衍生物 IBI（M-AMBI）高估了现状，MEDOCC 与 BENTIX 的一致性最好。BENTIX 给耐受和机会物种群体同等的权重，它们之间的关联比其他指数更紧密。总体而言，BENTIX 在发现东地中海盆地生态扰动方面似乎最为敏感，耐受和机会性群体在底栖生物群落对压力因素的反应中发挥着同样重要的作用。

13.8　生物指数与发展中国家

生物指数已在世界上许多地区成功地用于河流生物评价，主要是发达国家和一些发展中国家；但许多发展中国家尚未开始使用生物指数。迄今为止，在拉丁美洲（Pringle et al., 2000）、中亚和东亚（Li et al., 2000）或东南亚（Dudgeon et al., 2000），生物指数尚未被开发或有任何使用程度。在尼加拉瓜（Fenoglio et al., 2002）、马其顿（Lazaridou-Dimitriadou et al., 2004）、越南（Duong et al., 2007）和巴西（Mugnai et al.,

2008），使用了基于底栖大型无脊椎动物群落的指数。在印度次大陆，没有使用生物指数来评估河流的水质，因为其他国家现有的生物指数没有一个是完全合适的（Gopal et al.，2000；Sarkar & Abbasi，2006）。

13.9 生物指数的局限性

尽管生物指数在快速生物评估中已被证明是有用的，但必须使用补充数据对其进行仔细解释，并始终记得其重大局限性。这些局限性包括：对特定地理区域和/或压力因素类型的适用性有限（Washington，1984；Johnson et al.，1993；Norris & Georges，1993；Metcalfe-Smith，1994；Friedrich et al.，1996），通常是有机污染，也包括其他形式的污染（Gray & Delaney，2010），以及无法检测中度退化。生物指数应与基于物理和化学参数的常规指数一起使用，而不是取代它们。

从群落角度对河流生态系统进行快速生物评估的一些替代办法已经被采用，但很少有像生物指数那样得到广泛应用。与生物指数相比，使用替代方法相对困难。应用日益广泛的两种方法是以 IBI（生物完整性指数）为代表的"多量度（或复合）方法"和以 RIVPACS（river invetebrate prediction and classification system；Wright，1995；Wright et al.，2000）为代表的"多变量方法"。这些将在第 14 章和第 15 章详细讨论。

13.10 WQIs 和 BIs 综述

（1）水质指数（water-quality indices，WQIs）是国际上广泛使用的将多个水质特征抽象为一个数值的方法。水质指数能够方便地解释整体水质，在监测和控制水质方面起着非常重要的作用。WQIs 几乎完全基于物理和化学特性，很少包括"生物"特性（BOD 和粪大肠菌群除外）。基于理化参数的 WQIs 基本上是压力因素导向的，它们的运作原理是将不同的压力因素与潜在生物反应联系起来。只有在特定压力因素和生物成分之间存在已知因果关系的情况下，这种预测的能力才是精确的。这种因果关系对应一套特定的条件，只能通过实验室在受控条件下的生物测定确定，并不完全适用于现实生活中的情况。

（2）基于压力因素评估的局限性使得有必要基于反应的评估来弥补传统 WQIs 的不足，后者根据生物的状况评估环境健康。它们包括监测水体中存在的生物或生态指示，以衡量水体对干扰的反应。"干扰"可以在生态系统、群落或种群水平上扰乱水体的任何因素。以反应为导向的方法表明，该方法可以准确判断水质有无问题。

（3）以压力因素为导向的方法和以反应为导向的方法在水质管理方面有明显的用途和具体的好处。重点是在业务上综合这两种办法，以便产生能兼收并蓄的好处。

（4）生物指数从基于反应的方法演变而来。BIs 中，根据不同分类单元对特定污染物的耐受性或敏感性，对特定生物群中的不同分类单元分配不同的敏感性权重或"分数"。将在一个地点取样的所有个体分类群的得分相加和/或求平均，以提供一个值，据此衡量生物群落的生态健康，从而衡量水体的健康。有些 BIs 在评分系统中包括丰度估计数。本文介绍了几种常用的 BIs，并着重介绍了它们的特点和局限性。

（5）底栖大型无脊椎动物是生物指数中使用最广泛的一类，也使用了各种其他生物，包括细菌、原生动物、硅藻、藻类、大型植物、大型无脊椎动物和鱼类。大型底栖无脊椎动物的优势在于它们基本上不流动，无处不在，数量相对丰富。一个群落中通常有许多物种，它们对压力的敏感性和相对较快的反应时间各不相同。这提供了对环境干扰的广泛分级和可识别的反应。许多常见大型无脊椎动物物种对不同类型污染的反应已被广泛记录，这是一个额外的优势。

（6）尽管生物指数在补充传统 WQIs 方面非常有效，它们也受到若干限制。最严重的问题是难以找到适当的"参照"地点。理想情况是，"参照"地点应真正反映自然。将未受污染的条件，与试验地点进行比较，以了解某一影响是否导致水生生物群落或生态系统超出自然变化范围。到处都有广泛的人类入侵，在大多数地区，特别是在低地地区，很难找到未受影响的地点作为"参照"地点。通常必须使用受干扰最小或受影响最小的可用站点来确定最佳可达到的参照条件。与基于物理和化学参数的 WQIs 不同，BIs 无法检测中度退化。

（7）经过几次修改，使用 BIs 更简单、更迅速，很少有指数像 BIs 那样得到广泛的应用。应用日益广泛的两种方法是以生物完整性指数为代表的"多指标（或复合）方法"和以 RIVPACS（河流无脊椎动物预测和分类系统）为代表的"多变量方法"。两者都不比任何 BI 更简单或更迅速，但可以说两者都更全面。

References

Armitage, P. D., Moss, D., Wright, J. F., Furse, M. T., 1983. The perormance of a new biological water quality score system based on macroinvertebrates over a wide range of unpolluted running water sites. Water Research 17, 333 −347.

Ayari, R., Afli, A., 2008. Functional groups to establish the ecological quality of soft benthic fauna within Tunis Bay(western Mediterranean). Vie et Milieu 58 (1), 67 − 75.

Barbour, M. T., Gerritsen, J., Snyder, B. D., Stribling, J. B., 1999. Rapid Bioassessment Protocols for Use in Streams and Wadeable Rivers: Periphyton, Benthic Macro-invertebrates and Fish, second ed. Report EPA 841-B-99 −002. US Environmental Protection Agency, Office of Water, Washington DC.

Bergen M., Cadien, D., Dalkey, A., Montagne, D. E., Smith, R. W., Stull, J. K., Velarde, R. G., Weisberg, S. B., 2000. Assessment of benthic infaunal condition on the mainland shelf of Southern California. Environmental Monitoring and Assessment 64, 421 −434.

Bigler, C., Gäilman, V., Renberg, I., 2009. Numerical simulations suggest that counting sums and taxonomic resolution of diatom analyses to determine IPS pollution and ACID acidity indices can be reduced. Journal of Applied Phycology 22, 541 – 548.

Blanchet, H., Lavesque, N., Ruellet, T., Dauvin, J., Sauriau, P., Desroy, N., Desclaux, C., Leconte, M., Bachelet, G., Janson, A., 2008. Use of biotic indices in semi-enclosed coastal ecosystems and transitional waters habitats—implications for the implementation of the European Water Framework Directive. Ecological Indicators 8, 360 –372.

Blanc o, S., Becares, E., 2010. Are biotic indices sensitive to river toxicants? A comparison of metrics based on diatoms and macro-invertebrates. Chemosphere 79, 18 – 25.

Blanco, S., Becares, E., Cauchie H. M., Hoffmann, L., Ector, L., 2007. Comparison of biotic indices for water quality diagnosis in the Duero Basin. Spain. Arch. Hydrobiol. Suppl. Large Rivers. 17, 267 –286.

Bonada, N., 2003. Ecology of Macroinvertebrate Communities in Mediterranean Rivers at Different Scales and Organization Levels. PhD thesis, University of Barcelona, Spain.

Borja, A., Franco, J., Perez, V., 2000. A marine biotic index to estabhsh the ecological quality of soft-bottom benthos within European estuarine and coastal environments. Marine Ecology Progress Series 40 (12), 1100 –1114.

Brown, C. A., 2001. A comparison of several methods of assessing river condition using benthic macro-invertebrate assemblages. African Journal of Aquatic Science 26, 135 – 147.

Callanan, M., Baars, J. R., Kelly-Quinn, M., 2008. Critical influence of seasonal sampling on the ecological quality assessment of small headwater streams. Hydrobiologia 610, 245 –255.

CEMAGREF (1982). Étude des Méthodes Biologiques d'appréciation Quantitative de la Qualité des Eaux. Rapport Q. E. Lyon-A. F. Rhône-Méditerranée-Corse. CEMAGREF, LyonCoring, E., Situation and developments of algal, diatom-based techniques for monitoring rivers in Germany (1999). Use of Algae for Monitoring Rivers III, 122 – 127, Prygiel J., Whitton B. A., and Bukowska J. (Eds), Agence de l'Eau Artois-Picardie, Douai.

Chainho, P., Costa, J. L., Chaves, M. L., Dauer, D. M., Costa, M. J., 2007. Influence of seasonal variability in benthic invertebrate community structure on the use of biotic indices to assess the ecological status of a Portuguese estuary. Marine Pollution Bulletin 54 (10), 1586 –1597.

Chandler, J. R., 1970. A biological approach to water quality management. Water Pollution Control 69, 415 –421.

Chau, K. W., Chuntian, C., Li, C. W., 2002. Knowledge management system on flow and water quality modelling. Expert Systems with Applications 22, 321 −330.

Chessman, B. C., 1995. Rapid assessment of rivers using macroinvertebrates: a procedure based on habitat-specific sampling, family level identification and a biotic index. Australian Journal of Ecology 20, 122 −129.

Chessman, B. C., 2003. New sensitivity grades for Australian river macroinvertebrates. Marine and Freshwater Research 54, 95 −103.

Chessman, B., Williams, S., Besley, C., 2007. Bioassessment of streams with macro-invertebrates: effect of sampled habitat and taxonomic resolution. Journal of the North American Benthological Society 26 (3), 546 −565.

Choi, J. W., Seo, J. Y., 2007. Application of biotic indices to assess the health condition of benthic community in Masan Bay, Korea. Ocean and Polar Research 29 (4), P339 −348.

Chutter, F. M., 1994. The rapid biological assessment of stream and river water quality by means of the macro-invertebrate community in South Africa. In: Uys, M. C. (Ed.), Classification of Rivers, and Environmental Health Indicators Proceedings of a Joint South African/Australian Workshop, 7 − 11 February (1994), Cape Town, South Africa. Water Research Commission Report No. TT 63/94. Pretoria. 217 − 234.

Chutter, EM., 1995. The role of aquatic organisms in the management of river basins for sustainable utilisation. Water Science and Technology 32, 283 −291.

Chutter, F. M., 1998. Research on the rapid biological assessment of water quality impacts in streams and rivers. WRC Report No. 422/1/98. Water Research Commission, Pretoria, South Africa.

Clews, E., Ormerod, S. J., 2009. Improving bio-diagnoshc monitoring using simple combinations of standard biotic indices. River Research and Applications 25 (3), 348 −361.

Cortelezzi, A., Paggi, A. C., Rodríguez, M., Capítulo, A. R., 2011. Taxonomic and nontaxonomic responses to ecological changes in an urban lowland stream through the use of Chironomidae (Diptera) larvae. Science of the Total Environment 409 (7), 1344 −1350.

Dallas, H. F., 2002. Spatial and Temporal Heterogeneity in Lotic Systems: Implications for Defining Reference Conditions for Macroinvertebrates. PhD thesis, University of Cape Town, South Africa.

Dallas, H. E., Day J. A., 2004. The effect of water quality variables on aquatic ecosystems: a review. WRC Report No. TT 224/04. Water Research Commission, Pretoria, South Africa.

Dallas, H. E., Day, J. A., 1993. The effect of water quality variables on riverine eco-systems: a review. WRC Report No. TT 61/93. Water Research Commission, Pretoria, South Africa.

Dauvin, J. C., Ruellet, T., 2007. Polychaete/amphipod ratio revisited. Marine pollution bulletin 55, 215 −224.

Davis, W. S., Simon, T. P., 1995. Biological Assessment and Criteria: Tools for Water Resource Planing and Decision Making. Lewis Publishers, London.

De Jonge, M., Van de Vijver, B., Blust, R., Bervoets, L., 2008. Responses of aquatic organisms to metal pollution in a lowland river in Flanders: a comparison of diatoms and macroinvertebrates. Science of the Total Environment 407, 615 −629.

De pauw, N., Vanhooren, G., 1983. Method quality assessment of watercourses in Belgium. Hydrobiologia 100, 153 −168.

Dell'Uomo, A., 2004. L'Indice Diatomico di Eutrofizza-zione/Polluzione, EPI-D nel monitoraggio delle acque correnti—Linee guida. APAT, Roma.

Descy, J. R., 1979. A new approach to water quality estima-tion using diatoms. Nova Hedwigia 64, 305 −323.

Descy, J. R., Coste, M., 1991. A test of methods for assessing water quality based on diatoms. Verhandlungen des Internationalen Verein Limnologie 24, 2112 −2116.

Dudgeon, D., Choowaew, S., Ho, S. C., 2000. River conservation in south-east Asia. In: Boon, P. J., Davies, B. R., Petts, G. E. (Eds.), Global Perspectives on River Conservation. Science, Policy and Practice. John Whiley and Sons, Chichester, pp. 281 −310.

Duong, T. T., Feurtet-Mazel, A., Coste, M., Dang, D. K., Boudou, A., 2007. Dynamics of diatom colonization process in some rivers influenced by urban pollution (Hanoi, Vietnam). Ecological Indicators 7, 839 −851.

Engle, V. D., Summers, J. K., 1999. Refinement, validation, and application of a benthic condition index for Gulf of Mexico estuaries. Estuaries 22, 624 −635.

European Parliament, European Council, 2001. Decision No 2455/2001/EC of the European Parliament and of the Council of 20 November 2001 establishing the list of priority substances in the field of water policy and amending Directive 2000/60/EC (text with EEA relevance). Official Journal of the European Communities 331, 1 −5.

European Parliament, European Council, 2006. Directive 2006/11/EC of the European Parliament and of the Council of 15 February 2006 on pollution caused by certain dangerous substances discharged into the aquatic environment of the Community. Official Jornal of the European Communities L64, 52 −59.

Fabela, P. S., Sandoval Manrique, J. C., López. R. L., Sánchez, E. S., 2001. Using a diversity index to establish water quality in lotic systems, Utilización de un índice de diversidad para determinar la calidad del agua en sistemas lóticos. Ingenieria Hidraulica En Mexico Impact Factor 16 (2), 57 −66 (in Spanish).

Faisal, A., Dondelinger, F., Husmeier, D., Beale, C. M., 2010. Inferring species interaction networks from species abundance data: a comparative evaluation of various statistical and machine learning methods. Ecological Informatics 5, 451 −464.

Feio, M. J., Almeida, S. F. P., Craveiro, S. C., Calado, A. J., 2009. A comparison between biotic indices and predictive models in stream water quality assessment based on benthic diatom communities. Ecological Indicator 9 (3), 497 −507.

Fenoglio, S., Badino, G., Bona, F., 2002. Benthic macroinvertebrate communities as indicators of river environment quality: an experience in Nicaragua. Revista de Biologia Tropical 50, 1125 −1131

Fleischer, D., Gremare, A., Labrune, C., Rumohr, H., Vanden Berghe, E., Zettler, M. L., 2007. Performance comparison, of two biotic indices measuring the ecological status of water bodies in the Southern Baltic and Gulf of Lions. Marine Pollution Bulletin 54, 1598 −1606.

Friedrich, G., Chapman, D., Beim, A., 1996. The use of biological material. In: Chapman, D. (Ed.), Water Quality Assessments. A Guide to the Use of Biota, Sediments and Water in Environmental Monitoring, second ed. E and FN Spon, London, pp. 175 −242.

García-Criado, E., Tomé, A., Vega, F. J., Antolin, C., 1999. Performance of some diversity and biotic indices in rivers affected by coal mining in northwestern. Spain Hydrobiologia 394, 209 −217.

Gerritsen, J., Barbour, M. T., King, K., 2000. Apples, oranges and ecoregions: on determining pattern in aquatic assemlages. Journal of the North American Benthological Society 19, 487 −496.

Gibson, G. R., Bowman, M. L., Gerritsen, J., Snyder, B. D., 2000. Estuarine and Coastal Marine Waters: Bioassessment and Biocriteria Technical Guidance. EPA 822-B-00 −024. U. S. Environmental Protection Agency, Office of Water, Washington, DC.

Girgin, S., 2010. Evaluation of the benthic macroinvertebrate distrbution in a stream environment during summer using biotic index. International Journal of Environmental Science and Technology 7 (1), 11 −16.

Gómez, N., Licursi, M., 2001. The pampean diatom index (IDP) for assessment of rivers and streams in Argentina. Aquatic Ecology 35, 173 −181.

Gomez-Gesteira, J. L., Dauvin, J. C., 2000. Amphipods are good bioindicators of the impact of oil spills on soft-bottom macrobenthic communities. Marine Pollution Bulletin 40 (11), 1017 −1027.

Gopal, B., Bose, B., Goswami, A. B., 2000. River conservation in the Indian sub-continent. In: Boon, P. J., Davies, B. R., Petts, G. E. (Eds.), Global Perspectives on River Conservation. Science, Policy and Practice. John Whiley and Sons, Chichester, pp. 233 −261.

Gray, N. F., Delaney, E., 20110. Measuring community response of bentic macroinvertebrates in an erosional river impacted by acid mine drainage by use of a simple model. Ecological Indicators 10 (3), 668 −675.

Grémare, A., Labrune, C., Vanden Berghe, E., Amouroux, J. M., Bachelet, G., Zettler, M. L., Vanaverbeke, J., Zenetos, A., 2009. Comparison of the Performances of Two Biotic Indices Based on the MacroBen Database. In: Marine Ecology Progress Series 382, 297 −311.

Guo, Q., Ma, K., Yang, L., Cai, Q., He, K., 2010. A comparative study of the impact of species composition on a freshwater phytoplankton community using two contrasting biotic indices. Ecological Indicators 10 (2), 296 −302.

Hering, D., Johnson, R. K., Kramm, S., Schmutz, S., Szoszkiewicz, K., Verdonschot, P. F. M., 2006. Assessment of European streams with diatoms, macrophytes, macroinvertebrates and fish: a comparative metric-based analysis of organism response to stress. Freshwater Biology 51, 1757 −1785.

Hilsenhoff, W. L., 1987. An improved biotic index of organic stream pollution. The Great Lakes Entomologist 20, 31 −39.

Hilsenhoff, W. L., 1998. A modification of the biotic index of organic stream pollution to remedy problems and permit its use throughout the year. Great Lakes Entomologist 31, 1 −12.

Hurlbert, S. H., 1971. The nonconcept of species diversity: a critique and alternative parameters. Ecology 52, 577 −586.

Hürlimann, J., Niederhauser, P., 2006. Methoden zur Untersuchung und Beurteilung der Fliessgewäisser: Kieselalgen Stufe F (flächendeckend) Bundesamt für Umwelt, BAFU, Bern.

Imoobe, T. O. T., Ohiozebau, E., 2010. Pollution status of a tropical forest river using aquatic insects as indicators. African Journal of Ecology 48 (1), 232 −238.

Iversen, T. M., Madsen, B. L., Bogestrand, J., 2000. River conservation in the European Commtmity, including Scandinavia. In: Boon, P. J., Davies, B. R., Petts, G. E. (Eds.), Global Perspectives on River Conservation. Science, Policy and Practice. John Whiley and Sons, Chichester, pp. 79 −103.

Ivorra, N., 2000. Metal Induced Succession in Benthic Diatom Consortia, PhD thesis, University of Amsterdam, Amsterdam.

Johnson, R. K, Wiederholm, T., Rosenberg, D. M., 1993, Freshwater Biomonitoring and Benthic Macroinvertebrates. Freshwater biomonitoring using individual organisms, populations and species assemblages of benthic macroinvertebrates. In: Rosenberg, D. M., Resh, V. H. (Eds.). Chapman and Hall, New York, pp. 40 −125.

Jüttner, I., Chimonides, P. J., Ormerod, S. J., 2010. Using diatoms as quality indicators for a newly-formed urban lake and its catchment. Environmental Monitoring and Assessment 162(1/2/3/4), 7 −65.

Kelly, M. G., Whitton, B. A., 1995. The trophic diatom index: a new index for monitoring eutrophication in rivers. Journal of Applied Phycology 7, 433 −444.

Knoben, R., Roos, C., van Oirschot, M. C. M., 1995. UN/ ECE Task Force on Monitoring and Assessment under the Convention on the Protection and Use of Transboundary Watercourses and International Lakes (Helsinki, 1992). vol. 3: biological assessment l'Equipment Rural, Section Pêche et Pisciculture. RIZA Report No. 95. 066. RIZA Institute for Inland Water Management and Waste Water Treatment, Lelystad. Available at: http://www. iwac-riza. org/ WAC/IWACSite. nsf/.

Lang, C., Reymond, O., 1995. An improved index of environmental quality for Swiss rivers, based on benthic invertebrates. Aquatic Sciences 57, 172 −180.

Lang, C. L., Eplattenier, G., Reymond, O., 1989. Water quality in rivers of western Switzerland: application of an adaptable index based on benthic invertebrates. Aquatic Sciences 51, 224 −234.

Larsen, S., Sorace, A., Mancini, L., 2010. Riparian Bird Communities as Indicators of Human Impacts Along Mediterranean Streams. Environmental Management, 1 −13.

Lavoie, I., Campeau, S., 2010. Fishing for diatoms: fish gut analysis reveals water quality changes over a 75-year period. Journal of Paleolimnology 43, 121 −130.

Lavoie, I., Campeau, S., Darchambeau, E., Cabana, G., Dillon, P. J., 2008. Are diatoms good integrators of temporal variability in stream water quality? Freshwater Biology 53 (4), 827 −841.

Lazaridou-Dimitriadou, M., Koukoumides, C., Lekka, E., Gaidagis, G., 2004. Integrative evaluation of the ecological quality of metalliferous streams (Chalkidiki, Macedonia, Hellas). Environmental Monitoring and Assessment 91, 59 −86.

Leclercq, L., Maquet, L., 1987. Deux nouveaux indices chi-miques et diatomiques de qualité d'eau courante. Application au Samson et à ses affluents, Bassin de la Meuse belge. Comparaison avec d'autres indices chi-miques biocénotiques et diatomiques. Inst. Roy. Sci. Nat. Belg. Doc. Trav. 38, 1 −113.

Lenoir, A., Coste, M., 1996. Development of a practical diatom index of overall water quality applicable to the French national water board network. In: Whitton, B. A., Rott, E. (Eds.), Use of Algae for Monitoring Rivers Ⅱ. Institutfur Botanik. University Innsbruck, pp. 29 −43.

Li, L., Liu, C., Mou, H., 2000. River conservation in central and eastern Asia. In: Boon, P. J., Davies, B. R., Petts, G. E. (Eds.), Global Perspectives on River Conservation. Science, Policy and Practice. John Whiley and Sons, Chichester, pp. 263 −279.

Lobo, E. A., Callegaro, V. L. M., Bender, E. R., 2002. Utilizaçao de Algas Diatomaceas Epiliticas como Indicadores da Qualidade da Agua em Rios e Arroios da Regiao Hidrografica do Guaiba, RS, Brasil. EDUNISC, Santa Cruz do Sul.

Maggioni, L. A., Fontaneto, D., Bocchi, S., Gomarasca, S., 2009. Evaluation of water quality and ecological system conditions through macrophytes. Desalination 246 (1/2/3), 190 −201.

Marín-Guirao, L., Cesar, A., Marm, A., Lloret, J., Vita, R., 2005. Establishing the ecological quality status of soft-bottom mining-impacted coastal water bodies in the scope of the Water Framework Directive. Marine Pollution Bulletin 50 (4), 374 − 387.

Mazor, R. D., Schiff, K., et al., 2010. Bioassessment tools in novel habitats: an evaluation of indices and sampling methods in low-gradient streams in California. Environmental Monitoring and Assessment 167 (1/2/3/4), 91 −104.

Meloni, R, Isola, D., Loi, N., Schintu, M., Contu, A., 2003. Coliphages as indicators of fecal contamination in sea water. (I colifagi come indice di contaminazione fecale nelle acque marine). Ann Ig 15 (2), 111 −116 (in Italian).

Metcalfe, J. L., 1989. Biological water quality assessment of running waters based on macroinvertebrate communities: history and present status in Europe. Environmental Pollution 60, 101 −139.

Metcalfe-Smith, J. L., 1994. Biological water quality assessment of rivers: use of macroinvertebrate communities. In: Calow, R, Petts, G. E. (Eds.), The Rivers Handbook. Hydrological and Ecological Principles, vol. 2. Blackwell Scientific Publications, Oxford, pp. 144 −170.

Metzeling, L., Chessman, B., Hardwick, R., Wong, V., 2003. Rapid assessment of rivers using macroinvertebrates: the role of experience, and comparisons with quantitative methods. Hydrobiologia 510, 39 −52.

Milner, A. M., Oswood, M. W., 2000. Urbanization gradients in streams of Anchorage, Alaska: a comparison of multivariate and multimetric approaches to classification. Hydrobiologia 422 & 423, 209 −223.

Moog, O., Chovanec, A., 2000. Assessing the ecological integrity of rivers: walking the line among ecological, political and administrative interests. Hydrobiologia 422, 99 −109.

Moreno, J. L., Navarro, C., De Las Heras, J., 2006. Proposal of an aquatic vegetation index (IVAM) for assessing the trophic status of the Castilla-La Mancha rivers: a comparison with either indexes. (Propuesta de un índice de vegetation acuática (IVAM) para la evaluación del estado trófico de los ríos de Castilla-La Manha: Comparación con otros índices bióticos). Limnetica 25(3), 821 −838 (in Spanish).

Mugnai, R., Oliveira, R. B., Do Lago Carvalho, A., Baptista, D. F., 2008. Adaptation of the indice biotico esteso (IBE) for water quality assessment in rivers of Serra do Mar, Rio de Janeiro State, Brazil. Tropical Zoology 21, 57 −74.

Muniz, P., Venturini, N., Pires-Vanin., A. M. S., Tommasi, L. R., Borja, A., 2005. Testing the applicability of a marine biotic index (AMBI) to assessing the ecological quality of softbottom benthic communities, South America Atlantic region. Marine Pollution Bulletin 50, 624 −637.

Murphy P. M., 1978. The temporal variability in biotic indices. Environmental Pollution 17, 227 −236.

Muttil, N., Chau, K. W., 2006. Neural network and genetic programming for modelling coastal algal blooms. International Journal of Environment and Pollution 28, 223 − 238.

Muttil N., Chau, K. W., 2007. Machine-learning paradigms for selecting ecologically significant input variables. Engineering Applications of Artificial Intelhgence 20, 735 − 744.

Muxika, I., Borja, A., Bonne, W., 2005. The suitability of the marine biotic index (AMBI) to new impact sources along European coasts. Ecological Indicators 5, 19 −31.

Norris, R. H. Georges, A., 1993. Analysis and interpretation of benthic m acroinvertebrate surveys. In: Rosenberg, D. M., Resh, V. H. (Eds.), Freshwater Biomonitoring and Benthic Macroinvertebrates. Chapman and Hall, New York, pp. 234 −286.

Norris, R. H., Thorns, M. C., 1999. What is river health? Freshwater Biology 41, 197 −209.

Ollis, D. J., Dalls, H. F., Esler, K., Boucher, C., 2006. Bioassessment of the ecological integrity of river ecosystems. African Journal of Aquatic Science 31, 205 − 227.

Pinder, L. C. V., Ladle, M., Gledhill, T., Bass, J. A. B., Matthews, A. M., 1987. Biological surveillance of water quality, 1. A comparison of macroinvertebrate surveillance methods in relation to assessment of water quality, in a chalk stream. Archiv für Hydrobiologie 109, 207 −226.

Pinel-Alloul, B., Methot, G., Lapierre, L., Willsie, A., 1996. Macroinvertebrate community as a biological indicator of ecological and toxicological factors in Lake Saint-Francois, Quebec. Environmental Pollution 91, 65 −87.

Pinto, R., Patncioa, J., Baeta, A., Fath, B. D., Nero, J. M., Marques, J. C.,

2009. Review and evaluation of estuarine biotic indices to assess benthic condition. Ecological indicators 9, 1 −25.

Pringle, C. M., Scatena F. N., Paaby-Hansen, P., Nunez-Ferrera, M., 2000. Conservation in Latin America and the Caribbean. Chapter 2 pages 41 −78. In: Boon, P. J. , Davies, B., Peets, G. C. (Eds.), Global Perspectives on River Conservation: Science, Policy and Practice. John Wiley and Sons LTD, England.

Prygiel, J., Leveque, L., Iserentant, R., 1996, L'TDP: un nouvel Indice Diatomique Pratique pour l' evaluation de la qualité des eaux en réseau de surveillance. Revue Des Sciences De L'Eau 9, 97 −113.

Resh, V. H., 1995. Freshwater benthic macro invertebrates and rapid assessment procedures for water quality monitoring in developing and newly industrialized countries. In: Davis, W. S., Simon, T. P. (Eds.), Biological Assessment and Criteria. Tools for Water Resource Planning and Decision-making. Lewis Publishers, Boca Raton, pp. 167 −177.

Resh, V. H., Norris, R. H., Barbour, M. T., 1995. Design and implementation of rapid assessment approaches for water resource monitoring using benthic macroinvertebrates. Australian Journal of Ecology 20 (1), 108 −121.

Reynoldson, T. B., Metcalfe-Smith, J. L., 1992. An overview of the assessment of aquatic ecosystem health, using benthic macroinvertebrates. Journal of Aquatic Ecosystem Health 1, 295 −308.

Reynoldson, T. B., Norris, R. H., Resh, V. H., Day, K. E., Rosenberg, D. M., 1997. The reference condition: a comparison of multimetric and multivariate approaches to assess water quality impairment using benthic macroinvertebrates. Journal of the North American Benthological Society 16, 833 −852.

Rico, E., Rallo, A., Sevillano, M. A., Arretxe, M. L., 1992. Comparison of several biological indices based on river macroinvertebrate benthic community for assessment of running water quality. Annals Limnology 28, 147 −156.

Robson, M., Spence, K., Beech, L., 2006. Stream quality in a small urbanized catchment. Science of the Total Environment 357, 194 −207.

Rosenberg, R., Blomquist, M., Nilsson, H. C., Cederwall, H., Dimming, A., 2004. Marine quality assessment by use of benthic species-abundance distribution: a proposed new protocol within the European Union Water Framework Directive. Marine Pollution Bulletin 49, 728 −739.

Rott, E., Pfister, P., Van Dam, H., Pipp, E., Pall, K., Binder, N., Ortler, K., 1999. Indikationlisten für Aufwuchsalgen in österreichischen Fliessgewässern. Tell 2: Trophieindikation sowie geochemische Präferenzen, taxonomische und 24 S. Blanco, E. Bécares/Chemosphere. 79, 18 −25.

Rott, E., Hofmann, G., Pall, K., Pfister, P., Pipp, E., 1997. Indikationslisten für Aufwuchsalgen in osterreichischen Fliessgewässern. Teil 1: Saprobielle Indikation, Wasser-wirtschaftskataster, Bundesministerium f. Land-u. Forstwirtschaft, Wien.

Roux, D. J., Everett, M. J., 1994, The ecosystem approach for river health assessment: a south African perspective. In: Uys, M. C. (Ed.), Classification of Rivers, and Environmental Health Indicators Proceedings of a Joint South African/Australian Workshop, 7 −11 February 1994, Cape Town, South Africa. Water Research Commission Report No. TT 63/94, Pretoria, South Africa. 343 −361.

Roux, D. J., Kempster, P. L., Kleynhans, C. J., Vanvliet, H. R., Du Preez, H. H., 1999a. Integrating stressor and response monitoring into a resource-based water quality assessment framework. Environmental Management 23, 15 −30.

Roux, D. J., Kleynhans, C. J., Thirion, C., Hill, L., Engelbrecht, J. S., Deacon, A. R., Kemper, N. P., 1999b. Adaptive assessment and management of riverine ecosystems: the Crocodile/Elands River case study. Water SA 25, 501 −511.

Rumeau, A., Coste, M., 1988. Initiation à la systématique des diatomées d'eau douce. Bulletin Francais de la Peche et de la Pisciculture 309, 1 −69.

Rygg, B., 2002. Indicator species index for assessing benthic ecological quality in marine waters of Norway. Norwegian Institute for Water Research, Report no. 40114, pp.1 −32.

Sabater, S., 2000. Diatom communities as indicators of environmental stress in the Guadiamar River, S-W. Spain, following a major mine tailings spill. Journal of Applied physiology 12, 113 −124.

Salas, F., Neto, J. M., Borga, A., Marques, J. C., 2004. Evaluation of the applicability of a marine biotic index to characterize the status of estuarine ecosystems: the case of Mondego estuary (Portugal). Ecological Indicators 4, 215 −225.

Sandin, L., Hering, D., BuffagnI, A., Lorenz, A., Moog, O., Rolauffs, P., Stubauer, I., 2001. The development and testing of an Integrated Assessment System for the ecological quality of streams and rivers throughout Europe, using benthic macroinvertebrates, Third Deliverable: experiences with different stream assessment methods and outlines of an integrated method for assessing streams, using benthic macroinvertebrates. AQEM, Contract No. EVK1-CTI999-00027. www. moog. at/downloads/ Publikationen. pdf.

Sarkar, C., Abbasi, S. A., 2006. Qualidex—a new software for generating water quality indice. Environmental Monitoring and Assessment 119, 201 −231.

Schiefele, S., Kohmann, F., 1993. Bioindikation der Trophie in Fließgewässern. Umweltforschungsplan des Bundesministers für Umwelt, Naturschutz und Reaktorsicherheit, Wasserwirtschaft, Forschungsbericht Nr. 102-01-504. Bayerisches Landesamt für Wasserwirtschaft, München, Berlin.

Selvakumar, A., O'Connor, T. P., Struck, S. D., 2010. Role of stream restoration on improving benthic macroinvertebrates and In-stream water quality in an urban watershed: case study. Journal of Environmental Engineering 136 (1), 127 −139.

Shannon, C. E., Weaver, W., 1949. The Mathematical Theory of Communication. University of Illinois Press, Urbana.

Simboura, N., Argyrou, M., 2010. An insight into the performance of benthic classification indices tested in Eastern Mediterranean coastal waters. Marine Pollution Bulletin 60, 701 −709.

Simboura, N., Panayotidis, P., Papathanassiou, E., 2005. A synthesis of the biological quality elements for the implementation of the European Water Framework Directive in the Mediterranean ecoregion: the case of Saronikos Gulf. Ecological Indicators 5, 253 −266.

Simboura, N., Papathanassiou, E., Sakellariou, D., 2007. The use of a biotic index (Bentix) in assessing long-term effects of dumping coarse metalliferous waste on soft bottom benthic communities. Ecological Indicators 7, 164 −180.

Simboura, N,, Zenetos, A., 2002. Benthic indicators to use in ecological quality classification of Mediterranean soft bottom marine ecosystems, including a new biotic index. Mediterranean Marine Science 3, 77 −111.

Simić, V., Simić, S., 1999. Use of the river macrozoobenthos of Serbia to formulate a biotic index. Hydrobiologia 416, 51 −64.

Sládeček, V., 1986. Diatoms as indicators of organic pollution. Acta Hydrochim. Hydrobiol. 14, 555 −566.

Smith, R. W., Bergen, M Weisberg, S. B. Cadien, D., Dalkey, A., Montagne, D., Stull, J. K., Velarde, R. G., 1998. Southern California Bight Pilot Project: Benthic Response Index for Assessing Infaunal Communities on the Mainland Shelf of Southern California. Southern California Coastal Water Research Project. http://www. sccwrp. org.

Smith, R. W., Bergen, M., Weisberg, S. B., Cadien, D., Dankey, A., Montagne, D., Stull, J. K., Velarde, R. G., 2001. Benthic response index for assessing infaunal communities on the Mainland Shelf of Southern California. Journal of Applied Ecology 11, 1073 −1087.

Soininen, J., Könönen, K., 2004. Comparative study of monitoring South-Finnish rivers and streams using macroinvertebrate and benthic diatom community structure. Aquatic Ecology 38, 63 −75.

Stark, J. D., 1985. A Macroinvertebrate Community Index of Water Quality for Stony Streams, Water and Soil Miscellaneous Publication No. 87. National Water and Soil

Conservation Authority, Wellington, New Zealand.

Stark, J. D., 1993. Performance of the Macroinvertebrate Community Index: effects of sampling method, sample replication, water depth, current velocity and substratum on index values. New Zealand Journal of Marine and Freshwater Research 27, 463 −478.

Steinberg, C., Schiefele, S., 1988. Biological indication of trophy and pollution of running waters. Zeitschrift für Wasser und Abwasserforschung 21, 227 −234.

Suárez, M. L., Mellado, A., Sanchez-Montoya, M. M., Vidal-Abarca. M. R., 2005. Proposal of an index of macrophytes (IM) for evaluation of warm ecology of the rivers of the Segura Basin. (Propuesta de un índice de macrófitos (IM) para evaluar la calidad ecológica de los ríos de la cuenca del Segura). Limnetica 24 (3/4), 305 −318.

Terrado, M., Barceló, D., Tauler, R., Borrell, E., Campos, S. D., 2010. Surface-water-quality indices for the analysis of data generated by automated sampling networks. TrAC—Trends in Analytical Chemistry 29 (1), 40 −52.

Tuffery, G., Verneaux, J., 1968. Methode de determmation de la qualité biologique des eaux courantes. Exploitation codifiée des inventaires de la faune du fond. Ministère de l'Agriculture (France), Centre National d'Etudes Techniques et de Recherches Technologiques pour l'Agriculture, les Forets et l'Equipment Rural, Section Pêche et Pisciculture.

Verdonschot, P. F. M., 2000. Integrated ecological assessment methods as a basis for sustainable catchment management. Hydrobiologia 422 & 423, 389 −412.

Washington, H. G., 1984. Diversity, biotic and similarity indices. A review with special relevance to aquatic ecosystems. Water Research 18, 653 −694.

Watanabe, T., Asai, K., Houki, A., 1988. Numerical water quality monitoring of organic pollution using diatom assemblage. Proceedings of the Ninth International Diatom Symposium 1986, 123 −141. In: Round, F. E. (Ed.). Koeltz Scientific Books, Koenigstein.

Woodiwiss, F. S., 1964. The biological system of stream classification used by the Trent River Board. Chemistry and Industry 83, 443 −447.

Wright, J. F., 1995. Development and use of a system for predicting the macroinvertebrate fauna in flowing waters. Australian Journal of Ecology 20, 181 −197.

Wright, J. F., Sutcliffe, D. W., Furse, M. T., 2000. Assessing the Biological Quality of Fresh Waters: RIVPACS and Other Techniques. Freshwater Biological Association, UK.

Wu, C. L., Chau, K. W., 2006. Mathematical model of water quality rehabilitation with rainwater utilisation: a case study at Haigang. International Journal of Environment and Pollution 28, 534 −545.

Wu, H. C., Chen, P. C., Tsay, T. T., 2010. Assessment of nematode community structure as a bioindicator in river monitoring. Environmental Pollution 158 (5), 1741 -1747.

Yoder, C. O., 1989. The cost of biological field monitoring. United States Environmental Protection Agency, Washington, D. C., USA.

Zalack, J. T., Smucker, N. J., Vis, M. L., 2010. Development of a diatom index of biotic integrity for acid mine drainage impacted streams. Ecological Indicators 10 (2), 287 -295.

Zamora-Munoz, C., Alba-Tercedor, J., 1996. Bioassessment of organically polluted Spanish rivers, using a biotic index and multivariate methods. Journal of the North American Benthological Society 15, 332 -352.

Zamora-Muñoz, C., Sáinz-Cantero, C. E., Sánchez-Ortega, A., Alba-Tercedor, J., 1995. Are biological indices BMPW' and ASPT' and their significance regarding water quality seasonally dependent? Factors explaining their variations. Water Research 29, 285 -290.

Zenetos, A., Chadjianestis, I., Lantzouni, M., Simboura, M., Sklivagou, E., Arvanitakis, G., 2004. The Eurobulker oil spill: midterm changes of some ecosystem indicators. Marine Pollution Bulletin 48 (1/2), 121 -131.

Zettler, M. L., Schiedek, D., Bobertz, B., 2007. Benthic biodiversity indices versus salinity gradient in the southern Baltic Sea. Marine Pollution Bulletin 55, 258 -270.

Zgrundo, A., Bogaczewicz-Adamczak, B., 2004. Applicability of diatom indices for monitoring water quality in coastal streams in the Gulf of Gdańsk region, Northern Poland. Oceanological and Hydrobiological Studies 33 (3), 31 -46.

Zhaia, H., Cuia, B., Hua, B., Zhang, K., 2010. Prediction of river ecological integrity after cascade hydropower dam construction on the mainstream of rivers in Longitudinal Range-Gorge Region (LRGR), China. Ecological Engineering 36, 361 -372.

Zhao, M. Y., Cheng, C. T., Chau, K. W., Li, G., 2006. Multiple criteria data envelopment analysis for full ranking units associated to environment impact assessment. International Journal of Environment and Pollution 28, 448 -464.

14 生物完整性指数或多指标指数

14.1 简介

如第13章所述，生物与"物理－化学"指数相结合，能够更好地评估水质总体状况，而不是单独采用"物理－化学"水质指数。基于少数指示物种或物种生态群对压力的敏感性(Kröncke & Reiss，2010)，生物指数并不总具有充分说服力。

生物完整性指数采用一元指数和生物指数相结合的方法，力求更敏感地反映人为干扰对水生生态系统的影响。

生物完整性被定义为支持和维持一个平衡的、综合的、适应性强的生物体群落的能力，其物种组成、多样性和功能可与该区域的自然生境相媲美(Karr & Dudley，1981)。自然系统所达到的生物条件是维持该系统的化学、物理、生物和过程随着时间推移相结合的结果。生活在自然系统中的生物体，无论是个体还是群落，都是该系统中实际状况的指数，它们的存在受到人为改变的影响(Mack，2007)。生物指数通过物种或群落来代表自然水体，IBIs寻求标准来反映水生群落内生物的组成、丰度等状况(Karr & Yoder，2004；Dolph et al.，2010)。IBIs能提供更全面的生态系统健康情况。由于IBIs的多尺度结构，其又被称为"多尺度指数"。IBIs也许是上一章所描述的比BIs更高级和更"进化"的形式，也可称为"指数中的指数"。

IBIs除反映个体健康和丰度外，还能反映生态学的重要组成部分、分类丰富度、栖息地和摄食种群组成。在不同区域及流域，水体大小和与排水系统位置有关的预期物种丰富度和组成上的差异均被考虑到选择和评分中。IBIs是鱼类、浮游、底栖生物和大型植物等选定指示生物(或生物组合)的集合结构，而不是生态系统过程，后者似乎对压力因素反应较小(Schindler，1990)，IBIs往往同时包括结构和功能指标。

某种程度上，IBIs翻译了水生生态学家对生物完整性的评估，IBIs本身并不表达因果关系或基本的生态过程。IBIs对生物完整性的评估需要与该地区的自然栖息地进行比较。世界上任何地方，几乎没有任何未受干扰的自然栖息地存在。"自然"条件必须从最小干扰地点来估计。在改变严重的地区，甚至没有这样的地点。这些情况下，必须使用历史数据、古生态数据、定量模型和专家判断来确定"自然"条件。

14.2 第一个IBI

生物完整性指数(index of biological integrity，IBI)由Karr(1981)提出。他认为，鱼类以外的类群，如大型无脊椎动物和硅藻，对其监测存在重大缺陷，需要专门的分类学知识，进行抽样、分类和鉴定；许多物种和类群的生活史往往缺乏，获得的结果很难转化为对一般公众有意义的数值。

Karr 认为，鱼类生物监测方案具有许多优势：

（1）大多数鱼类有广泛的生活史资料。

（2）鱼类包括一系列代表营养水平的物种，如杂食性、食草性、食虫性、浮游动物和鱼类。与硅藻和无脊椎动物相比，它们处于水生食物网顶端的位置，有助于提供对流域环境的综合看法。

（3）鱼比较容易辨认，技术人员需要的培训相对较少，大多数样品可以在现场进行分类和鉴定。

（4）一般公众会对有关鱼类群落状况表示关注。

（5）急性毒性和应激效应都可以评估。检查鱼类几年的增加和生长动态，可以找出不寻常的压力。

（6）在最小的溪流和污染最严重的水域外，通常都有鱼。

（7）利用鱼类研究的结果可与政府条例（例如，印度 1987/1956 年《印度渔业法》）规定的捕鱼水域直接相关。

Karr 也列举了监测鱼类的若干缺点，例如，取样的选择性、鱼类在昼夜和季节时间尺度上的流动性以及实地取样的人力需求。Karr 认为，这些都是与任何主要类群相关联的缺点。

以前对生物群落的监测和评估通常只涉及使用一个或两个标准，通常结合在一个指数中。多样性指数如 Shannon 和 Weaver（1949）指数在前面章节中讨论过（Abbasi & Abbasi，2011），其考虑物种数量（丰富度）和均衡度（物种丰度）。另一些人则将产量（或生物量）作为单一指数（Boling et al.，1975）或与多样性结合使用（Gammon et al.，1981）。Karr 认为，这些方法忽略了许多重要的变量，简化了系统的复杂性。他提出了一个新的指数——"生物完整性指数"。

Karr 基于以下前提建立了该指数：

（1）如前所述，鱼类样本均衡地反映了取样地点的鱼类群落。

（2）取样地点代表了更大范围的地理区域。

（3）负责数据分析和最后分类的科学家训练有素，对当地鱼类种群相当熟悉。

实践中，IBI 反映了陆地与水域之间的联系、物理生境质量、水文状况、能量输入、生物相互作用和水质（Karr et al.，1986；Steedman，1988；Allan et al.，1997）。IBI 设计的目的是将个体、种群、集合和生态系统层面的信息综合成一个单一的数值和水体质量评级（Karr et al.，1986）。Karr（1981）提出 IBI 后，Fausch 等人（1984）以及 Karr 等人（1986）对 IBI 结合了 12 个鱼类属性进行了改进，分为 3 组：①物种丰富度和组成；②营养组成；③鱼类丰度和健康。

在给定地点，需要以位于同一生态区（Omernik，1987）或类似生态区（Hughes，1995）未受干扰的预期数据进行评估。当河流未受干扰时，可将受干扰最小的区域作为标准（Hughes et al.，1986；Hughes，1995），或根据历史条件和鱼类栖息地要求进行模拟作为参照条件(Hughes，1995；Hughes et al.，1998)。根据是否接近(5)、适度偏离(3)或强烈偏离(1)未受无扰可比站点的预期值(表14.1)，给每个度量值分配5、3或1的评级。IBI是12个评级的总和，从12到60不等。当重复取样没有发现鱼时，就被划分为"无鱼"。指数分数如表14.2所示。

表14.1　根据生物完整性指数(IBI)评估鱼类生物完整性的指标

指标	指标等级*		
	5	3	1
物种丰富度和组成			
1. 鱼类物种总数*(本地鱼类物种)@	指标1～5的期望因溪流大小和区域而异		
2. 镖鲈种类(底栖种类)的数量和特性			
3. 太阳鱼种类的数量和特性(水柱种类)			
4. 吸盘物种的数量和特性(长寿物种)			
5. 敏感性物种的数量和特性			
6. 蓝绿鳃太阳鱼(耐受物种)的个体百分比	<5%	5%～20%	>20%
营养成分			
7. 杂食类的个体百分比	<20%	20%～45%	>45%
8. 食虫鲤科鱼类(食虫动物)的个体百分比	>45%	45%～20%	<20%
9. 食鱼动物(顶级食肉动物)的个体百分比	>5%	5%～1%	<1%
鱼类数量和状况			
10. 样本中个体数量	指标10的预期因水流大小和其他因素而异		
11. 混杂种(外来种或简单亲石物)的个体百分比	0%	>0%，≤1%	>1%
12. 患病、肿瘤、鳍损伤和骨骼异常的个体百分比	0%，≤2%	>2%，≤5%	>5%

注：*美国中西部原始IBI指标；@广义IBI指标。

表14.2　IBI分数的说明(Karr，1981)

IBI总分(12个指标等级的总和)*	站点的完整性等级	属性
58～60	非常好	可与没有人为干扰的最佳情况相媲美；生境和水流大小的所有区域预期物种，包括最不耐受的形式，都有完整的年龄(大小)类别；摄食结构平衡
48～52	好	物种丰富度略低于预期，特别是丧失了最不耐受的形式；一些物种的丰度或大小分布低于最佳值；摄食结构显示出一些压力因素的迹象

续表 14.2

IBI 总分(12 个指标等级的总和)*	站点的完整性等级	属性
40 ～ 44	正常	恶化的迹象包括不耐受形式、物种减少和摄食结构高度扭曲(例如,杂食动物和绿色太阳鱼或其他耐受物种的出现频率增加);年龄较大的顶级掠食者可能很少
28 ～ 34	差	被杂食动物、耐受的形式和生境全能物种所支配;少数顶级食肉动物,增长率和条件因素普遍受到抑制;频繁出现杂化物种和患病鱼
12 ～ 22	非常差	几乎没有鱼,大多是引进的或耐受的形式;杂化物种;疾病、寄生虫、鳍损伤和其他异常很常见
@	无鱼	重复取样未发现鱼

注:＊在专业生物学家仔细考虑个体标准/指标标准后,给值介于类之间的站点分配适当的完整性类别;@ 没有发现鱼的地方不得计算分数。

这一指数最初是为美国中西部的溪流开发的,在北美的其他许多地区进行了测试并发现有用(Miller et al., 1988;Simon & Lyons, 1995)。它还应用于河口(Thompson & Fitzhugh, 1986)、湖泊(Dionne & Karr, 1992;Minns et al., 1994)以及美国和加拿大以外的河流(Hughes & Oberdorff, 1998)。遵循生态区域办法,IBI 也常常需要删除或增加、修改衡量标准,以考虑鱼类分布和聚集结构的区域差异,有些努力并不总是成功的;在美国科罗拉多州东南部的半干旱地区,修正的 IBI 不能敏感地反映其他地区的生境退化(Bramblett & Fausch, 1991)。

多年来,Karr 的 IBI 的缺点已经被发现,大量新型的 IBIs 被开发出来,在世界各地有各种各样的适应性,而原 IBI 的基础仍然稳固(Roset et al., 2007)。后面的小节中将详细讨论。

14.3　驱动 - 压力 - 应激 - 影响 - 响应(DPSIR)范式与 IBI

Borja 和 Dauer(2008)描述了 IBI 发展的过程,其背景可以称为"DPSIR 范式"。DPSIR 是一种反馈循环系统。在该系统中,社会和经济发展的驱动力(D)对环境施加压力(P),从而使环境改变其状态(S),可能对人类健康和/或生态系统的功能产生影响(I),最后引起环境管理的响应(R)。

最强的驱动指标往往是人口密度,伴随着不同程度的发展冲动;压力(压力因素)指标是大规模的人为压力,例如土地使用方式的变化和空气、水、土壤污染的增加;状态(暴露)指标包括实际造成的环境有机/无机污染程度等方面;影响(生态反应)指标包括生物群落结构的变化。

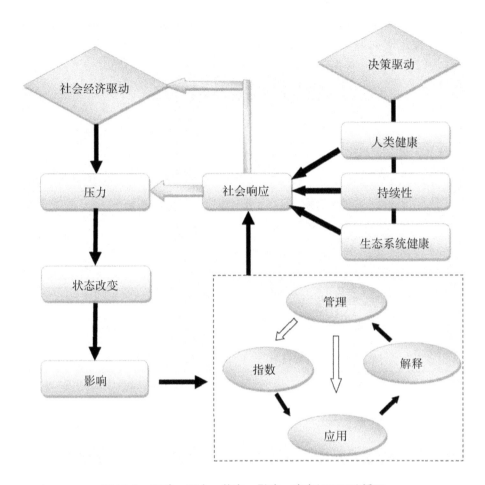

图 14.1　驱动 -压力 -状态 -影响 -响应(DPSIR)循环

[旨在制止、改善、减轻或扭转不可接受的状况，社会响应用空心箭头表示。插图显示影响评估的组成部分。自适应监测反馈路径用空心箭头表示(采用自 Borja & Dauer，2008)。]

　　正如 Borja 和 Dauer(2008)所阐明的，为了整合环境保护立法和 DPSIR 范式，影响(I)部分(图 14.1 中的虚线插图)需要：①评估生态完整性；②评价是否发生了重大的生态退化；③查明生态退化的空间范围和位置；④确定不可接受的退化原因，以便指导管理行动。在图 14.1 的虚线插图中，在环境管理和指数、应用、解释之间，由空心箭头表示的反馈循环代表了在制定和最终确定社会响应(R)之前必须进行适应性监测变化。DPSIR 的响应(R)部分构成环境管理战略，以制止、改善、减轻或扭转不可接受的状况，保护人类健康，并维持健康的生态系统，同时促进可持续发展。

　　确定生态完整性的一个组成部分是衡量生物的完整性，通常强调对浮游生物、底栖生物、大型藻类和鱼类的分析。这是用 IBIs 完成的。DPSIR 的影响(I)部分要求使用和/或制定指数，在空间和时间上适当应用这些指数，并对结果作出合理解释。

　　稳健有效的 IBI 建立在可测量属性的基础上，这些属性提供了人类活动生物效应的信号。最终纳入 IBI 指标是因为它们反映了生物对条件变化特定和可预测的反应。

它们对物理、化学和生物的改变因素很敏感，相对容易测量和解释。典型 IBI 包括生物的若干属性，例如群丰富度、指示种、个体生物体的健康状况和生态过程（表14.3）。

表 14.3　IBI 指标所基于的生物属性

类别	证明有效	需要更多测试	难以衡量或过于理论化
种类群丰富度	主要种类群的丰富度（例如，蜉蝣或太阳鱼）	优势度（种类的相对丰度）	相对丰度分布，Preston（1962）之后
耐受、不耐受	不耐受生物的丰富度，相对丰富的绿色太阳鱼；耐受种群的相对丰度	稀有或濒危物种的数量	摇蚊种类（难以识别）
摄食结构	摄食结构，如大量食肉动物或杂食动物的相对丰度	—	繁殖率
个体健康	畸形、损伤或肿瘤个体鱼的相对丰度 有头包膜畸形的个体摇蚊类的相对丰度 按大小或年龄分类的增长率	组织中的污染物水平（生物标记）	代谢率
其他生态属性	—	目标种群的年龄结构	—

选择生物属性最重要的标准是该属性是否可预测地沿着人类影响的梯度做出响应。有效的 IBI 衡量标准应综合反映生态系统、群落、种群和个体层面的信息（Karr & Chu，1999），并明确区分是人类活动影响生物的信号还是自然变异的噪音。IBI 建立在经验数据之上，它的使用不需要解决当代生态学中的高级理论争论（Karr & Chu，2000）或数学模型。

14.3.1　候选指标

候选指标的选择是基于生态相关性和测量可行性的考虑（表 14.4）。候选指标通常包括物种多样性、繁殖力（丰度和生物量）、对人类压力因素的耐受度和/或与这些压力因素相关性的指示，换言之，是对污染指示、敏感分类群和优势度的衡量。

早期以鱼类为基础的 IBIs（Karr，1981；Karr & Chu，2000）中，纳入了种类丰富度、耐受性/不耐受性、营养结构和个体健康（异常）。后来发展的 IBIs 包括其他生态属性，如年龄结构、繁殖种群、生活史/行为种群、生境种群或外来种群规模（Hughes et al.，1998）。Barbour 等人（1999）建议按类别对大型无脊椎动物指标进行分组，如分类丰富度、分类组成、耐受性/不耐受性、摄食类群（例如捕食者、刮食者和滤食者）和习性类型（如黏附生物和穴居生物）。当生态相关性非常具体时，候选指标基本上是有限制的，例如，基于敏感/耐受物种相对分布的 AMBI（Borja et al.，

2000)或基于 k 分布曲线的 ABC 方法(Warwick & Clarke，1994)等指数。通常开发指数先从一大串候选指标开始，然后对其进行修剪。IBI 开发的两种方法的例子可以在第14.4 节中看到。

表14.4　**候选指标应促进的 IBIs 相关方面和属性**

方面	属性
目的	·提要和简化复杂数据 ·传达公众、媒体、资源用户和决策者容易理解的信息
关联	·具有基于概念模型的生态相关性(理论上、经验上或启发上有充分依据)
可行性	·可靠且经济高效地收集必要数据以计算指数是可行的
阈值增值	·用户能够理解指示值的重要性
代表性	·能够衡量与政策决策相关的状态和趋势
敏感度	·充分反映系统对管理措施的响应

14.3.2　指标选择

对与生态有关的候选指标清单进行删减，保留比其他指标更敏感(对以人类为中心的退化和恢复行动作出反应)和更有代表性(能够衡量政策决定和管理行动的状况和趋势)的指标。这种群落特征通常是生物完整性定义的一部分，包括物种多样性、丰度、能量 - 食物 - 网络结构、维持复杂性和自组织等要素。指标选择包括：

(1)基于特定生态基础和/或最佳专业判断的经验选择。

(2)比较未退化和已退化的校准数据的单变量统计检验的选择(Weisberg et al.，1997)。

(3)基于校准数据的多变量测试的选择(Engle et al.，1994；Paul et al.，2001)。

指标范围：候选指标必须克服的第一个障碍是范围测试。"范围"是所有可用数据的分布。范围非常小的指标(例如，仅基于少数分类群的丰富度指标)或在大多数站点具有相似值的指标(例如，大多数站点值为 0)将被删除。

再现性：可再现值的指标比不精确的指标在评估区域差异时更有用。由于地点的变化，后者在显示河流状况差异时不清晰。抽样差异是个别地点重复调查时出现的，反映了变异的几个来源(即短期指标的时间变异、空间变异和实验室变异)。如果指标能很好地区分状况良好和不良的地点，抽样变异必须小；如果要了解地点之间的差异，抽样变异相对于规模而言就应该较小(Stoddard et al.，2008)。

指标再现性通常由信号(S)与噪声(N)之比来量化。S/N 是所有站点间的方差(信号)与重复调查同一站点的方差(噪声)之比(Kaufmann et al.，1999)。高信噪比的指标更有可能显示出对压力因素的一致反应。

没有固定的阈值用以表示低于该阈值可以基于 S/N 消除指标。$S/N \leqslant 1$ 表明调查单个站点两次产生的指标变异性与调查两个不同站点同样多。实践中，阈值取决于评估组合中固有的变异性水平，也可能取决于其他因素，例如组合中生物体的世代时间（Stoddard et al.，2005）。鱼类指标通常具有较高的信噪比值和较高的丢弃阈值（4 或 5）；附生生物指标具有较低的信噪比值和较低的丢弃阈值（1 或 1.5）；大型无脊椎动物指标具有中等信噪比值，它们的丢弃阈值接近 2.0。

根据自然梯度进行调整：指标值可随所评估的压力梯度和自然梯度（例如，海拔、坡度和河流大小）而变化。压力本身可能沿着相同的自然梯度变化。因此，了解自然梯度和人为梯度之间分配度量值的可变性是很重要的。应避免选择对某些压力有强烈反应，实际上仅与同一自然梯度压力相关的指标（Stoddard et al.，2008）。

用于归一化自然梯度指标的技术之一是通过只关注参照站点数据，从数据中去除压力梯度，并量化指标值和自然梯度之间的剩余对应关系。

响应性：指标的有效性与区分退化和相对未受干扰的能力直接相关。这种响应性可以通过多种方式测试。例如，可以根据它们与特定压力（如营养物、有机污染和沉降）的相关性来选择。Karr（1981）使用的部分原指标是根据对特定压力的假设反应而选择的。根据指标与特定压力的关系来评估指标时，会出现几个困难。首先，许多压力彼此高度相关，将指标反应归于任何特定的压力可能会夸大该压力的作用。其次，并非所有的压力都被很好地量化（例如，短期杀虫剂或除草剂），甚至有压力在所有地点都未被很好地量化。

没有作为参照系的原始站点，指标响应性的评估是基于指标可区分受干扰最小（参照）站点和受干扰最大站点的能力。指标评分和阈值选择通常基于一组最小干扰站点。

最终的指标选择和指标冗余检查：测试的范围和可重复性指标都在 IBIs 中进行了考虑。首先选择最具识别性（即，最高 t–分数）的候选指标。然后迭代进行，从每个指标类别中添加响应最快的指标，直到能表示所有类别。迭代过程基于这样一个假设，即选择响应最快的单个指标产生最稳健的 IBI，前提是每个指标提供唯一的信息（即指标不是冗余的）。

冗余由什么构成？这不是一个回答起来简单的问题。指标冗余至少可以用两种非常不同的方式定义：①指标提供非常相似的生物信息；②指标与其他指标高度相关。从哲学上讲，定义中的第一个可能显得更为重要，人们不倾向于基于相同（或广泛重叠）生物学或分类学信息的两个指标（Stoddard et al.，2008）。另外，表面冗余的指标实际可能是相对不相关的。

相同的分类群随着干扰水平的上升或下降而在丰度上发生变化，那么这两个指标值是明显相关的。如果指标因相似的压力而相对变化，人们可能会质疑相关的指标是否冗余。

14.3.3　指标组合

指数开发中最困难的挑战是选择和组合指标，其方式要足以捕捉基本生态过程，但又偏离其目的（NRC，2000）。没有健全和明显的生态基础，指数将不具有政策相关性，难以在 DPSIR 系统中使用。指数一经制定，根据复杂性，其信息含量和计量组合可分为 3 类（ICES，2004）：

（1）第 13 章讨论的单变量个体物种数据或群落结构的测量。

（2）多指标指数，将群落对压力的反应测量合并成单一的指数。

（3）描述组合模式的多元方法，包括建模，在第 15 章讨论。

IBI 的开发，第一步将所有指标归一化，以便在共同的尺度上打分，并最终组合在 IBI 中。有许多对指标打分的方法，主要基于指标范围的主观评估（如 Karr 在 1981 年最初所做的，并且此后已经广泛使用）离散打分，例如，用 1、3 或 5 的值，或者在一致尺度上给指标连续打分。离散计分的缺点是，强迫分数处于离散区间掩盖了细微的差异，可能削弱了指数区分生态条件的能力（Ganasan & Hughes，1998；Blocksom，2003）。连续评分（0～10）可以避免离散评分的主观性（指标评分位于取值范围顶部的站点状况都很好，位于取值范围底部的站点状况都很差）。

连续评分需要考虑如何为每个指标值设置上限和下限，即决定指标中哪些表示"理想"的生物条件（例如，10 或 100 的分数，通常为 10），哪些表示不可接受的恶劣条件（例如，0 分数）。每个指标参照点分布的第 95 个百分位通常用作评分上限，所有点指标值分布的第 5 个百分位用作评分下限。这种方法产生的 IBI 具有最高的响应性和最低的可变性（用信噪比衡量）。上限和下限之间被线性插值以产生中间值，站点的最终 MMI 计算为评分指标的总和。解释最终得分时，IBI 通常被重新调整到 0 到 100 之间。

14.3.4　指数验证

任何 IBI 的稳健性取决于有效范围和重复程度。理想情况下，验证应包括：

（1）测试指数的数据独立性。

（2）设定先验正确的分类标准。

（3）最佳专业判断，提出强有力的事后证明。指数开发后，新收集的数据常被用作验证数据。这种情况下，会刻意选择强推定梯度进行验证测试（例如，Borja et al.，2000，2003，2006；Muxika et al.，2005；Quintino et al.，2006）。提出该指数之外的科学家进行的独立验证通常受到高度重视。

通过最佳专业判断的指数所提供的一致水平（Weisberg et al.，2008）或不同地理来源指数间的一致水平，例如比较欧洲和美国的指数结果，也可以实现某种程度的相互校准或验证。

14.3.5　指数应用和解释

大多数指数制定者的目标是制定适用于若干不同区域和生境的指数，普遍存在的重大挑战是应用，或者一经采用，要在以下情况能发挥作用的指数：①纬度或经度不同的省份或生态区域；②不同水深生境类型（例如潮间带生境和潮下生境）；③不同的底层类型。

14.3.6　指标的适应性管理

随着公众对 DPSIR 认识的提高，随着新科学知识的出现，响应（R）的紧迫性、性质和范围必须发生变化。要改变：①数据需求；②数据分析程序；③数据解释需要。需要对指数作适当的修改，需要作出更多的努力，以显示生态相关性、代表性和敏感性。还需要进一步测试指数的适用性，并通过解释过程的管理来最大化信息和理解。与 IBI 开发和应用相关的关键步骤如图 14.2 所示。

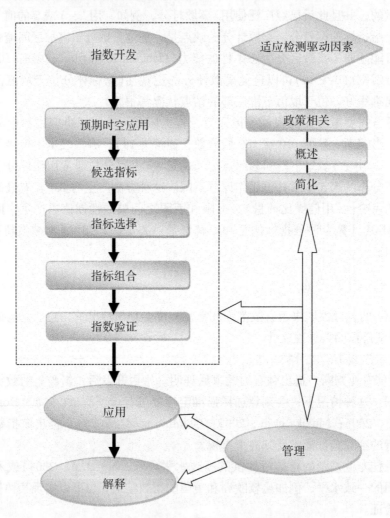

图 14.2　指数的开发、应用和解释过程

［主要步骤用虚线矩形括起来，自适应反馈循环和自适应决策驱动由空心箭头表示（采用自 Borja & Dauer，2008）。］

14.4 IBI 开发示例

本节提出了 12 个 IBI 开发的说明性例子，包括不同的生物地理区域、大陆、水体类型和预期应用。由于侧重开发 IBIs 使用的方法，只简短提到了它们的应用。

14.4.1 印度 IBI

Ganasan 和 Hughes(1998)是迄今为止唯一尝试为印度环境开发 IBI 的例子，为印度中央邦汗河(River Khan)和克什普拉河(River Kshipra)研究制定了该指数(图 14.3)。

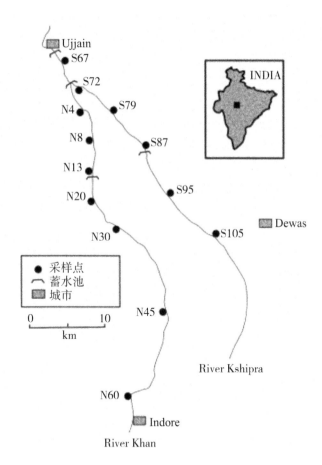

图 14.3 Ganasan 和 Hughes(1998)用于开发第一个印度 IBI 的取样网络

指数基本采用了 Karr 的 IBI(Karr, 1981)。

分类丰富度：Ganasan 和 Hughes(1998)将 Karr(1981)的原始指标"物种总数"修改为"本地物种数"，增加了"本地科数"(表 14.5)。本地物种的数量被认为是衡量生物多样性的一个尺度。Ganasan 和 Hughes(1998)认为，区分本地物种和非本地物种很重要(Karr et al., 1986)。Karr 等人(1986)或 Miller 等人(1988),并不推荐"本地科数"是衡量科一级生物多样性的一个指标(国家统计局, 1990),随着人为干扰的增加,该指标也会减少。Oberdorff 和 Hughes(1992)及 Witkowski(1992)发现,在人类长期密集占领地区,整个科都被消灭或受到威胁。Ganasan 和 Hughes(1998)认为,当流域中最后一个物种丧失时,这比由多个物种代表的科的丧失更为严重。

生境组成:Karr(1981)的原始指标,"不耐受物种的数量"被保留了下来,北美中西部有 4 个特有指标("镖鱼种类数""太阳鱼种类数""吸盘鱼种类数"和"绿太阳鱼个体百分比")被"底栖物种数"和"耐受物种个体百分比"取代。

摄食构成:Ganasan 和 Hughes(1998)用"食草动物个体百分比"取代了"昆虫个体百分比"。在他们的研究中,污染较少的生境中,昆虫(食虫动物)种类和个体比食草动物更不常见,而在污染生境中更常见。因此,他们认为食草动物比食虫动物更敏感。

鱼的健康和丰富度:最初的两个指标没有变化,分别是"样本中的个体总数"和"患病或异常个体的百分比"。增加了一个新指标"非本地个体的百分比",这个指标为控制退化地区蚊虫而引入了新物种,被认为是外来入侵物种在种群中占主导地位的一个指标。

(1)IBI 指标计算。没有在印度中部未受干扰河流或河段进行采样,Ganasan 和 Hughes(1998)使用最"理想"的指标是在汗河和克什普拉河河流受干扰最小(下游最远)的地点获得的。研究者意识到这样的数值大大低估了潜在的生物完整性,建议对同一生态区域内受干扰程度较低的河流进行确究可以提供更准确的背景值。

(2)显著发现。在城市和工业点污染源下游的汗河和克什普拉河,印度 IBI 得分增加(图 14.4)。

表 14.5 为 IBI 的说明性实例(Ganasan & Hughes, 1998)。生境分类:次表层 SS、水柱 WC、底栖 B。摄食分类:顶级食肉动物 TC、食草动物 H、食虫动物 I、杂食动物 O。耐受分类:不耐受 I、中等耐受 M、耐受 T。原始分类:本地 N、非本地 NN。

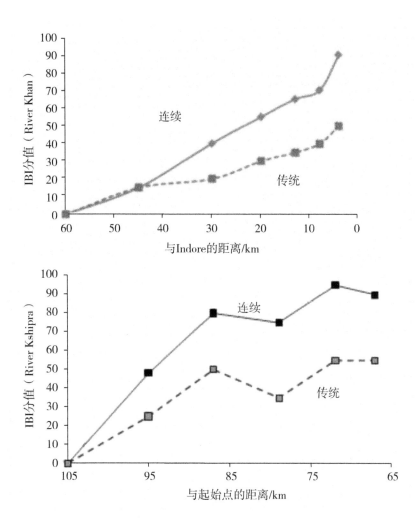

图 14.4 基于传统的(1、3、5 步进)和连续的(0 ～ 10)指标评分模式，印度两条河流不同点的 IBI 评分(Ganesan & Hughes，1998)

表 14.5 渔业系统化调查的 IBI(Ganasan & Hughes，1998)说明性例子

科/种	生境	摄食	耐受	原始
弓背鱼科				
弓背鱼(Pallas)	WC	TC	M	N
鲤科				
Chela bacaila(Gunther)	WC	I	M	N
Esomus danricus(Hamilton)	SS	H	M	N

续表 14.5

科/种	生境	摄食	耐受	原始
Garra gotyla(Gray)	B	TC	I	N
Labeo calbasu(Hamilton)	WC	O	M	N
Labeo gonius(Hamilton)	WC	H	M	N
Labeo rohita(Hamilton)	WC	H	M	N
Osteobrama cotio(Day)	WC	H	M	N
Puntius conchonius(Hamilton)	WC	O	M	N
Puntius sarana(Hamilton)	WC	O	M	N
Puntius sophore(Hamilton)	WC	O	M	N
Puntius ticto(Hamilton)	WC	O	M	N
Rasbora daniconius(Hamilton)	SS	I	M	N
眼镜蛇科				
Botia lohachata(Chaudhuri)	B	O	M	N
Lepidocephalus guntea(Hamilton)	B	O	M	N
Nemacheilus botia(Hamilton)	B	O	M	N
鲶科				
Ompok bimaculatus(Bloch & Schneider)	WC	TC	M	N
Wallago attu(Bloch & Schneider)	WC	TC	M	N
鲮科				
Aorichthys seenghala(Wu, 1939)	WC	TC	M	N
Mystus bleekeri(Day)	WC	TC	M	N
Mystus tengara(Hamilton)	WC	TC	M	N
Mystus vittatus(Bloch)	WC	TC	M	N
北非鲶科				
Eutropiichthys vacha(Hamilton)	WC	TC	M	N
异囊鲶科				
Heteropneusties fossillis(Bloch)	B	TC	T	N
胡鲶科				
胡鲶(Linnaeus, 1758)	B	TC	T	N
鹤鱵科				
Xenentodon cancila(Hamilton)	SS	TC	I	N

续表 14.5

科/种	生境	摄食	耐受	原始
鳗鱼科				
眼鳗(Hamilton)	B	TC	M	N
东方鳗(Schneider)	B	TC	M	N
斑点鳗(Bloch)	B	TC	T	N
纹鳗(Bloch)	B	TC	I	N
双边鱼科				
肩斑玻璃鱼(Hamilton)	SS	TC	I	N
玻璃鱼(Hamilton)	SS	TC	M	N
虾虎鱼科				
Glossogobius giurius(Hamilton)	B	TC	M	N
刺鳅科				
大刺鳅(Lacepede)	WC	TC	M	N
吻鳞刺鳅(Hamilton)	WC	TC	M	N
花鲥科				
虹鱼(Peters)	SS	O	T	NN

城市金属和有机污染是这些河流退化的主要原因，这与1972年美国实施《清洁水法》(PL 92 -500)等法规前世界上许多河流发生的情况相似。

Ganasan 和 Hughes(1998)惊讶地发现，在重金属和污水浓度较高、自然环境质量较差(即淤泥含量较高，河岸树木和大型木质残块稀少)的地区，也有大量的鱼类，品种也很好(表14.6)。污染较少的地点，水生植物通过提供结构、覆盖和食物基础来帮助鱼类。水生植物还可能通过物理截留降低悬浮沉积物的水平，并阻碍沉积从河床的再悬浮。在静止水域中，大型植物的繁殖会增加污染负荷，而不是减轻污染负荷(Abbasi et al., 2009)。

受干扰严重的地点有大量的非本地鱼类物种，大量的生物干扰对本地鱼类的干扰与物理和化学条件一样多，甚至更多。Ganasan 和 Hughes(1998)认为，在充分的经济支持下，可以通过废物处理厂改善生境，通过建立天然河岸林地改善物理生境结构(表14.6)。然而，消除或减少非本地鱼类似乎更为困难，这不是通过简单的技术或工程技术或土地利用的改变来实现的。

IBI 最初是针对美国中西部完全不同的农业气候区的鱼类组合开发的，但 IBI 的逻辑基础很容易适应印度中部河流的鱼类组合。

表 14.6 Ganasan 和 Hughes(1998)的印度中部河流生物完整性评分指数(IBI)标准

类别	指标	传统评分标准			连续评分标准	
		5(最佳)	3(中等)	1(最差)	10(最佳)	0(最差)
分类丰富性	(1)本地物种数量	>24	12～24	<12	32	0
	(2)本地科数量	>8	5～8	<5	13	0
生境组成	(3)底栖生物物种数量	>7	5～7	<5	11	0
	(4)水柱物种数量	>12	6～12	<6	19	0
	(5)不耐受物种数量	>2	2	<2	4	0
	(6)耐受物种个体百分比	<10	10～20	>20	5	50
摄食构成	(7)杂食动物个体百分比	<36	36～72	>72	18	50
	(8)食草动物个体百分比	>10	5～10	<5	14	0
	(9)顶级食肉动物个体百分比	>46	23～46	<23	70	0
鱼类健康和丰度	(10)个体总数	>1000	500～1000	<500	1490	0
	(11)非本地个体百分比	<1	1～10	>10	0	50
	(12)异常或疾病个体百分比	NA	NA	NA	NA	NA

注：传统评分标准的分数为5、3或1，根据每个指标的值是否接近、偏离多少或严重偏离研究中受干扰最少部位的值来分配。连续评分标准的分数被确定为最大值或"最佳"值的比例(×10)。

14.4.2 基于大型植物的湿地 IBI

Mack(2007)经过开发和测试，形成了一个稳健和多功能 IBI。自那以后，IBI 在美国俄亥俄州所有湿地类型中都能可靠地评估湿地状况。在此之前，围绕维管植物开发的几个 IBIs，大多数基于一到两年的数据集和单一湿地类别。覆盖的湿地类型包括明尼苏达州南部的沼泽(Gernes & Helgen，1999)，马萨诸塞州的咸水沼泽(Carlisle et al.，1999)，威斯康辛州东南部平原地区的洼地、沼泽湿地(Lillie et al.，2002)，印第安纳州密歇根湖南部的沿海沼泽(Simon et al.，2001)，北达科他州的草原沼泽(DeKeyser et al.，2003)，宾夕法尼亚州部分湿地(Miller et al.，2004)，以及蒙大拿州西南部的溪流湿地(Jones，2005)。这些 IBIs 的适用地理范围有限，一般限于可评估的湿地类型。

地点选择：采用了有针对性的方法，以确保数据集充分代表全部干扰梯度的湿地、不同植物群落、水文地貌类别和不同生态区域。

分类：Mack(2007)使用的分类系统概要见表 14.7。它通过修改和采用现有分类系统来制定和评价。迭代过程是 IBI 开发中典型的方法(Fennessy et al.，2002；Detenbeck，2002)，涉及制定分类方案，收集和分析不同类别湿地数据，根据新信息修订方案，然后重复这一过程。

表 14.7　俄亥俄州湿地的湿地分类系统水文地貌等级

HGM 类别		（A）森林	（B）出水	（C）灌木
Ⅰ	洼地（包括可被视为平地的区域，如"湿树林"）	（a）沼泽森林	（a）沼泽	（a）灌木沼泽
Ⅱ	蓄水池	（b）泥塘森林	（b）湿草甸	（b）泥塘灌木沼泽
Ⅲ	河岸	（c）森林渗流	（c）开阔泥塘	（c）高灌木沼地
Ⅳ	斜坡（包括山坡沼地、小丘沼地和湖泊沼地）			
Ⅴ	湿地边缘（不包括湖泊沼地）			
Ⅵ	海岸			
Ⅶ	泥塘			

注：改编自 Cowardin 等人（1979），Anderson（1982），Brinson（1993），Mack（1998，2001a，2001b），Cole 等人（1997），Mack（2007）。

植被取样方法：建立一个 20 m ×50 m（0.1 公顷）的"标准"样地。如果标准样地不适合或不能充分反映植物群落特征，则修改样地大小或形状，以获得有代表性的样地。混合型沼泽中，水深一般向高地边界递减，植被分为窄带到宽带。典型情况是，狭窄的灌木丛带让位于宽阔的浮出水面带，浮出水面带分为浮叶沼泽和开阔的水域带。这种情况下，样地的定位方式是，密集单元位于出水带内，样地"尾部"（末端）包括部分灌木和水生床带。地块位于具有代表性的地区，即使这些地区远离湿地边缘。

属性选择和评分：识别和评估分类群的潜在生态或生物学属性，"属性"被定义为生物群落的可测量特征。一个有用的属性应具有 5 个通用特征：

（1）与研究中的生物和具体的方案目标有关。

（2）对压力因素敏感。

（3）能够提供与自然变异相区别的响应。

（4）在水生环境中测量对环境无害。

（5）取样成本效益高。

"量度"定义随着人类干扰的增加而以某种可预测的方式发生变化，可以将其作为多量度 IBI 的组成部分（Karr & Chu，1999）。

潜在的维管植物属性按群落结构、分类组成、个体状况和生物过程进行分类（表14.8），并使用溪流中的鱼类和无脊椎动物对 IBIs 制定的类群进行分类（Barbour et al.，1995；Karr & Kerans，1992）。这些类别的属性展示了人类干扰水平的方向（增加、减少和无变化）和变化类型（线性、曲线和阈值）（表 14.9）。潜在属性也作为先验假设提出，包括群落结构（类群丰富度、相对覆盖度、密度和优势度）、分类学组成（物种同一性、区系质量和多样性指数）以及特定物种对干扰和生态系统过程的耐受性或不耐受性等。

表 14.8　Mack（2007）用于湿地 IBI 开发的维管植物属性类型

类型	可能属性
群落结构	分类群的丰富度、相对覆盖度、密度、优势度、耐受或敏感物种的丰度
分类组成	主要分类群的同一性、植物种类质量指数、耐受性或不耐受性
个体状况	疾病、异常和污染物水平
生物过程	繁殖力、摄食演变、养分循环和林分特征

表 14.9　Mack（2007）在湿地 IBI 开发期间调查的指标类型

序号	人类干扰自然湿地引起的假设变化
1	总物种或属的丰富度，及个体分类群的丰富度下降
2	敏感物种的数量或丰度下降
3	耐受物种的数量或丰度增加
4	具有狭窄生态亲缘关系的植物比例或丰度下降
5	植物群落总体植物种类质量下降
6	初级繁殖力提高
7	具有特定湿地亲和力（专性和兼性）的植物比例或丰富度根据湿地类型（森林、出水等）而变化
8	相对于参照条件，具有特定生命形式的植物（例如，杂类植物、禾本科植物、灌木或乔木）的比例或丰度发生变化
9	相对于参照条件，树种年龄类别中的个体比例（相对密度）或相对优势度（基底面积）增加变化
10	非本地物种或杂种的比例及数量增加
11	相对于参照条件，群落组成或异质性发生变化

从植被数据集中提取了 400 多个属性，并利用图形技术、描述性统计和回归分析评估了生态意义和可解释的趋势。最后列出的属性（表 14.10）与人类干扰梯度具有生态学意义的线性、曲线或阈值关系，植被 IBI 中可连续化选择、评估属性和指标化（Fennessy et al.，1998a，1998b；Lopez & Fennessy，2002；Mack et al.，2000；Mack，2001b，2004b）。指标通过指标值 95% 的四分位转换成指标分数（USEPA，1998，

1999；Hughes et al.，1998）。

人类干扰梯度：与许多溪流 IBIs 的开发相反，其潜在的属性是根据溪流绘制的，湿地 IBIs 的开发则需要同时开发一个有意义的人类干扰梯度，以此来评估潜在的属性。

研究者依赖于早期开发的俄亥俄州快速评估方法（ORAM），将其改进到 ORAM 5.0 版（Mack et al.，2000；Mack，2001a，2001b）。

表 14.10　Mack（2007）使用的维管植物属性分类

序号	类别	类型
1	分类群组	双子叶植物、单子叶植物、某些属（如苔草属）、某些科或科群（如禾本科和隐花属）
2	生命形式	杂草、禾本科植物、灌木、树木和水生植物
3	指示状态	湿地指示状态，如 UPL、FACU、FAC、FACW 和 OBL
4	年龄（大小）等级	一棵树的大小、大概年龄、组成员
5	生态亲和力	耐荫性，通过植物区系质量评估指数赋予植物物种的保守性系统（Andreas et al.，2004）
6	指数	植物种类质量指数、辛普森多样性指数、Shannon-Weiner 指数等

ORAM 评分从 0（非常差的情况）到 100（极好的情况），特征大多是特定地点的，包括大小（6 分），缓冲区宽度（7 分），缓冲区以外的主要土地利用（7 分），水文特征（最多 18 分），自然水文状况的完整程度（12 分），自然基质的完整程度（4 分），湿地总体发展（7 分），生境特征，例如异质性、植物群落类型、微地形和入侵物种丰度（最多 20 分），自然生境的完整程度（9 分），特殊湿地群落，例如沼泽、泥塘和成熟森林（10 分）。站点数分配的依据是：

（1）相对重要性（例如，水文学最多可得 30 分，反映其在湿地结构和功能方面的重要性）。

（2）前提条件，任何类型的湿地处于良好（或相反较差）状态时，得分均高（或低）。

（3）最高分限制为 100 分。

数据分析：采用标准开发技术开发和评估植被 IBI（例如，Karr & Chu，1999）。植被 IBI 和每个指标值分别通过以下方法进行评估：

（1）用线性回归比较指标特点与扰动梯度的关系。

（2）对散点图、箱形图和须状图进行图形分析。

（3）用方差分析测试平均指标值的差异，用多重比较试验由 ORAM 三分位（第一 ORAM 分位数为 0～33，第二分位数为 34～66，第三分位数为 67～100）定义的干扰类别。

（4）通过使用主成分分析来调整指标值，以评估指标的差异和总体性能（Mack，2004b）。

去趋势对应分析（DCA）和聚类分析是最常用的方法。考虑到数据集中物种、地点和潜在植物群落的数量较多，采用 Gauch（1982）推荐的一种多元、空间排序划分法（ordination space distribution，简称 ordination space）。

对 IBI 进行了广泛的测试和改进，使其更加稳健，并扩大了其应用范围。在最初开发和随后的 3 次测试迭代中，IBI 仍然与人类干扰梯度显著相关。原来 10 个指标中的 8 个指标与干扰梯度有重大和可解释的关系，4 个指标完全保持不变，4 个指标进行了相对较小的修改，2 个指标被取代。还根据一个新的干扰梯度（地表开发指数）对 IBI 及其组成部分进行了评估，该干扰梯度取自指数制定期间未被利用的湿地外围 1 km 内的土地利用百分比。

IBI 在整个俄亥俄州生态区湿地类型范围内持续可靠地评估了湿地状况。

14.4.3　冷水和混合水可涉水溪流的两种鱼 IBIs

Kanno 等人（2010）给出了美国康涅狄格州两套冷水和混合水溪流 IBIs。该指数的鱼类聚集数据为从 1999 年到 2007 年间在该州可涉水溪流中收集。

综合人类干扰梯度由 7 个地表变量得出：①不透水表面的百分比；②林地的百分比；③道路密度；④道路交叉口密度；⑤人口密度；⑥水坝密度；⑦已知水质问题的密度，如工业排放许可和渗滤液报告。

利用主成分分析对原始变量进行降维。对不透水表面和林地的百分比进行反正切平方根转换，对大坝密度和已知水质问题密度进行对数转换。剩余的变量没有被转换，在该情况下，数据转换没有改善数据的正态性。人类干扰梯度分为 3 类：最少、中等和最多受干扰点。

指标选择，分别为冷水和混合水 IBI 选择了 40 和 55 个候选指标。候选指标在每个子集中被分成了 8 个生态类，并且从每个生态类中选择一个最佳指标。每个 IBI 指标都应用了一系列筛选：范围、信噪比、与河流大小的相关性、对地表级人类干扰的响应性和冗余，如下所述。

范围：考虑到数值范围小的指标不太可能区分溪流之间的差异（McCormick et al.，2001；Klemm et al.，2003；Bramblett et al.，2005；Whittier et al.，2007），如果它们的范围小于等于 3 种，则分类丰富度指标被消除。范围测试中产生零结果值超过 70% 的任何指标都被丢弃。

信噪比：良好的指标在提供可重复结果的前提下，通过比较范围内方差（即信号）和年内修正（即噪声）来测试年内变化。

这一步骤仅适用于混合水 IBI 数据集，在冷水 IBI 项目开发中，较小河流的再调查排除了信噪比评估。17 个站点（混合水 IBI 数据的 9%）同一个夏天取样两次，如果指标的信噪比小于 2，则被丢弃。

与河流大小的相关性：为避免人为影响混淆结果，使用受干扰最小站点得出流域面积和指标间的线性回归。如果最终回归线的 95% 预测区间在河流大小梯度的两端具有重叠值，目视检查这些区间不是由一些影响点造成的，则认为有必要进行河流大小校正。对于需要溪流大小校正的指标，计算其回归线残差，用大小校正过的指标替换原始指标。

对人类干扰的响应性：进行单因素方差分析（ANOVA）来测试候选指标区分受干扰最少和最大的站点的能力。所得的 F-统计量被用于从每个生态类别中选择单个最佳指标。

冗余：如果两个指标的斯皮曼（Spearman）相关系数大于 0.70，则认为这两个指标冗余。

不同生态类别中的指标冗余时，选择包含第一的指标（即更大的 F 值）保留，另一个指标被具有次最大 F 值的非冗余指标替换。

IBI 指标评分：使用范围 0 ~ 100 的连续量对每个指标评分。每个指标的下限和上限值分别作为所有站点的第 95 个和第 5 个百分点。

指标分数的计算公式如下：（上限 - 下限）/（值 - 下限）- 100 表示积极指标（即在受干扰最少的站点中值较高的指标），（下限 - 上限）/（下限 - 值）表示消极指标（即在受干扰最多的站点中值较高的指标）。IBI 总得分是综合指标得分的平均值，潜在范围为 0 ~ 100。

IBI 对过渡站点的应用：研究了过渡站点错误分类的可能性，特别是在截止点附近，即冷水 IBI 数据集内的真正混合水站点。两个 IBIs 都适用于过渡点，排水面积为 5 ~ 40 km² 的溪流，根据排水面积和集合类型检查了性能，构建了冷水对混合水 IBI 分数和 IBI 分数对排水面积的图。可以看出，7 个地表变量中的大多数都是相互关联的，它们的结构在主成分分析中用单一的优势梯度来表示。除大坝密度外，所有变量都与第一 PCA 坐标轴高度相关。

冷水和混合水 IBI 实际上分别由 5 个和 7 个指标组成（表 14.11 和 14.12）。两个 IBIs 都没有选择与非本地物种相关的指标。

应用显示，两个 IBIs 中不同干扰类别的平均得分存在显著差异（ANOVA，$p < 0.001$）。平均 IBI 分数在受干扰最大和最少的站点之间也是不同的。IBIs 还能够区分受干扰最小的点和中度受干扰的点（Tukey HSD 测试，$p < 0.05$）。

冷水和混合水 IBIs 得分在 5 ~ 95（平均 48）和 6 ~ 79（平均 47）之间。当两个 IBIs 应用于过渡点（即 5 ~ 40 km² 的排水区域）时，溪流的得分往往相似，许多得分较高的混合水溪流在冷水 IBI 项目中得分中等。

表 14.11　Kanno 等人(2010)在新英格兰南部为可涉水溪流(流域面积小于等于 15 km^2)开发的冷水 IBI 中包含的指标

指标	生态类别	F 值	上限	下限
每 100 m^2 河鳟个体	河鳟种群	38.9	60.6	0
河流依赖个体/%	溪流	19.1	0	71.7
温水物种(溪流大小 - 修正)	丰富度	9.1	-2.39	3.06
温水个体/%	热量	8.7	0	87.5
鳟鱼个体/%	指示种类和构成	6.3	86.3	0

表 14.12　Kanno 等人(2010)在新英格兰南部为可涉水溪流(流域面积大于 15 km^2)开发的混合水 IBI 中包含的指标

指标	生态类别	F 值	上限	下限
白亚口鱼个体/%	指示种	19.6	0	43.9
鲤科个体/%	构成	15.8	93.7	0.2
河流特种个体,除黑鼻虫/%	溪流	14.7	64.7	0
不耐受一般进食个体/%	摄食	8.7	51.6	0
本地暖水生物个体/%	热量	6.3	0	67.9
不耐受个体/%	耐受	5.1	38.1	0
河流专家物种	丰富度	5.1	5	1

14.4.4　适用于伊利湖的浮游 IBI

与鱼类和大型无脊椎动物相比,浮游生物是 IBI 开发人员不太青睐的生物之一,浮游生物的分类计数需要大量时间。不过,浮游生物对环境变化敏感,采集费用低廉。此外,浮游生物样本可以长期保存,不会占用大量空间,可以对历史样本进行分析,并与当前样本进行比较。

基于这些优点,Kane 等人(2009)开发了基于浮游生物的 IBIs(P-IBIs)。此 IBI 是参照伊利湖开发的。

首先考虑了浮游生物的特征,这些特征会对伊利湖水域造成"有益利用损害"。基于美国环境保护局(USEPA)(1998)的技术文件和广泛的文献研究,确定了浮游生物指标 BUIs。结果得出 7 个候选浮游动物指标(表 14.13)和 6 个候选浮游植物指标(表 14.14),以便在 P-IBI 内进一步审议。

表 14.13 Kane 等人(2009)在开发 P-IBI 过程中考虑的浮游动物候选指标

候选指标	描述/生态相关性	度量	假设对退化的反应	参考
1. 浮游动物比率	哲水蚤目/(枝角类＋剑水蚤)的丰度，低值表明富营养化	摄食状态	减少	Gannon & Stemberger (1978)
2. 平均浮游动物大小	较大分类群是许多鱼的首选食物	鱼食质量	减少/增加	Mills & Schiavone (1982); Mills et al. (1987)
3. 轮虫组成	表示摄食状况分类群	摄食状态	分类学构成的变化	Gannon & Stemberger (1978)
4. *Limnocalanus macrurus* 的丰度	富营养化/缺氧条件	摄食状态/氧气条件	减少	Gannon & Beeton (1971); Kane et al. (2004)
5. 捕食性入侵浮游动物的生物量百分比	将能量从鱼类转移，减少浮游动物的数量	鱼类食物质量，评估食物网	增加	Lehman & Caceres (1993); Hoffman et al. (2001); Uitto et al. (1999)
6. 浮游动物生物量/浮游植物生物量	在有害/不可食用/有毒藻类大量繁殖时降低	摄食状态	减少	Havens(1998); Xu et al. (2001)
7. 甲壳类浮游动物的生物量	多数鱼首选食物	鱼食质量	增加	Gopalan et al. (1998)

注：最终 P-IBI 中包含的指标以粗体显示。

在检查文献并参考候选指标确定数据可用性后，后续分析删除了 4 个指标。其余 9 个指标被用于形成多指标指数的判别分析中：①浮游动物比率；②*L. macrurus* 的丰度；③入侵浮游动物的生物量占甲壳动物总生物量的百分比；④甲壳类浮游动物的生物量/浮游植物的生物量；⑤甲壳类浮游动物的生物量；⑥中心纲硅藻的丰度/羽纹硅藻的丰度；⑦不可食用藻类分类群的生物量；⑧微囊藻、鱼腥藻和束丝藻的生物量占浮游植物总生物量的百分比；⑨可食用藻类分类群的生物量。

从 1970 年到 1996 年，将未经过滤的总磷浓度(mg/L)和叶绿素 a 浓度(mg/L)用于评价伊利湖的湖泊营养状态(即寡营养化－中营养化－富营养化连续带)，反映退化水平。1996 年和 1970 年大部分时间的浮游植物丰度和生物量从同一站点和日期获得，营养物、叶绿素 a、浮游动物丰度和生物量数据同时获得。被划分为富营养化、中营养化和寡营养化的总磷和叶绿素 a 的浓度分别给定为 1、3 和 5 的指标值。将这两个指标相加，形成营养状态指标，值可以是2、4、6、8或10。

表14.14　Kane等人(2009)在开发P-IBI过程中考虑的浮游植物候选指标

候选指标	描述/生态相关性	度量	假设对退化的反应	参考
8. 硅藻类属指数	(弯杆藻属、卵形藻属和桥弯藻属)/(小环藻属、直链藻属和尼茨基亚属)的丰度百分比	有机污染	减少	Wu(1999)
9. 中心纲硅藻丰度/羽纹硅藻丰度	低值表示营养不足	摄食状态	增加	Nygaand (1949)；Rawson(1956)
10. 不可食用藻类分类群的生物量	大型、胶状和群体藻类的食物质量很差	浮游动物/鱼食质量	增加	DeMott & Moxter (1991)
11. 蓝绿藻百分比(生物量)	蓝绿藻对浮游动物的摄食造成机械/化学干扰	存在不可食用/有毒分类群	增加	Gliwicz & Siedlar (1980)；Gliwicz & Lampert (1990)；Carmichael (1986, 1997)
12. 微囊藻、鱼腥藻和束丝藻丰度百分比	影响人类健康和水生生物健康	存在毒素	增加	Carmichael (1986, 1997)
13. 可食用藻类分类群的生物量	为动物生长和繁殖提供优质营养	浮游动物/鱼食质量	减少	Kerfoot et al. (1988)

注：最终P-IBI中包含的指标以粗体显示。

营养状态指标值8或10分类为寡营养化，6分类为中营养化，2或4分类为富营养化。

将判别函数分析或判别分析(DA)用于评估浮游生物指标区分退化水平的能力。

为了计算个体指标分数，"盒图"由重要的个体浮游生物指标的频率分布构成。

95%用作上限，0用作下限，多指标P-IBI(基于判别分析的显著性)中的每个最终指标被分成3个范围，分配1、3或5分。

执行两个步骤来计算*P-IBI*：

(1)每个变量的截止分数用于计算单个指标值。

(2)估计流域或湖泊范围的平均指标分数。

*P-IBI*的计算使用以下表达式：

$$P\text{-}IBI = \frac{1}{B}\sum_{k=1}^{B}\frac{1}{S}\sum_{j=1}^{S}\frac{1}{M}(EA_{jk} + CB_{jk} + RJ_{jk} + LM_{jk} + RA_{jk} + ZB_{jk}) \quad (14.1)$$

其中，EA_{jk} 是 6 月份食用藻类生物量的指标分数；CB_{jk} 是 6 月份微囊藻、鱼腥藻和束丝藻与浮游植物总生物量的百分比；RJ_{jk} 是 6 月份浮游动物比率哲水蚤目/（枝角类 + 剑水蚤）的度量分数；LM_{jk} 是 7 月份 L. macrurus 丰度的度量分数；RA_{jk} 是 8 月份浮游动物比率哲水蚤目/（枝角类 + 剑水蚤）的度量分数；ZB_{jk} 是 8 月甲壳类浮游动物生物量的指标分数；M 是指标数；S 是站点数；B 是盆地数。

在判别分析中，有 5 个基于叶绿素 a 和总磷的极显著营养状态判断指标，被包括在最终的 P-IBI 中。

丢弃的候选指标包括冗余、缺乏足够的测试、抽样限制和判别分析无意义性。显著性是列入最终指数候选指标的唯一标准。

为伊利湖开发的多指标 P-IBI 被认为反映了伊利湖的 BIUs，显示出该方法的有用性和大规模运用的潜力，可监测近海湖泊水质的总体变化。从 1970 年到 20 世纪 90 年代中期，伊利湖的 IBI 得分一直在上升，随后开始下降，反映了湖泊摄食状况的变化。

14.4.5　地中海流域的 IBI

地中海河流有几个特点，使得 IBIs 的开发和应用具有挑战性（Magalhaes et al.，2008）。两个主要特征是物种丰富度低和特有率高，限制了指标标准的范围和灵敏度，难以区别相邻流域之间的主要自然差异。几个物种对恶劣环境的明显耐受性，以及缺乏生态需求的可靠信息，使这个问题变得更加复杂，它们在群落中的功能存在一系列不确定性。原始遗址通常很少，缺乏历史记录来量化环境退化对群落的影响，使得针对这些溪流的管理目标设计变得复杂。

早先在地中海范围实施 IBI 的努力受到阻碍，原因是对人类影响的指标反应差，鱼类种群之间的指标趋势也存在差异，表明需要针对流域和鱼类情况进行具体调整（Ferreira et al.，2007a，2007b）。IBI 以前在较小区域范围内的应用显示出不同程度的成功，尽管缺乏选择适当指标和建立评分标准的严格程序（Ferreira et al.，1996；Oliveira & Ferreira，2000）。

根据 Hughes 等人（1998）的提示，站点被随机分为开发组和验证组，每个站点相距至少 300 m，样本中要有两条以上的鱼。开发组用于筛选参照站点和候选指标，为构成 IBI 指标建立评分标准。验证组用于独立评估指标和 IBI 绩效。由于样本量的限制，开发组仅包括春季（3 月至 6 月）采集的样本，此时各站点的流动条件最为稳定和具可比性，而验证组包括所有季节的样本。

为了检查与取样时间相关的最终偏差，在 22 个站点评估了 IBI，每个季节至少重复取样一次。分析之前，将候选指标和环境变量进行 $\log_{10}(X+1)$ 转换，减少峰值分析的影响。显著性水平自始至终设定为 $P < 0.01$，以便能够确定数据的显著性。

参照点的筛选：由于无法确定原始位置，使用多元方法从所有位置中选择受影响最小的参照点(Reynoldson et al.，1997)。主成分分析(PCA)用于识别环境数据的变化梯度，主成分(PC)轴被视为复合的、多变量的影响压力因素。绘制第一和第二 PC 坐标轴，PC 较低冲击象限的位置认为符合参考标准。定义较低冲击象限时，使用 PC 坐标轴的因子负荷。

候选指标：候选指标列表基于起源、繁殖、摄食、生境和耐受性得出，基于以往的文献，对研究区已知的物种进行了属性划分，必要时进行专家判断。根据 Balon (1975)的分类，形成了一个简化的繁殖种群系统，首选侧重产卵地。摄食种群根据 Winemiller 和 Leslie(1992)的定义，利用成年生物饮食中的优势食物。按照栖息地，物种被分为底栖、低水位和高水位 3 类，基于底部位置进行个人观察。按照耐受性，基于专家对改变水流状态、营养状态、水化学和生境结构的总体敏感性判断，物种分为不耐受、中等和耐受。

按照 Karr 等人(1986)、Karr(1991)、Simon 和 Lyons(1995)、Lyons 等人(2001)和 Mccormick 等人(2001)的建议，总共计算了 55 个候选指标，对瓜迪亚纳流域进行了必要的修改，考虑了基于本地和外来物种的指标。

指标筛选：根据使用范围、响应性、精度和冗余度标准来筛选候选指标。首先，小于 3 个物种的指标被认为没有足够的范围用于评分，因此被丢弃。其次，相关系数用于测试候选指标对环境的响应性，包括参照点筛选得出的主成分分析坐标轴。评估相关显著性以及候选指标的分布，排除不适当反应的指标。最后，使用 Mann-Whitney 检验(Zar，1996)识别能更好区分参考站点和非参考站点的指标。最后，通过 Pearson 相关系数(Zar，1996)评估各指标间的关联。具有强相关性($r > 0.70$)的指标被认为是冗余的，响应最差的指标被丢弃。作为例外，尚未选择基于功能物种属性的指标被保留。

指标和指数评分：5 个选定的指标(表 14.15)按照 0 ~ 4 分制进行评分，利用基于流域面积绘制的最大值线(Karr et al.，1986)。

表 14.15　Magalhaes 等人(2008 年)为 IBI 选择的 5 个组分指标及其评分范围

组分指标	评分范围				
	0	1	2	3	4
本地个体比例[PN]	≤0.09	0.10 ~ 0.35	0.36 ~ 0.65	0.66 ~ 0.91	>0.91
不耐受和中间物种的数量[NIInt]	≤25%*	26% ~ 50%*	51% ~ 75%*	76% ~ 100%*	>*
本地食虫动物个体数[NInN]	≤25%*	26% ~ 50%*	51% ~ 75%*	76% ~ 100%*	>*
附生硅藻种数[NPhLiPo]	≤25%*	26% ~ 50%*	51% ~ 75%*	76% ~ 100%*	>*
单位抽样中外来个体渔获量[CEPUE]	≤16.44	16.45 ~ 27.02	27.03 ~ 44.41	44.42 ~ 73.01	>73.02

注：*这些指标的评分范围是使用最大值线得出的。

与流域面积无关的指标，采用类似的评级程序，使用参照点记录最大指标值。最终 IBI，将数据调整到 100 分：非常差(0～20)、差(20～40)、中等(40～60)、好(60～80)和非常好(80～100)，并将最终结果相加。

指标性能：指标评分的内部一致性用 Cronbach's α 来评估，它是综合指数中平均相关性的正函数(*Cronbach*，1951)。依次移除指标并计算剩余指标的 α 系数，计算每个指标的受限 α 值，然后与总 α 值进行比较。肯德尔相关系数用于分析每个指标与最终 IBI 得分之间的关系，以及最终 IBI 与依次忽略每个指标得出受限 IBI 得分之间的关系。

指数评估：最终 IBI 对环境变量的响应性，包括参照筛选点得出的复合 PC 退化坐标轴，是根据斯皮曼等级相关系数评估的。肯德尔一致性系数测试了 IBI 在不同季节得分的稳定性。

此外，使用 Mann-Whitney 测试分析了 IBI 可重复区分参考和非参照站点以及开发和验证站点得分的能力。

IBI 的应用产生了可重复和一致性结果，区分了瓜迪亚纳流域不同水平的生物完整性。被 IBI 评为低质量的站点多于被评为好的，低分数多于高分数。尽管缺乏统计设计，无法对瓜迪亚纳流域的损害程度进行定量描述，但结果表明，许多河流的生态状况可能较差。得分高的站点是先前高度保护状态的河流，得分低的站点出现在被人类干扰严重影响的河流。Magahaes 等人(2008)强调了 IBI 方法的有效性，即使在多样性较低和本地鱼类高度聚集的河流中。

14.4.6　协助中国湖泊鱼类保护的 IBI

Liu 等人(2008)描述了一种新的鱼类 IBI，特别提到中国琼海湖。

该 IBI 应用了 20 世纪 40 年代和 80 年代的历史数据，以及通过实验产生的近期数据。IBI 组分指标是通过分析鱼类聚集和检查以前的 IBI 选定的(Jennings et al., 1999；Thoma，1999；Lyons et al., 2000；Zhu & Chang，2003；Drake & Valley, 2005)。Zhu 和 Chang(2003)提出了长江流域湖泊的 12 个指标标准。经过修改，指标数量减少到 10 个(表 14.16)。

表 14.16　Liu 等人(2008)提出的琼海湖 IBI 指标及评分标准

成分指标		评分标准		
		好(5 分)	一般(3 分)	差(1 分)
物种丰富度和构成/%				
M1	本地物种总数	>74	50～74	<50
M2	鲤科物种总数	<45	45～60	>60
M3	鳘科物种总数	2～4	5～6	7～8

续表 14.16

成分指标		评分标准		
		好(5 分)	一般(3 分)	差(1 分)
M4	鳅科物种总数	2 ~ 5	6 ~ 8	9 ~ 12
M5	鲫鱼个体总数	<22	23 ~ 38	39 ~ 54
营养级组成/%				
M6	杂食个体总数	<10	10 ~ 40	>40
M7	食虫个体总数	>45	20 ~ 45	<20
M8	顶端食肉个体总数	>10	5 ~ 10	<5
鱼类状况				
M9	本地鱼类中外来无脊椎寄生虫种类/%	<25	25 ~ 60	>60
M10	混合个体总数/%	0	>0,≤1	>1
	IBI 总分	>40	20 ~ 40	<20

　　琼海的 10 个指标和 IBI 值是根据 1940、1980 和 2003 年的数据计算的。IBI 的总分从 20 世纪 40 年代的 40 分下降到 20 世纪 80 年代的 26 分。由于 M1、M7、M10、M3、M6、M8 和 M9，尤其是 M1、M7 和 M10 指标的下降，2003 年该指数降至 20。

　　物种丰富度的得分从 20 世纪 40 年代的 30 分下降到 20 世纪 80 年代的 22 分和 2003 年的 16 分，这是本土物种灭绝和食物网变化的直接结果。营养级成分得分从 20 世纪 40 年代的 13 分下降到 20 世纪 80 年代的 9 分，再到 2003 年的 5 分。鱼类状况也出现了同样的趋势，从 20 世纪 40 年代的 10 种下降到 20 世纪 80 年代和 2004 年的 4 种。IBI 得分低反映了琼海生物条件的下降。

　　Liu 等(2008)的结果表明，需要采取一些管理措施来恢复琼海现存原生鱼类的生物完整性。相关措施包括恢复本地物种和食物网结构，防止外来物种入侵和重建湖泊生态系统。还需要考虑湖泊提供生态系统服务和可持续渔业的能力。

14.4.7　监测肯尼亚维多利亚湖流域河流的大型无脊椎动物 IBI

　　肯尼亚维多利亚湖流域许多河流的水质受到大量取水、农业径流、城市和工业废水污染、牲畜和毁林造成的不利影响。由于缺乏判断环境退化程度的标准，该地区的管理工作受到阻碍。为填补这一空白，Raburu 等人(2009)开发了基于宏观调查的生物完整性指数，以监测维多利亚湖流域上游河流的生态完整性。

　　使用 Mann-Whitney U 测试评估了不同属性区分参照站点和受损站点的能力。

　　当测试显示站点组之间存在显著差异($p < 0.05$)时，就确定了潜在指标。根据 Barbour 等人(1999)的观点，使用方框图评估受损站点和参照站点之间潜在指标的分离能力。

分离能力小于 2 的指标被丢弃。剩余指标的冗余度通过皮尔逊相关系数和散点图目视检查来评估。相关系数 $r \leqslant 0.7$ 的指标被认为是冗余的。

从一组冗余度量中选择具有最高分离能力的指标，并将其包含在最终指数的计算中。

鱼类和大型无脊椎动物 IBIs 常用 1、3、5 区间评分（Karr，1981；Kerans & Karr，1994；Barbour et al., 1999）以使范围标准化（表 14.17）。然后将得分的指标相加，得到最终的 IBI 得分。

利用散点图目视检查和皮尔逊相关分析，通过指标值与物理化学参数相关来评估 IBI 成分指标对干扰的响应性。

表 14.17 Raburu 等人（2009）的 IBI 使用的 9 个组分指标和基于 1、3、5 评分系统的评分标准

指标	评分标准		
	1	3	5
蜉蝣属数	<4	4～6	>6
襀翅目属数	<1	2	≥3
毛翅目属数	<3	3～4	>4
不耐受属数	<8	8～10	>10
EPT 个体百分比	<16.6	16.6～51.9	>51.9
耐受个体百分比	>70.9	31～70.9	<31
采集个体百分比	>35.1	4.9～35.1	<4.9
食肉个体百分比	<12.4	12.4～15.8	>15.8
优势属个体百分比	>28.7	27.3～28.7	<27.3

区域完整性等级（表 14.18）是由参照站点和受损站点的总 IBI 分数确定的，与各自点的生境特征相关。

表 14.18 Ruburu 等人（2009）的 IBI 总得分的分类类别

完整性等级	IBI 总分	描述特点
非常好	>41	河岸带 100 m 范围内无人类活动，自然植被完好，*BOD* <1 mg/L，% EPT >50%，双翅目 <20%，无不耐受分类群 >14。河道内基质主要由巨砾和植物材料组成。水清澈见底
好	33～41	河岸带 50 m 范围内无人类活动，*BOD* <2 mg/L，% EPT >50%，双翅目 <20%，无不耐受分类群 >10。底部基质以石头和植物材料为主。水清澈见底

续表 14.18

完整性等级	IBI 总分	描述特点
一般	24～32	河岸带 >20 m 宽人类活动少，沿河保持自然植被，河道内覆盖 >50%。 BOD <2 mg/L,% EPT >50%，双翅目 <30%，基质主要为石头
差	19～23	河岸带 <20 m，崩塌和侵蚀河岸，人类活动包括农业、动物饮水点和取水、城市化和砍伐森林，BOD >4 mg/L,% EPT <30%，耐受分类群 >30%。以摇蚊和寡毛类为主，底部以沙子和有机物质为主，水混浊(看不到底部)
非常差	9～18	河岸带 <10 m，没有植被坍塌河岸，农业或城市化或工业下的河岸带，人类活动包括动物饮水、取水、洗澡、清洗和采砂。BOD >5 mg/L,% EPT <20%，耐受分类群 >60%，以摇蚊和寡毛类为主，不耐受分类群 <8，底部由沙、泥和有机废物组成。水混浊

注：给出了基于研究区河流生境的完整性分类和特点描述。

站点研究表明，选定的指标表现出与退化水平一致的可变性。EPT 的相对丰度和耐污染个体的指标(表 14.17)能够清楚地将退化监测站分开。退化站点不耐受分类群的丰度有所减少，而耐受分类群的丰度恰恰相反。

所研究的 3 个河流系统中，分类单元丰富度和多样性指数缺乏显著差异，3 个河流系统的无脊椎动物科种类相似，这似乎证实了该区域的大型无脊椎动物群落受到相似生态条件的调节。

14.4.8 底栖大型无脊椎动物 IBI 评估水电站大坝下的生物状况

Rehn(2009)开发了一个 IBI 项目，根据底栖大型无脊椎动物评估内华达山脉西坡(美国加利福尼亚州)水电站导流坝下的生物状况。

在每个水库蓄水高峰影响上游的 10 条河流和 5 个下游站点按顺序间隔 500 m 取样。参照条件通过定量的地理信息系统、达到一定规模的物理生境(PHAB)和水化数据筛选上游研究站点和 77 条其他区域河流来确定。

基于 3 个标准对 IBI 的 82 项指标进行了评估：

(1)参照点和第一个下游点之间的良好区分，在取样距离内有一定的恢复迹象。

(2)足够的得分范围。

(3)与其他鉴别指标的最小相关性。

IBI 的其他步骤与前面案例中描述的步骤相似。

随着下游距离的增加，IBI 在参照点和下游点之间表现出良好的区分性，并通过独立数据集进行了验证。单个指标、IBI 得分和多变量排序轴发现不同站点的 PHAB 变量相关性很差。当只评估参照点和第一个下游点时，IBI 分数的降低与下游栖息地的变异及大坝下的基底变粗相关。

大坝以下的低 IBI 与水文状况的改变紧密联系。因此，水流恢复在管理行动中是有价值的,这种管理行动可以在人类对淡水的需求之间取得可持续平衡。

14.4.9 硅藻 IBI 用于酸性矿井排水受影响的河流

19 世纪以来,因大规模采煤而产生的酸性矿井排水(AMD)已使全球数万英里(1英里≈1.61 千米)的河流遭受严重的酸性和金属负荷,严重影响了无数溪流和湖泊中的水生生物和生态属性。但没有专门设计的指数来量化硅藻对 AMD 的影响,也没有多个有机体来评估 AMD 严重影响程度和河流有效管理策略。在此背景下,Zalack 等人(2010)开展了一项研究,旨在创建和测试多指标 AMD‐硅藻生物完整性指数(AMD-DIBI),并将其与指示 AMD 严重程度的多指标大型无脊椎动物指数(ICI)进行比较。2006 年,在俄亥俄州东南部的 41 个站点进行了抽样,这些站点代表了AMD 影响梯度和非 AMD 影响参照站点,以此构成 AMD-DIBI 的指标。在接下来的一年里,对 AMD-DIBI 及其指标进行了测试,数据由 AMD 影响下流域的 18 个站点构成。

结果表明,AMD-DIBI 和 ICI 之间存在显著相关性,这两个指数和所有指标都与指示 AMD 污染的水化学变量密切相关。逐步多元回归显示,碱度和电导率对 AMD-DIBI 和 ICI 的影响最大。由指数得分确定的叙述性分类(例如,差、一般、好和优秀)提供了对 AMD 严重性的有效分类。

在流域尺度上测试时,AMD-DIBI 及其指标可以成功地量化 AMD 梯度和采煤影响。新开发的 AMD-DIBI 有助于评估煤矿开采活动对河流硅藻群落的损害、敏感性和恢复。由于 AMD-DIBI 对 AMD 污染梯度有反应,可以用于未来研究,测量河流的长期状态和各种修复方法的有效性。这项研究还强调了基于硅藻指标的反应能力。

14.4.10 水库生境损害的多指标指数(RHI)

自然湖泊作为水生生态系统进化缓慢,数百年从寡营养到中营养(最终是熵)阶段,而人造水库突然出现大流域和大支流,并获取了尽可能多的水。水库产生的栖息地多样性和弹性都很低,很容易被人造的水情、沉降和养分流削弱。这些情况会导致水库的营养状况快速变化,降低维持本地鱼类种群和渔业质量的能力。由于缺乏量化受损状态的方法,水库的修复受到阻碍。

为解决这个问题,Miranda 和 Hunt(2010)给出了水库生境损害指数(IRHI)。其中,描述常见损害来源的 14 个指标被合并,具有本地知识的渔业科学家对这些指标从 0(无损害)至 5(高度损害)进行了评分。

IRHI 的得分很像 Karr 等人(1986)的 IBI,不同的是,IRHI 的指标组合代表了生境结构,而不是生物群落的得分。根据数据的等级,每个结构的平均原始分数从 0 到小于 1.5 评分为 1,从 1.5 到小于 3.5 评分为 3,从 3.5 到 5 评分为 5。

将构成物的分数相加,计算整体 IRHI 分数,如下所示:

$$IRHI = f'_i + f'_{i+1} + \cdots + f'_n \tag{14.2}$$

$$f'_i = \begin{cases} 1, & 0 \leq f_i < 1.5 \\ 3, & 1.5 \leq f_i < 3.5 \\ 5, & 3.5 \leq f_i \leq 5 \end{cases}$$

$$f_i = \frac{m_i + m_{i+1} + \cdots + m_j}{j} \tag{14.3}$$

为评估 *IRHI* 是否反映水库环境，评估了每一个 f_i 是如何响应关键水库生境指示的。水库的 4 个常用描述符，即水库使用类型（即建造的主要原因）、表面积、最大深度和使用年限，多元协方差分析被用来评估 f_i 和水库以上 4 个特征值间的关系。

对遍布美国超过 482 个随机选择的水库的应用表明，*IRHI* 反映了 5 个损害因素，包括淤积、结构性生境、富营养化、水情和水生植物。这些因素与使用的 4 个关键水库特征关系不大，表明普通水库描述符对鱼类栖息地损害的预测能力较差。*IRHI* 计算起来既快速又便宜，似乎提供了易于理解的整体栖息地损害测量方法。*IRHI* 主要局限似乎依赖于不标准的专业判断，而不是标准化的经验测量。

14.4.11　用于湿地生态状况评估的多分类群 IBI

多分类群 IBI 相对于单分类群 IBI 的优势在于，来自多营养级的生物体信息可以被组合，并反映沿环境梯度不同敏感性的响应。这可能允许建立多种标准：一方面保护最敏感的分类群，另一方面保护重要但更耐受的分类群。

单一因素可能是湿地生态系统退化的主要压力，多因素可能是景观退化的综合因素（Danielson，2001）。空间和时间的可变性使得难以诊断导致损害的特定压力，特别是对于景观评估仅取样一次的站点。

考虑到这些因素，Lougheed 等人（2007）使用了广义的压力梯度来为多分类群 IBI 提供参照。它结合了多种环境压力，以确保生物完全反映自然或相对不受干扰条件下的所有可能变化。

对于广义压力梯度，构建了多指标压力因素坐标轴，称为湿地干扰坐标轴（WDA），以整合同等重要的 3 个主要压力：土地利用、水文改变和水质。WDA 包括土地利用和覆盖的 3 个指标（河岸土地利用、缓冲区宽度和最近湿地距离）、表示水文的两个指标（水文变化和水源）和两个水质指标（电导率和污染物）。使用土地利用图和地理信息系统确定最近湿地的距离，这是土地利用变化造成湿地生境破碎的指示。其他土地利用变量，包括河岸土地利用和缓冲区宽度、水文变量和污染物都是基于实地观察及半定量尺度上得到的。

IBI 使用的 3 个分类群中，每一个都需计算一套生物指标或生态属性：植物（Herman et al.，2001；Fennessy et al.，2002），硅藻（van Dam et al.，1994；Stevenson et al.，2002b）和浮游动物（Lougheed & Chow-Fraser，2002）。该研究还计算了几个新的指标，所有分类组都有指标可分为以下一种或另一种：

（1）生长形式和栖息地（例如，专性湿地植物、附生硅藻和与植被相关的浮游动物）。

（2）分类学水平的指标标准（例如，莎草的频率、异极藻及舟形藻的百分比和枝角类与轮虫的比率）。

（3）营养状态指数或耐受性，与参考群落的相似性以及代表群落构成的指标。

IBI 总共计算了 117 个植物指标、84 个浮游动物指标和 77 个硅藻指标。

每个分类群，还计算了与未开发站点的相似性，即没有人类影响的情况下，预期物种与某个站点实际物种间的比较。计算中，未开发的站点定义为取样点周围 1 km 缓冲区内开发（农业和城市）土地少于 5% 的站点，包括 35 个湿地中的 6 个。超过三分之一未开发湿地中发现的每一个分类物种被标记为"参考物种"。给这些物种每一个都指定一个特定的值，这个值等同于未开发站点的比例。

对 6 个未开发站点中的每一个站点及所有物种特定的比例进行求和、平均，给出未开发站点中参考物种的预期(E)数量。

指标选择：为了从 278 个指标中筛选出相关指标，经过简单线性相关，只保留经过 Bonferroni 修正后与 WDA 显著相关的指标。这使得植物指标总数减少到 27 个、浮游动物减少到 13 个、硅藻减少到 15 个。检查保留指标之间的相关性，删除那些与 WDA 有显著相关性（$r^2 > 0.70$）的指标，保留最具生物学意义的指标。最终得出 6 种植物、2 种硅藻和 4 种浮游动物的指标，它们对 WDA 表现出强烈的非线性反应，没有冗余或相互关联。另外 2 个具有线性响应的硅藻指标，其回归显示差异仅比线性回归多 1%～2%。van Dam 的 TSI 被保留了下来，该指标是生物学上重要的指标。硅藻 NMDS 指标被保留，当数据被分成两个数据集时，数据低于上拐点，数据高于下拐点，回归 r^2 显著高于线性回归 r^2。最终分类名单见表 14.19。

结合这些指标生成 IBI，所依据的 3 个分类群受损程度相似，用于将湿地分为 3 组：参考点代表质量最好的点；轻微改变的点，代表最敏感的物种有反应；退化点，敏感种群结构发生完全改变。

表 14.19 Lougheed 等人（2007）在 IBI 多分类群中使用的指标最终列表

指标	趋势
植物	
与未开发场地的相似性	−
植物 NMDS 坐标轴	+
植物保守系数	−
浮萍优势（*Lemna* spp.）	+
敏感植物的相对优势	−
耐受植物和外来植物的相对优势度	+
总体植物指数	
硅藻类	
与未开发场地的相似性	−

续表 14.19

指标	趋势
硅藻 NMDS 坐标轴 van Dam 营养状态指数	+
脆杆藻相对丰度	+
总体硅藻指数	−
浮游动物	
与未开发场地的相似性	−
浮游动物 NMDS 坐标轴	
浮游动物推断出的电导率	+
食糜虫和大蓟马物种丰富度	−
总体浮游动物指数	

注：指标和 WDA 之间关系的方向在趋势栏中指出。

对于马斯克根(Muskegon)河流域，该分析确定了需要恢复的站点，包括流域内大约三分之一的洼地湿地。

14.4.12　切萨皮克湾(Chesapeake Bay)多类群 IBI

Williams 等人(2009)将 3 种水质和 3 种生物测定结合起来，制定了"海湾健康指数"(*BHI*)。将叶绿素 a、溶解氧(*DO*)和透明度进行平均后创建水质指数(*WQI*)，将浮游植物生物量、底栖生物指数以及水下植被(SAV)面积进行平均创建生物指数(*BI*)。*WQI* 和 *BI* 随后被平均得到 *BHI*。

BHI 旨在用作"空间显性管理工具"(即适用于比较不同报告区域的工具)，评估营养物和沉积物负荷强烈影响下的水质和生物状况。*BHI* 使用的两个多指标指数即浮游植物和底栖动物完整性指数是较早开发的指数(Weisberg et al., 1997；Lacouture et al., 2006)。选择它们是因为：①海湾覆盖面广，允许区分不同区域；②基于生态健康阈值，允许区分未受损区域和受损区域。

水质指数：通过对 3 个水质指标(叶绿素 a、溶解氧和透明度)的得分频率进行平均，生成一个年度 *WQI* 值。对一个区段内所有站点的 *WQIs* 进行平均，根据每个区段相对于报告区域面积的比例进行加权。对这些数据进行汇总，得出报告区域的 *WQI* 值。

生物指数：生物指数结合了水下植被(SAV)面积、底栖生物完整性指数(B-IBI)和浮游植物生物完整性指数(P-IBI)。类似于 *WQI*，对 3 个生物指数进行平均，为每个段计算出 *BI* 值。几个区段的 *BI* 由各自在报告区域中的面积比例进行加权、求和以获得报告区域的 *BI* 值。

每个 CBP 区段的 SAV 覆盖估计数是通过 SAV 年度航测获得的。区域恢复目标是通过区域内所有段的恢复目标求和来确定的。

根据参考数据建立的阈值，对底栖生物群落结构和功能的每个属性（丰度、生物量、香农多样性等）评分计算 B-IBI。将这些分数（1～5级）进行平均，计算指数值。指数值≤3代表良好的底栖生物条件，表明生境质量良好。

个体 IBI 评分根据阈值 1.0～5.0 的范围进行评估，得分≥3.0为"及格"，得分<3.0为"不及格"。每个区段的 CBP 由该区段占全区域的比例加权。将面积加权相加，得到每个区域的 IBI 评分。

水质和生物指数均为成分指标，通过计算平均值获得 *BHI*。*WQI* 和 *BI* 使用了简单的平均技术，假设在生态系统健康方面具有相同权重。这是一种基本原理，没有任何方式可以客观地确定加权方案，并证明其合理性。

每个区域的 *BHI* 按照以下范围进行评分：0～20%（F级）、21%～40%（D级）、41%～60%（C级）、61%～80%（B级）和 81－100%（A级）。正和负（即"＋"和"－"）用来表示每个类别的上、下限。

BHI 的应用表明，较低的叶绿素 *a* 浓度、较高的溶解氧浓度、较深的透明度、较高的浮游植物和底栖生物指数与生态健康阈值相关。较大的 SAV 面积与恢复目标及未修复的区域相关。*WQI*、*IBI* 和 *BHI* 与以下因素显著相关：

（1）河流流量。

（2）氮（N）、磷（P）和泥沙负荷（均与流量呈正相关）。

（3）土地开发和农业用地的总和。

以上表明，*BHI* 受到土地利用产生的养分和沉积物负荷的强烈影响。

14.4.13 基于信息理论方法的 IBI

本节介绍了 IBI 开发的例证，包括不同的地理区域、大陆、水体和预期应用，总结了开发 IBIs 的策略，对它们的应用做了简短的提及。

有研究尝试将候鸟的群落结构与湖泊的生态联系起来（Abbasi & Chari，2008；Chari et al.，2003），这方面的定量研究很少。Larsen 等人（2010）用意大利扩展生物指数（IBE）对河岸鸟类群落做了有趣的研究，将河岸鸟类纳入河流生物评价，补充了现有水生生物监测方案。

为评估鸟类群落是否能指示河流状况，在意大利中部实验，沿农业强度梯度的5个河流 37 个河岸带中取样繁殖鸟类。同时，对大型无脊椎动物进行取样以计算 IBE 值。根据土地利用分类遥感，在河段 1 km 范围内计算人为指数。

基于信息论方法（AIC），比较了基于土地利用和鸟类指标的大型无脊椎动物预测模型。同时，还确定了河流质量是否与河流物种检测有关。

研究表明，鸟类物种多样性和丰富度在土地利用的中间水平达到峰值，随着 IBE 值的增加而增加。水质与物种的检测无关，仅在 IBE 值最高的河段观察到两个物种，即七星河鸟（*Cinclus cinclus*）和灰鹡鸰（*Motacilla cinerea*）。水质较好的河段和改造较少的景观中，发现小型食虫鸟类和树栖物种的频率更高。相比之下，较大的食谷鸟类在受干扰的河段更常见。根据信息理论方法，预测水质的最佳模型包括人为指数、鸟类多样性和鸟类群落营养结构的指数。

结合景观信息，河岸鸟类群落的多样性和营养结构可以作为溪流大型无脊椎动物的补充，进而作为溪流生物完整性退化的指示。

14.5 基于不同种群的 IBIs 综述

14.5.1 基于鱼类的 IBIs

继 Karr(1981)提出的第一个 IBI 之后，IBI 的开发主要基于鱼类区系(Stevens et al., 2010；Lieffering et al., 2010；Launois et al., 2011；Schmitter-Soto et al., 2011)。表 14.20 给出了一些基于鱼类的 IBIs 指标列表。

表 14.20   一些基于鱼类的 IBIs 指标

为其开发的区域	作者	成分指标
美国中西部	Karr，1981	(1)物种数量
		(2)不耐受物种的存在
		(3)镖鲈物种丰富度和构成
		(4)吸盘物种丰富度和构成
		(5)太阳鱼物种丰富度和构成(绿色太阳鱼除外)
		(6)绿色太阳鱼的比例
		(7)杂交个体的比例
		(5)样本中的个体数
		(9)杂食性个体的比例
		(10)食虫鲤科鱼的比例
		(11)顶级食肉动物的比例
		(12)疾病、肿瘤、鳍损伤和其他异常的比例
大湖	Minns et al., 1994	(1)本地物种数量
		(2)太阳鱼科鱼类数量
		(3)不耐受物种数量
		(4)非本地物种数量
		(5)本地鲤科鱼类数量
		(6)食鱼生物量百分比
		(7)全能生物量百分比
		(8)专能生物量百分比
		(9)本地个体数量
		(10)本地物种生物量
		(11)非本地物种数量百分比
		(12)非本地物种生物量百分比

续表 14.20

为其开发的区域	作者	成分指标
美国东北部	Whittier，1999	(1)非本地鱼类数量 (2)大型物种的数量 (3)非本地个体百分比 (4)耐受个体百分比 (5)顶级食肉动物个体百分比 (6)食虫个体百分比 (7)杂食个体百分比
美国，威斯康辛	Jennings et al. (1999)	(1)本地种数量 (2)太阳鱼数量 (3)鲤鱼科数量 (4)不耐受种类 (5)小型底栖鱼类数量 (6)外来物种百分比 (7)顶级食肉动物百分比 (8)亲石性湖泊百分比 (9)产卵鱼
美国，田纳西	McDonough and Hickman (1999)	(1)物种数量 (2)轻体物种数量 (3)吸盘物种数量 (4)不耐受物种数量 (5)不耐受个体比例 (6)优势种百分比 (7)鱼类数量 (8)杂食动物比例 (9)畸形动物比例 (10)亲石产卵者数量 (11)个体总数 (12)异常率
伊利湖	Thoma(1999)	(1)本地种数量 (2)底栖物种的数量 (3)翻车鱼的数量 (4)鲤科物种 (5)草食物种 (6)敏感物种百分比 (7)耐受个体 (8)杂食物种百分比 (9)湖泊个体

续表 14.20

为其开发的区域	作者	成分指标
		(10)亲植性个体百分比
		(11)顶级食肉动物百分比
		(12)个体数量
		(13)非本土物种百分比
		(14)患病个体百分比
墨西哥中部	Lyons et al. (2000)	(1)本地物种总数量
		(2)常见本地物种数量
		(3)本地幸鲹科物种数量
		(4)本地鲤科物种数量
		(5)本地敏感物种数量
		(6)耐性物种生物量百分比
		(7)外来物种生物量百分比
		(8)本地食肉动物生物量百分比
		(9)本地物种最大标准长度
		(10)外来无脊椎动物的寄生虫寄生于本地鱼体内或表面的百分比
美国佛蒙特州冷水溪	Langdon, 2001	(1)不耐受物种数量
		(2)冷水狭温生物个体比例
		(3)全能摄食个体比例
		(4)顶极食肉动物个体比例
		(5)鳟鱼密度和年龄等级结构
美国明尼苏达州	Drake & Pereira, 2002; Drake & Valley, 2005	(1)本地物种数量
		(2)不耐受物种数量
		(3)耐受物种数量
		(4)食虫物种数量
		(5)杂食性物种数量
		(6)鲤科鱼物种数量
		(7)小型底栖物种数量
		(8)植被栖息物种数量
		(9)不耐受个体比例
		(10)小型底栖物种比例
		(11)植被栖息物种比例
		(12)按生物量划分食虫动物比例
		(13)按生物量划分杂食动物比例
		(14)按生物量划分耐受个体比例
		(15)按生物量划分顶级食肉动物物种比例
		(16)按生物量划分不耐受个体比例

续表 14.20

为其开发的区域	作者	成分指标
奥地利	Gassner et al., 2003	(1)本地鱼类物种构成 (2)本地鱼类总生物量 (3)目前鱼类物种构成 (4)目前鱼类总生物量 (5)丰度指数 (6)繁殖成效 (7)优势鱼种大小频率 (8)优势鱼种成熟时总长度 (9)优势鱼种最大长度
加拿大新斯科舍省菲利普河	Kanno & Mac-Millan, 2004	(1)鱼类物种数量 (2)鲑鱼个体百分比 (3)鳟鱼个体百分比 (4)白吸盘个体白分比 (5)可捕捉鲑鱼个体百分比(2岁及以上)
美国北部西北大平原溪流	Bramblett et al., 2005	(1)本地物种数量 (2)本地科数量 (3)原生亚口鱼和鲴类物种数量 (4)耐受个体比例 (5)食虫鲤科鱼比例 (6)底栖食虫物种数量 (7)专性生殖种群个体比例 (8)耐受生殖种群个体比例 (9)本地个体比例 (10)拥有长寿个体本地物种数量
美国华盛顿西部普吉特湾低地	Matzen & Berge, 2008	(1)食虫个体百分比 (2)食虫/食鱼动物个体百分比 (3)银鲑个体百分比 (4)美洲鲑个体百分比 (5)杜父鱼个体百分比 (6)最丰富物种个体百分比
法国河口	Delpech et al., 2010	(1)总密度 (2)顺流迁徙物种的密度 (3)海洋新生洄游鱼密度 (4)底栖生物密度

续表 14.20

为其开发的区域	作者	成分指标
比利时齐舍尔德河口	Breine et al., 2010	淡水区 (1)物种总数 (2)个体总数 (3)越区洄游个体百分比 (4)特定产卵鱼个体百分比 (5)食鱼个体百分比 (6)底栖生物个体百分比 盐淡水区 (1)鱼类物种总数 (2)不耐受污染物种总数 (3)越区洄游物种总数 (4)个体总数 (5)海洋迁徙物种总数 (6)河口物种总数 中盐区 (1)物种总数 (2)越区洄游物种总数 (3)特定产卵群总数 (4)生境敏感物种总数 (5)不耐受污染个体百分比 (6)海洋迁徙物种总数
加拿大艾伯塔省巴特尔河	Stevens et al., 2010	(1)寿命更长个体百分比 (2)每 100 s 电捕鱼的渔获量 (3)畸形、疾病、寄生虫、鳍糜烂、损伤或肿瘤百分比 (4)耐受物种百分比 (5)不耐受物种百分比
尤卡坦半岛洪多河流域	Schmitter-Soto et al., 2011	(1)柳珊瑚的相对丰度 (2)底层物种的相对丰度 (3)黑尾鲷的相对丰度 (4)食草动物物种的相对丰度 (5)数值均匀性 (6)本地物种百分比 (7)墨西哥凤蝶的相对丰度 (8)花鳍虮的相对丰度(Calakmul) (9)敏感物种的相对丰度

续表 14.20

为其开发的区域	作者	成分指标
		(10)耐受物种百分比
		(11)剑尾鱼的相对丰度
		(12)斑剑鱼的相对丰度

　　尽管鱼类是天然和人工湖泊合适的生态指示物(Costa & Schulz，2010；Pei et al.，2010；Miranda & Hunt，2010；Launois et al.，2011)，除了溪流(Costa & Schulz，2010)和盐水环境(Brousseau et al.，2011)，鱼类使用的适当性不时受到质疑。反对的理由是，由于物种世代时间较长，鱼类在显示环境变化方面表现出滞后时间(Griffith et al.，2005)。Karr 等人(1985)提供的证据表明，鱼类群落经过 4 年时间才对废水排放的化学成分(总余氯)的变化做出了反应。

　　另一种批评针对鱼类的流动性，认为鱼类可能更倾向于未退化的栖息地，从而影响 IBI 得分(Berkman et al.，1986)。鱼类群落的反应也会受到河流位置的影响(Hitt & Angermeier，2011)。高度活动的动物如鱼可能会加剧第 4 章中与样品代表性相关的问题(Jennings et al.，1999)。表 14.21 给出了使用鱼作为指示生物特征的优缺点。

　　如何权衡稀有和丰富类群的信息是另一个挑战。Wan 等人(2010)调查了稀有鱼类(在丰度曲线低位 5% 范围内)对明尼苏达州两个主要河流流域和密西西比河上游的 IBI 指标和总得分的影响。从生物样品中人工去除稀有分类群：①排除丰富度低于 5% 的群体；②排除丰富度较高的一个或两个群体；③同时排除所有丰富度低于 5% 的群体。用归一化方根误差和回归分析比较移除稀有分类群前后的 IBI 总得分。可以看出，随着分类群被移除，IBI 指标和总得分的差异增加。当移除多个稀有分类群时，净回归均方误差与样品丰度和总分类丰度相关，从大量分类群或样品丰度高的样品观察到更大的净回归均方误差。分类群相对丰度对稀有分类群的损失不太敏感，基于分类群的生物评估指标也不敏感，这是由分类群丰度指标赋予的权重决定的。

表 14.21　IBI 开发中使用鱼类、大型植物、大型无脊椎动物、浮游生物和附生动物的优缺点

生物学指标	优点	缺点
鱼类	（ⅰ）有广泛生活史信息可用性 （ⅱ）易于识别 （ⅲ）信息公众可以理解 （ⅳ）与生境恢复的目标直接相关	（ⅰ）反映环境变化缓慢 （ⅱ）流动性可能会影响指数得分 （ⅲ）抽样性质选择 （ⅳ）物种从湖泊/溪流受损区域迁移的可能性

续表 14.21

生物学指标	优点	缺点
大型植物	（ⅰ）易于识别 （ⅱ）不动便于取样 （ⅲ）适用于快速取样方法（如遥感和水声）	（ⅰ）不代表一系列营养水平 （ⅱ）水文状况会强烈影响成分
大型无脊椎动物	（ⅰ）生态多样且分布广泛 （ⅱ）几乎出现在所有类型的溪流中 （ⅲ）相对固定 （ⅳ）易于定性取样和识别 （ⅴ）足够长的生命周期，以整合长期发生的环境压力 （ⅵ）单一样本可能具有足够的代表性	（ⅰ）定量现场取样困难 （ⅱ）在物种水平上鉴定困难限制了分类学的分辨率 （ⅲ）群落随时间变化很大
浮游生物	（ⅰ）便于定性和定量实地取样 （ⅱ）易于储存大量样品	（ⅰ）群落随时间变化很大 （ⅱ）群落在空间上高度可变 （ⅲ）在物种水平上难以识别
附生生物	（ⅰ）便于定性和定量实地取样 （ⅱ）不动（不包括表生动物） （ⅲ）可能使用古湖沼学记录	（ⅰ）群落随时间变化很大 （ⅱ）即使在非常小的规模上也是异种 　　（Hollingsworth & Vis，2010）

14.5.2　基于大型无脊椎动物的 IBIs

除了鱼类，大多数 IBIs 都是围绕大型无脊椎动物的（Ohio EPA，1987；Plafkin et al.，1989；Kerans & Karr，1994；Barbour et al.，1996；Lewis et al.，2001；Blocksom et al.，2002；Weigel，2003；Heatherly et al.，2005；Rufer，2006；Trigal et al.，2006；Rehn，2009；Benyi et al.，2009；Lang，2009；Leunda et al.，2009；Delgado et al.，2010；Aura et al.，2010）。表 14.22 给出了一些基于大型无脊椎动物的 IBIs 指标列表。

表 14.22 一些基于大型无脊椎动物的 IBIs 中使用的指标

为其开发的区域	作者	成分指标
美国田纳西流域河流	Kerans & Karr, 1994	(1) 总分类群 (2) 总不耐受蜗牛和贻贝物种丰富度 (3) 蜉蝣总数 (4) 总石蛾 (5) 石蝇分类群总丰富度 (6) 河蚬相对丰度 (7) 寡毛类相对丰度 (8) 杂食动物相对丰度 (9) 滤食动物相对丰度 (10) 食草动物相对丰度 (11) 食肉动物相对丰度 (12) 优势度 (13) 总丰度
美国威斯康星州冷水流	Lyons et al., 1996	(1) 不耐受物种数量 (2) 所有耐受物种个体百分比 (3) 所有顶级食肉动物物种个体百分比 (4) 所有本地或外来狭温性冷水或冷水物种个体百分比 (5) 鳟鱼中鲑鱼个体百分比
大湖	Burton et al., 1999	(1) 蜻蜓目属数量 (2) (休伦湖) 蜻蜓目昆虫相对丰度 (3) 甲壳纲和软体动物属数量 (4) 总属数 (5) 腹足类相对丰度 (6) 泯甲科属相对丰度 (7) 总分类群丰富度 (8) 均匀度 (J) (9) Shannon 指数 (H) (10) Simpson 指数 (D)

续表 14.22

为其开发的区域	作者	成分指标
美国东北部	Lewis et al., 2001	(1)Hilsenhoff 生物指数 (2)分类群丰富度 (3)相对丰度 (4)不耐受分类群百分比 (5)寡毛类百分比 (6)非昆虫类百分比 (7)摇蚊科百分比 (8)优势分类群百分比 (9)群落损失指数 (10)群落相似性指数 (11)摄食状况指数 (12)优势种 - 常见种
美国新泽西州	Blocksom et al., 2002	(1)双翅目分类群数量 (2)摇蚊个体百分比 (3)寡毛类和/或水蛭百分比 (4)集食性分类群百分比 (5)Hilsenhoff 生物指数
美国中大西洋高地溪流	Klemm et al., 2003	(1)蜉蝣丰富度(流域调整) (2)襀翅目丰富度(流域调整) (3)毛翅目丰富度 (4)收集滤食动物丰富度(流域调整) 负面指标 (5)非昆虫类个体百分比 (6)大型无脊椎动物耐受指数 (7)5 个优势分类群中个体百分比
美国伊利诺伊州	Heatherly et al., 2005	(1)丰富度 (2)优势物种百分比 (3)Shannon 多样性 (4)Simpson 多样性 (5)均匀性 (6)寡毛类百分比 (7)摇蚊科百分比 (8)昆虫纲分类群百分比

续表 14.22

为其开发的区域	作者	成分指标
伊比利亚半岛	Trigal et al., 2006	(1)昆虫纲分类群百分比 (2)Shannon-Weiner 多样性指数 (3)总分类群 (4)摇蚊科幼虫总分类群 (5)蜉蝣目、毛翅目和蜻蜓目分类群百分比 (6)食肉动物百分比 (7)碎食动物百分比 (8)集食性百分比
伊比利亚半岛东南部的盐兰布拉斯	Cánovas et al., 2008	(1)种类丰富度 (2)鞘翅目/半翅目系数 (3)自然度指示物种 (4)退化指示物种
肯尼亚基普卡伦和索西亚尼河	Aura et al., 2010	(1)蜉蝣目、丛翅目和毛翅目丰度 (2)双翅目相对丰度 (3)蜉蝣目、丛翅目和毛翅目：双翅目比率 (4)寡毛纲、软体动物纲、半翅目和蜻蜓目 (5)耐受性分类群比例 (6)优势类群 (7)属于采集动物和捕食无脊椎动物的相对比例
中国香溪河	Li et al., 2010	(1)丰富度测量 (2)成分测量 (3)耐受性测量 (4)摄食测量 (5)栖息地测量 (6)生物多样性指数
比利时佛兰德	Gabriels et al., 2010	(1)分类群丰富度 (2)蜉蝣目、丛翅目和毛翅目分类群数量 (3)其他敏感分类群数量 (4)Shannon-Wiener 多样性指数 (5)平均耐受性分数

　　大型无脊椎动物通常是不动的，比鱼类更容易取样。然而，将大型无脊椎动物用于 IBIs 有几个缺点（表 14.21）。首先，个体通常是可变分布的，这在抽样和指标开发中会产生问题（Blocksom et al., 2002；Merten et al., 2010）。其次，在指标开发之前，需要大量时间进行分类鉴定（Berkman et al., 1986）。最后，大型无脊椎动物的高度时间变异性限制了其在生态健康指数中的使用（Tangen et al., 2003）。

蜉蝣目、丛翅目和毛翅目(EPT)已被广泛用于大型无脊椎动物的 IBIs 指标。寡毛类百分比是另一个常用的指标。在受干扰的水体中，EPT 相对丰度降低，耐污染分类群寡毛纲动物的相对丰度增加。上述指标是最常见的，但也产生了高度特殊的 I-BIs，受限于水体的特定空间成分或微环境(Lewis et al.，2001；Blocksom et al.，2002)。许多研究旨在评估指标可变性，而不是开发一个综合指数(Pathiratne & Weerasundara，2004；Trigal et al.，2006)，这也反映在第 14.7 节的研究中。

14.5.3　基于浮游生物的 IBIs

湖泊、池塘和其他一些水体的机能主要受浮游植物和浮游动物的动态影响(Abbasi & Chari，2008；Chari & Abbasi，2003，2005)。浮游植物是驱动这些生态系统的主要能源；浮游动物是初级生产者和消耗者之间的重要摄食纽带。这两组生物体会影响其余的生物体。依赖浮游植物或浮游动物的 IBIs 比以鱼类和大型无脊椎动物为基础的 IBIs 少得多(Harig & Bain，1998；O'Connor et al.，2000；Lougheed & Chow-Fraser，2002；Kane & Culver，2003；Whitman et al.，2004；Kane et al.，2010；Spartharis & Tsirtsis，2010)。浮游指数的主要优点是取样容易，一个远洋站点的单一水样可能就足够了。然而，浮游群落表现出很高的时间和空间差异(Chari & Abbasi，2003，2005；Chari et al.，2003)。浮游植物指标侧重于优势类群，浮游动物指标往往侧重于水蚤类物种，更原始的群落是由庞大的个体和显著增加的丰度所支配的(Harig & Bain，1998；Beck & Hatch，2009)。现有以硅藻为重点的 IBIs 比一般覆盖浮游生物的 IBIs 多(Zalack et al.，2010；Cejudo-Figueiras et al.，2010)，表 14.23 给出了几个例子。

已经提出的浮游植物和浮游动物的生物量指标，有因生境退化而生物量改变产生的矛盾结果；减少光合作用和增加放牧的上行效应影响可以被养分释放的下行效应所抵消(Siegfried & Sutherland，1992；Harig & Bain，1998)。

表 14.23 最近两个基于硅藻 IBIs 使用的指标

为其开发的区域	作者	成分指标
美国佛罗里达州	Lane & Brown，2007	(1)敏感类群 (2)耐受类群 (3)高酸碱度敏感 (4)耐高酸碱度 (5)盐度敏感 (6)耐盐性 (7)氮敏感性升高 (8)耐氮性提高 (9)低 DO 灵敏度 (10)耐低 DO 性 (11)介孔－聚苯乙烯 (12)寡营养 (13)富营养 (14)耐污染
西班牙西北部沿海加利西亚河流	Delgado et al.，2010	(1)通用硅藻指数 (2)特定污染敏感性指数 (3)Leclercq-Maquet 污染指数 (4)Steinber-Schiefele 摄食指标 (5)Slá decek 污染指数 (6)营养硅藻指数 (7)参考分类群丰度百分比 (8)参考分类群丰富度百分比

14.5.4 基于附生生物的 IBIs

关于围绕附生生物发展起来的 IBIs 生物指示(Fore，2002；Fore & Grafe，2002)，许多研究产生了不一致的结果(Hill et al.，2000；Hamsher et al.，2004；Tang et al.，2006；Chessman & Townsend，2010)，从而对使用附生生物作为指示物产生了质疑。依赖附生生物与依赖浮游植物和浮游动物的优势和劣势相似，见表 14.21。

附生生物需要相对简单的取样方案，但具有很高的时间可变性，使得指数开发变得困难(USEPA，1998)。

Cejudo-Figueiras 等人(2010)最近提出了一个将附生硅藻用作生物指示的案例，研究了西班牙西北部的 19 个浅水永久性湖泊，将硅藻分为 3 个营养级，并研究每一个营养级在 3 种不同大型植物上的附生。他们评估了：①哪些常见的硅藻生长指数提供了可靠的水质评估；②不同的植物基质如何影响附生硅藻群落；③这些差异如何影响水质评估。即使相似性测试表明营养物浓度和大型植物之间的硅藻群落组成存在显著差异，基于硅藻指标的方差分析结果也显示营养水平之间存在显著差异，但不同植物基质之间没有显著差异。研究结果支持使用附生硅藻作为浅水湖泊的生物学指示物，而不考虑优势大型植物。

Hollingsworth 和 Vis（2010）还发现，由于硅藻斑驳分布在一个范围内，会导致普通物种的相对丰度不同和稀有物种的引入或消失，硅藻组合间的变异似乎并不直接对应于河流健康，而是对应于物种的丰富性和多样性。

附生生物的特殊优势是它们提供了古湖沼学证据，为环境重建提供了条件。

14.5.5   基于水生植物的 IBIs

大型水生植物在生物监测方面有许多优势，如易于识别和固定（Mack，2007；Beck et al.，2010），能够使用地理信息系统、遥感或声呐调查（Clayton & Edwards，2006；Valley & Drake，2007）快速勘测大面积区域。与鱼类群落相比，大型水生植物对环境变化表现出更快的反应（Abbasi & Abbasi，2010；Chari & Abbasi，2005）。大型水生植物的主要缺点只代表一个营养水平，即初级生产水平。正因为如此，基于大型水生植物的 IBIs 中使用摄食指标是不可能的。

表 14.24 给出了基于大型水生植物的 IBIs 的指标列表，包括植物区系质量指数（Nichols，1999）、植物生长的最大深度和沿海植被区百分比。

Hatzenbeler 等人（2004）进行的一项基于鱼类和大型水生植物的 IBIs 的研究中，水生植物沿美国威斯康星州西北部 16 个湖泊的支流取样，鱼类群落按照 Jennings 等人（1999）的程序取样。群落的结构和组成确定与流域内的土地利用和湖岸开发有相关性。大型水生植物指标与海岸线发展相关，没有鱼类指标与干扰水平相关。两个生物指标与流域内的土地利用不相关，可能是研究的湖泊流域内缺乏城市发展。基于大型水生植物的 IBIs 可能更适合威斯康星州西北部地区，因为那里的小湖泊鱼类群落自然多样性很低。

与基于鱼类的 IBIs 一起使用时，基于大型水生植物的 IBIs 可能特别有用，水生植物对鱼类的重要性已经得到证实。除了为鱼类提供栖息地和食物外，大型水生植物还可避免捕食、促进繁殖（Brazner & Beals，1997）。当富营养导致大型植物失控生长时，会严重损害鱼类群落。鉴于水生植物和鱼类间的相互依赖关系，基于鱼类的 IBIs 与基于水生植物的 IBIs 有许多相关性。因此，二者可以相互补充。

表 14.24 基于水生植物的 IBIs 的成分指标

为其开发的区域	作者	成分指标
美国威斯康星州	Nichols et al., 2000	(1) 植物生长的最大深度 (2) 沿海地区植被百分比 (3) 淹没物种的相对频率 (4) 外来物种的相对频率 (5) 敏感物种的相对频率 (6) Simspon 多样性指数 (7) 分类群数
大湖	Wilcox et al., 2002	(1) 莎草植被类型的湿地百分比 (2) 入侵植被类型的湿地百分比 (3) 湿地专性物种百分比 (4) 植物区系质量指数 (5) 本地分类群的数量 (6) SAV 植被类型中耐混浊分类群的平均覆盖率总和 (7) 莎草植被类型中入侵分类群的平均覆盖率总和
美国北达科他州	DeKeyser et al., 2003	(1) 本地多年生植物的数量 (2) 本地多年生植物的属数 (3) 本地草和草状物种的数量 (4) 一年生、两年生和引进物种的百分比 (5) 本地多年生植物的数量(在潮湿草甸区) (6) 寿命大于 5 年的物种数 (7) 寿命大于 4 年的物种数(湿草甸带) (8) 平均寿命 (9) 植物区系质量指数
新西兰	Clayton & Edwards, 2006	(1) 自然条件指数 (2) 侵入性状况指数 (3) 总 SPI 湖指数
美国宾夕法尼亚州	Miller et al., 2006	(1) 校正后植物区系质量评价指数 (2) 耐受物种的覆盖率 (3) 一年生物种百分比 (4) 非本地物种百分比 (5) 入侵物种百分比 (6) 树木百分比 (7) 维管植物百分比 (8) 天南星的覆盖率

续表 14.24

为其开发的区域	作者	成分指标
美国印第安纳州	Rothrock et al., 2008	(1)物种总数 (2)潜水物种数量 (3)浮叶物种数量 (4)出水物种数量 (5)敏感物种数量 (6)耐受和外来物种百分比 (7)专性湿地物种相对丰度 (8)先锋物种的相对丰度 (9)木本物种的相对丰度 (10)平均覆盖率 (11)外来物种相对丰度
明尼苏达湖	Beck et al., 2010	(1)植物生长的最大深度，95%出现率 (2)滨海植被的百分比 (3)相对频率超过10%的物种数量 (4)淹没物种的相对频率 (5)敏感物种的相对频率 (6)耐受物种的相对频率 (7)本地分类群的数量

14.5.6　多类群 IBIs

考虑到优势和劣势与生物评估的群落相关(表 14.21)，一些研究考察了将若干生物指标纳入多分类群指数的可能性(Harig & Bain，1998；O'Connor et al.，2000；Wilcox et al.，2002；Laugheed et al.，2007；Williams et al.，2009)。

Harig 和 Bain(1998)开发的 IBI 例子进行了多类群组合尝试，他们在美国阿迪朗达克公园的一项小湖研究中检查了 6 种浮游动物指标、2 种浮游植物和鱼类指标以及 1 种底栖无脊椎动物指标的效果。选择的浮游植物指标之一是优势类群，另一个是优势生物量。受干扰的系统主要由蓝绿色丝状藻类和鞭毛虫组成，未受干扰的湖泊主要由金藻和隐胞藻组成。由于捕食压力减小，干扰系统中的浮游植物生物量预计会很高。优势浮游植物指标的反应与假设一致，而优势生物量指标则不然，这可能是受下行效应的影响。

4 个浮游动物指标用来预计环境变化，包括水蚤丰度，群落丰富度、体型和生物量。受干扰的系统中，水蚤的丰度会随着其他大型生物及浮游动物的总体多样性而减少。因此，浮游动物的生物量预计会随着时间的推移而减少。4 个提议的指标都如预期对影响做出了响应，并包括在最终的指数中。为了提高 IBI 的敏感性和覆盖范围，需要将高度响应的生物整合到分类群中。上述例子中，IBI 可以促进流域内干扰的早期检测和快速响应。在湖泊的近岸水域，附着生物对干扰有很强的反应（Lambert et al.，2008）。

大型无脊椎动物可能也是近岸干扰的敏感指示物（DeSousa et al.，2008）。代际时间长的生物，如鱼类，在流域内观察长期变化可能更有用。与单一类群 IBIs 相比，使用多级生物类群指数可以提供更多有用的信息来反映长期干扰趋势。这种情况下，要权衡实施多类群 IBIs 的额外成本和收益；后者必须足够充实，以证明前者的合理性。

不同生物对压力敏感性的研究为多类群 IBIs 指标选择提供了关键输入。例如，Growns（2009）探索了广泛用于保护管理和监测方案的生物区域分类，包括水生大型植物、大型无脊椎动物、淡水鱼和青蛙。不同生物群之间的区域分类差别很大，区域物种更替的环境驱动因素在不同生物之间也是不同的。海拔和降雨量是物种更替的最强驱动力。在保护区设计和监测方案中应明确解决相似生物群之间的分类差异。在制药废水对西班牙埃布罗河影响的研究中，Gros 等人（2010）发现生物敏感性遵循藻类 > 水蚤 > 鱼类的顺序。

表 14.25 给出了一些多类群 IBIs 指标的说明性列表。

表 14.25　一些多类群 IBIs 中使用的指标

为其开发的区域	作者	成分指标
美国俄勒冈州西部和华盛顿的冷水河	Hughes et al.，2004	（1）校正后冷水物种数量 （2）冷水物种百分比 （3）校正后冷水个体数量 （4）产卵个体百分比 （5）校正后的年龄组数 （6）冷水个体百分比 （7）校正后耐受个体数量 （8）外来物种百分比
美国西部的山区	Whittier et al.，2007	（1）敏感亲流性物种 （2）聚集体耐受指数 （3）敏感食虫食鱼动物 （4）黏性产卵鱼 （5）鲑科 （6）本地敏感长寿物种 （7）外来脊椎动物物种

续表 14.25

为其开发的区域	作者	成分指标
美国西部的干旱生态区	Whittier et al., 2007	(1)聚集体耐受指数 (2)黏性产卵鱼 (3)杂食动物 (4)本地敏感激流生境物种 (5)外来脊椎动物物种
美国西部的平原生态区域	Whittier et al., 2007	(1)聚集体耐受指数 (2)不耐受脊椎动物种丰富度 (3)不耐受本地底栖生物物种 (4)不耐受食虫食鱼动物 (5)北美鲶科 (6)黏性产卵鱼 (7)外来脊椎动物物种
美国密歇根州马斯克根河流域	Lougheed et al., 2007	植物 (1)与未开发场地的相似性 (2)植物 NMDS 坐标轴 (3)植物系数 (4)保守性 (5)浮萍优势度 (6)(浮萍种类)相对优势 (7)敏感植物的相对优势 (8)耐受外来植物 (9)总体植物指数 硅藻类 (10)与未开发场地的相似性 (11)硅藻 NMDS 坐标轴 van Dam 摄食状态指数 (12)建立相对丰度 (13)有柄硅藻 (14)总体硅藻指数 浮游动物 (15)与未开发场地的相似性 (16)浮游动物 NMDS 坐标轴浮游动物－食糜类和大型蓟马的电导率物种丰富度推断 (17)总体浮游动物指数 (18)湿地综合指数 (19)质量

14.6 不同水生系统的 IBIs

第一个 IBI(Karr，1989)是为地下水设计的，从那以后，IBI 的开发主要是为河流和溪流。由于生态系统的结构和功能不同，激流生境 IBIs 不能有效地用于静水系统或盐水环境。人们也开始关注淡水湖泊、季节性湿地和盐水环境的 IBIs，但关注程度远低于激流生境系统。

必须为具有合理可比性的水生生态系统开发不同的 IBIs，这是因为指数性能基于受特定生态系统参数范围影响的预期群落组合(Plafkin et al.，1989)。河流主要由生态区、温度和大小来区分，而湖泊则由其他属性来定义，包括深度、表面积、化学成分和季节变化。Lloyd 等人(2006)对澳大利亚两条高地河流底栖无脊椎动物的观察表明，即使两条基本上未受影响的相邻河流也具有不同的自相关模式。因此，假设任何两个站点的依赖性或独立性是有风险的。

与溪流相比，湖泊(Jackson & Harvey，1997)在生境空间和时间上的物种多样性通常更高、变化更大，在湖泊获取代表性样本(第 4 章)的挑战要大得多。由于静水系统表现出广泛的环境异质性，湖泊 IBIs 的开发必须解决取样才能准确描述与生物群落有关的问题。

河流鱼类的 IBIs 开发没有遇到取样困难，评估范围只是通过电捕鱼描述的河段，湖泊需要整个流域的子样本(Whittier，1999；Pei et al.，2010；Launois et al.，2011)。选择的取样方法对物种丰富度有深远的影响(Minns，1989；Jackson & Harvey，1997)。在 Jennings 等人(1999)的研究中，围网被认为是产生准确和精确丰富度指标的取样方法，电捕鱼被证明能最有效地取样顶级食肉动物。

由于不同取样设备表征生物群落的能力不同，湖泊 IBIs 的开发也遇到采样与数据相结合的问题(Weaver et al.，1993；Jennings et al.，1999；Whittier，1999；Lyons et al.，2000)。建议保留不同取样设备的优点，在合并数据时不引入无法估量的因素，甚至还提出了使用标准化取样方案的建议(Lyons et al.，2000)。

大量人工湖或水库，通常比天然湖泊更容易发生生态退化(Abbasi & Abbasi，2011；Abbasi，2001；Chari et al.，2005 a，2005 b)。与天然湖泊相比，为水库开发的 IBIs 数量要少得多(Jennings et al.，1995；Launois et al.，2011)。第 14.4.10 节中描述了特定水库 IBIs 中的一个。

季节性水体 IBIs(这里称为"季节性湿地")会带来与湖泊相似的问题。湿地 IBIs 的成功很大程度上依赖于将大型植物作为生物指标(DeKeyser et al.，2003；Miller et al.，2006)。季节性湿地中常见大型植物的高度多样性有助于这些指数的成功，由于水位自然波动引起的湿地水文状况的变化比人为压力引起的变化大得多，这可能导致指数反应的模糊性(Wilcox et al.，2002)。

开发适合河口环境的 IBIs 已经涉及鱼类、底栖生物和浮游植物(Thompson & Fitzhugh，1986；Deegan et al.，1997；Weisberg et al.，1997；Lacouture et al.，2006；

Williams et al., 2009)，例如 Thompson 和 Fitzhugh（1986）开发了一个原型 IBI，旨在利用鱼类群落来评估路易斯安那州的河口。IBI 包括与物种丰富度和构成、营养级、丰度和条件相关的指标，这一指标结构与淡水系统开发的 IBIs 相似，只是纳入了盐度状况对指标功能的影响。Weisberg 等人（1997）对由盐度和基质确定的 7 种生境进行取样，为马里兰州的切萨皮克湾开发了一种底栖无脊椎动物 IBI。Lacouture 等人（2006）利用两个季节和 4 种盐度变化的指标，开发了切萨皮克湾的浮游植物 IBI。两种 IBIs 都能够产生可预测的结果，这两种情况下都必须花费大量的时间和精力来限制环境噪声对指数行为的影响。Josefson 等人（2009）还发现 3 种斯堪的纳维亚海洋 I-BIs 产生了趋同结果，详见第 14.7 节。底栖无脊椎动物和浮游植物 IBIs 似乎能够成功地区分河口受损和参照点，由于研究太少，还不能得出结论。

14.7   IBI 间比较

研究一直在进行，不同的 IBIs 被用来处理相似的数据，以观察不同 IBI 的结果对给定情况的反应。一些研究比较生物指数（BIs）与 IBI 的表现，还有研究旨在评估 I-BIs 对随机抽样的反应，有的研究了解 IBI 对给定数据的解释及与多变量数据（MV）有何不同。下一章讨论 IBI 和 MV 的比较，本节给出几个 IBI 内部比较、BI 和 IBI 的比较以及"自举法"研究的例子。

14.7.1   鱼类 IBI 和底栖生物 IBI 的比较

Freund 和 Petty（2007）量化了美国西弗吉尼亚州克利特河流域 46 个溪流点鱼类指数（大西洋中部高地生物完整性指数，MAH-IBI）和底栖无脊椎动物指数（西弗吉尼亚州河流指数，WV-SCI）对酸性矿井排水（AMD）相关压力因素的反应。他们还确定了特定的压力因素浓度，在该浓度下生物损伤总是被观察到或从未被观察到。

在一系列的 AMD 压力水平上，WV-SCI 表现出高度的反应性。在相对较低的压力下观察到大型无脊椎动物群落受损，特别是与国家水质标准相比。相比之下，MAH-IBI 对当地水质条件的反应明显较差。在几条水质相对较好的溪流中观察到鱼类多样性较低，这种模式在高度退化的亚流域尤为明显，表明区域条件可能对该系统中的鱼类组合有很大影响。

Freund 和 Petty（2007）认为，采矿流域的生物监测方案应包括底栖动物和鱼类，前者是当地条件的一致指示物，后者可能更好地反映区域条件。

14.7.2   美国和欧洲开发的 IBIs 比较

Borja 等人（2008）比较了两种广泛使用的生态完整性标准，即美国开发的底栖生物完整性指数（B-IBI）和欧洲开发的海洋生物指数（AMBI）及其多元扩展（M-AMBI）。该研究的具体目标是确定这些指数将切萨皮克海湾地区评估为"退化"或"未退化"的频率、幅度和差异性质。2003 年从切萨皮克湾采集了 275 个潮间带样本数据用于这一研究。

B-IBI 和 AMBI 的线性回归解释了 24% 的可变性；当用盐度状态进行评估时，所解释的可变性在多盐类(38%)、高中盐类(38%)和低中盐类(35%)生境中增加，在潮汐淡水(25%)中保持相似，在寡盐类区域(17%)中减少。使用 M-AMBI，线性回归解释的可变性增加到 43%，对数回归增加到 54%。就盐度而言，解释可变性最高的是高中盐和低杂盐地区(53%～63%)，而解释可变性最低的是低盐和潮汐淡水地区(6%～17%)。方法之间的不一致率为 28%，具有高度的空间一致性。总的来说，评估底栖生物质量的不同方法可以提供类似的结果，尽管方法是在不同地理区域开发。

14.7.3　3 种斯堪的纳维亚 IBIs 的比较

Josefson 等人(2009)给出了 3 种斯堪的纳维亚 IBIs 的比较研究，这些 IBIs 具有相同的基本原理，即动物群落的敏感性和耐受物种以及物种多样性。3 个指数中多样性和敏感性的相对权重不同，这些指数使用两种不同的物种敏感性分类系统和 3 种不同的物种多样性度量。3 个指数中，样本极低数量(即小于 10)的个体在所有情况下被认为是低质量特征。3 个指数都是从底部 $0.1~\mathrm{m}^2$ 的样本区域取样和大于 1 mm 的物种(大型动物)计数计算的。

丹麦指数(DKI)：该指数使用了 $AMBI$ 指数(在第 12 章中有描述)，根据物种对干扰的敏感度或耐受度(Borja et al.，2000)、Shannon 多样性(H'；Shannon & Weaver，1963)、物种数(S)和个体数(N)。$AMBI$ 由样本中敏感或耐受物种的个体比例计算得出。多样性(H')和敏感性($AMBI$)被归一化以获得 0 和 1 之间的值。在 DKI 的计算中，这两个量的权重是相等的，指数值由包括 S 和 N 在内的因子来修正，这补偿了低物种数和低个体数：

$$DKI = \frac{\left(1 - \dfrac{AMBI}{7} + \dfrac{H'}{H'_{\max}}\right)}{2} * \frac{\left(1 - \dfrac{1}{N}\right) + \left(1 - \dfrac{1}{S}\right)}{2} \qquad (14.4)$$

其中，H' 是以 2 为对数基数的香农指数，H' 的最大值是基准值，是在未干扰条件下 H 达到的最高值，H 不是基准值。H' 的最大值被设置为 5.6，这是在该材料中观察到的最高值，而在 Maarmorilik，H' 的最大值被设置为 4.0，N 是个体数，S 是物种数。

DKI 在 0 到 1 之间。对于非常多的物种，DKI 接近标准化敏感度和多样性分量的平均值。

如果 $S=1$，则 $0<DKI<0.25$，如果 $S=1$ 且 $N=1$，则 $DKI=0$。DKI 随 $AMBI$ 线性变化。

挪威指数(NQI)：该指数还使用 $AMBI$ 指数(Borja et al.，2000)作为敏感度的衡量标准，并以与 DKI 指数相同的方式进行标准化，以获得 0 至 1 之间的值。

多样性因子被量化(Rygg，2006)，被归一化以获得 0 和 1 之间的值，并且多样性也用因子进行修改以补偿低密度。

NQI，标准化敏感度和多样性的权重相等：

$$NQI = 0.5 * \left(1 - \frac{AMBI}{7}\right) + 0.5 * \frac{SN}{2.7} * \frac{N_{\text{tot}}}{N_{\text{tot}} + 5} \tag{14.5}$$

其中，$AMBI$ 是灵敏度分量；$SN = \ln(S)/\ln[\ln(N)]$ 是多样性指数，N 是样本中的个体数，S 是样本中的物种数。多样性用因子 2.7 归一化，该因子是样本中观察到的信噪比最大值。NQI 值可以由 $N > 1$ 和 $S < N$ 的值计算，可以达到 0 和 1 之间的值。$S = N$ 和 $S < 4$ 时，SN 不是一个连续的函数，NQI 的计算结果超过指数范围。多样性的计算独立于样本中物种的相对优势度（不均匀性）。

瑞典指数：该指数（Rosenberg et al., 2004；Blomqvist et al., 2006；Anonymous, 2008）基于敏感或耐受物种分类，用于计算物种敏感性的加权平均值。通过与物种数量成对数比例的因子来说明物种丰富度，并且该指数针对低密度进行了修改：

$$BQI = \left[\sum_{i=1}^{S_{\text{classified}}} \left(\frac{N_i}{N_{\text{total classified}}} * \text{Sensitivityvalue}_i \right) \right] * \log_{10}(S + 1) * \left(\frac{N_{\text{total}}}{N_{\text{total}} + 5} \right) \tag{14.6}$$

其中，$S_{\text{classified}}$ 代表分类的物种数量；$\text{Sensitivityvalue}_i$ 表示第 i 个物种的敏感度，范围 1 到 15 之间。低值表示高比例的耐受物种，高值表示高比例的敏感物种。S 是每个样本的物种数（包括未分类的）。N_i 是第 i 个物种的个体数；$N_{\text{totalclassified}}$ 是分类个体的总数；N_{total} 是每 0.1 m^2 的个体总数。

Josefson 等人（2009）利用这些 IBIs 分析了 7 个不同污染源梯度沿海地区大型底栖动物数据，以评估底栖生物质量。研究发现，这些指数对压力因素的反应类似，不论是有机污染、缺氧还是重金属污染。同时，3 个指数之间的相关性普遍较高。

14.7.4　5 种鱼类指数在评估海洋环境生态状况中的相对有效性

Henriques 等人（2008）将 5 个河口多指标指数应用于海洋环境，并应用于 3 种类型的基底，以获得生态状况的指标。这些指数是：

（1）群落破坏指数，CDI（Ramm, 1988）。

（2）生物健康指数，BHI（Cooper et al., 1994）。

（3）河口生物完整性指数，EBI（Deegan et al., 1997）。

（4）河口鱼类群落指数，EFCI（Harrison & Whitefield, 2004）。

（5）过渡鱼类分类指数，TFCI（Coates et al., 2007）。

15 个站点的生态状况来源如下：5 个站点来自沙潮带，5 个站点来自岩石带，其余 5 个站点来自岩石潮间带。选择基于栖息地特征（基质类型）、取样方法、地理位置和区域深度。这将有助于对可能的生态状况进行比较，并选择出每种基质适应的指数。所有抽样方法都是标准方法。

EBI、EFCI 和 TFCI 的指标通过用等效的海洋功能组（海洋指标）代替河口指标来适应海洋环境。由于海洋环境及其鱼类群落的特殊性，某些指标无法获得河口和海洋指标之间的直接等效性。

经调整的河口指数（表 14.26）结果表明，不同的指数对相同站点给予不同的分级。换句话说，评估是不一致的，有时甚至是矛盾的。总的来说，指数得分给沙质基质的生态状况较低，给岩质潮间带的生态状况最高。

在评估的沙质基质带（表14.26，A）中，阿尔加维的值最高，没有一个指数得分低于中等。最低的生态状况对应于沙区1、2 和3（20 ~ 100 m）的深沙层。对于这种基底，CDI 和 BHI 是一致的，都表现出最低生态状态。

表14.26 Henriques 等人（2008）测试不同指数得出的生态状况

	指数	沙区 1	沙区 2	沙区 3	沙－特茹河	沙－阿尔加维
	CDI	差(7.56)	差(6.80)	差(7.10)	差(7.08)	中等(5.28)
	BHI	差(2.00)	差(2.77)	差(2.56)	差(2.49)	中等(4.29)
A	EBI	差(20)	好(45)	好(50)	好(55)	非常好(70)
	EFCI	差(38)	好(46)	中等(44)	好(48)	好(56)
	TFCI	差(0.48)	中等(0.63)	中等(0.56)	中等(0.58)	好(0.71)
	CDI	好(3.87)	差(7.13)	中等(5.35)	差(7.86)	非常好(1.90)
	BHI	中等(5.64)	差(2.40)	中等(4.18)	非常差(1.67)	好(7.63)
B	EBI	非常好(65)	中等(30)	好(55)	非常差(10)	非常好(65)
	EFCI	好(54)	中等(44)	好(56)	差(38)	非常好(64)
	TFCI	好(0.71)	差(0.48)	中等(0.67)	差(0.46)	非常好(0.83)
	CDI	好(3.77)	非常好(1.95)	好(3.77)	非常好(1.34)	非常好(0.73)
	BHI	中等(5.47)	好(7.30)	中等(5.47)	好(7.90)	非常好(8.51)
C	EBI	好(55)	非常好(65)	好(55)	非常好(75)	非常好(65)
	EFCI	好(50)	好(62)	好(52)	非常好(64)	非常好(66)
	TFCI	好(0.73)	非常好(0.88)	好(0.69)	非常好(0.88)	非常好(0.90)

注：A 代表沙区；B 代表岩石地带；C 代表潮间岩石带。括号中为指数分数。

CDI 和 BHI 一致，表明了最低生态状况。其余指数中，最高的是 TFCI，其次是 EFCI 和 EBI。

与其余指数相比，CDI 和 BHI 无法评估生态状况。不仅由于指数简单，还强烈依赖于数据的有无，物种丰富度也对结果有强烈影响，影响了 Jaccard 系数的计算。

14.7.5 生物指数与 IBI 的比较

Lavesque 等人（2009）比较了 3 个单变量生物指数（BIs）和一个 IBI 指数（表 14.27），评估了沉积物对阿卡雄湾（法国）海草床产生破坏的能力。

研究中，4 个指数都没有通过。AMBI 对这些站点的分类与现场观察不一致，对照组和受影响站点间的 AMBI 值没有实际差异。

某些时候，对照区域甚至比受影响区域结果更差。此外，其中一个站点的生态状况总是"可接受的"（良好或更高的生态质量状况），但根据植被消失和沉积物类型变化等目视观察，该站点似乎是最令人不安的。BENTIX 指数将控制点和受影响点都划分为"不可接受的"（中等或更差的生态质量状况），受影响点没有比控制点得到更低的BENTIX 分（即更差的等级）（8 月时除外）。该指数无法检测受影响区域的任何干扰。

新的 IBI 缩写为 MISS（保护系统的大型底栖生物指数），使用了一组 16 个指标，分为 3 类：群落描述符、营养成分和污染指示物。

表 14.27　Lavesque 等人（2009）的比较研究中使用的指数

指数	生态群体数	作者	指数计算
AMBI	5	Borja et al., 2000； Glémarec & Hily，1981	$0EG_{\mathrm{I}} +1.5EG_{\mathrm{II}} +3EG_{\mathrm{III}} +4.5EG_{\mathrm{IV}} +6EG_{\mathrm{V}}$ 基于生态群体百分比
BENTIX	2	Borja et al., 2000； Glémarec & Hily，1981	$6EG_{\mathrm{I\&II}} +2EG_{\mathrm{III-V}}$ 基于生态群体百分比
BOPA	2	Borja et al., 2000；Dauvin & Ruellet，2007；Glémarec & Hily，1981	$\log_{10}\left[\,(fp/fa+1)+1\right]$ 基于生态群体比例
M-AMBI	5	Borja et al., 2000； Glémarec & Hily，1981	基于生态群体百分比的多指标分析

另一研究中，Prato 等人（2009）研究了 Lavesque 等人（2009）使用的两个指数 AM-BI 和 BENTIX 以及 Lavesque 等人（2009）使用的同一多变量 IBI。以上指数在区分两个潟湖的污染方面也缺乏敏感性。

单变量 AMBI 似乎比多指标 M-AMBI 更适合评估"轻度污染的潟湖"生态质量状况。

14.7.6　BIs、IBI、RIVPACS 和专家判断的绩效比较

Ranasinghe 等人（2009）评估了依赖不同群落或物种组成测量的 5 种底栖生物指数，并与 9 名底栖生物专家的现场专业判断进行了比较。

使用的 5 个指数是：

（1）相对底栖生物指数，RBI（Hunt et al., 2001）。

（2）生物完整性指数，IBI（Thompson & Lowe，2004）。

（3）底栖生物反应指数，BRI（Smith et al., 2001，2003）。

（4）河流无脊椎动物预测和分类系统，RIVPACS（Wright et al., 1993；van Sickle et al., 2006）。

（5）底栖生物质量指数，BQI（Rosenberg et al., 2004）。

其中，RBI 和 IBI 基于群落测量，BRI 和 RIVPACS 基于物种构成，BQI 基于群落测量和物种构成。

这些比较是在两个生态和地理上不同的生境中进行的：南加州海湾和多盐性旧金山湾。目的是评估这些指数单独或组合在每个生境中的相对表现，并与9名底栖生物专家的评估相比较。

这些指数分4个步骤进行评估：

(1)确定、获取和调整两个生境中每个取样点的数据，确保取样方案的一致性。

(2)5个底栖生物指数使用通用数据进行校准。

(3)为每个指数选择阈值，以4类等级评估底栖生物状况。

(4)将这些指数和可能的指数组合应用于独立评估，并与9名底栖生物专家的评估进行比较。向专家们提供了35个站点的物种丰度，以及生境、深度、盐度和沉积物信息，这些信息没有用于指数制定或校准。要求专家们：①将每个栖息地的位置从最好到最差排列；②根据底栖生物指数校准的底栖生物状况4类等级对每个站点进行分类。

基于35个评估样本的指数值，使用了相关系数平均专家评价值和顺序。

研究表明，包括物种组成的指数优于仅包括群落指标的指数。这与Weisberg等人(1997)一致，耐污染和污染敏感物种的相对优势是与污染梯度关系最好的指标。

Pearson和Rosenberg(1978)认为，底栖生物对低水平压力的最初反应是物种构成的变化和群落指标的变化，如物种丰富度和生物量的损失。基于群落的指数在区分高压力因素站点时应该更有效，但在区分低至中等压力因素站点时就不那么有效，这在加利福尼亚环境站点中更为典型。

指数组合一致输出形成单个指数，这可能是多指数包含了大量的单个指标，并平衡了个别指标的不稳定行为。一些单项指数显示出偏差，RBI评估样本比专家和IBI表现得更为混乱，但多指数的使用显然消除了这种偏差。

没有一个单项指数表现得像一般专家一样好，几个指数组合的表现优于一般专家。当两种生境的结果结合时，2个4指数组合和1个3指数组合表现最好。几个组合指数间的差异不大，难以证明使用多指数组合可能需要投入大量额外的精力和成本。

14.7.7　2个丰富度指标、3个生物指数和2个IBIs的比较

Sanchez-Montoya等人(2010)比较了2个丰富度指标(蜉蝣目、积翅目和毛翅目的总科数和数量)、3个生物指数(IBMWP、IASPT和t-BMWQ)和2个最近提出的地中海溪流IBIs(ICM-9和ICM-11a或IMMi-L)。

研究了这些指数和指标对多重压力梯度的敏感性，反映了多重压力梯度下的区域主要压力，研究数据来自35个盆地中5种不同地中海河流类型的193个站点。

结果表明，7个指标校正回归系数均高于线性回归模型，表明指标与环境变化呈指数关系。与3个生物指数($r^2=0.524\sim0.574$)和2个指标($r^2=0.471\sim0.525$)相比，2个IBIs呈现出更高的回归系数($r^2=0.590\sim0.669$)，显示对地中海河流压力梯度的响应优于简单指数。2个IBIs之间，ICM-11a提供了更高的回归系数。

另一项研究(Tataranni & Lardicci, 2010)比较了地中海沿海地区生物指数和IBI, 发现这些的指数反应有"复杂趋势"。

14.7.8 IBIs 及其解释对生物样本的可变性有多敏感

新的IBIs在不断开发, 现有的IBIs也应用于更大的地理范围, 但少有研究关注IBIs的内在特性, 如它们的精确度、准确度和对生物样品中自然变化的敏感性(Fore et al., 1994; Carlisle & Clements, 1999; Blocksom, 2003)。为弥补这一缺口, Dolph等人(2010)使用了一种"自举证(bootstrapping)"方法来量化IBIs对随机抽样变化的反应。

自举证, 最初由 Efron(1979, 2003)描述, 是一种计算统计技术, 用于估计统计量的可变性。

在这项研究中, 研究者利用开发的IBIs评估了美国明尼苏达州污染控制机构(MPCA, 2007)在明尼苏达州河流鱼类群落的健康调查, 这是该州生物监测计划的一部分(Niemela & Feist, 2000, 2002)。每个IBI都包含一组略有不同的指标和评分标准(表14.28)。

(1)研究的要点。自举证:如 Dolph 等人(2010)所解释的, 从原始样本中随机取样创建复制样本(Efron, 2003; Manly, 2007)。例如, 在来自单个溪流鱼的样本中, 自举证算法一次随机选择一个单独的样本, 将其添加到新的复制样本中, 以这种方式重复取样, 直到复制样本中的个体数量等于原始样本中的个体数量。

表 14.28   Dolph 等人(2010)在比较研究中构建 IBIs 的指标

指标	对干扰的预期反应	IBI 评分中使用指标的溪流类别
物种总数	减少	所有类别
底栖食虫生物种类数量	减少	2～5
镖鲈物种数量	减少	3～5
镖鲈、牛尾鱼类和连尾蛔物种数量	减少	8～9
食虫物种数量[a]	减少	1, 6～9
鲤科小鱼物种数量[a]	减少	1～2, 7
杂食动物数量	增加	3～5
敏感物种数量	减少	2～5, 7～9
湿地物种数量[a]	减少	6～8
源头水物种数量[a]	减少	1
由2个最丰富分类群个体组成总丰度的百分比	增加	1～2, 6～7
畸形、病变或肿瘤个体百分比	增加	所有类别

续表 14.28

指标	对干扰的预期反应	IBI 评分中使用指标的溪流类别
归类为杂食物种个体百分比	增加	9
归类为亲石产卵鱼个体百分比	减少	1～5，7～9
归类为食鱼个体百分比	减少	3～5，8～9
归类为耐受个体百分比	增加	所有类别
每米个体数[a]	减少	所有类别

注：a 表示这些指标不包括认为对于干扰有耐受性的物种。

　　结果是一系列样本，包含"可能在同一站点同一时间通过电捕鱼捕获鱼的集合"，只是随机变化不同。为每个独立的自举复制样本确定 IBI 分数，并且计算所有自举复制的均值和方差。

　　Dolph 等人(2010)使用统计软件为每个初始鱼类样本创建了 1000 个自举样本，这一重复数量通常被认为可以产生足够置信区间(Carpenter & Bithell，2000)。

　　在确信区间，Dolph 等人(2010)使用了简单的百分位法，这能够与 Fore 等人(1994)的早期研究进行比较。溪流站点的 95% 置信区间 IBI，将来自自举重复样本的 IBI 按升序排序。统计上，第 25 个有序值代表置信区间的下限，第 975 个有序值代表上限(Carpenter & Bithell，2000)，置信区间长度通过上界减去下界确定。

　　损伤状态的含义：为评估 IBI 是否因随机抽样误差而改变，每次现场调查产生的 1000 个 IBI 评分将与原始 IBI 评分相比，会有不同的损害状态("受损"、"潜在受损"或"未受损")。这个数字除以 1000，计算出自举例的比例。在所有 513 次现场调查中，这些比例是平均的。

　　识别 IBI 敏感度的协变量：除了量化 IBI 对随机抽样误差的敏感度外，还需识别与这种敏感度相关的鱼类样本的各个方面，特别是 IBI 敏感度是否受到群落个体丰度的影响。为此，用简单的线性回归来评估置信区间长度和可能的协变量之间的关系，包括样本中鱼的总数(即样本大小)、样本中分类群的总数(即物种丰富度)、Pielou 均匀性和样本中单个个体出现的物种数(即单个体数)。

　　IBIs 的性能比较：评估 IBI 置信区间长度是否在 9 个不同溪流类别间变化，首先使用了方差分析，然后使用了 Dunnett 修正的 Tukey-Kramer(DTK)多重比较测试(Dunnett，1980)，以确定某些指标组合是否比其他组合对随机抽样误差更敏感。

　　指标的连续评分和 IBI 评分中的偏差：使用鱼类 IBI 具有离散化的不连续尺度，指标通常具有 0、2、5、7 或 10 的间隔。需要转化为连续评分方法，否则会导致 IBI 评分的偏差减少。

　　为了实现这种转换，定义了线性分段多项式，即连续和离散得分在指标的中点值是相同的，并且在任何地方都是连续的(de Boor，1978)。然后，新的评分系统重新计算每个自举复制样本的 IBI 数值。

随机抽样误差与随时间变化的关系：在研究流域（圣克罗伊河流域），连续 4 年的时间里，从 12 个独特的河流站点获得了鱼类样本，比较了这些站点的自举检测置信区间和通过计算随时间变化确定的置信区间。这样做是为了了解随机抽样误差和时间变化对 IBI 可变性的相对影响。

（2）显著发现。可以看出，置信区间测量的 IBI 对随机抽样误差的响应范围从 0 到 40（平均值为 11），涵盖了研究的 513 个溪流现场点。在 510 例（99.4%）的现场中，相较于原始 IBI 评分，这种随机抽样可变性不足以将受损程度从"未受损"改变为"受损"，反之亦然。当原始样本被归类为"未损害"时，在 3 个站点只有 0.3%、0.4% 和 1.0% 的复制样本被归类为"受损"。

同样，在受损结果中，11.3% 自举复制样本产生的 IBI 表明受损程度不同于原始的 IBI。对于原始受损阈值 20 分以内的站点，16.0% 的自举复制样本产生了与原始样本不同的受损结果。置信区间长度与任一流域的物种丰富度或 Pielou 均匀度没有显著关系。

所有站点中，自举复制的平均 IBI 显著低于原始 IBI，相比原始指数高的站点显示负偏差（即复制样本分数低），原始指数低的站点复制样本更有可能显示零偏差（即复制样本与原始样本有大致相同的分数）。

当使用连续评分重新计算 IBI 时，IBI 和偏差之间的显著负相关仍然明显，但平均偏差显著降低，自举复制样本的平均 IBI 与原始 IBI 没有显著差异。

由于随机抽样误差，近四分之一的 IBI 相差超过 15 分，最不稳定的分数范围为 40 分。

平均而言，只有十分之一的给定站点 IBI 与原始评分不同。此外，在超过 99% 的溪流站点中，随机抽样可变性不足以将站点状态从"未受损"更改为"受损"，反之亦然。在某些情况下，IBI 从"未受损"或"受损"更改为"潜在受损"，反之亦然。

与原始样本相比，IBI 在得分接近受损阈值时的站点有所增加。总的来说，随机抽样误差对 IBI 的影响在大多情况下不太可能改变河流站点的受损状态。

当随机抽样确实改变受损结果时，Ⅰ类错误（低估河流健康）似乎比Ⅱ类错误（低估河流受损）更常见。受影响较小站点的质量往往较低，而高度退化站点的质量往往可以通过自举复制样本来准确表达。

结果表明，IBI 受损决策在保护河流健康方面是保守的。换句话说，使用 IBI 来确定站点受损，管理机构更有可能将未受损站点列为受损或潜在受损站点。如果管理者的目标是在水资源严重退化之前保护水资源，那么这种保守做法是恰当的。

当使用线性分段连续曲线对指标进行评分时，平均自举 IBI 与原始 IBI 的得分更加匹配。本研究为管理机构在新 IBIs 中采用连续计分而不是传统的离散计分提供了另一个案例。

在 9 个不同的溪流中，置信区间长度几乎没有显著差异，表明每个溪流对 IBIs 使用不同的指标组合不会导致 IBIs 对取样误差敏感性的显著差异。

14.7.9 小结

BI-IBI 和 IBI 间比较的 8 个例子产生了以下指引：

（1）总的来说，IBIs 确实比 BIs 更有能力评估不同压力对水体生态健康的影响，但也有例外。很大程度上取决于是否 IBI 至少有一个构成指标与竞争的 BI 一样或更多地响应给定的压力。

（2）不同的 IBIs 能够以相似的判断"解读"生态状态；在受损程度上，被一个 IBI 归类为"差"的站点被另一个 IBI 归类为"好"的情况并不常见。

Herbst 和 Silldorff（2006）的研究表明，不同的 IBIs 可能产生类似的生物评估，即使不同的 IBIs 使用的数据基于不同的采样方法和实验方案。

IBI 及观察：蒙大拿州溪流大型无脊椎动物预期（OA）估计数显示，这两种方法具有相似性和重复性（Stribling et al., 2008）。

14.8 IBI 的现在和未来

IBI 旨在整合多种生物指示物，以测量和传达水体生物状况，从而衡量该水体的生态健康。正如一个医生需要几种诊断测试来确诊一种疾病，而不仅仅是一种诊断测试，IBIs 也可以用来诊断不同类型的水体状况。这些指数将水科学和政策中互不关联的方面联系起来，经过近 20 年的测试和完善，现在为美国以及其他国家的生物监测方案提供了基础（Atazadeh et al., 2007；Liu et al., 2008；Acosta et al., 2009；Raburu et al., 2009；Costa & Schulz, 2010；Schmitter-Soto et al., 2011）。除南极洲外，IBIs 已在各大洲应用，既有发展中国家，也有发达国家，以及基础科学、资源管理、工程、公共政策、法律和社区志愿者等领域（Hughes & Oberdorff, 1999；Simon, 1999；Lussier et al., 2008；Southerland et al., 2009；Schwartz et al., 2009；Pollack et al., 2009；Pei et al., 2010；Launois et al., 2011）。

一些基于底栖无脊椎动物（B-IBI）的 IBIs，如 Karr 和 Chu（2000）的 IBIs，已应用于美国及日本（Rehn, 2009）。

基于特定人类影响及引发的生物反应间的"剂量响应"关系，IBIs 通常被认为是最常用的生物监测方法之一，也是最有效的生物监测方法之一（Simon, 1999；Wu et al., 2009；Smucker & Vis, 2009；Zalak et al., 2010；Miranda & Hunt, 2011）。

IBIs 的应用范围非常广泛，如以下示例所示。

Bhagat 等人（2007）评估了为五大湖沿岸湿地鱼类开发的 2 种 IBIs，这 2 种湿地主要为香蒲和芦苇，覆盖面积超过 50%。受低水平人为影响，站点具有良好的 IBI。香蒲 IBI 显示与种群密度和居住发展呈极显著负相关，芦苇 IBI 显示与农业活动和点源污染相关的营养盐和化学物质输入呈极显著负相关。

总之，IBIs 表明了某些（但不是全部）类型的人为干扰对鱼类群落的影响。特定的压力梯度可能使人们能够解释损伤的来源，从而使用这些测量方法，而不仅仅是简单地识别损伤部位。

Atazadeh 等人(2007)在伊朗西部的 Gharasou 河应用了硅藻 IBI，结果表明，Trio-phi 硅藻指数(TDI)与这些地点的人为干扰(例如 PO_4 -P、NO_3 -N 和溶解氧)以及生物量(叶绿素 a、干质量和生物量)显著相关。TDI 对环境压力的敏感性反映了该指数在监测伊朗河流生态条件和受损原因方面的潜力。

Catalano 等人(2007)和 Maloney 等人(2008)的两项研究使用了 IBIs 来观察大坝拆除是否改善了河流生态状况。Catalano 等人(2007)发现，在拆除水坝后，前 4 个蓄水区中的 3 个蓄水区，基于鱼类的 IBI 的生物完整性得分(可能范围 0 ~ 100)增加了 35 ~50 分，这是由于耐受物种百分比下降，敏感物种数量增加，某些情况下，物种丰富度增加。

在第 4 个较低坡度的蓄水点，鱼类群落变化不大，表明河流系统中，不同坝址的反应不同。尾水区域，移除后的种群转移是短暂的，生物完整性和物种丰富度开始下降，在大坝拆除后的 2 年内，3 个站点有 2 个恢复了。

在回顾现有的鱼类聚集指示时，Roset 等人(2007)对欧洲和北美 IBIs 的优势指示物进行了有趣的比较。从图 14.5 可以看出，属于营养类群的指标平均相对数量大致相同(约 20%)，丰度和繁殖指标的相对重要性北美低于欧洲 IBIs(分别为 7.6% 和 16.3%)，物种组成指标则相反(北美样本为 55%，欧洲为 41%)。

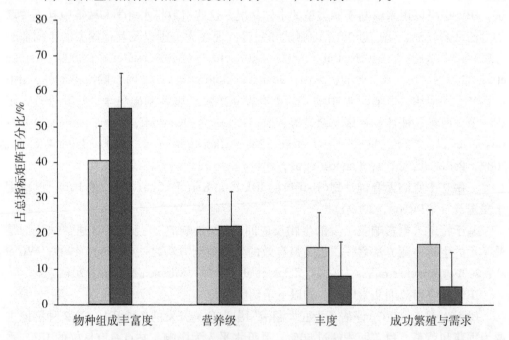

图 14.5 Roset 等人(2007)报告的欧洲(灰色条)和北美(黑色条)IBIs 指标类别平均(和均方差)相对重要性(%)的比较

Roset 等人(2007)将这些差异归因于各大洲物种丰富度的差异。评估物种普遍贫乏，欧洲河流的生物完整性需要更关注丰度指标和繁殖。欧洲 IBIs 与北美 IBIs 相比，欧洲 IBIs 更关注最不耐受物种的年龄或大小等级分布。

Maloney 等人(2008)的研究表明,在低水头大坝溃决后,蜉蝣目、积翅目和毛翅目的相对丰度增加,而甲壳类的相对丰度减少达到蓄水前(IMP),甚至无站点的水平。其他指标(如总分类群和多样性)的高度差异无法对溃坝影响做出评估。

非指标多维度(NMDS)排序表明,在溃坝后 2 年,蓄水前整体大型无脊椎动物结构转变为特征性的自由流动聚集。区域鱼类生物完整性指数在溃坝后变得更加相似。大坝正下方的溃坝位置影响了栖息地的微小变化(流速和颗粒大小)、一些大型无脊椎动物指标的短期变化(例如,第 1 年后聚集体的多样性和 EPT 丰富度降低),以及鱼类指标的长期变化(例如,3 年后丰富度降低,头 2 年密度降低)。

这两项研究都表明,IBIs 反映了大坝拆除的影响,而且大坝拆除以恢复受损溪流和河流是可行的。

Castela 等人(2008)将底栖大型无脊椎动物衍生的指标和生物指数作为结构完整性的衡量标准,将橡树凋落物分解和相关的真菌孢子形成率作为功能完整性的衡量标准,研究了小溪的生境退化梯度。生物指数、无脊椎动物指标、无脊椎动物和真菌群落的结构以及产孢率都能够区分上游和下游站点。功能和结构方法在受严重影响地点的结果相同,但在受中等影响的地点,它们是互补的,表明在评估河流生态完整性时,将功能测量与生物指数结合起来是有益的。

Bryee 等人(2008)探索了基于生物学标准将沉积物与水生脊椎动物反应联系起来的可能性。他们将水生脊椎动物的生物完整性指数与河床表层细粒的面积百分比(粒径≤0.06 mm)进行相关研究。细沉积物限制了山区溪流的生物潜力。使用分量回归来模拟 IBI 响应的上限,预测细粒面积表面每增加 10%,IBI 下降 4.7%。进一步研究表明,河床面表层细粒沉积物(粒径≤0.06 mm)含量为 5% 或更低时,山区溪流保持沉积物和敏感水生脊椎动物栖息的潜力。因此,可以将沉积物数量与 IBI 联系起来。

Genet 和 Olsen(2008)利用植物和大型无脊椎动物生物完整性指数(IBI)评估了 40 个随机选择的低洼湿地数量和质量。过去 20 年里,选择用于研究的湿地数量估计减少了 56%,相当于流域面积减少了 21%。在尚存的湿地面积中,估计有 91% 已被官方指定为受损湿地。结果表明,增加原生湿地植物和动物群落适宜栖息地的管理实践应侧重于湿地的恢复及改善,这是最大化的实现途径。

为确定河段生境特征和重要生物学指标之间的相对强度,Fayram 和 Mitro(2008)使用人工神经网络模型检验了 11 个河段生境变量之间的关系:①溪鳟鱼的单位渔获量(CPE);②褐鳟鱼的单位渔获量(CPE);③冷水鱼生物完整性指数(IBI)得分。用分量回归评估 3 个反应指标中是否任何一个局限于任何其他变量。结果表明,IBI 与鳟鱼密度呈强正相关。

该研究建立在 Griffin 和 Fayram(2007)先前报告的基础上,该报告中,褐鳟鱼的平均长度与 IBI 呈负相关,而溪鳟鱼的平均长度则没有显示出相关性。

Gomez 等人(2008)探讨了纺织工业废水对低地溪流中水质、生境及底栖生物群落的结构和功能的影响。污水改变了下游底栖生物群落的结构,增加了生物密度和初级生产者生物量，减少了物种丰富度。微生境群落耗氧量是流出物下游的 3 倍，观察到异常硅藻体。受影响站点无脊椎动物数量和丰度较低，生存方式和功能性摄食群体也受到显著影响。该研究为评估水停留时间长、水生植物显著发育的低地溪流提供了有用参照。

IBI 和水文指数联合，用于评估委内瑞拉北部安第斯山脉到玻利维亚中部安第斯山脉安第斯河的生态状况（Acosta et al., 2009）。这一方案在厄瓜多尔瓜伊勒班巴河流域的 45 个和秘鲁坎埃特河流域的 42 个取样点使用。除了评估底栖大型无脊椎动物外，还评估了河流生境和河岸植被。该方案能够识别两个国家的人为干扰梯度及参照点的自然可变性。在另一项跨越国界的实验中，涉及塞浦路斯、法国、希腊、意大利、斯洛文尼亚和西班牙 6 个国家的地表水生态质量评估的相互校准，采用了基于底栖生物的生物指数和生物信息系统的组合（Ambrogi et al., 2009）。

Cookson 和 Schorr（2009）在美国田纳西州使用 IBI 调查了流域住房密度与河道内环境条件和鱼类的关系。住房密度与河流温度、流量变化、细泥沙深度以及入侵和耐受物种的数量直接相关，与溶解氧、酸碱度、深度变化、基质多样性和本地物种丰富度呈负相关。大多数河段都有退化迹象。研究结果强调了住宅开发对水质、水文、栖息地复杂性和郊区河流鱼类群落的负面影响。

在源于美国的研究中，DeGasperi 等人（2009）使用了太平洋西北底栖生物完整性指数（B-IBI）来代表溪流大型无脊椎动物对城市化的反应梯度。研究发现 8 个水文指标与 IBI 得分显著相关。

Doustshenas 等人（2009）比较了大型底栖生物和有机含量，以评估巴基斯坦 Khowr-e-Musa 湾受两个发育阶段影响的生态健康状况，并发现了严重受损的证据。

Helms 等人（2009）在研究美国佐治亚州河流土地利用影响的季节性变化时发现，随着整个季节森林覆盖率的下降，生物完整性下降。多元回归模型和部分相关分析表明，物理化学和底栖生物栖息地的变化比大多数站点的水文因素更能解释整个季节宏观指标的变化。人类土地使用对大型无脊椎动物群落的影响似乎全年都是一致的，具有抑制底栖生物群落季节性变化的作用。

Lenhardt 等人（2009）证明，基于鱼类 IBI 应用于 Medjuvrsje 水库老化评估是有效的。该水库是塞尔维亚最古老的水库之一，形成于 1953 年。在 45 年的水库年限中，杂食性、嗜食性和耐贮性物种的相对丰度增加，而耐受性和亲流性物种的相对丰度减少。总 IBI 从 1955 年的 44 减少到 2000 年的 24，沉积物沉积率从 1963 年的 26.8% 增加到 2005 年的 70.4%。IBI 和沉积物沉积速率之间存在显著负相关（图 14.6）。

Llanso 等人（2009）利用切萨皮克湾底栖生物完整性指数（B-IBI）开发了基于 B-IBI 的受损决策方法。该方法应用于切萨皮克湾 85 个航段的 1430 个底栖生物样品，表明有 22 个区段受损。

Pollack 等人（2009）开发了淡水流入生物指数（FIBI），以确定淡水流入如何影响底栖生物种群，底栖生物种群如何反映河口生态状况。根据底栖生物演替理论和长期数据，选择了 12 个生物指标来表征底栖生物群落结构对淡水流入的响应。FIBI 和水文变量之间存在显著相关性，表明底栖生物群落对盐度的变化做出反应，是以相对可预测的方式做出反应。当流入量减少（即盐度增加）时，上游群落似乎呈现出下游群落的特征。FIBI 似乎成功描述了拉瓦卡-科罗拉多河口盐度梯度的影响。

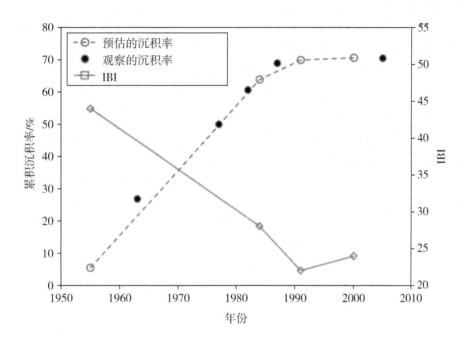

图 14.6　Lenhardt 等人（2009）记录 Medjuvrsje 水库的累积沉积率和 IBI 同时下降

　　Chin 等人（2010）研究了地貌反应是否与城市河流修复的生态反应相关。这项研究涵盖了德克萨斯州奥斯汀的 3 条河道，1998 年以来，这些河道已被修复，并沿河岸进行了种植。这些恢复措施导致河道宽度和深度增加、截面积增大以及流速和单位水流量降低。地貌的变化导致大型无脊椎动物功能性摄食群发生了更大的变化，反映在底栖生物完整性指数指标上。这些变化包括恢复后的溪流食草动物、过滤动物和集食动物的比例增加。当进行多变量分析时，发现关键生态反应变量（分类群丰富度，EPT，食草动物和摇蚊）的改善与生境条件的改善（较低的嵌入度、较大的表层动物覆盖度、较大的河岸植被宽度和较快速的群落结构）之间存在联系。

　　Davis 等人（2010）报告了两条河流煤层气（CBNG）开发工厂排水对 IBI 的影响。结果表明，CBNG 并不影响鱼类的聚集，有无 CBNG 中，物种丰富度和生物完整性指数（IBI）得分是相似的。

　　生物整体完整性与 CBNG 井的数量或密度无关。鱼类出现在一条大量或全部由 CBNG 组成的溪流中，在没有或很少捕鱼的处理点，鱼可以在河笼中生存，表明缺乏溪流连通性而不是水质因素限制了这些站点的鱼类数量。从 1994 年到 2006 年，生物完整性下降，影响点和参照点都出现了下降，可能是因为长期干旱。在某些情况下，CBNG 似乎会对鱼类种群产生负面影响，或者随着时间的推移会产生负面影响。

基于无脊椎动物和硅藻对新西兰西海岸湿地的研究中，Suren 等人（2011）发现湿地状况与硅藻或无脊椎动物群落成分之间缺乏强相关性。可能因为这两个指数都不受湿地水生成分的直接支配。该研究强调需要确定关键变量，并开发能够更好地反映小型水生生物体的评分系统。

季节性洪水是许多河流自然灾害的一部分，城市化增加了它们的频率和规模。为评估此类事件降低城市河流生物完整性的程度，Coleman 等人（2011）评估了 81 条（56条城市河流/25 条参照河流）俄亥俄州河流水文干扰对鱼类和水生生物的影响。水文变量包括年、月、24 小时最大降雨量和计算出的年洪峰流量，基于地理信息系统的流域划分和土地覆盖特征。与参照溪流相比，春末和夏季俄亥俄州鱼类和大型无脊椎动物的生物指数受到城市溪流年峰值流量的负面影响。Marce 和 Fornells（2010）对西班牙 Llebregat 河流域的研究也发现，洪水对生物指数有一些影响，但影响幅度很小，而且迅速逆转。Marce 和 Fornells（2010）指出，生物完整性更多地受到污染影响而不是水文影响。

Doll（2011）利用 IBI 和定性生境评估指数制定了一种方法，可根据例行收集的生境评估预测生物受损的概率，主要构建两个模型。

第一个预测受损（$IBI < 35$）或非受损（$IBI \leqslant 35$）站点的二元结果，第二个预测受损的分类梯度。然后用独立收集的数据对模型进行验证，并预测验证数据的生物完整性，精确度为 0.84（二元）和 0.75（分类）。

模型很容易应用于东部玉米带平原的数据，通过生境预测识别压力因素。模型中的预测概率可以用来检查结论的稳健性。

在大多数关于 IBIs 下降的报告中，Brousseau 等人（2011）发现了例外。他们将1988 年到 2009 年在昆特湾和其他地方收集的鱼类调查数据应用于 IBI 表明：①昆特湾有一个相对健康的鱼类栖息地；②1990—1999 年间，相对物种丰富度变化，海湾IBI 显著增加；③鱼类群落的差异与调查站点的物理生境属性有关。近岸电捕鱼和诱捕网调查的数据证实，昆特湾能够维持一个高产和多样化的鱼类群落。

目前和今后 IBI 开发需要推动的努力中需要优先处理的方面包括：

（1）描述或模拟参照条件时，估计和综合所选分类群的时间变异性。

（2）评估范围内标准化参考和研究站点的生物取样方法。

（3）基于标准化选择参考站点，包括任何适当的、可靠的历史信息。

（4）整合统计方法和人工智能技术，减少取样工作，同时提高聚集调查的代表性和可重复性。

（5）制定方法，客观地确定不同类型水体和压力评估的最终指数包含的最佳指标数量。

（6）为了降低错误的风险，倾向于连续评分法而不是离散评分法，连续评分法允许更敏感的综合指数。

（7）对新的 IBIs 中固有的不确定性进行评估：评估可变性并对不确定性进行限制，有助于确定方法的不足之处。可通过评估指数结果的可变性来帮助限制不确定性，可对有干扰的大量潜在指标进行定性和定量分析以减少不确定性。

14.9 当前普遍认可的 IBI 属性

现在，人们已经充分认识到，IBI 及其组分指标具有以下多重属性：

（1）维持水体、供水和水循环的重要意义。

（2）提供了适用于溪流、河流、湖泊和湿地，以及河口和沿海海洋系统的评估体系。

（3）整合水政策和决策中分散的要素，如水质、水量以及地表水和地下水。

（4）经得起事先法律审查，并且在改进法律和监管方法。

（5）政府利用它保护公众的水资源利益。

（6）开发和使用简单，不需超出财政能力获得先进技术，寻求地方、区域、流域公民团体的支持。

（7）确定水资源健康状况，有助于诊断和确定退化的原因。

（8）优先保护最值得保护的地方，并确定可行修复的地方。

（9）允许将单一与许多活动的累积效果进行比较，评估资源管理决策的有效性和确定供资优先次序。

（10）可应用于广泛的分类单元，从浮游生物和维管植物再到无脊椎动物、鱼类和水鸟。

IBI 的优势在于它能适应不同的环境和地理，如点源、非点源污染和城市化的影响（Karr & Chu，2000）。世界范围内，IBI 对人类影响的敏感度比许多传统测量方法的敏感度更高。IBI 已经检测到几内亚铝土矿厂的废水（Hugueny et al.，1996）和法国鲑鱼水养殖废水对小溪的影响（Oberdorff & Porcher，1994），委内瑞拉小河流中渠化和化学流出物的影响（Gutierrez，1994），印度中部河流中金属和有机污染的影响（Ganasan & Hughes，1998），法国塞纳河流域和肯尼亚维多利亚湖流域渠化、农业径流和城市化的累积效应（Raburu et al.，2009），中国河流治理的影响（Pei et al.，2010），塞尔维亚筑坝（Lenhardt et al.，2009），以及不同土地用途对墨西哥中西部干旱地区河流的影响（Lyons et al.，1995）。

IBI 已用于反映化学污染的生物影响和人类活动对流域或地表的影响，并作为水资源调查的生物评估框架，为公民水监测和支持清洁水法提供了依据。IBI 帮助评估了整个内华达山脉流域，以确定保护的优先次序；它被用于筑坝河流的长期评估，并用于评估受到外来物种严重入侵但相对未受干扰的河流（Moyle & Randall，1998）。IBI 已成为国际标准程序和规程制定的依据（Acosta et al.，2009；Amprogi et al.，2009）。

不断尝试增强 IBI 的适用性。例如，Manolakos 等人（2008）试图建立一个有效的数据分析和可视化工具，通过鱼类指标和相关 IBI 评估人为压力因素对鱼类的影响。它采用自组织特征映射（SOMs）和无监督神经网络，根据相似指标特征对取样点进行模式化。通过典型一致性分析（CCA）可以得出环境变量在维持鱼类完美栖息地中的作用。不同可视化叠加 SOMs，可以探索水生系统中复杂的相互关系。希望这个工具可以帮助流域管理者更好地理解环境对鱼类的影响。事实上，使用更多统计和机器学习方法来促进 IBI 的开发和增强 IBI 的效用是当前主要的推动领域（Faisal et al.，2009）。

14.10 IBI 的不足

IBI 有优点，也面临着许多问题，一些与取样形式有关（见第 4 章）。有些 IBI 的问题与生物指数遇到的问题相似，还有些问题是 IBI 特有的问题。

14.10.1 寻找参照站点的问题

如上一章所详述，确定未受干扰的"参照"站点才能研究，具有相似的物理、化学、水文特征。

将被评估的站点与参照站点人类干扰如何影响生物群落进行比较，作为偏离情况的基准或"参照系"。然而，很难找到未受干扰或甚至"最小"受干扰的站点（Herlihy et al.，2008）。更常见的情况是，研究区域所有站点都严重退化到不存在"自然"条件的程度。为了比较，必须预测一个参照条件。参照条件往往只是可观测到的最佳条件，并不总是代表历史水质。因此，一开始就引入了重大不确定性。为解决这一问题，有人建议使用历史参照系，例如使用过去的水质记录或古生态数据（Lavoie & Campeau，2010）。即使这一备选办法得到广泛采用，还有大量工作要做。

没有确定参照条件就开发 IBI，IBI 充其量只是水质的相对指标，并不能提供自然完整性的真实评估背景。

为解决这个问题，Kosnicki 和 Sites（2007）引入了"最不期望指数（LDI）多指标方法"。当参照条件不能用于 IBI 时，构造 LDI 使用了最不期望条件的反参照站点。然而，这也不是行之有效的选择。

14.10.2 时间和空间自然变化与人为压力引起变化的区别

不能将人为干扰引起的生物与群落结构的自然变异区分开来，任何生物组合的指数都可能形成误导性信息。生物群落对环境变化表现出自然反应，IBI 会发生年际和季节变化。依赖丰度和组成高度可变生物群落（如大型无脊椎动物和浮游生物）的 IBIs 特别容易受这一影响（Hill et al.，2000；Kane & Culver，2003）。解决这一问题的一种方法是，在指数开发过程中使用多个样本日期来检验年际和季节变化对 IBI 的影响（Kerans & Karr，1994；Hamsher et al.，2004）。另一种方法是，将取样限制在一个单一的时间段，以建立季节范围，并将指数应用于这一范围（Fore et al.，1996）。这种指数范围限制了环境异质性对指数的影响，即使在年度有限的情况下也是如此（Beck & Hatch，2009）。

为提高 IBI 的适用性，一些研究者采用了不同季节的评分阈值（Lacouture et al.，

2006）。制定特定季节 IBI 类似于为每个季节制定单独的 IBI，这不是制定指数的最有效方法。IBI 在广泛人类活动梯度中能否准确反映群落阈值也被提出质疑（King & Baker，2010）。

14.10.3 物种丰富度随河流规模的变化

物种丰富度的自然变化随河流规模变化而发生（MacArther & Wilson，1967）。这一问题的解决办法是将河流规模与物种丰富度指标归一化，或将 IBI 与系统规模相关联：大多数 IBIs 采用不同尺度，采用基于丰富度的指标来说明河流规模（Fausch et al.，1984），或绘制预期物种丰富度与河流规模相对应的图（Beck & Hatch，2009）。

14.10.4 与指标适应相关的问题

努力开发稳健的指标，精心收集数据和分析背景，以适应各区域之间的差异，但一个区域开发的 IBIs 并不总是适用于其他区域，因此需要进行调整（Back & Hatch，2009）。区域适应的关键组成部分是确定哪些物种适用于特定指标，因为物种对环境退化的反应因区域而异。

在一个区域具有耐受性的物种在另一个区域不一定具有耐受性，因为控制群落组成的各种因素之间存在复杂的相互作用（Lacoul & Freedman，2006）。事实上，耐受指标在不同区域对同一物种往往有不同的敏感度衡量标准，这是由于有机体对环境压力有局部的适应性。

14.10.5 指标范围问题

从实验数据中获得的"原"指标使用标准化评分方法进行评分，以便纳入综合指数。Karr（1981）提出使用离散标度系统，由此原指标值的累积分布分成 1、3 和 5 这 3 个相等的类别（对于 12 个指标，最小的 IBI 分数为 12，最大的为 60）。这种离散范围存在明显问题，由于指标值中的序列间隙而导致综合 IBI 的灵敏度降低（Minns et al.，1994；Dolf et al.，2010），但大多数 IBIs 仍使用这种范围。为克服离散法这一缺点，提出了一种连续的范围方法。从 0 到 10 的分数被分配给原始指标分数，假设原始指标和尺度指标之间有线性关系。与离散范围相比，连续范围允许更大范围的得分，避免序列差距，并最小化指标得分的偏差（Dolf et al.，2010）。

14.10.6 综合得分的模糊性

IBI 单一综合得分可以获得生态系统管理者所需的信息。一个有 12 个指标的 IBI，有 8074 种方法可以获得 48 分（Stewart-Oaten，2008）。

与生态健康相关的因素在两个有相同指数的水道之间可能完全不同。幸运的是，这种模糊性只在中等 IBI 得分时才是严重的，IBI 更清楚地反映了生态健康的极端状况。

IBI 没有用来确定因果关系，某些情况下会令人困惑。

14.10.7   关于 IBI 意义的几个有待回答的基本问题

Karr 开创了第一个 IBI(1981)以及后续工作，也遭到了质疑。Suter(1993)是异质指数(如 IBI)的主要批评者，也是生态系统健康概念的主要批评者。最严厉的批评是 IBIs 对生态信息的描述是不切实际的，Suter(1993)认为，指数的单位没有意义，因为它们缺乏相关尺度，缺乏调节管理行动的能力。而且，总尺度的减少多大程度上损害生物完整性？IBI 通常与其他水生系统相关，没有精确定义的参照框架，以观测到的最佳条件用作修复的基准，但不一定代表生态健康。

References

Abbasi, T., Chari K. B., Abbasi, S. A., 2009. A geospatial modelling-based assessment of water quality in and aroun Kaliveli watershed. Research Journal of Chemistry and Environment 13 (4), 48 −55.

Abbasi, T., Abbasi, S. A., 2010. Factors which facilitate waste water treatment in presence of aquatic weeds-the machanism of the weed's purifying action. International Journal of Environmentalstudies (Taylor and Francies) 67(3), 349 −371.

Abbasi, T. Abbasi, S. A., 2011. Water quality indices based on bioasessment: the biotic indices. Journal of Water and Health (IWA Pubhshmg) 9(2), 330 −348.

Abbasi, S. A., Chari, K. B., 2008. Environmental Management: of Urban Lakes. Discovery Pubhshlng House, New Delhi. Viii +269 pages.

Acosta, R. Ríos, B., Rieradevall, M., Prat, N., 2009. Proposal for an evaluation protocol of the ecological: quality of Andean rivers (CERA) and: its use in two basins in Ecuador and Peru. Limnetica 28 (1), 35 −64.

Allan, J. D., Erickson, D. L., Fay, J., 1997. The influence of catchment land use on stream integrity across multiple spatial scales. Freshwater Biology 37, 149 −161.

Ambrogi A. O., Forni, G., Silvestri, C., 2009. The Mediterranean intercalibration exercise on soft-bottom benthic inverbebrates with special emphasis on the Italian situation. Marine Ecology 30 (4), 495 −504.

Andreas, B. K., Mack, J. J., McCormac, J. S., 2004. Floristic Quality Assessment Index for Vascular Plants and Mosses for the State of Ohio. Ohio Environmental Protection Agency, Division of Surface Water, Wetland Ecology Group, Columbus, OH.

Anonymous., 2008. Naturvårdsverkets föreskrifter (2008: 1) och allmänna råd om klassificermg och miljökvalitetsnormer avseende ytvatten. http://www. naturvardsverket, se/Documents/foreskrifter/nfs2008/nfs_2008_01. pdf(in Swedish.).

Atazadeh, I., Sharifi, M., Kelly, M. G., 2007. Evaluation of the trophic diatom index for assessing water quality in River Gharasou. Western Iran Hydrobiologia 589, 165 − 173.

Aura, C. M., Raburu, P. O., et al., 2010. A preliminary macroinvertebrate index of biotic integrity for bioassessment of the Kipkaren and Sosiani Rivers, Nzoia River basin, Kenya. Lakes and Reservoirs: Research and Management 15 (2), 119 −128.

Balon, E. K., 1975. Reproductive guilds of fishes: a proposal and ddfinition. Journal of Fisheries Research Board of Canada 32, 821 −864.

Barbour, M. T., Gerrilsen, J., Griffith, G. E., Frydenborg, R., McCarron, E., White, J. S., Baslian, M. L., 1996. A framework for biological criteria for Florida streams using benthic macroinvertebrates. Journal of the North American Benthological Society 15, 185 −211.

Barbour, M. T. Stribling, J. B. Karr, J. R., 1995. Multimetric approach for establishing biocriteria and measuring biological condition. In: Davis, W. S., Simon. T. P. (Ed.), Biological Assessment and Criteria: Tools for Water Resource Planning and Decision Making. Lewis Publishers, Boca Raton, Florida, pp. 63 −77.

Beck, M. W., Hatch L. K., 2009. A review of research on the development of lake indices of biotic integrity. Environment Reviews 17, 21 −24.

Beck, M. W., Hatch, L. K., et al., 2010. Development of a macrophyte-based index of biotic integrity for Minnesota lakes. Ecological Indicators 10 (5), 968 −979.

Benyi, S. J., Hollister, J. W., Kiddon, J. a., Walker, H. A., 2009. A process for comparing and interpreting differences in two benthic indices in New York Harbor. Marine Pollution Bulletin 59 (1/2/3), 65 −71.

Berkman, H. E., Rabeni, C. E., Boyle, T. R., 1986. Biomonitors of stream quality in agricultural areas: fish versus invertebrates. Environmental Management 10, 413 − 419.

Blocksom, K. A., 2003. A performance: comparison of metric scoring methods for a multimetric index for mid-Atlantic highlands streams. Environmental Management 31 (5), 670 −682.

Blocksom, K. A., Kurtenbach, J. P., Klemm, D. J., Fulk, F. A., Cormier, S. M., 2002. Development and evaluation of the Lake Macromvertebrate Integrity Inde (LMII) for New Jersey lakes and reservoirs. Environment Monitoring, and Assessment 77, 311 −333.

Blomqvist, M., Cederwall, H., Leonardsson, K., Rosenberg, R., 2006. Bedömningsgrunder för kust och hav. Bentiska everterbrater 2006. Rapport till Naturvårdsverket 2006 −03 −21, p. 70. (In Swedish with English summary).

Boling, R. H., Petersen, R. C., Cummins, K. W., 1975. Ecosystem modeling for small woodland streams. In: Patten, B. C. (Ed.), Systems Analysis and Simulation in Ecology, 3. Academic Press, New York, pp. 183 −204.

Borja, A., Dauer, D. M., 2008. Assessing the environmental quality status in estuarine and coastal systems: comparing methodologies and indices. Ecological Indicators 8, 331 -337.

Borja, A., Franco, J., Pérez, V., 2000. A marine biotic index to establish the ecological quality of soft-bottom benthos within European estuarine and coastal environments. Marine Pollution Bulletin 40, 1100 -1114.

Borja, A., Muxika, I., Franco, J., 2003. The application of a Marine Biotic Index to different impact sources affecting softbottom benthic communities along European coasts. Marine Pollution Bulletin 46, 835 -845.

Bramblett, R. G., Fausch, K. D., 1991. Variable fish communities and the index of biotic integrity in a western Great Plains river. Transactions of the American Fisheries Society 120, 752 -769.

Bramblett, R. G., Johnson, T. R., Zale, A. V., Heggem, D. G., 2005. Development and evaluation of a fish assemblage index of biotic integrity for northwestern Great Ptains streams. Transactions of the American Fisheries Society 134, 624 -640.

Brazner, J. C., Beals, E. W., 1997. Patterns in fish assemblages from coastal wetland: and beach habitats in Green Bay, Lake Michigan: a multivariate analysis of abiotic and biotic forcing factors. Canadian Journal of Fisheries and Aquatic Sciences 54, 1743 - 1761.

Breine, J., Quataert, p., Stevens, M., Ollevier, F., Volckaert, F. a. M., Van Den Bergh, E;, Maes, J., 2010. A zone-specific fish-based biotic index as a management tool for the Zeeschelde estuary (Belgium). Marine Pollution Bulletin 60 (7), 1099 - 1112.

Brousseau, C. M., Randall, R. G., Hoyle J. A., et al., 2011. Fish community indices of ecosystem health: how does the Bay of Quinte compare to other coastal sites in Lake Ontario? Aquatic Ecostern Health and Management 14 (1), 75 -84.

Carlisle, B. K., Hicks, A. L., Smith, J. P., Garcia, S. R., Largay, B. G., 1999. Plants and aquatic invertebrates as indicators of wetland biological integrity in Waquoit Bay watershed, Cape Code. Environment Cape Code 2, 30 -60.

Carlisle, D. M., Clements, W. H., 1999. Sensitivity and vari-ability of metrics used in biological assessments of running, waters. Environmental Toxicology and Chemistry 18, 285 -291.

Carmichael, W. W., 1986. Algal toxins. Advances in Botanical Research 12, 47 - 101.

Carmichael, W. W., 1997. The cyanotoxins. Advances in Botanical Research 27, 211 -256.

Carpenter, J., Bithell, J., 2000. Bootstrap confidence intervals: when, which, what? A practical guide for medical statisticians. Statistics in Medicine 19, 1141 -1164.

Castela, J., Ferreira, V., Graca, M. A. S., 2008. Evaluation of stream ecological integrity using litter decomposition and benthic invertebrates. Environmental Pollution 153 (2), 440 −449.

Cejudo-Figueiras, C., Warey-Blaco, Io, Bécares, E., Blanco, S., 2010. Epiphytic diatoms and water quality in shallow lakes: the natural substrate hypothesis renisited? Marine and Freshwater Research 16 (12), 1457 −1467.

Chari, K. B., Abbasi, S. A., Ganapathy, S., 2003. Ecology, habitat and bird community structure at Oussudu lake: towards a strategy for conservation and management. Aquatic Conservation: Marine and Freshwater Ecosystems 13, 1373 −386.

Chari, K. B., Abbasi, S. A., 2003. Assessment of impact of land use changes on the plankton community of a shallow fresh water lake in South India by GIS and remote sensing. Chemical and Environmental Research 12, 93 −112.

Chari, K. B., Abbasi, S. A., 2005. A study on the fish fauna of Oussudu—A rare freshwater lake of South India. International Journal of Environmental Studies 62, 137 −145.

Chari, K. B., Sharma, R., Abbasi, S. A., 2005a. Comprehensive Environmental Impact Assessment of Water Resources Projects, vol. 1. Discovery Publishing House, New Delhi.

Chari, K. B., Sharma, R., Abbasi, S. A., 2005b. Comprehensive Environmental Impact Assessment of Water Resources Projects, vol. 2. Discovery Publishing House, New Delhi.

Chessman, B. C. Townsend S. A., 2010. Differing effects of catchment land use on water chemistry explain con-trasting behaviour of a diatom index in tropical northern and temperate southern Australia. Ecological Indicators 10 (3), 620 −626.

Chin, A. E., Gelwick, 17., Laurencio, D., Laurencio, L. R., Byars, M. S., Scoggins, M., 2010. Linking geomorphological and ecological responses in restored urban pool-riffle streams. Ecological Restoration 28(4), 460 −474.

Clayton, J., Edwards, T., 2006. Aquatic plants as environmental indicators of ecological condition in New Zealand lakes. Hydrobiologia 570, 147 −151.

Coates, S., Waugh, A., Anwar, A., Robson, M., 2007. Efficacy of a multi-metric fish index as an analysis tool for the transitional fish component of the water framework directive. Marine Pollution Bulletin 55, 225 −240.

Coleman Ⅱ, J. C., Miller, M. C., Mink, F. L., 2011. Hydrologic disturbance reduces biological integriiy in urban streams. Environmental Monitoring and Assessment 172 (1/2/3/4), 663 −687.

Cookson, N., Schorr, M. S., 2009. Correlation of watershed housing density with environmental conditions and fish assemblages in a tennessee ridge and Valley stream. Journal of Freshwater Ecology 24 (4), 553 −561.

Cooper, J. A. G., Ramrn, A. E. L., Harrison, T. D., 1994. The estuarine health in-dex: a new approach to scientific information transfer. Ocean and Coastal Management 25, 103 −141.

Costa, R. E., Schulz, U. H., 2010. The fish community as an indicator of biotic integ-rity of the streams in the Sinos River basin, Brazil l [A ictiofauna como indicadora da integridade biótica dos arroios da bacia do Rio dos Sinos, Brasil]. Brazilian Journal of Biology 70 (Suppl. 4), 1195 −1205.

Danielson, T. J., 2001. Methods for Evaluating Wetland Condition: Introduction to Wetland Biological Assessment, U. S. Environmental Protection Agency, Office of Water, Washington, DC, USA. EPA 822-R-01 −007a.

Dauvin, J. C., Ruellet, T., 2007. Polychaete/amphipod ratio revisited. Marine Pollu-tion Bulletin 55, 215 −224.

Davis, P. A., Brown, J. C., Saunders, M., Lanigan, G., Wright, E., Fortune, T., Burke, J., Connolly, J., Jones, M. B., Osborne, B., 2010. Assessing the effects of agricultural management practices on carbon fluxes: spatial variation and the need for replicated estimates of net ecosystem exchange. Agricultural and Forest Meteorology 150(4), 564 −574.

Deegan, L. A., Finn, J. T., Ayvazian, S. G., Ryder-Kieffer, C. A., Buonaccorsi, J., 1997. Development and validation of an estuarine biotic integrity index. Estuaries 20, 601 −617.

DeGasperi, C. L., Berge, H. B., Whiting, K. R., Burkey, J. J., Cassin, J. L., Fuer-stenberg, R. R., 2009. Linking hydrologic alteration to biological impairment in ur-banizing streams of the Puget Lowland, Washington, USA. Journal of the American Water Resources Association 45 (2), 512 −533.

DeKeyser, E., Kirby, D., Ell, M., 2003. An index of plant community integrity: de-velopment of the methodology for assessing prairie wetland plant communities. Ecologi-cal Indicators 3, 119 −133.

DeKeyser, E. S., Kirby, D. R., Ell, M. J., 2003. An index of plant community integ-rity: development of the methodology for assessing prairie wetland plant communities. Ecological Indicators 3, 119 −133.

Delgado, C., Pardo, I., Garcia, L., 2010. A multimetric diatom index to assess the eco-logical status of coastal Galician rivers (NW Spain). Hydrobiologia 644, 371 −384.

Delpech, C., Courrat, A., Pasquaud, S., Lobry, J., Le Pape, O., Nicolas, D., Boët, P., Girardin, M., Lepage, M., 2010. Development of a fish-based index to assess the ecological quality of transitional waters: the case of French estuaries. Marine Pollution Bulletin 60 (6), 908 −918.

DeMott, W. R., Moxter, F., 1991. Foraging on cyanobacteria by copepods: responses to chemical defenses and resource abundance. Ecology 72, 1820 −1834.

DeSousa, S., Pinel-Alloul, B., Cattaneo, A., 2008. Response of littoral macroinvertebrate communities on rocks and sediments to lake residential development. Canadian Journal of Fisheries and Aquatic Sciences 65, 1206 −1216.

Detenbeck, N. E., 2002. Methods for evaluating wetland condition: wetland classification. EPA-822-R-02 −017, Office of Water, U. S. Environmental Protection Agency, Washington, DC.

Dionne, M., Karr, J. R., 1992. In: McKenzie, D. H., Hyatt, D. E., McDonald, V. J. (Eds.), Ecological monitoring of fish assemblages in Tennessee River reservoirs. Ecological Indicators, 1. Elsevier, New York, pp. 259 −281.

Doll, J. C., 2011. Predicting biological impairment from habitat assessments. Environmental Monitoring and Assessment, pp. 1 −19.

Dolph, L., Aleksey, Y., Sheshukov, Christopher, J., Chizinski, Vondracck, B., Wilson, B., 2010. The index of biological integrity and the bootstrap: can random sampling error affect stream impairment decisions? Ecological Indicators 10, 527 − 537.

Doustshenas, B., Savari, A., Nabavi, S. M. B., Kochanian, T., Sadrinasab, M., 2009. Applying benthic index of biotic integrity in a soft bottom ecosystem in north of the persian gulf. Pakistan Journal of Biological Sciences 12 (12), 902 −907.

Drake M. T., Pereira, D. L., 2002. Development of a fish-based index of biotic integrity for small inland lakes in central Minnesota. North American Journal of Fisheries Management 22, 1105 −1123.

Drake, M. T., Valley, R. D., 2005. Validation and application of a fish-based index of biotic integrity for small central Minnesota lakes. North American Journal of Fisheries Management 25, 1095 −1111.

Efron, B., 1979. Bootstrap methods: another look at the jackknife. Annals of Statistics 7, 1 −26.

Efron, B., 2003. Second thoughts on the bootstrap. Statistical Science 18, 135 −140.

Engle, V. D., Summers, J. K., Gaston, G. R., 1994. A benthic index of environmental condition of Gulf of Mexico estuaries. Estuaries 17, 372 −384.

Fausch, K. D., Karr, J. R., Yant, P. R., 1984. Regional applica-tion of an index of biotic integrity based on stream fish communities. Transactions of the American Fisheries Society 113, 39 −55.

Fayram, A. H., Mitro, M. G., 2008. Relationships between reach-scale habitat variables and biotic integrity score, brook trout density, and brown trout density in Wisconsin streams. North American Journal of Fisheries Management 28 (5), 1601 −1608.

Fennessy, M. S., Geho, R., Elfritz, B., Lopez, R., 1998a. Testing the Floristic Quality Assessment Index as an indicator of riparian wetland disturbance. Final Report to U. S. Environmental Protection Agency for Grant CD995927. Ohio Environmental Protection Agency, Division of Surface Water, Columbus, Ohio. http://www. epa. state. oh. us/dsw/wetlands/WetlandEcologySection_reports. html.

Fennessy, M. S., Gray, M. A., Lopez, R. D., 1998b. An ecological Assessment of wetlands using reference sites, Final Report to U. S. Environmental Protection Agency for Grant CD995761. Ohio Environmental Protection Agency, Division of Surface Water, vol. 1. Columbus, Ohio.

Fennessy, S., Gernes, M., Mack, J., Wardrop, D. H., 2002. Methods for evaluating wetland condition: using vege-tation to assess environmental conditions in wetlands. EPA-822-R-02 - 020. U. S. Environmental Protection Agency; Office of Water, Washington, DC.

Ferreira M. T., Caiola N., Casals F., Cortes R., Economou A., Garcia-Jalon D., Ilheu M., Martinez-Capel F., Oliveira J., Pont, D., Prenda J., Rogers C., Sostoa A., Zogaris, S., 2007a. Ecological traits of fish assemblages from Mediterranean Europe and their responses to human disturbances. Fisheries Management and Ecology 14, 473 −481.

Ferreira, M. T., Caiola, N., Casals, F., Oliveira, J., Sostoa, A., 2007b. Assessing perturbation of river fish communities in the Iberian ecoregion. Fisheries Management and Ecology 14, 519 −530.

Ferreira, M. T., Cortes, R. M., Godinho, F. N., Oliveira, J. M., 1996. Indicators of the biological quality of aquatic ecosystems for the Guadiana basin. Recursos Hidricos 17, 9 −20.

Fore, L. S., 2002. Response of diatom assemblages to human disturbance: development and testing of a multimetric index for the Mid-Atlantic Region(U. S. A.). In: Simon, T. R(Ed.), Biological Response Signatures: Patterns in Biological Integrity for Assessment of Freshwater Aquatic Assemblages. CRC Press, Boca Raton, Fla, pp. 445 −480.

Fore, L. S., Grafe, C., 2002. Using diatoms to assess the bio- logical condition of large rivers in Idaho (U. S. A.). Freshwater Biology 47, 2015 −2037.

Freund, J. G., Petty, J. T., 2007. Response of fish and macro- invertebrate bioassessment indices to water chemistry in a mined Appalachian watershed. Environmental Management 39 (5), 707 −720.

Gabriels, W., Lock, K., De Pauw, N., Goethals, P. L. M., 2010. Multimetric Macroinvertebrate Index Flanders (MMIF) for biological assessment of rivers and lakes in Flanders (Belgium). Limnologica 40 (3), 199 −207.

Ganasan, V., Hughes, R. M., 1998. Application of an index of biological integrity (IBI) to fish assemblages of the rivers Khan and Kshipra (Madhya Pradesh), India. Freshwater Biology 40, 367 −383.

Gannon, J. E., Beeton, A. M., 1971. The decline of the large zooplankter, Limnocalanus macrurus Sars (Copepoda: Calanoida), in Lake Erie In. : Proceedings of the 14th Conference on Great Lakes Research, pp. 27 −38.

Gannon, J. E., Stemberger, R. S., 1978. Zooplankton (espe- cially crustaceans and rotifers) as indicators of water quality. Transactions of the American Microscopical Society 97 (1), 16 −35.

Gassner, H., Tischler, G., Wanzenbock, J., 2003. Ecological integrity assessment of lakes using fish communities—Suggestions of new metrics developed in two Austrian prealpine lakes. International Review of Hydrobiology 88, 635 −652.

Gauch Jr., II. G., 1982. Multivariate Analysis in Community Ecology. Cambridge University Press 298.

Gammon, J. R., Spacie, A., Hamelink, J. L,, Kaesler, R. L., 1981. Role of electrofishing in assessing environmental quality of the Wabash River. ETATS-UNIS, American Society for Testing and Materials, Philadelphia, PA.

Genet, J. A., Olsen, A. R., 2008. Assessing depressional wetland quantity and quality using a probabilistic sampling design in the Redwood River watershed, Minnesota, USA. Wetlands 28 (2), 324 −335.

Gernes, M. C., Helgen, J. C., 1999. Indexes of biotic integrity (IBI) for wetlands: vegetation and invertebrate IBI's. Final Report to U. S. EPA, Assistance Number CD995525 −01. Minnesota Pollution Control Agency, Environmental Outcomes Division, St. Paul, Minnesota.

Gléarec, M., Hily, H., 1981. Pertubations apporteés la macrofaune benthique de la baie de Concarneau. Acta Ecologica 2, 139 −150.

Gliwicz, Z. M., Lampert, W., 1990. Food thresholds in Daphnia species in the absence and presence of blue- green filaments. Ecology 7, 691 −702.

Gliwicz, Z. M., Siedlar, E,, 1980. Food size limitation and algae interfering with food collection in Daphnia. Archiv fur Hydrobiologie 88, 155 −177.

Gomez, L. D., Steele-King, C. G., McQueen-Mason, S. J., 2008. Sustainable liquid biofuels from biomass: the writing's on the walls. New Phytologist 178 (3), 473 −485.

Gopalan, G., Culver, D. A., Wu, L., Trauben, B. K., 1998. The effect of recent ecosystem changes on the recruitment of young-of-year fish in western Lake Erie. Canadian Journal of Fisheries and Aquatic Sciences 55, 2572 −2579.

Griffin, J. D. T, Fayram, A. H., 2007. Relationships between a fish index of biotic integrity and mean length and density of brook trout and brown trout in Wisconsin streams. Transactions of the American Fisheries Society 136 (6), 1728 −1735.

Griffith, M. B. Hill, B. H., McCormick, F. H., Kafman, P. R., Herlihy, A. T., Selle, A. R., 2005. Comparative application of indices of biotic integrity based on periphyton, mac- roinvertebrates, and fish to Rocky Mountain streams. Ecological Indicators 5, 117 −136.

Gros, M., Petrović, M., Ginebreda, A., Barceló D., 2010. Removal of pharmaceuticals during wastewater treat- ment and environmental risk assessment using hazard indexes. Environment International 36 (1), 15 −26.

Growns, I., 2009. Differences in bioregional classifications among four aquatic biotic groups: implications for conservation reserve design and monitoring programs. Journal of Environmental Management 90(8), 2652 −2658.

Gutiérrez −Cánovas, C., Velasco, J., Millán, A., 2008. SAL- INDEX: a macroinvertebrate index for assessing the ecological status of saline "ramblas" from SE of the Iberian Peninsula. Limnetica 27, 299 −316.

Hamsher S. E., Verb, R. G., Vis, M. L., 2004. Analysis of acid mine drainage impacted streams using a periphyton index. Journal of Freshwater Ecology 19, 313 −324.

Harig, A. L., Bain, M. B, , 1998. Defining and restoring bio- logical integrity in wilderness lake. Ecological Appli- cations 8, 71 −87.

Harrison, T. D., Whitfield, A. K., 2004. A multi-metric fish index to assess the environmental condition of estuaries. Journal of Fish Biology 65, 683 −710.

Hatzenbeler, G. R., Kampa, J. M., jennings, M. J., Emmons, E. E., 2004. A comparison of fish and aquatic plant assemblages to assess ecological health of small Wisconsin lakes. Lake Reservior Manage 20, 211 −218.

Havens, K. E., 1998. Size structure and energetics in a plankton food web. Oikos 81, 346 −358.

Heatherly, T., Whiles, M. R., Knuth, D., Garvey, J. E., 2005. Diversity and community structure of littoral /one macroinvertebrates in southern Illinois reclaimed surface mine lakes. The American Midland Naturalist 154, 67 −77.

Helms, B. S., Schoonover, J. E., Feminella, J. W., 2009. Assessing influences of hydrology, physicochemistry, and habitat on stream fish assemblages across a changing landscape. Journal of the American Water Resources Association 45 (1), 157 −169.

Henriques, S., Pais, M. P., Costa, M. J., Cabral, H., 2008. Efficacy of adapted estuarine fish-based multimetric indices as tools for evaluating ecological status of the marine environment. Marine Pollution Bulletin 56, 1696 −1713.

Herbst, D. B., Silldorf, E. L., 2006. Comparison of the performance of different bioassessment methods: similar evaluations of biotic integrity from separate programs and procedures. Journal of the North American Benthological Society 25, 513 −530.

Herlihy, A. T., Paulsen, S. G., van sickle, J., Stoddard, J. L., Hawkins, C. P., Yuan, L. L., 2008. Striving for consistency in a national assessment: the challenges of applying a reference condition approach at a continental scale. Journal of the North American Benthological Society 27, 860 −877.

Herman, K. D., Masters, L. A., Penskar, M. R., Reznicek, A. A., Wilhelm, G. S., Brodovich, W. W., Gardiner, K. P., 2001. Floristic quality assessment with wetland categories and examples of computer applications for the state of Michigan—Revised 2nd edition. Michigan Department of Natural Resources, Wildlife, Natural Heritage Program, Lansing, MI, USA.

Hill, B. H., Herlihy, A. T., Kaufmann, P. R., Stevenson, R. J., McCormick, F. H., Johnson, C. B., 2000. Use of periphyton assemblage data as an index of biotic integrity. Journal of the North American Benthological Society 19, 50 −67.

Hoffman, J. C., Smith, M. E., Lehman, J. T., 2001. Perch or plankton: top-down control of Daphnia by yellow perch (Perca flavescens) or Bythotrephes cederstroemi in an inland lake? Freshwater Biology 46 (6), 759 −775.

Hughes, R. M., 1995. In: Davis, W. S., Simon, T. P. (Eds.), Defining acceptable biological status by comparing with reference conditions Biological Assessment and Criteria: Tools for Water Resource Planning and Decision Making. Lewis Publishers, Boca Raton, FL, pp. 31 −47.

Hughes, R. M., Oberdorff, T., 1998. Applications of IBI concepts and metrics to waters outside the United States and Canada. In: Simon, T. P. (Ed.), Assessment Approaches for Estimating Biological Integrity using Fish Assemblages. Lewis Press, Boca Raton, FL, pp. 79 −83.

Hughes, R. M., Oberdorff, T., 1999. Applications of IBI concepts and metrics to waters outside the United States. In: Simon, T. P. (Ed.), Assessing the Sustainability and Biological Integrity of Water Resources Using Fish Communities. CRC Press, Boca Raton, FL, pp. 79 −93.

Hughes, R. M., Howlin, S., Kaufmann, P. R., 2004. A biointegrity index for coldwater streams of western Oregon and Washington. Transactions of the American Fisheries Society 133, 1497 −1515.

Hughes, R. M., Larsen, D. P., Omernik, J. M., 1986. Regional reference sites: a method for assessing stream potentials. Environmental Management 10, 629 −635.

Hughes, R. M., Kaufman, P. R., Herlihy, A. T., Kincaid, T. M., Reynolds, L., Larsen, D. P., 1998. A process for developing and evaluating indices of fish assemblage integrity. Canadian Journal of Fisheries and Aquatic Sciences 55, 1618 −1631.

Hunt, J. W., Anderson, B. S., Phillips, B. M., Tjeerdema, R. S., Taberski, K. M., Wilson, C. J., Puckett, H. M., Stephenson, M., Fairey, R., Oakden, J. M.,

2001. A large-scale categorization of sites in San Francisco Bay, USA, based on the sediment quality triad, toxicity identification evaluations, and gradient studies. Environmental Toxicology and Chemistry 20, 1252 −1265.

Jackson, D. A., Harvey, H. H., 1997. Qualitative and quantitative sampling of lake fish communities. Canadian Journal of Fisheries and Aquatic Sciences 54, 2807 −2813.

Jennings, M. J., Lyons, J., Emmons, E. E., 1999. Toward the development of an index of biotic integrity for inland lakes in Wisconsin. In: Simon, T. P. (Ed.), Assessing the Sustainability and Biological Integrity of Water Resources Using Fish Communities. CRC Press, Boca Raton, pp.541 −562.

Jones, W. M., 2005. A vegetation index of biotic integrity for small-order streams in Southwest Montana and a Floristic Quality Assessment for Western Montana Wetlands. Montana Natural Heritage Program, Natural Resource Information System. Montana State Library, Helena, MT.

Josefson, A. B., Blomqvist, M., Hansen, J. L. S., Rosenberg, R., Rygg, B., 2009. Assessment of marine benthic quality change in gradients of disturbance: comparison of different Scandinavian multi-metric indices. Marine Pollution Bulletin 58, 1263 − 1277.

Kane, D. D., Culver, D. A., 2003. The Development of a Planktonic Index of Biotic Integrity for the Offshore Waters of Lake Erie. Final Report to the Lake Erie Protection Fund. The Ohio State University.

Kane, D. D., Gordon, S. I., Munawar, M., Charlton, M. N., Culver, D. A., 2009. The Planktonic Index of Biotic Integrity (P-IBI): an approach for assessing lake ecosystem health. Ecological Indicators 9, 1234 −1247.

Kane, D. D., Gannon, J. E., Culver, D. A., 2004. The status of Limnocalanus macrurus (Copepoda: Calanoida: Centropagidae) in Lake Erie. Journal of Great Lakes Research 30, 22 −30.

Kanno, Y., Macmillan, J. L., 2004. Developing an index of sustainable coldwater streams using fish community atiributes in river philip, nova scotia. Proceedings of the Nova Scotian Institute of Science 42 (2), 319 −338.

Kanno, Y., Vokoun, J. C., Beauchene, M., 2010. Development of dual fish multimetric indices of biological condition for streams with characteristic thermal gradients and low species richness. Ecological Indicators 10, 565 −571.

Karr, J. R., 1981. Assessment of biotic integrity using fish communities. Fisheries 6, 21 − 27.

Karr, J. R., 1991. Biological integrity: a long neglected aspect of water resource management. Ecological Applications 1, 66 −84.

Karr, J. R., Chu, E. W., 2000. Sustaining living rivers. Hydrobiologia 422 & 423, 1 −

14.

Karr, J. R., Dudley, D. R., 1981. Ecological perspective on water-quality goals. Environmental Management 5, 55 −68.

Karr, J. R., Fausch, K. D., Angermeier, P. L., Yant, P. R., Schlosser, I. J., 1986. Assessing Biological Integrity in Running Waters. A Method and its Rationale. Illinois Natural History Survey Campaigne. Special Publications, Illinois. 28.

Karr, J. R., Kerans, B. L., 1992. Components of biological integrity: their definition and use in development of an invertebrate IBI. In: Simon, T. R, Davis, W. S. (Eds.), Proceedings of the 1991 Midwest Pollution Control Biologists Meeting: Environmental Indicators Measurement Endpoints. EPA 905/R-92/003. U. S. Environmental Protection Agency, Region V. Environmental Sciences Division, Chicago, IL.

Karr, J. R., Yoder, C. O., 2004. Biological assessment and criteria improve total maximum daily load decision making. Journal of Environmental Engineering 130, 594 − 604.

Kaufmann, P. R., Levine, P., Robison, E. G., Seeliger, C., Peck, D., 1999. Quantifying physical habitat in wadeable streams. EPA/620/R-99/003. Office of Research and Development. US Environmental Protection Agency, Washington, DC.

Kerans, B. L., Karr, J. R., 1994. A benthic index of biotic integrity (B-IBI) for rivers of the Tennessee Valley. Ecological Applications 4, 768 −785.

Kerfoot, W. C., Levitan, C., DeMott, W. R., 1988. Daphniaphytoplankton interactions: density-dependent shifts in resource quality. Ecology 69, 1806 −1825.

King, R. S., Baker, M. E., 2010. Considerations for analyzing ecological community thresholds in response to anthropogenic environmental gradients. Journal of the North American Benthological Society 29(3), 998 −1008.

Klemm, D. J., Blocksom, K. A., Fulk, F. A., Herlihy, A. T., Hughes, R. M., Kaufmann, P. R., Peck, D. V., Stoddard, J. L., Thoeny, W. T., Griffith, M. B., 2003. Development and evaluation of a macroinvertebrate biotic integrity index (MBII) for regionally assessing Mid-Atlantic Highlands streams. Journal of Environmental Management 31, 656 −669.

Kosnicki, E., Sites, R. W., 2007. Least-desired index for assessing the effectiveness of grass riparian filter strips in improving water quality in an agricultural region. Environmental Entomology 36 (4), 713 −724.

Kröncke, I., Reiss, H., 2010. Influence of macrofauna long-term natural variability on benthic indices used in ecological quality assessment. Marine Pollution Bulletin 60 (1), 58 −68.

Lacoul, P., Freedman, B., 2006. Environmental influences on aquatic plants in freshwater ecosystems. Environmental Reviews 14, 89136.

Lacouture, R. V., Johnson, J. M., Buchanan, C., Marshall, H. G., 2006. Phyto-plankton index of biotic integrity for Chesapeake Bay and its tidal tributaries. Estuaries and Coasts 29, 598 −616.

Lane, C. R., Brown, M. T, 2007. Diatoms as indicators of isolated herbaceous wetland condition in Florida, USA. Ecological Indicators 7, 521 −540.

Langdon, R. W., 2001. A preliminary index of biological integrity for fish assemblages of small coldwater streams in Vermont. Northeastern Naturalist 8, 219 −232.

Lambert, D., Cattaneo, A., Carignan, R., 2008. Periphyton as an early indicator of perturbation in recreational lakes. Canadian Journal of Fisheries and Aquatic Sciences 65, 258 −265.

Larsen, S., Sorace, A., Mancini, L., 2010. Riparian Bird Communities as Indicators of Human Impacts Along Mediterranean Streams. Environmental Management, 1 −13.

Launois, L., Veslot, J., et al., 2011. Selecting fish-based metrics responding to human pressures in French natural lakes and reservoirs: towards the development of a fish, based index (FBI) for French lakes. Ecology of Freshwater Fish 20 (1), 120 −132.

Lavesque, N., Blancher, H., de, X., 2009. Montaudouin, Development of a multim-etric approach to assess perturbation of benthic macrofauna in Zostera noltii beds. Jour-nal of Experimental Marine Biology and Ecology 368 (2), 101 −112.

Lavoie, I., Campeau, S., 2010. Fishing for diatoms: fish gut analysis reveals water quality changes over a 75-year period. Journal of Paleolimnology 43 (1), 121 −130.

Lehman, J. T., Caceres, C. E., 1993. Food-web responses to species invasion by a predatory invertebrate: Bythotrephes in Lake Michigan. Journal of Great Lakes Re-search 38, 879 −891.

Lenhardt, M., Markovic, G., Gacic, Z., 2009. Decline in the index of biotic integrity of the fish assemblage as a response to reservoir aging. Water Resour Manage 23, 1713 −1723.

Leunda, P. M., Oscoz J, Miranda R, et al., 2009. Longitudinal and seasonal variation of the benthic macroinvertebrate community and biotic indices in an undisturbed Pyrene-an river. Ecological Indicators 9 (1), 52 −63.

Lewis, P. A., Klemm, D. J., Thoeny, W. T., 2001. Perspectives on use of a multime-tric lake bioassessment integrity index using benthic macroinvertebrates. Northeastern Naturalist 8, 233 −246.

Li, F., Cai, Q., Ye, L., 2010. Developing a benthic index of biological integrity and some relationships to environmental factors in the subtropical xiangxi river, China. In-ternational Review of Hydrobiology 95 (2), 171 −189.

Lillie, R. A., Garrison, P., Dodson, S. I., Bautz, R. A., Laliberte, G., 2002. Re-finement and expansion of wetland biological indices for Wisconsin. Final Report to the

U. S. Environmental Protection Agency Region V Grant No. CD975115. Wisconsin Department of Natural Resources, Madison, WI.

Liu, Y., Zhou, F., Guo, H., Yu Y., Zou Y., 2008. Biotic condition assessment and the implication for lake fish conservation: a case study of Lake Qionghai, China. Water and Environment Journal 23(3): 189 −199.

Liansó, R. J., Dauer, D. M., Vølstad, J. H., 2009. Assessing ecological integrity for impaired waters decisions in Chesapeake Bay. USA. Marine Pollution Bulletin 59, 48 −53.

Lopez, R. D., Fennessy, M. S., 2002. Testing the floristic quality assessment index as an indicator of wetland condition. Ecological Applications 12, 487 −497.

Lougheed, V. L., Chow-Fraser, P., 2002. Development and use of a zooplankton index of wetland quality in the Laurentian Great Lakes basin. Ecological Applications 12, 474 −486.

Lougheed, V. L., Parker, C. A., Stevenson, R. J., 2007. Using non-linear responses of multiple taxonomic groups to establish criteria indicative of wetland biological condition. Wetlands 27 (1), 96 −109.

Lussier, S. M., da Silva, S. N., Charpentier, M., Heltshe, J. F., Cormier, S. M., Klemm, D. J., Chintala, M., Jayaraman, S., 2008. The influence of suburban land use on habitat and biotic integrity of coastal Rhode Island streams. Environmental Monitoring and Assessment 139 (1/2/3), 119 −136.

Lyons, J., Gutierrez-Hernandez, A., Diaz-Pardo, E., Soto-Galera, E., Medina-Nava, M., Pineda-Lopez, R., 2000. Development of a preliminary index of biotic integrity (IBI) based on fish assemblages to assess ecosystem condition in the lakes of central Mexico. Hydrobiologia 418, 57 −72.

Lyons, J., Piette, R. R., Niermeyer, K. W., 2001. Development, validation and application of a fish-based index of biotic integrity for Wisconsin_s large warmwater rivers. Transactions of the American Fisheries Society 130, 1077 −1094.

MacArther, R. H., Wilson, E. O., 1967. The Theory of Island Biogeography. Princeton University Press, NJ.

Mack, J., 2007. Developing a wetland IBI with statewide application after multiple testing iterations. Ecological Indicators 7, 864 −881.

Mack, J. J., 2001b. Vegetation Indices of Biotic Integrity (VIBI) for Wetlands: Ecoregional, Hydrogeomorphic, and Plant Community Comparison with Preliminary Wetland Aquatic Life Use designations. Final Report U. S. EPA Grant No. CD985875, Ohio EPA, Division of Surface Water. Wetland Ecology Group, vol. 1. Columbus, Ohio. http://www. epa. state. oh. us/dsw/wetlands/etlandEcologySection_ reports. html.

Mack, J. J., 2004b. Integrated Wetland Assessment Program. Part 4: Vegetation Index of Biotic Integrity (VIBI) for Ohio Wetlands. Ohio EPA Technical Report WET/ 2004 -4. Ohio EPA, Division of Surface Water. Wetland Ecology Group, Columbus, Ohio. http://www. epa. state. oh. us/ dsw/wetlands/WetlandEcology Section_ reports. html.

Mack, J. J., Micacchion, M., Augusta, L. D., Sablak, G. R., 2000. Vegetation indices of biotic integrity (VIBI) for wetlands and calibration of the Ohio rapid assessment method for wetlands v. 5. 0. Final Report to U. S. EPA Grant No. CD985276. Ohio Environmental Protection Agency, Division of Surface Water. Wetland Ecology Group, Columbus, Ohio. http://www. epa. state. oh. us/dsw/ wetlands/WetlandEcologySection_reports. html.

Magalhaes, M. F., Ramalho, C. E., Collares-Pereira, M. J., 2008. Assessing biotic integrity in a Mediterranean watershed: development and evaluation of a fish-based index. Fisheries Management and Ecology 15, 273 -289.

Maloney, K. O., Feminella, J. W., Mitchell, R. M., Miller, S. A., Mulholland, P. J., Houser, J. N., 2008. Landuse legacies and small streams: identifying relationships between historical land use and contemporary stream conditions. Journal of the North American Benthological Society 27, 280 -294.

Manly, B. F. J., 2007. Randomization, Bootstrap and Monte Carlo Methods in Biology, third ed. Chapman & Hall/ CRC, Boca Raton, FL.

Manolakos, D., Mohamed, E. Sh. , Karagiannis, I., Papadakis, G., 2008. Technical and economic comparison between PV-RO system and RO-Solar Rankine system. Case study: Thirasia island. Desalination 221(1/2/3) 37 -46.

Marce, M. N., Fornells, N. R, 2010. Effects of droughts and floods on the biotic index in the Llobregat river. Efectos de la sequía y las crecidas en los indices biológicos en el río Llobregat 30(320), 46 -55.

Matzen, D. A., Berge, H. B., 2008. Assessing small-stream biotic integrity using fish assemblages across an urban landscape in the Puget Sound Lowlands of western Washington. Transactions of the American Fisheries Society 137, 677 -689.

McCormick, F. H., Hughes, R. M., Kaufmann, P. R., Peck, D. V., Stoddard, J. L., Herlihy, A. T., 2001. Development of an index of biotic integrity for the Mid-Atlantic Highlands region. Transactions of the American Fisheries Society 130, 857 -877.

Merten, E. C., Hemstad, N. A., et al., 2010. Relations between fish abundances, summer temperatures, and forest harvest in a northern Minnesota stream system from 1997 to 2007. Ecology of Freshwater Fish 19 (1), 63 -73.

Miller, D. L., Leonard, P. M., Hughes, R. M., Karr, J. R., Moyle, R. B., Schrader, L. H., Thompson, B. A., Daniels, R. A., Fausch, K. D., Fitshugh, G. A.,

Gammon, J. R., Haliwell, D. B., Angermeier, RL., Orth, D. J., 1988. Regional applications of an index of biotic integrity for use in water resource management. Fisheries 13, 12 −20.

Mills, E. L., Schiavone Jr. , A., 1982. Evaluation of fish communities through assessment of zooplankt on populations and measures of lake productivity. North American Journal of Fisheries Management 2, 114 −27.

Mills, E. L., Green, D. M., Schiavone Jr. , A., 1987. Use of zooplankton size to assess the community structure of fish populations in freshwater lakes. North American Journal of Fisheries Management 7, 369 −378.

Miller, S. J., Wardrop, D. H., Mahaney, W. M., Brooks, R. P., 2004. Plant-based indices of Biological Integrity (IBIs) for Wetlands in Pennsylvania Monitoring and assessing Pennsylvania wetlands. In: Brooks, R. R (Ed.), Final report for Cooperative Agreement No. X-827157 submitted to U. S. Environmental Protection Agency, Office of Wetlands, Oceans and Watersheds. Pennsylvania State University, Cooperative Wetlands Center, Stateline, PA.

Miller, S. J., Wardrop, D. H., Mahaney, W. M., Brooks, R. R., 2006. A plant-based index of biological integrity (IBI) for headwater wetlands in central Pennsylvania. Ecological indicators 6, 290 −312.

Minns, C. K., 1989. Factors affecting fish. species richness in Ontario lakes. Fransactlo of the American fisheries society 118, 533 −545.

Minns, C. K., Cairns, V. W., Randall, R. G., Moore, J. E., 1994. An index of biotic integrity (IBI) for fish assemblages in the littoral zone of Great Lakes areas of concern. Canadian Journal of Fisheries and Aquatic Sciences 51, 1804 −1822.

Miranda, L. E., Hunt, K. M., 2010. An index of reservoir habitat impairment. Environmental Monitoring and Assessment.

Miranda, L. E., Hunt, K. M., 2011. An index of reservoir habitat impairment. Environmental Monitoring and Assessment 172 (1/2/3/4), 225 −234.

MPCA, 2007. Guidance manual for assessing the quality of minnesota surface waters for the determination of impairment: 305(b) report and 303(d) list. Minnesota Pollution Control Agency, Environmental Outcomes Division, St. Paul, MN, St. Paul, Minnesota.

Muxika, I., Borja, A., Bonne, W., 2005. The suitability of the marine biotic index (AMBI) to new impact sources along European coasts. Ecological Indicators 5(1), 19 −31.

Nichols, S., 1999. Floristic quality assessment of Wisconsin lake plant communities with example applications. Lake Reservoir Manage 15, 133 −141.

Nichols, S., Weber, S., Shaw, B., 2000. A proposed aquatic plant community biotic index for Wisconsin lakes. Environmental Management 26, 491 −502.

Niemela, S., Feist, M., 2002. Index of Biotic Integrity(IBI) Guidance for Coolwater Rivers and Streams of the Upper Mississippi River Basin in Minnesota. Minnesota Pollution Control Agency, Biological Monitoring Program, St. Paul, MN.

Niemela, S., Feist, M., 2000. Index of Biotic Integrity(IBI) Guidance for Coolwater Rivers and Streams of the St. Croix River Basin in Minnesota. Minnesota Pollution Control Agency, Biological Monitoring Program, St. Paul, MN.

NRC (National Research Council), 2000. Ecological Indicators for the Nation. National Academy Press, Washington D. C., 180.

Nygaard, G., 1949. Hydrobiological studles in some lakes and ponds. Part Ⅱ. The quotient hypothesis and some new or little known phytoplankton organisms. Kongelige Danske Videnskabernes Selskab, Biologiske Skrifter 7, 1 −293.

Oberdorff, T., Porcher, J. P., 1994. An index of biotic integrity to assess biological impacts of salmonid farm effluents on receiving waters. Aquaculture 119, 219 −235.

O'Connor, R. J., Walls, T. E., Hughes, R. M., 2000. Using multiple taxonomic groups to index the ecological condition of lakes. Environmental Monitoring and Assessment 61, 207 −228.

Ohio, E. R. A., 1987. Biological criteria for the protection of aquatic life, surface water section. Ohio EPA, Columbus, OH.

Oliveira, J. M., Ferreira, M. T., 2000. Desenvolvimento de um índice de itegridade biotica para a avaliacao da qualidade ambiental de rios ciprinícolas. Revista de Ciências Agrárias 25, 198 −210.

Omernik, J. M., 1987. Ecoregions of the conterminous United States. Annals of the Association of American Geographers 77, 118 −125.

Pathiratne, A., Weerasundara, A., 2004. Bioassessment of selected inland water bodies in Sri Lanka using benthic oligochaetes with consideration of temporal variations. International Review of Hydrobiology 89, 305 −316.

Paul, J. E., Scott, K. J., Campbell, D. E., Gentile, J. H., Strobel, C. S., Valente, R. M., Weisberg, S. B., Holland, A. F., Ranasinghe, J. A., 2001. Developing and applying a benthic index of estuarine condition for the Virginian biogeographic province. Ecological Indicators 1, 83 −99.

Pearson, T. H., Rosenberg, R., 1978. Macrobenthic succession in relation to organic enrichment and pollution of the marine environment. Oceanography and Marine Biology: An Annual Review 16, 229 −311.

Pei, X., Niu, C., et al., 2010. The ecological health assessment of Liao River Basin, China, based on biotic integrity index of fish. Shengtai Xuebao/Acta Ecologica Sinica 30 (21), 5736 −5746.

Plafkin, J. L., Barbour, M. T., Porter, K. D., Gross, S. K., Hughes, R. M., 1989. Rapid bioassessment protocols for use in streams and rivers: Benthic macroinvertebrates and fish. U. S. Environmental Protection Agency, Wash DC, EPA/444/4-89-001.

Pollack, J. B., Kinsey, J. W., Montagna, P. A., 2009. Freshwater inflow biotic index (FIBI) for the Lavaca-Colorado Estuary, Texas. Environmental Bioindicators 4 (2), 153 −169.

Prato, S., Morgana, J. G., Valle, P. L., Finoia, M. G., Lattanzi, L., Nicoletti, L., Ardizzone, G. D., Izzo, G., 2009. Application of biotic and taxonomic distinctness indices in assessing the Ecological Quality Status of two coastal lakes: Caprolace and Fogliano lakes (Central Italy). Ecological Indicators 9, 568 −583.

Quintino, V., Elliott, M., Rodrigues, A. M., 2006. The derivation, performance and role of univariate and multivariate indicators of benthic change: case studies at differing spatial scales. Journal of Experimental Marine Biology and Ecology 330, 368 −382.

Raburu, P. O., Masese, F. O., Mulanda, C. A., 2009. Macro-invertebrate Index of Biotic Integrity (M-IBI) for monitoring rivers in the upper catchment of Lake Victoria Basin. Kenya Aquatic Ecosystem Health and Management 12 (2), 197 −205.

Ramm, A. E. L., 1988. The community degradation index: a new method for assessing the deterioration of aquatic habitats. Water Research 22, 293 −301.

Ranasinghe, J. A., et al., 2009. Calibration and evaluation of five indicators of benthic community condition in two California bay and estuary habitats. Marine Pollution Bulletin 59 (1/2/3), 5 −13.

Rawson, D. S., 1956. Algal indicators of trophic lake types. Limnology and Oceanography 1, 18 −25.

Rehn, A. C., 2009. Benthic macroinvertebrates as indicators of biological condition below hydropower dams on west slope Sierra Nevada streams, California. USA. River Research and Applications 25 (2), 208 −228.

Reynoldson, T. B., Norris, R. H., Resh, V. H., Day, K. E., Rosenberg, D. M., 1997. The reference condition: a comparison of multimetric and multivariate approaches to assess water quality impairment using benthic macro-invertebrates. Journal of the North American Benthological Society 16, 833 −852.

Rosenberg, R., Blomqvist, M., Nilsson, H. C., Cederwall, H., Dimming, A., 2004. Marine quality assessment by use of benthic species-abundance distributions: a proposed new protocol within the European Union Water Framework Directive. Marine Pollution Bulletin 49, 728 −739.

Roset, N., Grenouillet, G., Goffaux, D., Pont, D., Kestemont, P., 2007. A review of existing fish assemblage indicators and methodologies. Fisheries Management and Ecology 14, 393 −405.

Rothrock, P. E., Simon, T. P., Stewart, P. M., 2008. Development, calibration, and validation of a littoral zone plant index of biotic integrity (PIBI) for lacustrine wetlands. Ecological Indicators 8(1), 79 −88.

Rufer, M. M., 2006. Chironomidae emergence as an indicator of trophic state in urban Minnesota lakes. University of Minnesota, St. Paul, Minn.

Rygg, B., 2006. Developing indices for quality-status classification of marine softbottom fauna in Norway. NIVA report 5208—2006. p. 33.

Schindler, D. W., 1990. Experimental perturbations of whole lakes as tests of hypotheses concerning ecosystem structure and function. Oikos 57, 25 −41.

Schmitter-Soto, J. J., Ruiz-Cauich, L. E., Herrera, R. L., González-Solís, D., 2011. An index of biotic integrity for shallow streams of the Hondo River basin, Yucatan Peninsula. Science of the Total Environment 409 (4), 844 −852.

Shannon, C. E., Weaver, W., 1949. The Mathematical Theory of Communication. The University of Illinois Press, Urbana IL.

Shannon, C. E., Weaver, W., 1963. The Mathematical Theory of Communication. University of Illinois Press, Urbana, p. 117.

Siegfried, C. A., Sutherland, J. W., 1992. Zooplankton communities of Adirondack Lakes-Changes in community structure associated with acidification. Journal of Fresh Water Ecology 7, 97 −112.

Simon, T. P. (Ed.), 1999. Assessing the Sustainability and Biological Integrity of Water Resources Using Fish Communities. CRC Press, Boca Raton, FL.

Simon, T. P., Lyons, J., 1995. Application of the index of biotic integrity to evaluate water resource integrity in freshwater ecosystems. In: Davis, W. S., Simon, T. P. (Eds.), Biological Assessment and Criteria: Tools for Water Resource Planning and Decision. Lewis Publishers, Boca Raton, pp. 245 −262.

Simon, T. P., Stewart, P. M., Rothrock, P. E., 2001. Development of multimetric indices of biotic integrity for riverine and palustrine wetland plant communities along Southern Lake Michigan. Aquatic Ecosystem Health & Management 4, 293 −309.

Smith, R. W., Bergen, M., Weisberg, S. B., Cadien, D. B., Dalkey, A., Montagne, D. E., Stull, J. K., Velarde, R. G., 2001. Benthic response index for assessing infaunal communities on the southern California mainland shelf. Ecological Applications 11, 1073 −1087.

Smith, R. W., Ranasinghe, J. A., Weisberg, S. B., Montagne, D. E., Cadien, D. B., Mikel, T. K., Velarde, R. G., Dalkey, A., 2003. Extending the southern California Benthic Response Index to assess benthic condition in bays Southern California Coastal Water Research Project. Technical Report 410, Westminster, CA.

Smucker, N. J., Vis, M. L., 2009. Use of diatoms to assess agricultural and coal mining impacts on streams and a multiassemblage case study. Journal of the North American Benthological Society 28 (3), 659 −675.

Southerland, M. T., Vølstad, J. H., Weber, E. D., Klauda, R. J., Poukish, C. A., Rowe, M. C., 2009. Application of the probability-based Maryland Biological Stream Survey to the state's assessment of water quality standards. Environmental Monitoring and Assessment 150 (1/2/3/4), 65 −73.

Steedman, R. J., 1988. Modification and assessment of an index of biotic integrity to quantify stream quality in Southern Ontario. Canadian Journal of Fisheries and Aquatic Sciences 45, 492 −500.

Stevens, C. E., Counci, T, et al., 2010. Influences of human stressors on fish-based metrics for assessing river condition in Central Alberta. Water Quality Research Journal of Canada 45 (1), 35 −46.

Stevenson, R. J., McCormick, P. V, Frydenborg, R., 2002b. Methods for Evaluating Wetland Condition: Using Algae To Assess nvlronmental Conditions in Wetlands. U. S. Environmental Protection Agency, Office of Water, Washington, DC, USA. EPA-822-R-02 −021.

Stewart-Oaten, A., 2008. Chance and randomness in design versus model-based approaches to impact assessment: comments on Bulleri et al. (2007). Environmental Conservation 35 (1), 8 −10.

Stoddard, J. L., Peck, D. V., Paulsen, S. G., Van Sickle, J., Hawkins, C. P., Herlihy, A. T., Hughes, R. M., Kaufmann, P. R., Larsen, D. P., Lomnicky, G., Olsen, A. R., Peterson, S. A., Ringold, P. L., Whittier, T. R., 2005. An ecological assessment of western streams and rivers. EPA 620/R-05/005. Office of Research and Development. US Environmental Protection Agency, Washington, DC.

Stoddard, J. L., Herlihy, A. T., Peck, D. V., Hughes, R. M., Whittier, T. R, Tarquinio, E., 2008. A process for creating multimetric indices for large-scale aquatic surveys. Journal of the North American Benthological Society 27 (4), 878 −891.

Stribling, J. B., Jessup, B. K., Feldman, D. L., 2008. Precision of benthic macroinvertebrate indicators of stream condition in Montana. Journal of the North American Benthological Society 27, 58 −67.

Suren, A., Kilroy, C., Lambert, P., Wech, J., Sorrell, B., 2011. Are landscape-based wetland condition indices reflected by invertebrate and diatom communities? Wetlands Ecology and Management 19(1), 73 −88.

Suter Ⅱ, G. W., 1993. A critique of ecosystem, health concepts and indexes. Environmental Toxicology and Chemistry 12, 1533 −1539.

Tang, T., Cai., Q. H., Liu, J. K., 2006. Using epilithic diatom communities to assess ecological condition of Xiangxi River system. Environmental Monitoring and Assessment 112, 347 −361.

Tangen, B. A.; Butler, M. G., Michael, J. E., 2003, Weak correspondence between macroinvertebrate assemmblages and land use in Prairie Pothole Region wetlands, USA. Wetlands 23, 104, 115.

Tataranni, M., Lardicci, C., 2010. Performance of some biotic indices in the real variable world: a case study at different spatial scales in North-Western Mediterranean Sea. Environmental Pollution 158 (1), 26 −34.

Thoma, R. F., 1999. Biological monitoring and an index of biotic integrity for Lake Erie's nearshore wters. In: Simon, T. P. (Ed.), Assessing the Sustainability and Biological Integrity of Water Resources Using Fish Communities. CRC Press, Boca Raton, Fla, pp. 417 −4611.

Thompson, B., Lowe, S., 2004. Assessment of macrobenthos response to sediment contamination in the San Francisco Estuary, California. USA. Environmental Toxicology and Chemistry 23, 2178 −2187.

Thompson, B. A., Fitzhugh, G. R., 1986. A Use Attainability Study: An Evaluation of Fish and. Macroinvertebrate Assemblages of the Lower Calcasieu River, Louisiana. LSU-CFI-29. Center for Wetland Resources. Coastal Fisheries Institute, Louisiana State University, Baton Rouge, La.

Trigal, C., Gareia-Criado, E., Fernandez-Alaez, C., 2006. Among-habitat and temporal variability of selected macroinvertebrate based metrics in a Mediterranean shallow lake (NW span). Hydrobiologia 563, 371 −384.

Uitto, A., Gorokhova, E., Valipakka, P., 1999. Distribution of the non-indigenous Cercopagis pengoi in the coastal waters of the eastern Gulf of Finland. ICES Journal of Marine Science 56 (Suppl.), 49 −57.

USEPA, 1998. Lake and Reservoir Bioassessment and Biocriteria. Technical Guidance Document. EPA 841-B-98 −007. Office of Water, U. S. Environmental Protection Agency, Washington, DC.

USEPA, 1999. Rapid Bioassessment Protocols for Use in Wadeable Streams and Rivers. Periphyton, Benthic Macroinvertebrates and Fish. EPA 841-B-99 −002. , second ed. Office of Water, U. S. Environmental Protection Agency, Washington, DC.

van Dam, H., Mertenes, A., Sinkeldam, J., 1994. A coded checklist and ecological indicator values of freshwater diatoms from the Netherlands. Netherlands Journal of Aquatic Ecology 28, 117 −133.

van Sickle, J., Huff, D. D., Hawkins, C. P., 2006. Selecting discriminant function models for predicting the expected richness of aquatic macroinvertebrates. Freshwater Biology 51, 359 −372.

Wan, H., Chizinski, C. J., Dolph, C. L., Vondracek, B., Wilson, B. N., 2010.

The impact of rare taxa on a fish index of biotic integrity. Ecological Indicators 10 (4), 781 −788.

Warwick, R. M., Clarke, K. R., 1994. Relating the ABC: taxonomic changes and abundance/biomass relationship in disturbed benthic communities. Marine Biology 118, 739 −744.

Weaver, M. J., Magnuson, J. J., Clayton, M. K., 1993. Analyses for differentiating littoral fish assemblages with catch data from multiple sampling gears. Transaction of the American Fisheries Society 122, 1111 −1119.

Weigel, B. M., 2003. Development of stream macro-invertebrate models that predict watershed and local stressors in Wisconsin. Journal of the North American Benthological Society 22, 123 −142.

Weisberg, S. B., Ranasinghe, J. A., Dauer, D. M., Schaffner, L. C., Diaz, R. J., Frithsen, J. B., 1997. An estuarine benthic index of biotic integrity (B-IBI) for Chesapeake Bay. Estuaries 20 (1), 149 −158.

Weisberg, S. B., Thompson, B., Ranasinghe, J. A., Montagne, D. E., Cadien, D. B., Dauer, D. M., Diener, D., Oliver, J., Reish, D. J., Velarde, R. G., Word, J. Q., 2008. The level of agreement among experts applying best professional judgment to assess the condition of benthic infaunal communities. Ecology Indicators 8, 389 − 394.

Whitman, R. L., Nevers, M. B., Goodrich, M. L., Murphy, E. C., Davis, B. M., 2004. Characterization of Lake Michigan coastal lakes using zooplankton assemblages. Ecology Indicators 4, 277 −286.

Whittier, T. R., 1999. Development of IBI metrics for lakes in southern New England. In: Simon, T. P. (Ed.), Assessing the Sustainability and Biological Integrity of Water Resources Using Fish Communities. CRC Press, Boca Raton, Florida, pp. 563 − 582.

Whittier, T. R., Hughes, R. M., Stoddard, J. L., Lomnicky, G. A., Peck, D. V., Herlihy, A. T., 2007. A structured approach for developing indices of biotic integrity: three examples from streams and rivers in the western USA. Transactions of the American Fisheries Society 136, 718 −735.

Wilcox, D. A., Meeker, J. E., Hudson, P. L., Armiiage, B. J., Black, M. G., Uzarski, D. G., 2002. Hydrologic variability and the application of index of biotic integrity metrics to wetlands: a Great Lakes evaluation. Wetlands 22, 588 −615.

Williams, M., Longstaff, B., Buchanan, C., Llans6, R., Dennison, W., 2009. Development and evaluation of a spatially-explicit index of Chesapeake Bay health. Marine Pollution Bulletin 59, 14 −25.

Winemiller, K. O., Leslie, M. A., 1992. Fish assemblages across a complex tropical freshwater/marine ecotone. Environmental Biology of Fishes 34, 29 −50.

Wright, J. F., Furse, M. T., Armitage, P. D., 1993. RIVPACS: a technique for evaluating the biological water quality of rivers in the UK. European Water Pollution Control 3, 15 −25.

Wu, J. T., 1999. A generic index of diatom assemblages as bioindicator of pollution in the Keelung River of Taiwan. Hydrobiologia 397, 79 −87.

Wu, N., Tang, T., Zhou, S., Jia, X., Li, D., Liu, R., Cai, Q., 2009. Changes in benthic algal communities following construction of a run-of-river dam. Journal of the North American Benthological Society 28, 69 −79.

Xu, F. -L., Dawson, R. W., Tao, S., Cao, J., Li, B. -G., 2001. A method for lake ecosystem health assessment: an Ecological Modeling Method (EMM) and its application. Hydrobiologia 443, 159 −175.

Zalack, J. T., Smucker, N. J., Vis, M. L., 2010. Development of a diatom index of biotic integrity for acid mine drainage impacted streams. Ecological Indicators 10 (2), 287 −295.

15 多变量的水质生物评价

15.1 简介

水质多变量生物评估使用统计工具建立"理想"或高质量参考点的动物群与环境特征之间的关系。在没有污染（或其他类型的压力）的情况下，这些关系用于预测试验地点的动物群。将试验现场观察到的动物群与预期的动物群进行比较，得出生态质量评估。

多元分析方法不局限于聚类分析、排序技术和判别分析，这些方法可以建立两个或更多变量间的统计关系。通常使用复杂算法，以样本的相似性进行相应分组。

多变量方法利用的是逻辑演绎算法，假设生物群落在干扰梯度下做出响应。第14章中 IBI 采用了更具归纳性的方法，这种方法依赖于后验假设。

多变量方法已经标准化，在国际上被广泛使用。这些方法多应用于激流栖息地，很大程度上仅限于大型底栖无脊椎动物群落。第一种方法，也是迄今为止使用最广泛的多变量方法，是英国使用判别函数开发的河流无脊椎动物预测和分类系统（RIVPACS）（Wright et al.，1984）。近年来，RIVPACS 模型已应用于其他分类群，例如硅藻（Cao et al.，2007）和鱼类（Joy & Death，2002；Dolph et al.，2011），主要适用于静水栖息地（Davis et al.，2006）。但这样的报道相对较少。

15.2 RIVPACS

河流无脊椎动物预测和分类系统（RIVPACS）最初为英国河流开发。1990 年以来，英国英格兰、威尔士、苏格兰和北爱尔兰的政府机构采用了 RIVPACS 方法及其相关的软件系统，作为评估河流生态质量的主要工具（Clarke et al.，2003）。RIVPACS 的几个方面已纳入《水框架指令》（WFD）规定方法，用于评估欧洲其他国家的生态质量和状态（Davy-Bowker et al.，2006；Feio et al.，2009）。

15.2.1 基本方法

RIVPACS 参考点经仔细选择，确保涵盖具有较高生态和化学质量，代表特定河流类型的最佳河段。这些参考点还能够涵盖流域内流动水的各种河流物理形态。参考点最初仅依据大型无脊椎动物组成分类，然后进行判别分析，以获得生物代表分类和标准参考点环境变量间的最佳拟合方程。使用与调查点相同的标准化采样方法，采集试验点大型无脊椎动物样本。假设试验场也处于非压力状态，测量试验场相同的环境变量，参考判别方程，预测试验场地预计的大型无脊椎动物区系。将观察到的动物群落与预期动物群落进行比较，得出该河段的生态质量指数。

该方法涉及的主要步骤如下。

15.2.2 步骤1：参考点选择

RIVPACS 初始选址于 1978 年年初，如 Clarke 等人（2003）所述，选择范围从中型到大型溪流和河流，但不包括小型溪流。从化学、物理和生物属性方面，100 个河流系统被确定为高质量。对每个河流系统选定的化学和物理数据进行整理，确定了41 个子集，涵盖所选河流的各种条件范围。RIVPACS I、RIVPACS II、RIVPAC III的后续选址分别在 1981—1984 年、1984—1988 年、1991—1995 年和 1995—2003 年。

由于早期选择的一些参考点存在诸多不足，后续的调查予以舍弃，项目中每个阶段参考点的选择都是一个反复的过程。

RIVPACS 的参考站点应是"干净""无污染""未受压力""顶级质量"的，被视为最高质量级别的分级系统，代表了每种群落的最佳可用地点，提供了"目标"动物群的现实栖息地（Clarke et al., 2003）。

15.2.3 步骤2：大型无脊椎动物采样

RIVPACS 参考点和评估点的大型无脊椎动物样本采集基于标准化 3 min 动态采样，栖息地底栖生物和大型植物按照在现场出现的比例进行采样（Murray-Bligh et al., 1997；Clark et al., 2003）。参考点，在下述三个季节中的每一个季节采集一个样本：春季（三月至五月）、夏季（六月至八月）和秋季（九月至十一月）。

15.2.4 步骤3：参考点生物组分类

RIVPACS 的早期版本中，参考点的聚类基于 TWINSPAN 等级划分法（双向指示物种分析；Hill，1979）。后续版本的 RIVPACS，研究了几种替代的多元聚类方法，能够准确预测参考点生物指数的分类方法，最好的还是 TWINSPAN 分类（Moss，2000；Clarke et al., 2003）。对于 TWINSPAN 分类，RIVPACS III 有新发展，使用了物种存在与否的数据，并对物种科丰度进行对数转化，这有助于提高物种存在与否对一致性的分类，同时也考虑到一些生物指数中使用了科的丰富性（Wright，2000）。

北爱尔兰开发了一个单独的分类和预测系统，因为它的动物群物种丰富程度低于英国（Wright et al., 2000）。在欧洲其他地区应用时，需要衡量单个预测模型能够有效、准确地应用于各生物地理区域。

15.2.5 步骤4：预测预期动物群

以前由生物属性定义的参考点分类组，使用多元判别分析（MDA）的多元统计技术（也称为典型变量分析）将生物与环境特征联系起来（Krzanowski，1988）。

开发 RIVPACS 时，要选择一组合适的环境预测变量，这些变量可以在任何类型的河段以标准化的方式进行测量(Clarke et al., 2003)。表 15.1 给出了当前版本 RIV-PACS 中涉及的预测变量,选择于更大的集合(Moss et al., 1987),以便对生物组进行最佳区分。选择时还考虑了新地点获取或测量每个变量的容易程度和成本。

大多数 MDA 应用中(Krzanowski, 1988),新样本(或地点)会被简单分配给概率最高的组。RIVPACS 中,采用了基于以下观点的不同方法,即英国河流下游和整个河流无脊椎动物群落结构的变化被视为连续体,采样点不属于完全不同的自然生态类型。预测一个地点的动物群时,参考地点的生物分类被视为中间阶段。新的测试点不是简单地根据环境属性分配给最可能的组,而是使用预测的概率将其分配给 35 个分类组中的每一个。RIVPACS 中,测试站点在 35 个分类组中的一到五个分类组的概率大于 1%。这种选址概率分配选择了聚类参考选址方法。这种使用 MDA 的方法自动评估了新场地是否在参考环境范围内(Clarke et al., 2003)。

表 15.1 RIVPACS 预测中使用的环境变量 (Clarke et al., 2003)

时间不变量	
地图位置(国家参考标准)	→纬度、经度→平均气温、气温范围
海拔/m	—
距离源头距离/km	—
坡度/(m·km^{-1})	—
下泄类型(1-10)	—
长期历史平均数(1:≤ 0.31,2:0.31~0.62,3: 0.62~1.25,…,9:40~80,10: 80~160 m^3·s^{-1})	—
现场取样时的估计值(三个季节的平均值)	
溪流宽度/m	—
溪流深度/m	—
基底成分	→颗粒直径
%黏土/粉土、砂、砾石/卵石、鹅卵石/巨砾覆盖层	—
水化特征:碱度(mg·L^{-1} CaCO$_3$)	—

注:"→"表示派生变量。

预期估计的动物群:如果试验点不受压力,分类单元 i 出现在 j 组 n_{ij} 参考位点的 r_{ij},那么试验点特定分类单元 i(物种或科)的预期概率 P_i 是根据分类单元 j 的每个 i 组参考点比例 $\{q_{ij} = /r_{ij}/n_{ij}\}$ 估计的,加权测试点的每个组概率 $\{G_j\}$,即:

$$P_i = \sum_{j=1}^c G_i q_{ij} \tag{15.1}$$

由于样本取自每个参考点的春季、夏季和秋季,可以对单季样本、任何两季或三季组合样本进行分类单元出现概率的预测，预测也可以针对具体地点和季节。

15.2.6　步骤 5：观察和预期动物群指数比较

存在无数据的情况，如果存在分类单元 i，$Z_i = 1$，观察样本以对数形式进行统计（$\log L$），如果不存在，$Z_i = 0$，不同情况下的概率期待值 $\{P_i\}$ 取决于方程（15.1）（Clarke et al.，2003）：

$$\log L = \sum_i \left[Z_i \log(P_i) + (1 - Z_i) \log(1 - P_i) \right] \tag{15.2}$$

给定期望值 $\{P_i\}$，任何特定样本的 $\log L$ 分布状况都可以通过蒙特卡罗模拟获得。如果随机均匀（0 −1）偏离 R_i 小于 P_i，将视为每个分类单元 i 存在，模拟生成样本。如果模拟值的对数和观察值的对数比值 Q_1 较小，比如 Q_1 值小于 0.05 或 0.01，表明观察到的动物群与预期的动物群之间缺乏一致性。

Clarke 等人（1996 年）提出指数 Q_1，使用公式（15.2）进行试验有个问题，如果预期概率 $P_i = 0$ 出现了任何分类单元，或者 $P_i = 1$ 没有出现任何预期分类单元，不论动物群观察值与预期值之间的一致程度如何，那么可能性 L 为零，$Q_1 = 0$（可能的最低值）。以上问题可以通过经验逻辑变换来获取公式（15.1）预估的比例 q_{ij}：

$$q_{ij} = \exp \frac{(z)}{[1 + \exp(z)]} \tag{15.3}$$

其中，

$$z = \log \frac{(r_{ij} + 0.5)}{(n_{ij} - r_{ij} + 0.5)}$$

这使得有限数量的参考点类评估方程（15.1）中的 $\{P_{ij}\}$ 成为可能。

15.3　RIVPACS 的变化

15.3.1　概述

20 世纪 90 年代（Norris & Norris，1995；Davies，2000；Turak & Koop，2003；Growns et al.，2006；Halse et al.，2007），RIVPACS 在澳大利亚形成了河流评估系统（AUSRIVAS），并运用于国家河流健康评价计划。每个州和地区被视为单独的生物地理区域，并为每个地区选择分开的参考点分类与预测（Smith et al.，1999）。澳大利亚的所有预测系统基于未加权算术平均（UPGMA），基于站点的聚类分组使用 Braye-Curtis 成对相似性（Simpson & Norris，2000）。接下来是 RIVPACS 中 MDA 和试验场地的概率分配。

BEAST（海底沉积物评估）被称为 RIVPACS 的变体，用于北美五大湖沉积物的质量评估（Reynoldson et al.，1995）和哥伦比亚弗雷泽河流域（Rosenberg et al.，2000）。RIVPACS 和 BEAST 的重要区别在于，后者的测试地点仅分配给最可能的站点组（即概率最高的组，G_j）。

在最可能的站点组，和参考站点的比较最好运用 Braye-Curtis 成对相似排序，该技术使用了半强混合多维标度（Belbin，1991）。测试场地的损害水平根据其排序位置与所选参考点差距的概率置信进行估计。

RIVPACS 及其变体基本上是经验性和描述性的，主要用于标准化协议评估和监测河流生态质量，能够广泛进行现场比较。但这些系统不能作为动态模型预测环境变化的影响（Clarke et al.，2003）。应根据参考地点和受损地点的化学、土地使用和生境变量数据进一步开发补充模型，来代表可能受到影响的河流范围（Clarke et al.，2003）。

瑞典、捷克和北欧地区开发了其他基于 RIVPACS 及与之类似的预测多元模型。北美（van Sickle et al.，2005；Hargett et al.，2007；Dolph et al.，2011；Kosnicki & Sites，2011）和新西兰（Joy & Death，2002，2003）也使用了 RIVPACS 模型。经过不懈的探索性努力，Hart 和 Sudaryanti 等人（2001）证实在印度尼西亚河流中这些模型也是"高度适用"的，但发展中国家使用 RIVPACS 的报告相对较少。

15.3.2 ANNA

Linke 等人（2005）认为，RIVPACS/AUSRIVAS 的分类步骤中参考点基于环境特征分组，这些站点是人为的，可能存在问题。其中，通过无脊椎动物的相似性对地点进行分类或分组，假定条件是大型无脊椎动物群落以离散群体出现，然而物种组合通常是不断变化的。

RIVPACS 分类步骤的七种聚类方法之间在组的大小和预测结果上存在显著差异（Moss et al.，1999），分类对数据的输入顺序也很敏感（Podani，1997）。最后的分组是通过肉眼可见的树状图所决定的（Simpson & Norris，2000）。Linke 等人（2005）认为，消除理论顾虑正如消除错误来源的好方法是完全删除溪流群落组合的分类。为此，他们提出了一种称为 ANNA（最近邻分析）评估的新预测方法。

ANNA 背后的理念类似于 RIVPACS 或 AUSRIVAS 的理念。首先对试验现场特定分类群发生的概率进行计算和汇总，计算预期的分类群数量，然后与分类群的观察数量进行比较。差异在于（图 15.1）测试点与参考点匹配时，ANNA 模型避免了分类与功能群分析。ANNA 在环境变量预测值上找到与测试点最相似的参考点，预测与测试站点群落组成最接近点的群落构成（图 15.2），这样的大型无脊椎动物群落就是一个连续体而不是离散的组。

估计了某分类单元的发生概率，就可以用 AUSRIVAS 或 RIVPACS 中相同的方法来计算观察值与预期值（O/E）的比值。为减少参考分类群随机出现产生的误差，为与 AUSRIVAS 相一致，仅考虑 $P > 0.5$ 的分类群。

Linke 等人（2005）对代表 17 个不同栖息地和季节的数据集进行了 AUSRIVAS 和 ANNA 模型比较，发现这两种方法通用性能相当，ANNA 的 O/E 更加稳健，更能准确测定微量金属梯度出现的位置。

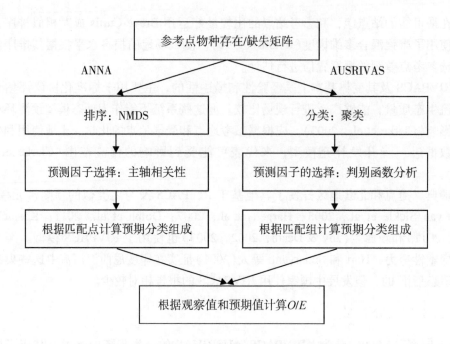

图 15.1   ANNA 和 AUSRIVAS 模型预测分类单元发生的异同（Linke et al., 2005）

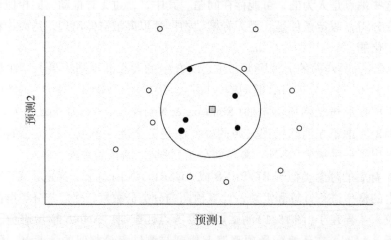

预测1

图 15.2   Linke 等人（2005）提出的最近邻分析（ANNA）法概念评估图
预测时，基于环境预测变量的测试点（方形）的参考位点（点）被固定在一定距离（圆形）内。

Hermoso 等人（2010）在研究地中海河流中的鱼属动物时，使用 ANNA 评估了参考条件下观察到的与预期群落组成的偏差。据了解，ANNA 允许在指数中合并一些稀有物种进行评级，当然并非所有物种都存在于盆地中。将偏差转化为参考地点的概率，将物种的测量值整合到最终得分中。

15.3.3   神经网络的使用

英国以及欧洲其他几个英联邦国家的河流水质监测是以生物监测工作（BMWP）

系统为基础的。该系统应用的核心是预测每个分类单元的"未污染"平均得分(ASPT)和存在的科数(NFAM)。为了促进此类工作,Walley 和 Fontama(1998)使用神经网络发现,神经网络的表现略优于 RIVPACS III;ASPT 和 NFAM 可以预测直接从几个关键环境变量出发,而不参考站点类型或生物群落。如果其他相关环境数据能够被收集,新程序似乎有改进预测的余地。

另一项研究中,Hoang 等人(2001)使用预测人工神经网络(ANN)模型,研究了昆士兰 896 个水系数据集、37 个大型无脊椎动物分类群,ANN 预测的水系栖息地的正确率最低为 73%,平均为 82%。相同的数据,比较 ANN 和 AUSRIVAS,正确预测的增长率为 30%。

使用美国西部 195 个地点的数据,Olden 等人(2006a)开发了单尺度、多尺度和分层多尺度神经网络,将 EPT(蜉蝣目、积翅目、毛翅目)丰富度与空间 3 个量化的环境变量联系起来:整个流域,谷底(100 ~ 1000 m)和当地河段(10 ~ 100 m)。结果表明,该模型基于多空间尺度大大超过了单尺度分析和层次结构 ANN,山谷和流域规模驱动影响了河段局部特征,比起非层次多尺度模型更能深入了解环境因素在嵌套空间中的相互作用。

Olden 等人(2006b)比较了用于群落组成预测的多响应人工神经网络(MANN)和两种传统方法:基于 Logistic 的物种分类方法回归分析(LOG)和"分类 – 建模"法,其中站点分类使用双指示物种法与多重判别分析(MDA)。在新西兰北岛的淡水鱼聚集地,MANN 的表现优于其他基于多尺度描述符的群落组成预测方法。预测数据和实际物种简单匹配系数显示,MANN 是最大的(91%),其次是 MDA(85%)和 LOG(83%)。平均 Jaccard 相似性(模型强调预测物种存在的可能)的 MANN(66%)也超过了 LOG(47%)和 MDA(46%)。MANN 正确地预预测了 82% 的群落组成(基于物种比例的随机测试),优于 54%(MDA)和 49%(LOG)。

相较于传统方法,MANN 似乎提供了有价值的单个物种及整群落(组成和丰富性)和环境变量量化关系的解释。

15.3.4 使用自组织图和进化算法

Walley 和 O'Connor(2001)描述了一种新型模式识别系统(MIR-max),用于英国环境署构建河流污染诊断系统。它是基于信息论的非神经自组织图,与 Kohonen 的自组织图(SOM)不同,它将聚类和排序过程分开。首先,通过最大化样本和分类之间的相互信息,将输入样本聚集到一个预定义的数字分类中。然后,通过最大化数据空间欧氏距离与其在输出空间相应距离的相关系数,在二维输出空间进行排序。这会生成一个类别图,标记后可用于新样本的分类/诊断。

MIR-max(Walley & O'Connor, 2001)允许分解输出映射中的类,这样就把异常类与临近的类分离出来。MIR-max 把 100 个生物样本分成了 5 种不同河流质量的站点类型。这种分类与两个相应的神经网分类进行了对比,显示出了更好的性能。相比 RIVPACS 系统和相关方法,MIR-max 在可视化和解释多元生态数据方面具有相当大的潜力。

相比之下，Maier 等人(2006)认为，通过使用相互信息，MIR-max 性能上克服了 AUSRIVAS 的一些限制，它使用爬山方法来优化相互信息，可能会进入搜索空间的局部最优。Maier 等人还(2006)探索了进化算法(EA)的潜力，如遗传算法和蚁群优化算法，以最大化生态数据集群的相互信息。在南澳大利亚浅滩的 AUSRIVAS 数据中，MIR-max 和 EA 获得的结果与使用未加权算术平均(UPGMA)获得的结果进行比较。结果表明，使用 MIR-max 和 EA 如基于遗传算法和蚁群优化算法的总体互信息明显高于使用 UPGMA 方法获得的，并且成功地确定了具有更高总体互信息的聚类。

15.4 多变量方法和 IBI

生物完整性指数(IBI)和多变量指数以及以 RIVPACS 为代表的多元方法的基本原理是，生物群能够整合并反映人为压力源。这两种方法在许多重要方面重叠。例如：

(1)两者都侧重于生物组合，以确定相关水体的健康状况。

(2)两者都使用参考条件的概念作为基准。

(3)两者都通过精选的环境特征进行样地分类。

(4)两者都将人类影响引起的生物群变化与自然变化区分开来。

(5)两者都需要标准化取样和实验室分析方法。

(6)两种方法都以数字形式对样地进行评分，以反映场地条件。

(7)两者都定义了代表退化程度的"频带"或条件类别。

(8)两者都提供了选择高质量区域作为保护的优先事项。

尽管有诸多共性，RIVPACS 和 IBI 在几个重要方面还是有所不同(表15.2)，生物信息是评估过程结构中最重要的。RIVPACS 的早期目标是选择样地用于保护(Wright et al., 1984)，识别物种组成一直是 RIVPACS 分析的核心。相比之下，IBI 的开发主要是为了测量河流状况或河流健康，包括开发诊断退化原因测量的方法。为 IBI 分析提供的生物信息更为广泛，包括分类丰富度和组成、营养级或生态偏移、耐性和敏感分类群的存在及相对丰富度、患病个体或其他异常个体的存在(Karr, 1991; Karr & Chu, 1999)。

IBI 的主要目标是生态系统的生命成分在人类活动下的属性。RIVPACS 强调物种属性和丰度。IBI 从物种到更高分类群寻找更广泛的生物信号，包括物种聚合的自然系统性变化。RIVPACS 强调物种存在的概率，排除了稀有分类群；IBI 并不排除。RIVPACS 的多元模型依赖于大型数据集，较小的数据集就可以产生有效的 IBI。

表 15.2 多变量(RIVPACS)和多指标(IBI)方法的概念、取样和分析特征比较

属性	多变量(RIVPACS)	多指标(IBI)
样点分类与特征	溪流大小、地理位置、基质颗粒尺寸、水化学	地质、河流规模和温度、海拔
参考标准	无严重污染的场地；未考虑的人为影响。最近被广泛应用	人烟稀少或没有人烟的地点
模型基础	环境变量与物种之间的多元关联	经验测量；绘制生物对人类压力的反应影响图
决策标准	预测物种存在或不存在(观察值与预期值的比率)；有时是耐受种的测量	生物属性，如分类群丰度、相对丰度、分类群成分、难受种与敏感种
取样微生境	多个(如浅滩、边缘、水池、岩石)	浅滩
二次取样	因地区和应用而异	计数的完整样本
可适用的溪流生物	底栖无脊椎动物	底栖无脊椎动物、鱼类、藻类
需要的数据集	广泛的；数百个站点区域的；较小规模但正在使用的	15 到 20 个代表人类广泛压力梯度的站点；可以开发用作局部或较大区域的
数据可转化性	特定模型所需的广泛数据集和新物种	选定区域间和生物反应的一致性
稀有物种的处理	从分析中经常排除	包含在分析中
采样时期	连续的三个季节或每个季节	定义的采样区间
分析基础	物种存在与否	物种存在与否、生物多样性和自然进化模式
人的影响	主要是化学污染	大量化学污染，人类全过程影响
诊断能力	未探索	中等水平
交流	范围大(O/E 比)统计比较困难；难以比较是污染还是耐性	与毒理学相似的简单剂量反应曲线；有较大范围的生物信号

　　鉴于这两种方法的特殊之处，建议将多元方法(MM)与 IBI 结合使用，以获取测试站点更多生态系统的信息和更深入的见解，而不是单独使用任何一种方法。

　　Reynoldson 等人(1997)评估了确定水质状况的多尺度和多变量方法的优势和不足。比较来自不列颠哥伦比亚省 Eraser 河收集的环境和大型无脊椎动物数据，研究发现，测试的两种多变量方法(AUSRIVAS 和 BEAST)的精度和准确度始终高于多指标评估。按生态区、河流排序和生物类群分类，AUSRIVAS 的精度为 100% ，BEAST

的精度为 80%～100%，多指标的精度为 40%～80%；相应的准确度分别为 100%、100% 和 38%～88%。

通过 MM 和 IBI 的相对优点比较（Reynoldson et al.，1997），IBI 产生的单个分数与目标值相当具有吸引力。然而，指标的组合通常是冗余的，错误可能会重叠。相比之下，MM 看起来很有吸引力，因为在参考点之外创建组或将测试点与参考组进行比较时，无须事先假设。由于初始模型的复杂性，MM 的潜在用户可能因此而沮丧。研究两种多变量方法的互补重点（AUSRIVAS 中的存在/缺失，BEAST 中的丰度）是建议将其与 IBI 结合使用。

研究还表明，MM 可用于提高 IBI 的准确性和精密度。例如，Cao 等人（2007）利用建模方法为爱达荷河开发、评估和比较了两种基于硅藻的指标：从类似于 RIV-PACS 的模型得出观察/预期（O/E）分类单元损失比率和多指标指数（MMI）。发现硅藻结构在参考点样本之间有很大差异，既不是生态区也不是生物区，这是变异的很大部分。使用分类回归树（CART），用自然梯度对个体指标的变化进行建模。在 32 个指标中，46% 的总方差由 CART 模型解释，各指标的预测变量不同，往往显示出相互作用的证据。CART 残差（即自然环境梯度影响的调整）影响了参考点和试验点之间是否存在差异或差异程度有多大。使用聚类分析检查候选指标之间的冗余，从每个聚类中选择识别效率最高的指标。这一步骤适用于未调整和调整的指标，导致 MMI 中包含 7 个指标。结果发现，调整后的 MMI 比未调整的 MMI 更精确。

使用未经调整的 MMI 可能导致 I 类和 II 类错误的发生率高于经调整的指标；未经调整的指标似乎无法区分自然和人类造成的压力产生的环境影响。硅藻 RIVPACS 模型与无脊椎动物模型表现相似，其 O/E 比率与调整后的 MMI 一样精确，但比例较低，这意味着分类单元的损失比整个硅藻结构的变化要轻。基于 MM 的建模似乎能开发更精确的 MMI。这类建模可以开发单一的 MMI，用于整个环境异质区域。此后的一些研究，IBI 和 MM 结合使用（Furnish & Gibson，2007；Beck & Hatch，2009）或 MM 用于增强 IBI 的适用性（Clarke et al.，2003；Novotny et al.，2009）。

References

Beck, M. W., Hatch, L. K., 2009. A revsearch on the development of lake indices of biotic integrity. Environmental Reviews 17, 21 −44.

Belbin, L., 1991. Semi-strong Hybrid Scaling, a new ordination algorithm. Journal of Vegetation Science 2, 491 −496.

Cao, Y., Hawkins, C. P., Olson, J., Kosterman, M. A., 2007. Modeling natural environmental gradients improves the accuracy and precision of diatom-based indicators. Journal of the North American Benthological Society 26, 566 −585.

Clarke, R. T., Furse, M. T, Wright, J. F., Moss, D., 1996. Derivation of a biological quality index for river sites: comparison of the observed with the expected fauna. Journal of Applied Statistics 23, 311 −332.

Clarke, R. T., Wright, J. E., Furse, M. T., 2003. RIVPACS models for predicting the expected macroinvertebrate fauna and assessing the ecological. quality of rivers. Ecological Modelling 160 (3); 219 −233.

Davies, P. E., 2000. Development of a national river bioassessment system (AUSRIVAS). ln: Wright, J. F., Sutcliffe, D. W., Furse, M. T. (Eds,), Assessing the Biological Quality of Freshwaters: RIVPACS and Other Techniques. Freshwater Biological Association, Ambleside, pp. 113 −124.

Davis, J., Horwitz, P., Norris, R., 2006, Are river bioassessment methods using macroinvertebrates applicable to wetlands? Hydrobiologia 572, 115 −128.

Davy-Bowker, J., Clarke, R. T, Johnson, R. K., Kokes, J., Murphy, J. F., Zahradkova, S., 2006. A comparison of the European Water Framework Directive physical typology and RIVPACS-type models as alternative methods of establishing reference conditions for benthic macro-invertebrates. Hydrobiologia 566, 91 −105.

Dolph, C. L., Huff, D. D., Chizinski, C. J., Vondracek, B. , 2011. Implications of community concordance for assessing stream integrity at three nested spatial scales in Minnesota, U. S. A. Freshwater Bioloty 56, 1652 −1669.

Feio, M. J., Norris, R. H., Graça, M. A. S., Nichols, S., 2009. Water quality assessment of Portuguese's streams: regional or national predictive models? Ecological Indicators 9, 791 −806.

Furnish, J., Gibson, D., 2007. Identifying watersheds at risk using bioassessment techniquest based onmultimetric Index of Biotic Integrity (IBI) and multivariate RIVPACS methods, Report — University of California Water Resources Center (109), p. 104.

Growns, I., Schiller, C., O'Connor, N., Cameron, A., Gray, B., 2006. Evaluation of four live-sorting methods for use inrapid biological assessmen, using macmltw Environmental Monitoring and Assessment 117(1/2/3), 173 −192.

Halse, S. A., Scanlon, M. D., Cocking, J. S., Smith, M. J., Kay, W. R., 2007. Factors affecting river health and its assessment over broad geographic ranges: the Western Australian experience. Environmental Monitoring and Assessment 134, 161 − 175.

Hargett, E. G., ZumBerge, J. R., Hawkins, C. P., Olson, J. R., 2007. Development of a RIVPACS-type predictive model for bioassessment of wadeable streams in Wyoming. Ecological Indicators 7, 807 −826.

Hart, B. T., Davies, P. E., Humphrey, C. L., Norris, R. N., Sudaryanti, S., Trihadiningrum, Y., 2001. Application of the Australian river bioassessment system (AUSRIVAS) in the Brantas River, East Java, Indonesia. Journal of Environmental Management 62, 93 −100.

Hermoso, V., Clavero, M., et al., 2010. Assessing the ecological status in speciespoor systems: a fish-based index for Mediterranean Rivers (Guadiana River, SW Spain). Ecological Indicators 10 (6), 1152 −1161.

Hill, M. O., 1979. TWINSPAN — A FORTRAN program for arranging multivariate data in an ordered two-way table by classification of the individuals and the attributes. In: Ecology and Systematics. Cornell University, Ithaca, NY.

Hoang, H., Recknagel, E., Marshall, J., Choy, S., 2001. Predictive modelling of macroinvertebrate assemblages for stream habitat assessments in Queensland (Australia). Ecological Modelling 146 (1/2/3), 195 −206.

Joy, M. K., Death, R. G., 2002. Predictive modelling of fresh-water fish as a biomonitoring tool in New Zealand. Freshwater Biology 47 (11), 2261 −2275.

Joy, M. K., Death, R. G., 2003. Biological assessment of rivers in the Manawatu-Wanganui region of New Zealand using a predictive macroinvertebrate model. New Zealand Journal of Marine and Freshwater Research 37 (2), 367 −379.

Karr, J. R., 1991. Biological integrity: a long neglected aspect of water resource management. Ecological Applications 1, 66 −84.

Karr, J. R., Chu, E. W., 1999. Restoring Life in Running Waters. Island Press, Washington, DC, USA, p. 206.

Kosnicki, E., Sites, R. W., 2011. Seasonal predictability ofbenthic macroinvertebrate metrics and community structure with maturity-weighted abundances in a Missouri Ozark stream, USA. Ecological Indicators 11 (2), 704 −714.

Krzanowski, W. J., 1988. Principles of Multivariate Analysis: A User's Perspective. Clarendon Press, Oxford, p. 563.

Linke, S., Norris, R. H., Faith, D. P., Stockwell, D., 2005. ANNA: a new prediction method for bioassessment programs. Freshwater Biology 50, 147 −158.

Maier, H. R., Zecchin, A. C., Radbone, L., Goonan, P., 2006. Optimising the mutual information of ecological data clusters using evolutionary algorithms. Mathematical and Computer Modelling 44 (5/6), 439 −450.

Moss, D., 2000. Evolution of statistical methods in RIV. PACS. In: Wright, J. F., Sutcliffe, D. W., Furse, M. T. (Eds.), Assessing the Biological Quality of Freshwaters: RIV-PACS and Other Techniques. Freshwater Biological Association, Ambleside, pp. 25 −37.

Moss, D., Furse, M. T., Wright, J. F., Armitage, P. D., 1987. The prediction of the macro-invertebrate fauna of unpolluted running-water sites in Great Britain using environmental data. Freshwater Biology 17, 41 −52.

Moss, D., Wright, J. F., Furse, M. T., Clarke, R. T., 1999. A comparison of alternative techniques for prediction of the fauna of running water sites in Great Britain. Freshwater Biology 41, 167 −181.

Murray-Bligh, J. A. D., Furse, M. T., Jones, F. H., Gunn, R. J. M., Dines, R. A., Wright, J. F., 1997. Procedure for Collecting and Analysing Macroinvertebrate Samples for RIV-PACS. The Institute of Freshwater Ecology and the Environment Agency, p. 162.

Norris, R. H., Norris, K. R., 1995. The need for biological assessment of water quality: Australian perspective. Australian Journal of Ecology 20, 1 −6.

Novotny, V., Bedoya, D., Virani, H., Manolakos, E., 2009. Linking indices of biotic integrity to environmental and land use variables: multimetric clustering and predictive models. Water Science and Technology 59 (1), 1 −8.

Olden, J. D., Joy, M. K., Death, R. G., 2006b. Rediscovering the species in community-wide predictive modeling. Ecological Applications 16 (4), 1449 −1460.

Olden, J. D., Poff, N. L., Bledsoe, B. P., 2006a. Incorporating ecological knowledge into ecoinformatics: an example of modeling hierarchically structured aquatic communities with neural networks. Ecological Informatics 1 (1), 33 −42.

Podani, J., 1997. On the sensitivity of ordination and classification methods to variation in the input order of data. Journal of Vegetation Science 8, 153 −156.

Reynoldson, T. B., Bailey, R. C., Day, K. E., Norris, R. H., 1995. Biological guidelines for freshwater sediment based on benthic assessment of sediment (the BEAST) using a multivariate approach for predicting biological state. Australian Journal of Ecology 20, 198 −219.

Reynoldson, T. B., Norris, R. H., Resh, V. H., Day, K. E., Rosenberg, D. M., 1997. The reference condition: a comparison of multimetric and multivariate approaches to assess water-quality impairment using benthic macroinvertebrates. Journal of the North American Benthological Society 16, 833 −852.

Rosenberg, D. M., Reynoldson, T. B., Resh, V. H., 2000. Establishing reference conditions in the Fraser River catchment, British Columbia, Canada, using the BEAST (Benthic Assessment of Sediment). In: Wright, J. F., Sutcliffe, D. W., Clarke, R. T., et al (Eds.), Ecological Modelling, vol. 160 (2003) 219/233. Furse, M. T. (Ed.), Assessing the Biological Quality of Freshwaters: RIVPACS and Other Techniques, Freshwater Biological Association, Ambleside, pp. 181 −194.

Simpson, J., Norris, R. H., 2000. Biological assessment of water quality: development of AUSRIVAS models and outputs. In: Wright, J. F., Sutcliffe, D. W., Furse, M, T. (Eds.), RIVPACS and Similar Techniques for Assessing the Biological Quality of Freshwaters. Freshwater Biological Association and Environment Agency, Ableside, Cumbria, U. K., pp. 125 −142.

Smith, M. J., Kay, W. R., Edward, D. H. D., Papas, P. J., Richardson, S. t. J., Simpson, J. C., Pinder, A. M., Cale, D. J., Horwitz, P. H. J., Davis, J. A.,

Yung, F. H., Norris, R. H., Halse, S. A., 1999. AUSRIVAS: using macroinverteb rates to assess ecological condition of rivers in Western Australia. Freshwater Biology 41, 269 –282.

Sudaryanti, S., Trihadiningrum, Y., Hart, B. T., Davies, R. E., Humphrey, C., Norris, R., Simpson, J., Thurtell, L., 2001. Assessment of the biological health of the Brantas River, East Java, Indonesia using the Australian River Assessment System (AUSRIVAS) methodology. Aquatic Ecology 35, 135 –146.

Turak, E., Koop, K., 2003. Use of rare macroinvertebrate taxa and multiple-year data to detect low-level impacts in rivers. Aquatic Ecosystem Health and Management 6 (2 Spec. Iss.), 167 –175.

Van Sickle, J., Hawkins, C. P., Larsen, D. P., Herlihy, A. T., 2005. A null model for the expeded macroinvertebrate assemblage in streams. Journal of the Noah American Benthological Society 24, 178 –191.

Walley, W. J., Fontama, V. N., 1998. Neural network predictors of average score per taxon and number of families at unpolluted river sites in Great Britain. Water Research 32 (3), 613 –622.

Walley, W. J., O'Connor, M. A., 2001. Unsupervised pattern recognition for the interpretation of ecological data. Ecological Modelling 146 (1/2/3), 219 –230.

Wright, J. E., Gunn, R. J. M., Blackburn, J. H., Grieve, Winder, J. M., Davy-Bowker, J., 2000. Macroinvertebrate frequency data for the RIVPACS Ⅲ sites in Northern Ireland and some comparisons with equivalent data for Great Britain. Aquatic Conservation: Marine and Freshwater Ecosystem 10, 371 –389.

Wright, J. F., Moss, B., Armitage, P. D., Furse, M. T., 1984. A preliminary classification of running-water sites in Great Britain based on macro-invertebrate species and the prediction of community type using environmental data. Freshwater Biology 14, 221 –256.

Wright, J. E., 2000. An introduction to RIVPACS. In: Wright, J. E., Sutcliffe, D. W., Furse, M. T. (Eds.), Assessing the Biological Quality of Freshwaters: RIVPACS and Other Techniques. Freshwater Biological Association, Ambleside, pp. 1 –24.

16   水质指数：回顾、展望

16.1   简介

水质概念 160 年前被提出，并根据水的纯度/杂质程度对不同溪流和湖泊进行了分类(Lumb et al., 2011，引自 Sladecek et al., 1973)。Horton(1965)第一个提出现代水质指数(WQI)，预示着一个时代的到来，其提出了简单的数学公式，将物理、化学和(某些)生物参数整合在了一起。在这种影响下，后续发展的 WQI，主要基于物理化学参数。第一个基于 WQI 的现代生物评估，即"Trent 生物指数"(TBI)，在霍顿指数(1964)之前提出。

TBI(Abbasi & Abbasi, 2011)计划用于美国佛罗里达州河流。16 年后，基于大量有用的水质生物评估分类工作，Karr(1981)提出了有史以来第一个"生物完整性指数"(IBI)。巧合的是，三类 WQI 都是由美国科学家开发。

引进 TBI 和霍顿指数后，20 世纪剩下的几十年中见证了 WQI 的迅速普及，尤其在发达国家。这些 WQI 基于水质或生物"清晰"和"确定性"的数据和信息处理，旨在增强客观性(代表性参数选择和赋权赋予)、敏感性(对水质变化)、清晰度(将水源显示为差/一般/好/非常好等)、指标的范围(适用于更多地区和用水类型)。在实现这些目标的过程中，不同指数的缺点凸现了出来，特别是主要基于物理化学特性的指数聚合，以及 BI 和 IBI 使用的采样/范围标定方法。

WQI 面临歧义、重叠、僵化等问题，越来越多的统计技术被运用于解决上述问题。最引人注目的是英国开发的 RIVPACS(河流污染评估和分类系统)(Clarke et al., 2003)。

20 世纪后 10 年，人们认识到与水质取样、分析和测定相关的模糊性和随机性，"清晰"性和确定性无法全面捕捉现实，无法感知灰色区域，得出的指数得分往往会出现不真实的大幅下降。

基于以上担忧和前期研究(Kung et al., 1992；Lu et al., 1999；Silvert, 1997；2000；Chang et al., 2001；Lu & Lo, 2002；Haiyan, 2002，其他)导致了第一个模糊 WQI(Ocampo-Duque et al., 2006)的出现，随着人工智能概念在水资源系统中的日益应用，也出现了第一个基于 AI 的 WQI，即遗传算法的应用(Peng, 2004)。过去的十几年中，模糊规则在 WQI 开发应用中得以加强。基于物理化学参数的其他 AI 和统计技术越来越多地应用于 WQI。生物评估法中，也引入了更加复杂的统计和计算方法。

16.2　什么是最佳 WQI

世界范围内，已经开发和使用了大量指数，但无法确定哪一个指数是最好的，甚至无法列出"十大最佳"或"二十大最佳"指数。有些指数确实比其他指数更受欢迎。例如，美国国家卫生基金会的 WQI，通常被称为 NSF-WQI（Brown et al.，1970），不仅在美国使用，其他国家（巴西、墨西哥、几内亚比绍、波兰、埃及、葡萄牙、意大利和印度等）也在使用。NSF-WQI 之后的 31 年，加拿大环境部长理事会的 WQI，也称为 CCME-WQI（CCME，2001），是在其他许多国家使用的另一个指数（Lumb et al.，2011）。CCME-WQI 特别适合用于水质连续监测网络（Torredo et al.，2010）。印度 Tiwari 和 Mishra（1985）提出的地下水质量评估指数也被许多国家广泛使用。

迄今为止，每个指数都有优缺点，没有尝试量化"权衡"不同的指数，并提出哪些指数会起到多大的作用。因此，无法确切说明某些指数比其他指数更受欢迎。Fernandez 等人（2004）比较了 36 个 WQI，同一水样不同指数给出的分类存在明显差异。差异产生于不同的指数，采纳了不同的参数、数量、权重赋值和聚集公式。WQI 在不同的地理、区域和管理背景下开发，没有适当的程序来控制指标的质量，而只能查看信息的互补性、测量的可信度、指标制定的透明度、所选关键参数的相关性和结果的可比性，WQI 的适用性或其他方面也只能做出定性判断。

16.3　前景

如 16.2 节所述，需要设计程序，以便在效率、充分性、廉价性、范围和灵活性方面比较各种 WQI 的效果。许多国家存档了大量历史水质数据，此类数据可用于测试不同 WQI 的效果，并用于制定通用 WQI（Lumb et al.，2011）。Sarkar 和 Abbasi（2006）提出的"虚拟水质计（VIRWQIM）"概念在这项倡议中很有用，用它可以创建虚拟的"仪表板"，不同的 VIRWQUIM 在给定的时间可以根据不同的指数显示水源的分类，并提供综合、全面的评估。

WQI 领域见证了 AI、先进的统计学和概率理论，并融合了这些方法优点。例如，RIVPACS 中使用的多变量已与 IBI 开发相结合，越来越多的人工神经网络和自组织地图等工具被用来解释 BI 和 IBI 得出的水质分数。

相关性建模中，发展非测量参数的指数解释能力是未来研发水质指数的主要有力途径。一方面，这将降低水质的监测成本；另一方面，可以将这些指数与自动化水质监测网络结合使用。正如一些"全球"水质标准是世界卫生组织制定的标准形式，用水的全球水质指标也将非常有用，它们将使一个地区的水质在全球可接受的范围中得以观察。

一种情况是发展多变量分析方法，这种方法将"权重"分配给不同的物理化学参数，而不是通常使用德尔菲法或使用水质标准的某种特殊公式。前者非常烦琐，不可避免带有主观性，后者完全是临时性的。

16.4 写在最后

有种未来趋势毋庸置疑：WQI 在人们生活中的重要性迅速增加。随着水需求超过供水，可用水质不断下降，水在世界各地每个人生活中的重要性将与日俱增。优质的水价格越来越高，饮用水、灌溉水、工业用水等都将增强水质的必要性，使每个人能理解水质。国家水质指数可能表示，当任何水的指数得分为 80 或更高时，该水适合饮用，分数越接近上限 100，水质越好。其也可能表示，指数得分在 70 到 80 也可用于饮用，只要煮沸 5 min。

有望不久的将来 WQI 成为一个家喻户晓的词。

References

Abbasi, T., Abbasi, S. A., 2011. Water quality indices based on bioassessment: the biotic indices. Journal of Water and Health 9 (2), 330 −348.

Beamonte, E., Bermúdez, J. D., Casino, A., Veres, E., 2005. A global stochastic index for water quality: the case of the river Turia in Spain. Journal of Agricultural, Biological, and Environmental Statistics 10 (4), 424 −439.

Bhargava, D. S., 1985. Water quality variations and control technology of Yamuna river. Environmental Pollution Series A: Ecological and Biological 37 (4), 355 −376.

Brown, R. M., McClelland, N. I., Deininger, R. A., Tozer, R. G., 1970. A water quality index — do we dare? Water Sewage Works 117, 339 −343.

Canadian Council of Ministers of the Environment (CCME), 2001. Canadian Water Quality Index 1.0 Technical Report and User's Manual, Canadian Environmental Quality Guidelines Water Quality Index Technical Subcommittee. Gatineau, QC, Canada.

Chang, N. -B., Chen, H. W., Ning, S. K., 2001. Identification of river water quality using the fuzzy synthetic evaluation approach. Journal of Environmental Management 63 (3), 293 −305.

Clarke, R, T., Wright, J. E., Furse, M. T., 2003. RIVPACS models for predicting the expected macroinvertebrate fauna and assessing the ecological quality of rivers. Ecological Modeling 160, 219 −233.

Fernandez, N., Ramirez, A., Sonalo, E., 2004. Physico-chemical water quality indices—a comparative review. Bistua Revista De La Facultad De Ciencias Basicas 2(1), 19 −30.

Haiyan, W., 2002. Assessment and prediction of overall environmental quality of Zhuzhou City, Hunan Province, China. Journal of Environmental Management 66, 329 −340.

Horton, R. K., 1965. An index number system for rating water quality. Journal of Water Poliution Control Federation 37 (3), 300 −306.

Karr, J. R., 1981. Assessment of biotic integrity using Fish communities. Fisheries 6 (6), 21 −27.

Kung, H., Ying, L., Liu, Y. C., 1992. A complementary tool to water quality index: fuzzy clustering analysis. Water Resources Bulletin 28 (3), 525 −533.

Lu, R. S., Lo, S. L., 2002. Diagnosing reservoir water quality using self-organizing maps and fuzzy theory. Water Research 36(9), 2265 −2274.

Lu, R. S, Lo, S. L,, Hu, J. Y., 1999. Analysis of reservoir watter quality using fuzzy synthetic evaluation. Stochastic Environmental Research and Risk Assessment 13 (5), 327 −336.

Lumb, A., Sharma, T. C., Bibeault, J. -F., 2011. A Review genesis and evolution of water quality index (WQI) and some future directions. Water Quality, Exposure and Health, 1 −14.

Ocampo-Duque, W., Ferré-Huguet, N., Domingo, J. L., Schuhmacher, M., 2006. Assessing water quality in rivers with fuzzy inference systems: a casestudy. Environment International 32 (6), 733 −742.

Peng, L., 2004. A universal index formula suitable to multi-parameter water quality evaluation. Numerical Methods for Partial Differential Equations 20 (3), 368 −373.

Sarkar, C., Abbasi, S. A., 2006. Qualidex, A new software for generating water quality indice. Environmental Monitoring and Assessment 119(1/2/3), 201 −231.

Silvert, W., 1997. Ecological impact classification with fuzzy sets. Ecological Modelling 96, 1 −10.

Silvert, W., 2000. Fuzzy indices of environmental conditions. Ecological Modelling 130 (1/2/3), 111 −119.

Sladecek, V., 1973. System of water quality from biological point of view. In: Mat, V. (Ed.), Archiv fur Hydrobiologie. Advances in Limnology, vol. 7. E. Schweizerbart'sch Verlagsbuch-handling, Stuttgart, p.218.

Terrado, M., Borrell, E., de Campos, S., Barceló, D., Tauler, R., 2010. Surface-water-quality indices for the analysis of data generated by automated sampling networks. Trends in Analytical Chemistry 29 (1), 40 −52.

Tiwari, T. N., Mishra, M., 1985. A preliminary ssignment of water quality index to major Indian rivers. Indian Journal of Environmental Protection 5 (4), 276 −279.